la truite
biologie et écologie

J.L. BAGLINIÈRE, G. MAISSE
Editeurs

INSTITUT NATIONAL DE LA RECHERCHE AGRONOMIQUE
147, rue de l'Université, 75338 Paris Cedex 07

HYDROBIOLOGIE ET AQUACULTURE

Déjà parus dans la même collection :

- La Pisciculture en étang (épuisé)
Arbonne-la-Forêt, 11-12-13 mars 1980
R. Billard, éd.
1980, 406 p.

- Le Brochet : gestion dans le milieu naturel et élevage
Grignon (France), 9-10 septembre 1982
R. Billard, éd.
1983, 374 p.

- L'Aquaculture du Bar et des Sparidés
Sète (France), 15-16-17 mars 1983
G. Barnabé et R. Billard, éd.
1984, 542 p.

**- Caractérisation et essais de restauration
d'un écosystème dégradé : le lac de Nantua**
J. Feuillade, éd.
1985, 168 p.

- Gestion piscicole des lacs et retenues artificielles
D. Gerdeaux, R. Billard, éd.
1985, 274 p.

- Précis de pathologie des poissons (épuisé)
P. de Kinkelin, Ch. Michel, P. Ghittino
1986, 348 p.

- Aquaculture of Cyprinids
Evry (France), 2-5 septembre 1985
R. Billard, J. Marcel, éd.
1986, 502 p.

- Restauration des rivières à saumons
Bergerac (France), 28 mai-1er juin 1985
M. Thibault, R. Billard
1987, 446 p.

Editeurs/*Editors*
J.L. Baglinière, G. Maisse
INRA-ENSA
Station de Physiologie et Ecologie des Poissons
65, rue de St Brieuc, 35042 Rennes Cedex

En vente/*For sale*
INRA Editions
Route de St Cyr, F-78026 Versailles, Cedex

la truite
biologie et écologie

Remerciements

La réalisation de ce livre a été décidée par le comité scientifique du Colloque sur la truite organisé du 6 au 8 septembre 1988 au Centre du Paraclet (Conseil Supérieur de la Pêche) par l'Institut National de la Recherche Agronomique (Station de Physiologie et d'Ecologie des Poissons) et le Conseil Supérieur de la Pêche (Bulletin Français de la Pêche et de la Pisciculture).

Ce colloque a été financé par le Service de la Recherche, des Etudes et du Traitement des Informations sur l'Environnement (SRETIE, Secrétariat d'Etat à l'Environnement), le Conseil Supérieur de la Pêche et l'Institut National de la Recherche Agronomique.

Les autres articles présentés lors de ce colloque ont été regroupés dans deux numéros du Bulletin Français de Pêche et de Pisciculture (n° 318 et 319 et numéro spécial Colloque Truite reliant les volumes).

Le comité scientifique était composé de : J. Allardi (CEMAGREF, Paris), J. Arrignon (Union Nationale des Fédérations de Pêche), J.L. Baglinière (INRA, Rennes), B. Buttiker (Conservatoire de la Faune, Suisse), A. Champigneulle (INRA, Thonon-les-Bains), B. Chevassus (INRA, Paris), Y. Coté (Ministère du Loisir, de la Chasse et de la Pêche, Québec), P. Dumont (Ministère du Loisir, de la Chasse et de Pêche), Françoise Fournel (CSP, Compiègne), M. Heland (INRA, St Pée/Nivelle), G. Maisse (INRA, Rennes), A.Neveu (INRA, Rennes), A. Nihouarn (CSP, Rennes), J.C. Philippart (Université de Liège, Belgique), A. Richard (CSP, Rennes), E. Vigneux (CSP, Paraclet).

Nous tenons à remercier toutes les personnes qui, par leurs remarques et leurs suggestions, ont permis d'améliorer la qualité des articles présentés dans ce livre : J. Arrignon (Union Nationale des Fédérations de Pêche), P. Bergot (INRA, St Pée/Nivelle), B. Chevassus (INRA, Jouy-en-Josas), Brigitte Desaigues (Université Paris I), P. Gaudin (Université Claude Bernard Lyon I), J.Y. Gautier (Université de Rennes), J. Genermont (Université de Paris Sud), D. Gerdeaux (INRA, Thonon-les-Bains), R. Guyomard (INRA, Jouy-en-Josas), M. Heland (INRA, St Pée/Nivelle), C. Lagier (Université Lyon II), P.Y. Lebail (INRA, Rennes), J. Lecomte (INRA, Jouy-en-Josas), A. Neveu (INRA, Rennes), Dominique Ombredane (INRA, Rennes), E. Prevost (INRA, Rennes), M. Thibault (INRA, Rennes).

Table des matières

Introduction

La truite commune (*Salmo trutta* L.), son origine, son aire de répartition, ses intérêts économique et scientifique

J.L. Baglinière

I. Introduction

La truite commune est une espèce de Salmonidés à caractère migrateur facultatif (Hoar, 1976) et possédant une grande capacité d'adaptation à différents milieux. Cette situation a entraîné un degré important de polymorphisme chez cette espèce qui a été classée par le passé sous différents noms latins (Melhaoui, 1985; Elliott, 1989). Cependant, l'interprétation de la polymorphie de la truite restant délicate en terme de différence génétique (Krieg, 1984), l'idée de l'existence d'une seule espèce, *Salmo trutta* Linnaeus, reste actuellement la plus probable.

II. Phylogenèse

Le genre Salmo constitue avec les deux autres (*Salvelinus* et *Oncorhynchus*) la sous-famille des Salmoninés, une des trois composantes de la famille des Salmonidés (fig. 1). Ce genre ne comporte plus actuellement que deux espèces *Salmo trutta*, la truite commune et *Salmo salar*, le saumon atlantique puisque la truite arc-en-ciel (Steelhead américaine), *Salmo gairdneri*, et la truite « cou coupé » *Salmo clarki*, ont été replacées très récemment dans le genre *Oncorhynchus* (Smith & Stearley, 1989).

Les ancêtres de la famille des Salmonidés sont apparus dès le début du Crétacé (entre 63 et 135 millions d'années) (Legendre, 1980). D'après Tchernavin (1939), leur origine se situerait en eau douce. L'ancêtre de la sous-famille des Salmoninés se différencie ensuite à l'époque tertiaire, plus exactement au Miocène (entre 13 et 25 millions d'années) (Legendre, 1980). C'est de cet ancêtre commun que seraient issus plus récemment (au début du Pleistocène) les trois genres actuellement connus de cette sous-famille (Jones, 1959). La séparation des continents américain et euro-asiatique ainsi que la succession des âges glaciaires du Pleistocène et de l'époque récente a non seulement provoqué la différenciation de ces trois genres mais également l'apparition de nombreux taxons de rangs inférieurs (Jones, ibidem,

Hoar, 1976). Enfin d'après Tchernavin (1939), le comportement anadrome serait apparu au début des glaciations. Cependant, Balon (1980) considère, que
ce comportement préexistait à la spéciation dans la famille des Salmonidés
et que les formes marines, notamment chez le genre *Salmo*, seraient à l'origine
des formes dulçaquicoles. De cette théorie bien argumentée par Balon (ibidem), Thorpe (1982) déduit que les Salmonidés en fait seraient des téléostéens
primitifs de probable origine marine et que certaines espèces auraient pu perdre
progressivement leur comportement anadrome.

La mise en place actuelle de la sous-famille des Salmoninés s'est effectuée à la fin de la dernière période de glaciation du Würm, depuis environ
10000 ans. Elle est liée aux barrières géographiques temporaires dues à l'a-
vancée et au retrait des glaces et aux changements de température des océans
(Jones, 1959). Dans le cas de la truite *Salmo trutta,* l'apparition de la forme
anadrome lors des glaciations est à l'origine d'une grande variété des formes
dulçaquicoles européennes actuelles (Lelek, 1980) (fig. 2).

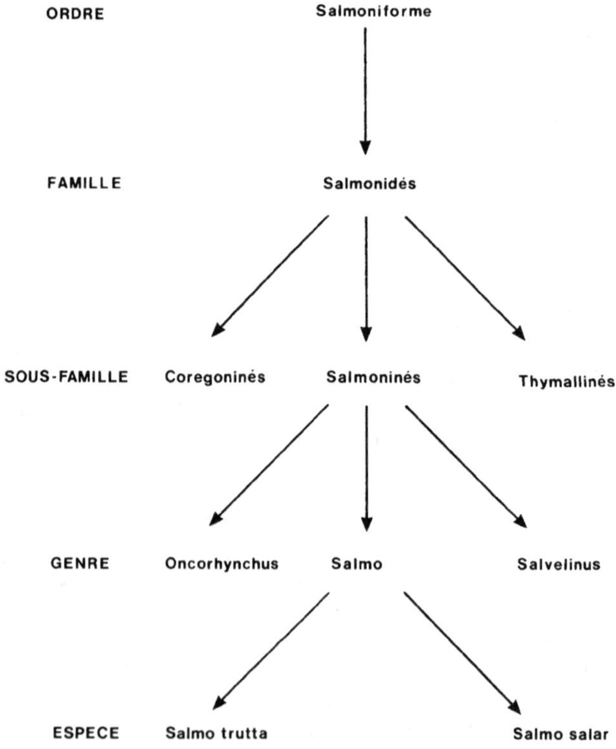

Figure 1. – Place de la truite commune (*Salmo trutta* L.) dans la classification de la
famille des Salmonidés d'après Behnke (1972).

III. Répartition

1. Répartition originelle (fig. 2)

La truite commune est présente sous ses diverses formes essentiellement en Europe. La limite septentrionale de son aire de répartition va de l'Islande à l'URSS (Nord de la Volga) en passant par le Nord de la Scandinavie. Sa limite méridionale se situe au niveau des montagnes du moyen Atlas (Algérie et Maroc) incluant la Sicile et la Sardaigne. D'Ouest en Est, la truite se répartit depuis la façade atlantique européenne jusqu'aux contreforts de l'Himalaya incluant les mers Caspienne et d'Aral.

La forme anadrome marine est localisée dans les cours d'eaux se jetant dans la Mer Blanche et le Golfe de Cheshkaya, la Mer Baltique, la Mer du Nord, la Mer d'Irlande, la Manche, l'Océan Atlantique jusqu'à la Baie de Biscaye, la Mer Noire, la Mer Caspienne et la Mer d'Aral. La truite de mer est absente de la Méditerranée.

La forme lacustre est présente dans de nombreux lacs notamment dans les Alpes, en Scandinavie, en Grande-Bretagne et dans le nord de l'Europe Centrale (Melhaoui, 1985).

Dans cette aire de répartition, la distribution longitudinale de la truite est fonction dans un milieu donné d'un certain nombre de caractéristiques essentielles pour son maintien :

— une faible amplitude thermique de l'eau (inférieure en moyenne à 20 °C en été),
— des vitesses de courant moyennes à fortes,
— une bonne qualité d'eau avec des valeurs de pH proches de la neutralité,
— l'accessibilité à des zones favorables à sa reproduction (fond propre à granulométrie assez grossière allant du gravier au galet).

Cette aire de répartition originelle de la truite commune a été modifiée par l'homme de deux façons :

— une restriction surtout depuis deux siècles, suite au développement industriel (barrages, pollutions, prélèvements d'eau...) (Thibault, 1983; Crisp, 1989);
— une extension suite à des transplantations (Thibault, 1983).

2. Répartition actuelle (fig. 3)

Les premières transplantations ont commencé en France au milieu du XIXe siècle, bénéficiant alors des avantages de la redécouverte de la fécondation artificielle (Thibault, 1983). Elles ont été suivies par une multitude d'opérations d'introductions à travers le monde, pour ce qui est connu de 1952 à 1969 (MacCrimmon et Marshall, 1968; MacCrimmon *et al.*, 1970). La motivation première de telles opérations a été l'intérêt de

J.L. BAGLINIÈRE

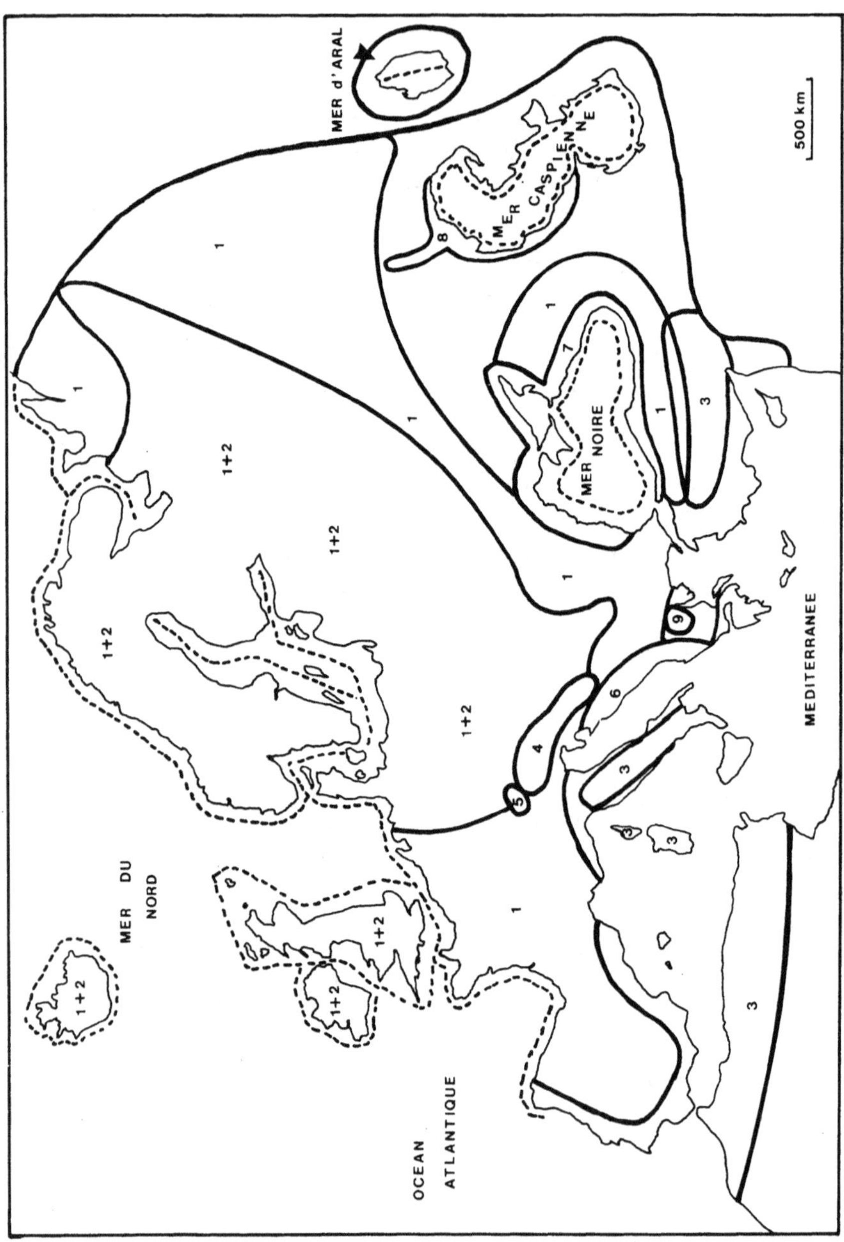

Figure 2. – Aire de répartition originelle des différentes formes de truite commune (*Salmo trutta* L.) d'après Frost et Brown (1967), Mac Crimmon et Marshall (1968), Mac Crimmon *et al.* (1970) et Krieg (1984). La ligne pointillée indique la distribution de la truite de mer d'après Mac Crimmon et Marshall (1968) et Elliott (1989).
1 – *Salmo trutta fario* (truite de rivière); 2 – *Salmo trutta lacustris* (truite de lac); 3 – *Salmo trutta macrostigma*; 4 – *Salmo trutta marmoratus*; 5 – *Salmo trutta carpio*; 6 – *Salmo trutta dentex*; 7 – *Salmo trutta labrax*; 8 – *Salmo trutta caspius*; 9 – *Salmo trutta letnica*

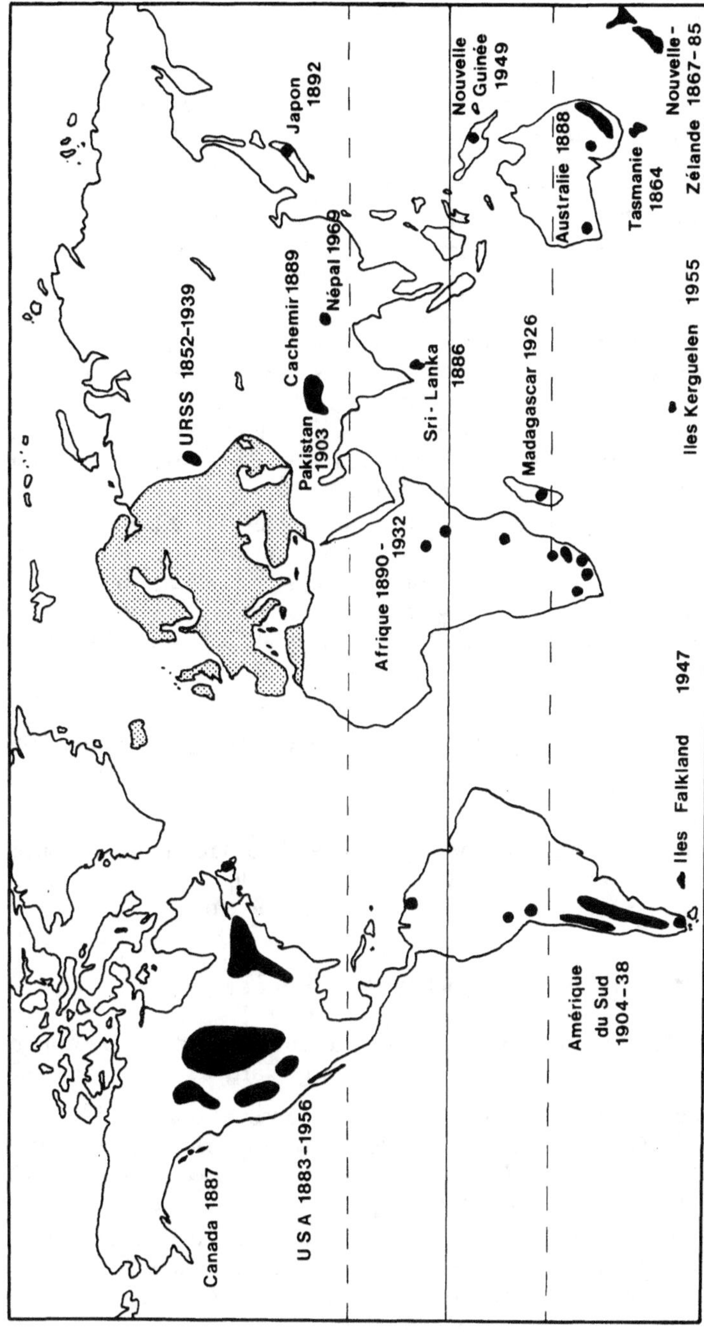

Figure 3. – Aire de répartition mondiale de la truite commune (*Salmo trutta* L.) d'après Arrowsmith et Pentelow (1965), Frost Brown (1967), MacCrimmon et Marshall (1968), MacCrimmon *et al.* (1970), Lesel *et al.* (1971), Hardy (1972), Boeuf (1986) et Dumont et Mongeau (1989).

la pêche sportive de l'espèce (MacCrimmon et Marshall, 1968; Hardy, 1972). La majorité de ces introductions a parfaitement réussi puisque la truite commune s'est établie dans 24 pays et que le nombre d'échecs a été très limité : le Mexique, la Jamaïque, le Malawi, l'Ouganda, la Colombie et l'Equateur (MacCrimmon et Marshall, 1968; MacCrimmon *et al.*, 1970).Dans quelques cas à partir de souches sédentaires, se sont développées des formes migratrices soit en lac (Nouvelle-Zélande : Hardy (1972); Chili : Boeuf (1986); Iles Kerguelen : Davaine et Beall (1988)) ou bien en mer (Iles Kerguelen : Davaine et Beall (ibidem), basse vallée de la Columbia aux Etats-Unis : Bisson *et al.* (1986)).

Cette introduction de la truite a pu avoir certaines répercussions sur la présence et la biologie d'espèces de poissons indigènes. Ainsi en Amérique du Nord, la truite a supplanté dans quelques cas le saumon de Fontaine, *Salvelinus fontinalis,* en raison d'une meilleure capacité d'adaptation aux modifications du milieu (MacCrimmon et Marshall, 1968). De même en Australie, elle a provoqué l'éradication de certaines espèces de *Galaxïdae* en raison d'une forte prédation (Jackson et Williams, 1980).

De toutes les espèces de Salmonidés introduites, la truite commune est celle qui, de loin, s'est le mieux établie en dehors de son aire de répartition originelle. La grande capacité d'adaptation de l'espèce à la diversité des milieux et sa plus forte tolérance vis à vis des changements d'habitats ont été des facteurs conditionnant la réussite de ces introductions. Néanmoins leur succès a été déterminé avant tout par le facteur thermique (Mac Crimmon et Marshall, 1968).

IV. La truite commune : une ressource internationale et nationale

La truite commune est une espèce exploitée dans toute son aire de répartition. Actuellement, l'importance internationale et nationale de l'espèce comme ressource renouvelable se place à trois niveaux.

1. L'engouement pour sa pêche sportive

La difficulté pour connaître l'ampleur et la valeur économique de cette pêche dépend d'une part, du pays et d'autre part, de la forme exploitée.

— *Pour la truite de rivière,* il existe une absence chronique de statistiques de pêche et de caractéristiques de l'exploitation au niveau mondial sauf en Nouvelle Zélande (Graynoth, 1974 a et b, tabl. 1) et au Québec (Dumont et Mongeau, 1990). En France, les seules données qui peuvent être avancées sont les suivantes :

• la longueur ou la surface en eau du réseau salmonicole c'est-à-dire correspondant aux eaux de première catégorie : 125 000 kilomètres de cours d'eau (45,4 p. 100 du réseau fluvial) et 66 000 hectares de plans d'eaux[1];

---

(1) Sources du Conseil Supérieur de la Pêche, Paris, 1987.

• la quantité de sujets destinés au repeuplement et produits sous différentes formes par les piscicultures. Par exemple, en 1985, 783 millions d'oeufs, d'alevins vésiculés et de juvéniles de truite ont été vendus aux Fédérations départementales d'AAPP (Benoît, 1986). Le prix de vente de ces produits a varié de 1984 à 1989 selon le stade et l'établissement entre 40 et 80 F le mille (Benoît, ibidem, Charbonnel, 1989)[2].

— *Pour les truites de mer et de lac*, les informations sont déjà un peu plus précises soit parce que l'on dispose de statistiques de capture, comme en Grande-Bretagne (tabl. 1) soit parce que l'on a fixé une taxe spéciale permettant d'individualiser le nombre de pêcheurs (cas de la truite de mer en France). Ainsi, en 1987 et 1988, le nombre de pêcheurs de truite de mer était environ de 4 000 (Tendron, 1989) correspondant à un montant moyen de droits de pêche de 0,55 MF, valeur vraisemblablement sous-estimée. En France, la valeur économique de la pêche sportive de truites de mer et de lac ne pourra être évaluée qu'à partir des dépenses engagées (le poisson capturé étant interdit à la vente). Par ailleurs, il parait indispensable d'instaurer une déclaration des captures au niveau national comme pour les pêcheries des lacs Léman (Gerdeaux *et al.*, 1988) et d'Annecy (Gerdeaux, 1988).

2. L'importance de la pêche professionnelle

Elle concerne uniquement les formes lacustre et marine. Ce phénomène est parfaitement démontré dans le cas de la truite de mer en Grande Bretagne (tabl. 1). Mais les données présentées par ce pays sont difficilement comparables aux exemples locaux français. Au niveau national, il faut toutefois relativiser l'importance de la pêche professionnelle. Ainsi la truite de lac ne représente dans la pêcherie française du Léman en 1988 que 4 p. 100 du tonnage capturé (Gerdeaux *et al.*, 1988). De même, la truite de mer contribue à moins de 4 p. 100 du chiffre d'affaires total de la pêcherie estuarienne de l'Adour (Prouzet *et al.*, 1988).

3. Son intérêt en aquaculture

La truite commune n'a jamais pu rivaliser avec la truite arc-en-ciel en termes de coût de production dans les élevages commerciaux d'eau douce en raison notamment de taux de croissance et de charges de bassin plus faibles. Jusqu'à présent, la truite commune était élevée surtout pour la production de juvéniles de repeuplement (Chevassus et Fauré, 1988). Cependant récemment, l'enjeu économique que représente l'aquaculture et la nécessité d'une diversification des produits ont conduit à un certain développement prometteur des élevages en mer de truite commune (Chevassus et Fauré, ibidem). En fait, trois aspects justifient l'utilisation de cette espèce par rapport à la truite arc-en-ciel en aquaculture (Quillet *et al.*, 1986) : une très bonne survie estivale,

---

(2) Décision du Secrétariat d'Etat auprès du Premier Ministre Chargé de l'Environnement, Direction de la Protection de la Nature Service Pêche et Hydrobiologie, 14 avril 1989.

Tableau 1. – Quelques données sur la valeur économique de la ressource truite.

Type de pêche	Pays	Région	Période	Forme de truite	Capture annuelle		Valeur marchande ou dépenses (millions francs)	Référence
					Nombre ($\times 10^3$)	Tonnage (tonnes)		
Pêche sportive	Nouvelle Zélande		1947-1968	rivière[1]	35-40	–	1,2[2]	Graynoth (1974a)
	Grande-Bretagne	Angleterre Pays de Galles	1983-1986	mer	35,00	–	181,0[3]	Elliott (1989)
		Ecosse	1984-1986	mer	45,50	48,00	236,7[3]	Anonyme (1989)
	France	Lac Léman Lac d'Annecy	1987-1988 1983-1986	lac lac	–	4,00 0,50		Gerdeaux et al. (1989) Gerdeaux (1988)
Pêche professionnelle	Grande-Bretagne	Angleterre Pays de Galles	1983-1986	mer	76,00		394,5[3]	Elliott (1989)
		Ecosse	1984-1986	mer	82,70	88,30	430,4[3]	Anonyme (1989)
	France	Côtes de Haute-Normandie	1986-1988	mer	0,30	6,90	0,3 à 0,6[4]	Euzenat et al. (1991)
		Gironde	1983-1984			3,00	0,24	Boigontier (1987)
		Estuaire de l'Adour	1988	mer	1,25	3,5 – 4,0	0,20	Prouzet et al. (1988)
		Lac Léman Lac d'Annecy		lac lac		14,25[5] 0,25	0,64	Gerdeaux et al. (1989) Gerdeaux (1988)

(1) Dans cette étude, l'espèce principalement capturée était la truite arc-en-ciel.
(2) La valeur des dépenses n'a pas été ramenée aux taux du franc actuel, elle est donc sous-estimée.
(3) La valeur économique de la pêcherie est établie en multipliant le nombre de captures annuelles par 500 livres sterling (Elliott, 1989).
(4) Le prix de vente de la truite de mer oscille entre 38 et 90 F le kg (Fagard, comm. pers.).
(5) Le prix de vente de la truite de lac est d'environ 45 F le kg (Gerdeaux, comm. pers.)

un transfert automnal possible en mer après 10 à 11 mois d'élevage et une croissance en mer beaucoup plus rapide qu'en eau douce limitée cependant par la maturation sexuelle qui peut être évitée par la production d'individus stériles triploïdes (Chevassus *et al.*, 1985).

V. La truite commune : un modèle écologique complexe à étudier dans le milieu naturel

Le cycle reproducteur de la truite a fait l'objet de nombreuses études et ses mécanismes sont maintenant bien connus (Breton et Billard, 1984). Il en est de même pour le cycle biologique des différentes formes. Par contre, la stratégie démographique de cette espèce à option migratrice n'est pas toujours facile à cerner et reste fonction des caractéristiques, des potentialités et de l'échelle du milieu naturel (ordre de drainage). La complexité de cette stratégie démographique s'illustre parfaitement à l'aide de deux exemples :

— chez la truite de rivière, il existe une interaction entre les populations du cours principal et des affluents, essentiellement, par le biais de leur descendance (Baglinière *et al.*, 1989);

— à partir de l'introduction de souches sédentaires dans les Iles Kerguelen, le milieu a été colonisé par les trois formes de l'espèce (rivière, lac et mer) et leur étude biologique est difficilement dissociable (Davaine et Beall, 1988).

Ainsi cette multiplicité des cycles biologiques fait que sur un même bassin peuvent coexister des populations de truite sédentaires de ruisseau dont certaines femelles maturent à une taille de 10 cm à l'âge de 2 ans et celles de truites de mer se reproduisant à une taille de 70 à 80 cm après trois saisons de croissance marine. A cela s'ajoutent d'une part la complexité des facteurs naturels agissant sur la survie et la croissance de la truite et d'autre part l'influence de l'homme. Si actuellement quelques règles générales se dégagent quant à la régulation naturelle et aux effets des activités humaines (Elliott, 1989; Crisp, 1989), les connaissances sont loin d'être complètes.

VI. Conclusion : la nécessité d'un bilan des connaissances au niveau national

Avant de proposer des nouvelles études sur la truite commune en France, il était nécessaire de réaliser un bilan des connaissances acquises. Cet objectif a été atteint avec l'ouverture d'un Colloque international sur la truite commune organisé par l'Institut National de la Recherche Agronomique et le Conseil Supérieur de la Pêche et qui s'est tenu en septembre 1988 au centre du Paraclet. La majorité des communications synthétiques relatives aux différents thèmes abordés lors de ce congrès (Biologie des populations sauvages, Place

          J.L. BAGLINIÈRE

dans l'écosystème, Gestion des populations, Techniques d'étude) constitue l'ossature du présent ouvrage. Ainsi différents aspects de la biologie et de l'écologie de la truite (*Salmo trutta* L.) en France sont présentés dans ce livre et concernent :

— la place de la truite dans l'écosystème en caractérisant son habitat, ses comportements alimentaires et sociaux dans le milieu naturel. Si les deux derniers sujets concernent principalement les stades juvéniles (jusqu'à 2 ans) indissociables chez les trois formes, l'habitat est analysé à travers les besoins spécifiques liés à l'âge, à la taille et au stade reproducteur essentiellement pour l'écotype rivière. Cette caractérisation de l'habitat permet également d'aborder la compétition interspécifique puisque la pression de population des autres espèces coexistant avec la truite peut être un facteur important dans la régulation des effectifs de l'espèce;

— la caractérisation biologique des différentes formes de truite présentes en France à l'aide d'exemples régionaux. Ce sont : un cours d'eau breton pour tous les aspects écologiques de la truite de rivière avec toutefois quelques données de densité et croissance étendues à l'ensemble du territoire français, le Lac Léman pour la truite lacustre et enfin quelques rivières de Haute et Basse-Normandie pour la truite de mer;

— la caractérisation de la diversité génétique des populations françaises et plus particulièrement les formes de rivière et de mer en abordant le rôle des repeuplements avec la mise en évidence de flux génique entre populations naturelles et déversées;

— l'analyse dans une perspective historique de la gestion des populations naturelles de truite commune en liaison avec les potentialités écologiques de l'espèce et l'action de l'homme sur l'habitat piscicole.

Références bibliographiques

Anonyme, 1989. Annual Review 1986-1987. *Freshwat. Fish. Lab.* Pitlochry, DAFS, 35 p.

Arrowsmith E., Pentelow F.T.K., 1965. The introduction of Trout and Salmon to the Falkland Islands. *Salmon Trout. Mag.*, **174**, 119-129.

Bagliniere J.L., Maisse G., Lebail P.Y., Nihouarn A., 1989. Population Dynamics of Brown Trout (*Salmo trutta* L.) in a tributary in Brittany (France) : spawning and juveniles. *J. Fish. Biol.*, **34**, 97-110.

Balon E.K., 1980. Early ontogeny of the lake charr, *Salvelinus* (Cristivomer) *namaycush*. In « charrs », E.K. Balon (Ed), Junk, The Hague, 485-562.

Behnke R.J., 1972. The systematics of Salmonid fishes of recently glacied lakes. *J. Fish. Res. Board Can.*, **29**, 639-671.

Benoit G., 1986. Estimation de la production de l'aquaculture continentale française. *Aqua revue*, **9**, 7-11.

Bisson P.A., Nielsen J.L., Chillote M.W., Crawford B., Leider S.A., 1986. Occurence of Anadromous Brown Trout in two Lower Columbia river tributaries. *North Am. J. Fish. Manage.*, **6**, 290-292.

Bœuf G., 1986. La salmoniculture au Chili. *Piscic. fr.*, **84**, 5-35.

BOIGONTIER B., 1987. Présentation des données recueillies par le CEMAGREF sur les Salmonidés de l'estuaire de la Gironde. CEMAGREF, division ALA, Bordeaux, 9 p.

BRETON B., BILLARD R., 1984. The endocrinology of teleosts reproduction : an approach to the control of fish reproduction. *Arch. Fishereiwiss.*, **35**, 55-74.

CHEVASSUS B., FAURE A., 1988. Aspects techniques de l'aquaculture. Evolution technologique de la filière salmonicole. *Piscic. fr.*, **92**, 5-14.

CHEVASSUS B., QUILLET E., CHOURROUT D., 1985. La production de truites stériles par voie génétique. *Piscic. fr.*, **78**, 10-19.

CRISP D.T., 1989. Some impacts of human activities on trout, *Salmo trutta*, populations. *Freshwater Biol.*, **21**, 21-23.

DAVAINE P., BEALL E., 1988. Cycle vital et analyse démographique d'une population de truite commune (*Salmo trutta* L.) acclimatée dans les Iles Kerguelen (TAAF). Colloque sur la truite commune, le Paraclet, 6-8 septembre 1988.

DUMONT D., MONGEAU J.R., 1990. La truite brune (*Salmo trutta*) dans le Québec méridional. *Bull. Fr. Piscic.*, 319, 153-166.

ELLIOTT J.M., 1989. Wild brown trout *Salmo trutta* : an important national and international resource. *Freshwater Biol.*, **21**, 1-5.

EUZENAT G., FOURNEL F., RICHARD A., 1991. La truite de mer (*Salmo trutta* L.) en Normandie/Picardie. In J.L. Baglinière et G. Maisse ed., *La truite : biologie et écologie*, INRA Paris, 183-214.

FROST W.E., BROWN M.E., 1967. The trout.Collins, Ed. St Jame's Place, London, 236 p.

GERDEAUX D., 1988. Synthèse des connaissances actuelles sur le peuplement piscicole du lac d'Annecy, octobre 1988. Bilan piscicole et halieutique. *St. Hydrobiol. Lac., INRA Thonon les Bains*, 43 p.

GERDEAUX D., BUTTIKER B., PATTAY D., 1989. La pêche et les recherches piscicoles en 1988 sur le Léman. *Rapport annuel 1988*, CIPEL, 7 p.

GRAYNOTH E., 1974a. The Auckland Trout Fishery. *N.Z.M.A.F. Fish. techn. Rep.*, **89**, 22 p.

GRAYNOTH E., 1974b. New Zealand Angling 1947-1968. An assessment of the national angling diary and postal questionnaire schemes. *N.Z.M.A.F. Fish. Techn. Rep.*, **135**, 70 p.

HARDY C.J., 1972. South Island Council of acclimatisation societies. Proceedings of the Quinnat Salmon fishery Symposium 2-3 October 1971 - Ashburton. *N.Z.M.A.F. Fish. Techn. Rep.*, **83**, 298 p.

HOAR W.S., 1976. Smolt transformation : Evolution, Behaviour and Physiology. *J. Fish. Res. Board Can.*, **33**, 1234-1252.

JACKSON P.D., WILLIAMS W.D., 1980. Effects of brown trout, *Salmo trutta* L., on the distribution of some native fishes in three areas of Southern Victoria. *Aust. J. Mar. Freshwater Res.*, **31**, 61-67.

JONES J.W., 1959. The Salmon.Collins, Ed., St Jame's Place, London, 192 p.

KRIEG F., 1984. *Recherche d'une différenciation génétique entre populations de* Salmo trutta. Thèse 3e cycle Fac. Sci. Univ. Paris Sud Orsay, 92 p.

LEGENDRE V., 1980. Les âges géologiques et quelques uns de leurs vivants d'après les fossiles. *M.L.C.P., Service de l'Aménagement et de l'exploitation de la Faune, Montréal, Province du Québec*, 1 p.

LELEK A., 1980. Les poissons d'eau douce menacés en Europe. Conseil de l'Europe, Strasbourg. *Sauvegarde la Nature*, **18**, 277 p.

LESEL R., THEREZIEN Y., VIBERT R., 1971. Introduction des Salmonidés aux Iles Kerguelen. I - Premiers résultats et observations préliminaires. *Ann. Hydrobiol.*, 2, 275-304.

MACCRIMMON H.R., MARSHALL T.L., 1968. World distribution of Brown Trout, *Salmo trutta*. *J. Fish. Res. Board Can.*, **25**, 2527-2548.

MACCRIMMON H.R., MARSHALL T.L., GOTS B.L., 1970. World distribution of Brown Trout, *Salmo trutta* : further observations. *J. Fish. Res. Board Can.*, **27**, 811-818.

MELHAOUI M., 1985. *Eléments d'écologie de la truite de lac* (Salmo trutta L.) *du Léman dans le système lac-affluent*. Thèse 3e cycle, Fac. Sci., Univ. Paris VI, 127 p.

PROUZET P., MARTINET J.P., CASAUBON J., 1988. Rapport sur la pêche des marins pêcheurs dans l'estuaire de l'Adour en 1988. *Rap. IFREMER/DRV/RH/St Pée-sur-Nivelle*, 15 p.

QUILLET E., CHEVASSUS B., KRIEG F., BURGER G., 1986. Données actuelles sur l'élevage en mer de la truite commune *(Salmo trutta). Piscic. fr.*, **86**, 48-56.

SMITH G.R., STEARLEY R.F., 1988. The classification and scientific names of Rainbow and Cutthroat Trouts. *Fisheries*, **14**, 4-10.

TCHERNAVIN V., 1939. The origin of Salmon. *Salmon Trout. Mag.*, **95**, 120-140.

TENDRON G., 1989. Rapport d'activité du Conseil Supérieur de la Pêche 1988. *Rap. Conseil Supérieur de la Pêche*, Paris, 98 p.

THIBAULT M., 1983. Les transplantations de Salmonidés d'eau courante en France, saumon atlantique (*Salmo salar* L.) et truite commune (*Salmo trutta* L.). *C.R. Soc. Biogeogr.*, **59**, 405-420.

THORPE J.E., 1982. Migration in salmonids, with special reference to juveniles movements in freshwater. In « *Proceedings of Salmon and Trout migratory behaviour symposium* », E.L. Brannon and E.O. Salo (Eds), Univ. of Washington, School of fisheries, Seattle, Washington, USA, 86-97.

I

La truite de rivière

1. Biologie de la truite commune (*Salmo trutta* L.) dans les rivières françaises

G. Maisse et J.L. Baglinière

I. Introduction

La truite commune (*Salmo trutta*) est une des espèces piscicoles les mieux connues en Europe. En France, sa biologie a fait l'objet de nombreuses études ponctuelles qui ne permettent qu'une vision imparfaite d'un cycle à bien des égards complexe.

En 1960, Vibert, s'appuyant en particulier sur les travaux menés par M. Huet dans les Ardennes belges, distingue plusieurs types de cycle biologique :
1. l'existence des truites semi-migratrices effectuant des déplacements entre un habitat propre à leur croissance et un habitat ne paraissant propre qu'à la reproduction et à la croissance infantile;
2. l'existence de truites occupant un habitat favorable à la fois à leur reproduction et à leur croissance qui par le fait même, sont sédentaires. Y a-t-il sur certains secteurs des populations de truites migratrices se superposant à des populations de truites sédentaires ? Cela est vraisemblable.

Cette complexité du cycle est, elle aussi, évoquée par Arrignon (1968) en conclusion d'une étude sur le comportement migratoire de la truite dans le bassin de la Seine : « Il nous semble, en définitive, bien difficile de dire, d'après les caractéristiques méristiques des sujets examinés, si le caractère migrateur est un attribut de l'espèce, de la race ou de l'individu ».

En d'autres termes, c'est de la plasticité de la truite commune qu'il s'agit, et il est très simplificateur de vouloir présenter une synthèse des connaissances sur la truite rivière sans faire référence à la truite de mer ou à la truite de lac.

Dans cette présentation nous nous appuierons principalement sur les connaissances acquises sur le Scorff, rivière du Massif Armoricain, pendant onze années d'études de 1973 à 1984 (Maisse et Baglinière, 1990).

Le Scorff est un fleuve côtier de Bretagne-sud d'une longueur de 75 km pour un bassin versant de 480 km². La pente varie de 1,5 pour mille, sur les schistes, à 7 pour mille, sur les granites, et est modifiée localement par la présence de barrages de moulin. La nature géologique du bassin versant et le climat océanique auquel il est soumis, confèrent au Scorff un régime de hautes eaux hivernales et de basses eaux estivales et automnales. La qualité de l'eau est bonne en dépit de la présence d'élevages industriels et de plusieurs pisccultures; elle se caractérise par une légère acidité (pH = 6,5) et une très faible teneur en calcium (5 mg/l) (Euzenat et Fournel, 1976; Champigneulle, 1978; Bourget-Rivoallan, 1982).

Le bassin du Scorff et les lieux d'échantillonnage sont représentés dans la figure 1.

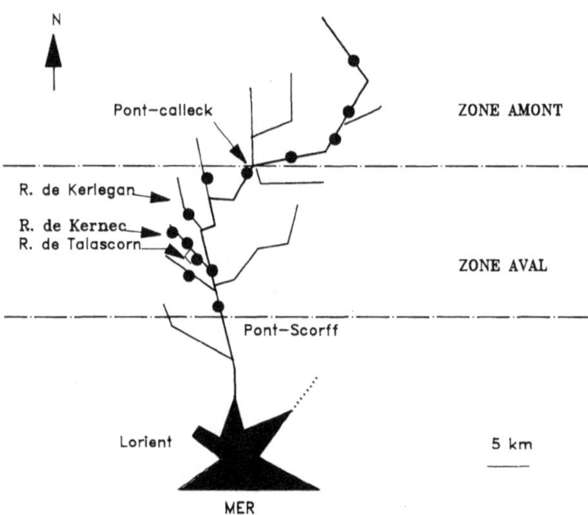

Figure 1. – Localisation des zones inventoriées de 1973 à 1984 sur le bassin du Scorff.

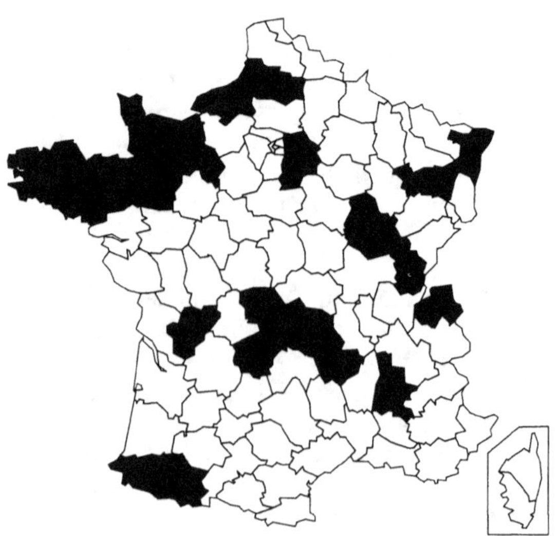

Figure 2. – Départements dans lesquels les études citées en référence ont été réalisées.

Une quinzaine d'espèces piscicoles sont présentes en plus de la truite commune, dont le saumon atlantique (*Salmo salar*), l'anguille (*Anguilla anguilla*), le brochet (*Esox lucius*), le chabot (*Cottus gobio*) et la loche franche (*Nemacheilus barbatulus*) (Baglinière, 1979).

Par ailleurs, nous disposons d'un certain nombre d'études ponctuelles à partir desquelles nous essaierons de présenter la situation de la truite commune dans les rivières françaises (fig. 2). Il faut remarquer à ce propos que le travail de Cuinat (1971), sur la croissance, est le seul à proposer une réflexion à dimension nationale.

II. Description des populations en place

1. Le Scorff

Les inventaires automnaux par pêche électrique, pratiqués en divers endroits du bassin, montrent une dispersion de la population variable suivant les classes d'âge en fonction du milieu (tabl. 1, fig. 3). Les plus fortes densités en juvéniles 0^+ se rencontrent dans les affluents, dont les têtes de bassin jouent un véritable rôle de nursery. Dans le Scorff, les habitats les plus favorables sont les radiers et les rapides (zones courantes, v > 40 cm/s, peu profondes, 10 à 40 cm, et à granulométrie grossière; Champigneulle, 1978), avec une prédominance des individus 1^+. Dans la rivière, la classe d'âge 0^+ est mieux représentée en amont qu'en aval. Dans les milieux profonds (plus de 60 cm de hauteur d'eau), peu propices aux inventaires par pêche électrique, les individus plus âgés et de grande taille sont présents, mais n'ont pas été dénombrés (Baglinière *et al.*, 1979a).

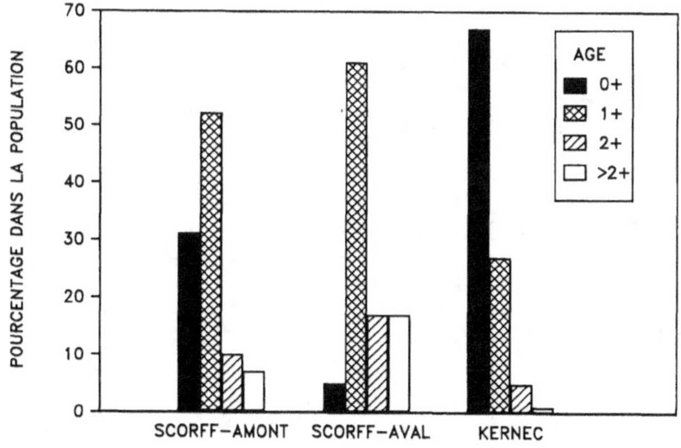

Figure 3. – Structures démographiques de la truite commune sur le bassin du Scorff, suivant la zone.

Un effet rive important a été mis en évidence par Baglinière et Arribe-Moutounet (1985) sur la rivière principale : 80 p. 100 de la population sont recensés près des berges, des blocs ou des îlots de végétation émergée, quels que soient la classe d'âge et le milieu (tabl. 1), qui sont à mettre en relation en particulier avec l'importance et la réussite du frai, les conditions climatiques et les compétitions intra et interspécifiques. Dans ce dernier cas, l'existence, sur le bassin du Scorff, d'une population de saumon atlantique entraîne la coexistence des deux espèces dans de nombreux secteurs (Baglinière et Champigneulle, 1982).

Sur le cours principal, la microrépartition des juvéniles des deux espèces apparaît cependant différente avec l'absence de la truite dans les zones aux fortes vitesses de courant fréquentées par le saumon (Baglinière et Arribe-Moutounet, 1985). Sur les ruisseaux et, en particulier, celui de Kernec, une corrélation inverse existe entre les densités de juvéniles 0^+ des deux espèces (fig. 4; Baglinière et Maisse, 1989).

Tableau 1. – Densités de la truite commune sur le réseau hydrographique du Scorff, suivant l'âge et la zone
Habitat : – H1 = Radier + Rapide
— H2 = Plat + Profond

Situation	Zone	0^+ ind/100 m^2	1^+ ind/100 m^2	$> 1^+$ ind/100 m^2	Période d'étude	Références
Amont	Scorff – H1	0,7-2,9	0,5-4,5	0,3-1,4	1976-1980	Baglinière et Champigneulle, 1982
	Scorff – H2	0,0-0,2	0,0-3,3	0,0-2,4	1976-1980	Baglinière et Champigneulle, 1982
	Affluent	72,9	3,0	0,0	1977	données non publiées
Aval	Scorff – H1	0,0-1,1	0,4-9,2	0,3-2,8	1976-1980	Baglinière et Champigneulle, 1982
	Scorff – H2	0,0-0,3	0,0-4,0	0,4-2,3	1976-1980	Baglinière et Champigneulle, 1982
	Affluent	5,1-23,3	4,7-13,2	1,0-5,0	1975-1983	Nihouarn, 1983a; Baglinière et al., 1989
	Tête de bassin	38,0-64,0	0,5-1,0	0,0-0,0	1982-1983	Baglinière et al., 1989
	Sous affluent	6,9-50,0	4,0-14,0	2,0-6,0	1975-1983	Nihouarn, 1983; Baglinière et al., 1989

Une étude plus précise de l'évolution saisonnière du peuplement en truites de la partie moyenne du ruisseau de Kerlégan, a été menée par Euzenat et Fournel (1976) d'avril 1974 à octobre 1975. Cette étude montre que dans ce ruisseau le peuplement est principalement composé, en mars et avril, de poissons âgés de 2 ans et plus ; en été, nous assistons à un rajeunissement de la population avec l'apparition des 0^+ et l'augmentation de la densité des 1^+, cette structure d'âge se maintenant jusqu'en octobre (fig. 5).

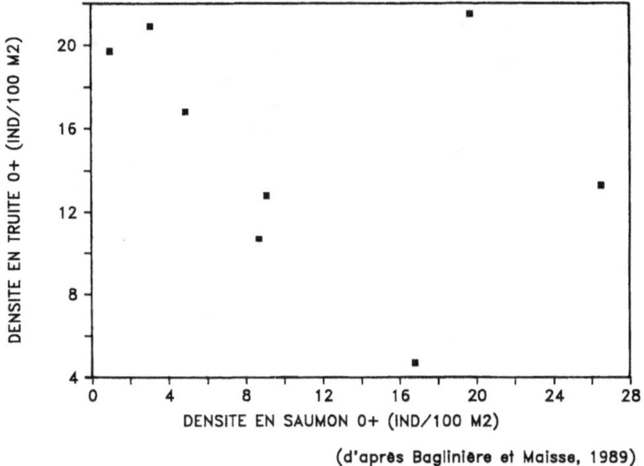

Figure 4. – Coexistence des juvéniles de truite commune et de saumon sur le bassin du Scorff; relation entre les densités des deux espèces sur les mêmes secteurs, du ruisseau de Kernec.

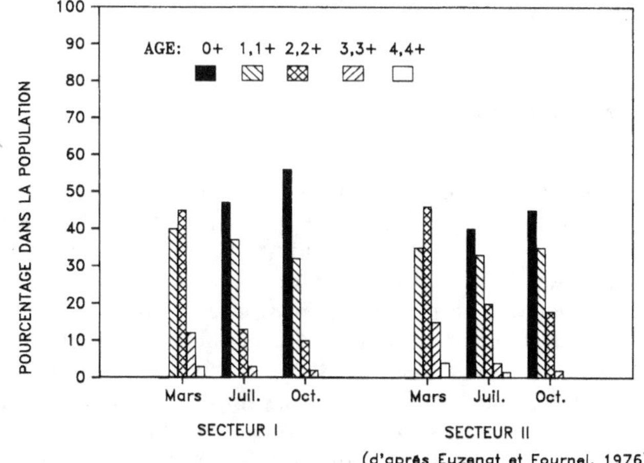

Figure 5. – Evolution saisonnière de la structure démographique de la population de truite commune de deux secteurs du ruisseau de Kerlegan, affluent du Scorff.

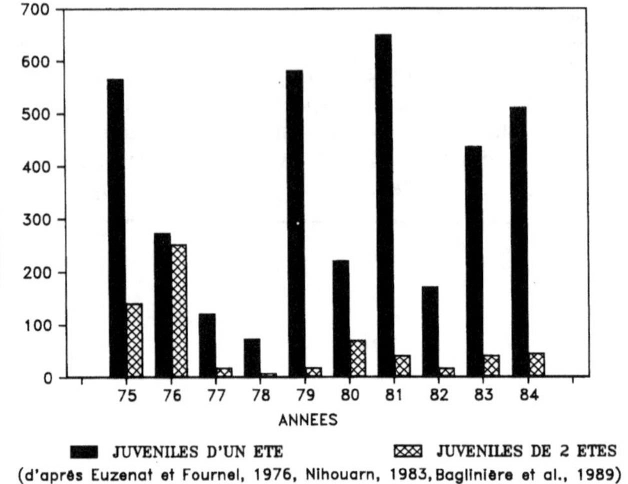

Figure 6. – Evolution annuelle du nombre de juvéniles de truite commune capturés dans le piège de descente du ruisseau de Kernec, affluent du Scorff.

Ces fluctuations saisonnières sont à mettre en relation avec deux événements : l'émergence des alevins au début du printemps et la migration automnale et surtout printanière des poissons d'un et de deux étés, des ruisseaux vers la rivière principale (Euzenat et Fournel, 1976 ; Nihouarn, 1983a). Les effectifs de ces migrants, composés à environ 80 p. 100 de poissons d'un été, subissent des fluctuations annuelles très importantes (fig. 6).

2. Les rivières françaises

La situation décrite sur le Scorff se retrouve d'une manière générale sur l'ensemble des bassins fréquentés par la truite : les têtes de bassins sont peuplées presqu'exclusivement de 0^+, les ruisseaux ont un peuplement plus varié avec notamment des 1^+ dont l'importance relative croît dans la rivière principale (tabl. 2). Localement, ce schéma peut être remis en cause avec une proportion moindre de 0^+ et de 1^+ dans les ruisseaux pyrénéens (où l'on trouve des individus âgés (6^+)) et supérieure dans les rivières normandes fréquentées par la truite de mer. Dans ce dernier cas, l'impossibilité de distinguer les juvéniles de truite de mer de ceux des truites sédentaires, apporte un élément de réponse dans la mesure où la truite de mer se reproduit généralement dans le cours principal.

III. La croissance individuelle

1. Le Scorff

D'une manière générale, la taille des truites diminue de l'aval vers l'amont du Scorff et du Scorff vers les affluents et les sous-affluents (fig. 7). L'étude des facteurs année et milieu montre que les différences de croissance des cohortes s'établissent très précocement, en 0^+ (tabl. 2); cependant, les juvéniles des ruisseaux migrant dans la rivière principale, à la capacité trophique supérieure, vont bénéficier de conditions de croissance telles qu'ils rattrapent leur retard sur les individus nés dans le cours principal (Baglinière et Maisse, 1990).

Dans le ruisseau de Kernec, Baglinière et Maisse (1990), proposent un modèle de Von Bertalanffy pour décrire la croissance des individus 0^+ en fonction de la somme des températures moyennes journalières (fig. 8). Cette interprétation sous-entend une taille asymptotique à 1 an, qui pourrait être en rapport avec la capacité biogénique du milieu qui deviendrait progressivement limitant; le taux de croissance ne peut, dans ce cas, augmenter que consécutivement à un changement de milieu, dans le ruisseau, vers la rivière ou bien même la mer.

Enfin il faut préciser que certaines activités humaines peuvent modifier la croissance localement; Bourget-Rivoallan (1982) a ainsi montré que la croissance est supérieure en aval de la salmoniculture de Pont-Calleck par rapport à l'amont.

Tableau 2. – Importances relatives des classes d'âge 0^+ et 1^+ dans les populations de truite commune dans les cours d'eau de France continentale, d'après : (1) Angelier, 1976; (2) Anonyme, 1983; (3) Anonyme, 1984; (4) Anonyme, 1986; (5) Baglinière, 1981; (6) Baglinière & Champigneulle, 1982; (7) Baglinière *et al.*, 1989; (8) Barré, 1972; (9) Benard, 1985; (10) Champigneulle *et al.*, 1988; (11) Chancerel, 1971; (12) Changeux, 1988; (13) Euzenat & Fournel, 1976; (14) Fournel & Euzenat, 1979; (15) Fragnoud, 1987; (16) Gayou & Simonet, 1978; (17) Neveu & Echaubard, 1982; (18) Neveu & Echaubard, 1983; (19) Neveu & Echaubard, 1984; (20) Neveu, non pub.; (21) Nihouarn, 1983a; (22) Nihouarn, 1983b; (23) Nihouarn, 1983c; (24) Ombredane, 1989; (25) Ombredane *et al.*, 1988.

Région	Tête de bassin		Ruisseau		Rivière		Références
	0^+	1^+	0+	1^+	0+	1+	
Haute-Normandie			85		10-80	15-60	8,14
Maine/B.-Normandie			60-80	10-40	10-40	30-90	2,3,5,9,22,23,
Bretagne	90-100	00-10	60-70	20-30	00-30	50-60	4,6,7,13,21,24,25
Pays Basque			30-40	20-40			11,20
Pyrénées			10-40	20-30	00-20	20-40	1,16
Massif Central	90-100	00-10	40-70	20-40	20-50	30-50	12,17,18,19
Préalpes			70-90	05-10	00-90	05-50	15
Alpes (B. du Léman)			10-40	10-20			10
Jura			15	20	10-20	10-40	15

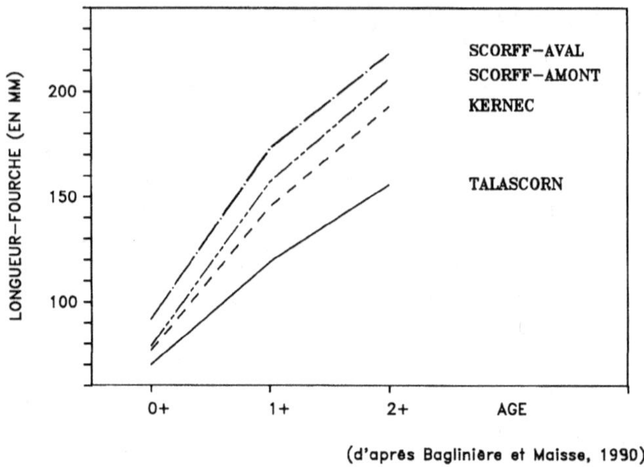

Figure 7. – Croissance moyenne de la truite commune sur le bassin du Scorff.

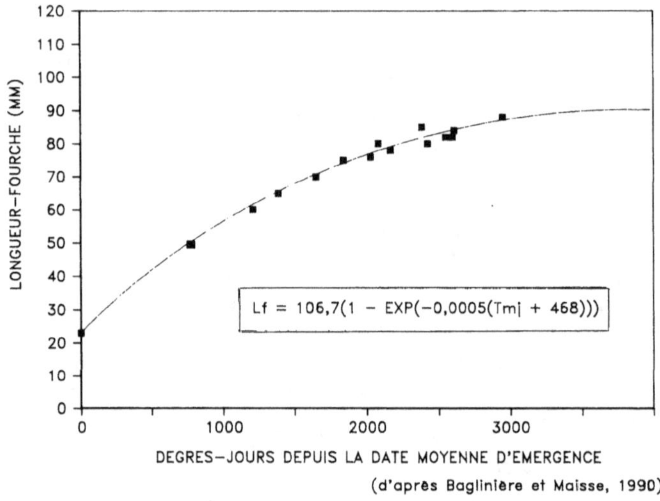

Figure 8. – Modélisation de la croissance des juvéniles de truite commune en fonction de la température de l'eau dans le ruisseau de Kernec, affluent du Scorff.

2. Les rivières françaises

Au niveau national (tabl. 3), la croissance est variable suivant les régions et les bassins. D'après les données dont nous disposons, les régions peuvent être classées en trois catégories :

— forte croissance : Haute Normandie, Basse Normandie-Maine, Poitou-Charentes, Alpes-Bassin du Léman, Est du Bassin parisien, Alsace ;

Tableau 3. – Taux de croissance linéaire mensuel moyen (G = 2,8 (log L2-log L1)/(t2-t1)) de la truite commune sur le bassin du Scorff (Cohortes 77 à 81) suivant l'âge et le milieu.
(D'après Baglinière et Maisse, 1990)

	0^+	1^+	2^+
Talascorn	0,55	0,12	0,06
Kernec	0,60	0,15	0,07
Scorff Amont	0,62	0,16	0,06
Scorff Aval	0,69	0,15	0,06
Effet Année	***	NS	NS
Effet Milieu	***	***	NS

— croissance moyenne : Bretagne, Pays Basque, Massif Central, Préalpes ;

— faible croissance : Pyrénées, Jura.

Ce classement devra cependant être confirmé par des études complémentaires, notamment dans les régions sous-échantillonnées.

Si effectivement, comme l'a montré Cuinat (1971), les indices « Calcium » et « Pente-Largeur » sont de bons indicateurs de la croissance, d'autres facteurs doivent être pris en considération, comme la température qui pénalise les régions de montagne, dont les rivières ont un régime nival. Il faut noter cependant la bonne croissance enregistrée dans un affluent alpin du lac Léman où vient frayer la truite de lac. Cette remarque nous amène à prendre en considération une composante génétique pouvant intervenir dans certain bassin fréquenté par des souches migratrices.

IV. La maturation sexuelle

1. Caractéristiques générales

Chez les géniteurs, le rapport des sexes est toujours en faveur des mâles (Euzenat et Fournel, 1976 ; Nihouarn, 1983 ; Maisse *et al.*, 1987 ; Baglinière *et al.*, 1987). La structure d'âge des géniteurs varie suivant le sexe et l'origine (tabl. 3) : chez les femelles, ce sont les 2^+ qui sont majoritaires, alors que les 1^+ dominent chez les mâles ; la classe d'âge 1^+ est mieux représentée chez les femelles des ruisseaux que celles de la rivière principale ; c'est l'inverse pour les mâles. L'âge maximum est 5^+ ans (Baglinière *et al.*, 1987).

2. Age et taille à la première maturité

a) Les mâles

Quelques individus maturent en 0^+, mais la très grande majorité des mâles maturent pour la première fois en 1^+. Le taux de maturation à cet âge dépend de la croissance en 0$^+$ et la taille moyenne des mâles 1$^+$ est supérieure à celle des immatures (Maisse *et al.*, 1987).

b) *Les femelles*

Euzenat et Fournel (1976) considèrent la maturation sexuelle en 1$^+$ très rare chez les femelles. Cependant, les études plus récentes, avec notamment l'apport d'une technique de sexage par sérodiagnostic (Le Bail *et al.*, 1981), ont montré que ce phénomène n'était pas négligeable (Baglinière *et al.*, 1981 ; Nihouarn, 1983a ; Maisse *et al.*, 1987 ; Baglinière *et al.*, 1987). Néanmoins la grande majorité des femelles maturent pour la première fois en 2$^+$. En 1$^+$ les femelles maturantes sont plus grandes que les mâles et les immatures de même origine (fig. 9) (Baglinière *et al.*, 1981 ; Maisse *et al.*, 1987), mais leur taille varie suivant les lieux (tabl. 4). Comme pour les mâles, il semble que ce soit la croissance en 0$^+$ qui soit un des facteurs importants de la maturation précoce.

3. Fécondité des femelles

Euzenat et Fournel (1976) ont décrit l'évolution du rapport gonado-somatique chez les truites du Scorff : les gonades entrent dans une phase de vitellogénèse active dès le mois de mai, qui s'accélère fortement en septembre pour atteindre un RGS de 20 p. 100 au frai.

La relation entre la fécondité et la longueur-fourche a été donnée par Euzenat et Fournel (1976) pour les poissons du Scorff (log F = 3,31771 log L − 5,010) et par Maisse *et al.* (1987) pour les poissons du ruisseau de Kernec (log F = 1,64 log L − 1,385). Il est difficile de comparer ces deux relations car elles n'ont pas été établies sur le même intervalle de tailles, cependant

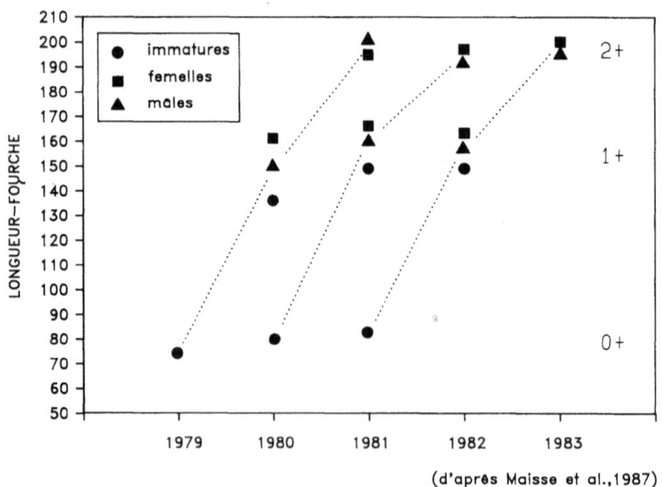

Figure 9. − Relation entre la croissance et la maturation dans la population de truite commune du ruisseau de Kernec, affluent du Scorff.

Tableau 4. — Croissance de la truite commune en France continentale, d'après : (1) Angelier, 1976; (2) Anonyme, 1983; (3) Anonyme, 1984; (4) Anonyme, 1986; (5) Baglinière, 1981; (6) Baglinière & Champigneulle, 1982; (7) Baglinière et al., 1989; (8) Barré, 1972; (9) Benard, 1985; (10) Champigneulle et al., 1988; (11) Chancerel, 1971; (12) Changeux, 1988; (13) Cuinat, 1971; (14) Cuinat & Dumas, 1973; (15) Euzenat & Fournel, 1976; (16) Fragnoud, 1987; (17) Gayou & Simonet, 1978; (18) Neveu, non pub.; (19) Neveu & Echaubard, 1982; (20) Neveu & Echaubard, 1983; (21) Neveu & Echaubard, 1984; (22) Nihouarn, 1983a; (23) Nihouarn, 1983b; (24) Nihouarn, 1983c; Ombredane, 1989; (26) Ombredane et al., 1988; (27) Porcher-Dechar & Porcher, 1974; (28) Prouzet et al. 1977; (29) Steinbach, non pub.

Région	Temperat.	Indice Ca^{++}	Indice pente/ largeur	Taille $0^+/1$	Taille $1^+/2$	Taille $2^+/3$	Références
Haute-Normandie	05-22	9	1-3	90-140	170-210	250-320	8, 13, 27
Maine/B.-Normandie	05-20	4-10	2-8	70-110	150-220	200-330	2, 3, 5, 9, 23, 24, 26, 28
Bretagne	05-22	1-5	3-5	70-110	120-200	140-270	4, 6, 7, 15, 22, 29
Poitou-Charentes	07-20	9	5-6	110-120	210-260	300-350	
Pays Basque	05-20	3-8	1-8	70-80	120-130	160-300	11, 13, 18
Pyrénées	00-17	5-7	6-9	60-70	90-130	120-180	1, 14, 17
Massif Central	03-17	1-6	2-8	70-80	130-150	150-260	12, 13, 19, 20, 21
Pré-Alpes	03-24	7-9	5-6	70-120	120-160	180-250	16
Alpes/B. Léman	01-17	7-8	7	90-110	160-210	270	10
Jura	<15	7-9	5-6	80-110	110-140	150-180	16
Bassin Parisien/Est		9	4-7			250-300	13
Alsace		5-9	3-5			220-310	13

dans la zone de recoupement les femelles de la rivière ont en moyenne une meilleure fécondité que celles du ruisseau. En dépit de cette infériorité individuelle, le potentiel reproducteur total des géniteurs du ruisseau de Kernec est supérieur ou égal à celui des géniteurs migrants dont le nombre est généralement très inférieur (Baglinière *et al.*, 1987).

V. Le frai

1. Période et localisation

D'une manière générale, la période de frai de la truite débute en novembre et finit fin janvier, exceptionnellement fin février (Euzenat et Fournel, 1976; Baglinière *et al.*, 1979b; Nihouarn, 1983a; Baglinière *et al.*, 1989). Dans la partie aval du Scorff, la truite fraie essentiellement dans les affluents, alors que dans la partie amont du bassin, la reproduction peut se dérouler aussi bien dans la rivière que dans les affluents (Baglinière *et al.*, 1979b).

2. Activités liées au frai

L'activité de migration de reproduction (fig. 10) est une des caractéristiques du comportement des géniteurs du cours aval du Scorff qui vont frayer dans les affluents. Cette migration concerne en majorité les géniteurs en aval, au niveau et en amont de la confluence. Euzenat et Fournel (1976) distinguent plusieurs phases dans la migration :

— une première phase d'approche du confluent de la rivière et du ruisseau frayère (mouvement de montée ou de descente);
— un stationnement à l'embouchure du ruisseau dans l'attente de conditions favorables;
— une montée dans l'affluent modulée par un certain nombre de facteurs environnementaux.

Les stimuli de cette dernière phase ont été plus particulièrement étudiés par Baglinière *et al.* (1987) sur le ruisseau de Kernec : l'activité de remontée est conditionnée par l'apparition des crues; en conditions hydrologiques moyennes, il existe un seuil thermique minimum de 6°C. Par ailleurs, ces mêmes auteurs ont montré que la réceptivité aux stimuli variait suivant le sexe : les mâles sont réceptifs plus tôt que les femelles qui migrent surtout lors des fortes crues; le stade de réceptivité des femelles se situe peu avant l'ovulation.

L'activité de frai est plutôt diurne et ne paraît pas dépendre des conditions thermiques (Baglinière *et al.*, 1979b). Le rôle du débit n'est pas clairement établi; sur les affluents, il ne semble pas y avoir d'influence marquée, alors que les crues ralentissent l'activité de creusement dans le cours principal (Baglinière *et al.*, 1979b). Toutefois, les conditions d'observation variant, en particulier avec la turbidité de l'eau, il est difficile de conclure sur l'influence réelle des facteurs externes.

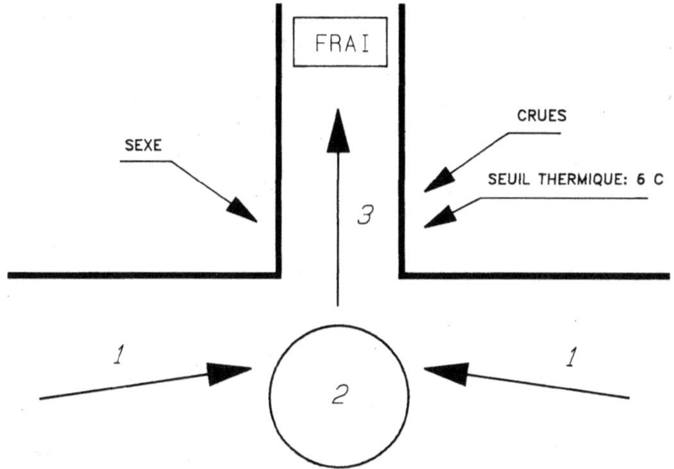

(d'après Euzenat et Fournel,1976 et Baglinière et al., 1987)

Figure 10. – Représentation schématique du comportement de reproduction des géniteurs de truite commune dans la partie aval du Scorff.
1 – phase d'approche du confluent de la rivière et du ruisseau frayère.
2 – stationnement à l'embouchure du ruisseau dans l'attente de conditions favorables.
3 – montée dans l'affluent modulée suivant le sexe, par un certain nombre de facteurs environnementaux.

3. Caractéristiques des frayères et réussite du frai

La majorité des frayères est située dans une zone où le courant s'accélère ; 84 p. 100 des frayères observées dans la rivière sont creusées dans du gravier dont la taille est comprise entre 2 cm et 5 cm ; dans les affluents la granulométrie est plus fine, 62 p. 100 des frayères sont constituées de graviers de 2 mm à 2 cm (Nihouarn, 1983a).

L'étude *in situ* des œufs déposés dans les frayères indique que le taux d'embryonnement est élevé (93 p. 100, Nihouarn, 1983a). Le taux d'émergence n'est pas connu, mais peut être estimé à 80 p. 100 d'après les travaux de Witzel et Mac Crimmon (1983) sur les relations entre la granulométrie des frayères et la survie embryonnaire.

VI. Eléments de dynamique des populations

1. Taux de survie

Le tableau 5 donne une estimation des taux de survie annuels établis sur les ruisseaux de Kernec et Talascorn en absence de pêche à la ligne. Ces résultats confirment les très fortes mortalités, classiquement enregistrées au cours de la première année. Le taux de survie au cours de la deuxième année est variable et dépend en partie, pour le ruisseau de Kernec, du nombre de juvéniles migrants (20 à 35 p. 100 des 0^+); pour l'ensemble du bassin le taux de survie de 0^+ à 1^+ est probablement supérieur à 50 p. 100. Après le frai, la survie annuelle des mâles est moindre (30 p. 100) que celle des femelles (50 p. 100); cependant, dans les ruisseaux, le prélèvement par la pêche à la ligne paraît atteindre plus particulièrement les femelles dont la classe d'âge 4^+ peut totalement disparaître du ruisseau de Kernec (Maisse *et al.*, 1987). Cela ne semble pas être le cas dans la rivière principale, pour laquelle le rapport des sexes dans les captures est équilibré (Baglinière *et al.*, 1979b).

Tableau 5. – Taux de survie de la truite commune du bassin du Scorff pour chaque stade, estimé sur les ruisseaux de Kernec et de Talascorn.

	Kernec	Talascorn	References
Taux de fécondation	93	–	Nihouarn 1983
Taux d'émergence	(80)	(80)	*
Taux de survie 1ère année depuis émergence	5 [3-7]	7 [3-12]	
Taux de survie 2e année	40$^{(1)}$ [30-50]	40 [30-50]	[1] d'après Baglinière *et al.*, 1989
Taux de survie 3e année	40$^{(2)}$ [30-50]	40 [30-50]	[2] Maisse *et al.*, 1987
Taux de survie 4e année	30$^{(2)}$ 50$^{(2)}$	25 30	[2] Maisse *et al.*, 1987
Taux de survie 5e année	30$^{(2)}$ 50$^{(2)}$	15 0	[2] Maisse *et al.*, 1987
Taux de survie 6e année	0	0	

* Estimation d'après Witzel et Mac Crimmon (1982) en tenant compte de la granulométrie des frayères (Nihouarn 1983).

2. Le cycle biologique

Baglinière *et al.* (1989) ont proposé un cycle biologique décrivant les relations entre les populations de la partie aval du Scorff et du ruisseau de Kernec (fig. 11). Cette interprétation diffère de celle proposée par Euzenat et Fournel (1976) par l'importance donnée à la population de géniteurs du ruisseau. Ces auteurs considèrent que la majorité des juvéniles migrants proviennent directement du frai des géniteurs migrants, ce qui est vérifié dans le cas des petits affluents de l'amont, alors que Baglinière *et al.* (1989) considèrent que les géniteurs des ruisseaux plus importants sont issus du frai des géniteurs migrants et produisent la majorité des juvéniles migrants. Dans la mesure où cette dernière interprétation est vérifiée, le recrutement en juvéniles, de la rivière principale, devient plus difficilement modélisable. Dans la figure 12, nous proposons un schéma explicatif de la dynamique de la truite sur l'ensemble du bassin du Scorff. Ce schéma ne tient pas compte des déversements effectués par les Sociétés de pêcheurs à la ligne, dont on connaît mal l'impact; une étude de caractérisation génétique menée par Krieg et Guyomard (1985) a montré le caractère original des truites de Bretagne et en particulier du Scorff, tendant à minimiser l'apport dû aux déversements d'individus de pisciculture.

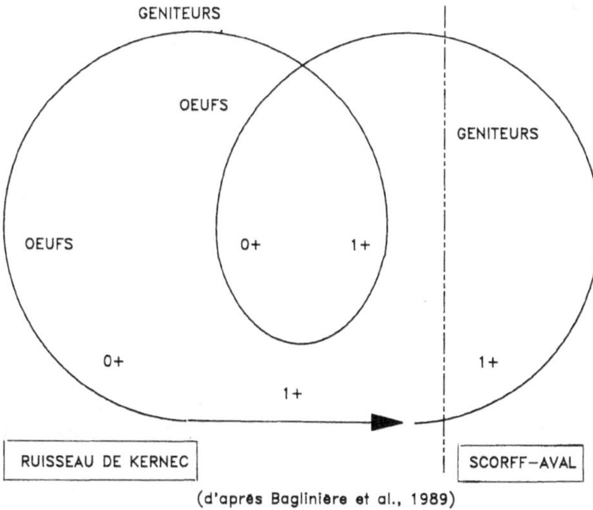

Figure 11. – Cycle biologique simplifié de la truite commune dans la partie basse du Scorff.

VI. Conclusion

La population de truite commune du Scorff a fait l'objet de nombreuses études complémentaires qui permettent d'en brosser la biologie de manière assez complète. Les études réalisées sur d'autres rivières du Massif Armoricain (Prouzet *et al.*, 1977; Prouzet, 1981) laissent à penser que le cycle biologique proposé pour la truite du Scorff peut y être adopté sans modification fondamentale. Au niveau national, il est probable que l'on retrouve des situations du même type; cependant, les régimes thermiques et hydrauliques étant très variés et les zones d'engraissement multiples (ruisseaux, rivières, lacs, mer) le cycle biologique de la truite commune présentera de nombreuses variantes. Les seules contraintes majeures sont liées à la qualité de l'eau (température

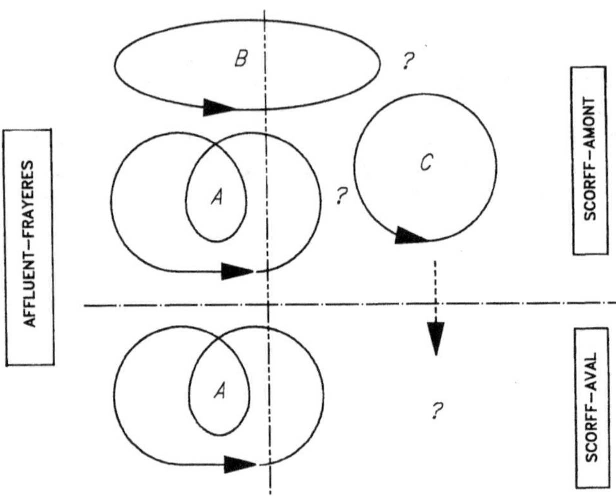

Figure 12. – Les différents cycles biologiques de la truite commune observés sur le bassin du Scorff.
A – Cycle biologique avec une génération intermédiaire « ruisseau » entre les géniteurs de la rivière principale et les juvéniles produits par le ruisseau.
B – Cycle biologique pour lequel le ruisseau joue un rôle limité à la croissance des juvéniles jusqu'à l'âge 1+.
C – Cycle biologique se déroulant entièrement dans la rivière principale.

estivale < 25° C; 6 < pH < 9,...) et aux conditions de reproduction (substrat non colmaté, température minimale < 12°C,...). En absence de pollution aggravée, des modifications de l'environnement respectant ce minimum vital entraîneront des modifications du cycle biologique sans pour autant mettre en cause la survie de l'espèce (cas des populations des grands lacs de barrage). Cette capacité d'adaptation de la truite commune en fait une des espèces les plus intéressantes à étudier.

Les recherches à venir sur les populations de truite commune pourraient s'engager sur les deux thèmes suivants : la capacité biogénique du milieu et les stratégies adaptatives de l'espèce.

L'actualisation du concept de « capacité biogénique » qui, selon Léger (1910) « est l'expression de la valeur nutritive du cours d'eau au point de vue de l'alimentation du poisson » nous paraît devoir être mis en œuvre. Cette idée de Léger paraît, en première approche, très prometteuse : « C'est un facteur d'une importance capitale pour l'estimation de la valeur économique d'une rivière » mais l'auteur tempère lui-même l'enthousiasme du lecteur :

« l'appréciation de la capacité biogénique d'un cours d'eau dépend de telle-
ment de facteurs différents qu'on peut et doit ardemment avouer qu'elle n'est
pas susceptible d'une évaluation mathématique précise. C'est plutôt affaire de
jugement que de mesure ». Il faut bien admettre que cette notion d'« échelle
de capacité biogénique » bien que fictive correspond aux attentes de tout gestionnaire de la pêche. Léger la présente comme un des éléments fondamentaux
du calcul du rendement annuel d'un cours d'eau, élément déterminant dans
la gestion : « lorsque ce rendement est atteint par le peuplement naturel, il
est donc superflu et même nuisible de pratiquer le repeuplement artificiel à
moins d'accroître de quelque manière la capacité biogénique. S'il est atteint,
la différence pourra servir de base à l'évaluation du nombre de sujets de repeuplement à ajouter pour atteindre le rendement normal ».

La capacité biogénique occupe une place de choix dans le « dossier
monographique hydrobiologique » imaginé par Léger pour « procéder avec
toute la rigueur d'une méthode scientifique aux essais de la mise en valeur
des eaux ». Mais pour Léger, il faut posséder « une certaine habitude clini-
que,..., et beaucoup de jugement pour coordonner tous ces facteurs et en dé-
duire dans l'échelle de 0 à 10, le chiffre synthétique qui doit exprimer cette
capacité ». Cet appel aux experts n'est pas nécessairement une mauvaise méthode pour la gestion à court terme, comme ont pu le montrer Chaveroche et
Sabaton (1988) dans le cadre de la description de la qualité de l'habitat.

Cependant, Baglinière et Thibault (1982) « s'appuyant sur deux éléments
essentiels qui ressortent des années d'études sur le Scorff (complexité des phénomènes écologiques et importance des fluctuations naturelles) » insistent sur
« la nécessité de recherches à long terme en écologie des populations naturelles » ; ceci entraîne la définition d'indices objectifs dont les évolutions pourront être mesurées de manière identique pendant des décennies.

Cuinat (1971) avait déjà eu cette ambition en formulant la croissance
(taille à 3 ans) et la densité en fonction d'un « indice calcium » et d'un « indice
pente-largeur ». Aujourd'hui les techniques d'analyse multidimensionnelle
nous permettent d'apprécier de façon objective et simultanée, l'ensemble des
« facteurs essentiels de la capacité biogénique » énoncés par Léger en 1910 :

— « la richesse piscicole proprement dite du cours d'eau au moment
considéré ;

— les animaux aquatiques qui peuvent servir de nourriture aux truites ;

— les animaux terrestres, insectes pour la plupart, qui peuvent tomber
à l'eau ;

— les végétaux, algues, mousses et plantes qui vivent dans l'eau et nourrissent les animaux du premier groupe ;

— la végétation des bords et l'orientation du cours d'eau par rapport
aux vents dominants ;

— la nature du fond ;

— les qualités physiques (températures surtout) et chimiques de l'eau ;

— l'allure du courant et le régime général des eaux ».

A la lumière des résultats obtenus sur le Scorff de 1973 à 1984, il semble
que l'analyse de la croissance et du peuplement automnal des truitelles 0$^+$ en

fonction des divers paramètres environnementaux, trophiques et comportementaux soit particulièrement prometteuse pour développer et préciser les idées de Léger.

L'autre voie de recherche, qui nous paraît devoir être développée, concerne les stratégies adaptatives de l'espèce. L'étude des phénomènes de régulation et de compensation au sein d'une population, associant les composantes sédentaires et migratrices (truite de mer ou truite de lac), est complémentaire de celle à mettre en œuvre dans le thème précédent. En vue de la gestion des différents écotypes, il est fondamental de préciser les parts respectives de l'hérédité et de l'environnement dans leur différenciation phénotypique.

Dans le cadre de cette approche globale de l'espèce, il sera nécessaire de s'intéresser à la biologie des individus, si l'on veut appréhender les ressources de la population en terme d'adaptation. La plasticité de l'espèce dépend en particulier de l'hétérogénéité des physiologies et comportements. En vue de la gestion, il est important de savoir si une population (« souche locale ») possède, de par ses individus, les mêmes potentialités évolutives que l'espèce.

Références bibliographiques

ANGELIER M.L., 1976. Le peuplement piscicole du ruisseau de la Mousquere (Hautes-Pyrénées). *Ann. Limnol.*, **12**, 299-321.

ANONYME, 1983. Etude du peuplement piscicole du bassin de la Touques. Rapport Fédération des APP du Calvados-Conseil Supérieur de la Pêche, Délégation de l'Ouest. 34 p.

ANONYME, 1984. Etude piscicole du bassin de la Sée (Manche). Rapport Conseil Supérieur de la Pêche. Cesson Sévigné. 27 p.

ANONYME, 1986. Situation halieutique du Trieux (1982-1985). Rapport Lab. Ecol. Hydrobiol. INRA, Rennes. 15 p.

ARRIGNON J., 1968. Comportement de l'espèce *Salmo trutta* dans le bassin de la Seine. *Bull. Fr. Piscic.*, **229**, 117-122.

BAGLINIERE J.L., 1979. Les principales populations de poissons sur une rivière à Salmonidés de Bretagne-Sud, le Scorff. Cybium, 3e série, 7, 53-74.

BAGLINIERE J.L., 1981. Etude de la structure d'une population de truite commune (*Salmo trutta*, L.) dans une zone à barbeau. *Bull. Fr. Piscic.*, **283**, 125-139.

BAGLINIERE J.L., ARRIBE-MOUTOUNET D., 1985. Microrépartition des populations de truite commune (*Salmo trutta* L.), de juvéniles de saumon atlantique (*Salmo salar* L.) et des autres espèces présentes dans la partie haute du Scorff (Bretagne). *Hydrobiologia*, **120**, 229-239.

BAGLINIERE J.L., CHAMPIGNEULLE A., 1982. Densité des populations de truite commune (*Salmo trutta* L.) et de juvéniles de saumon atlantique (*Salmo salar* L.) sur le cours principal du Scorff (Bretagne) : préférendums physiques et variations annuelles (1976-1980). *Acta œcol., œcol. Appl.*, **3**, 241-256.

BAGLINIERE J.L., CHAMPIGNEULLE A., NIHOUARN A., 1979b. La fraie du saumon atlantique (*Salmo salar* L.) et de la truite commune (*Salmo trutta* L.) sur le bassin du Scorff. *Cybium*, 3e série, 7, 75-96.

BAGLINIERE J.L., LE BAIL P.Y., MAISSE G., 1981. Détection des femelles de Salmonidés en vitellogénèse. 2. Un exemple d'application : recensement dans la population de truite commune (*Salmo trutta*) d'une rivière de Bretagne-Sud (Le Scorff). *Bull. Fr. Piscic.*, **283**, 89-95.

BAGLINIERE J.L., MAISSE G., 1989. Dynamique de la population de juvéniles de saumon atlantique (*Salmo salar*) sur le ruisseau de Kernec. *Acta œcol., œcol. Appl.*, **10**, 3-17.

BAGLINIERE J.L, MAISSE G., 1990. La croissance de la truite commune (*Salmo trutta* L.) sur le bassin du Scorff. *Bull. Fr. Pêche Piscic.*, **318, 89-101.**

BAGLINIERE J.L., MAISSE G., LE BAIL P.Y., NIHOUARN A., 1989. Population dynamics of brown trout (*Salmo trutta* L.) in a tributary in Brittany (France) : spawning and juveniles. *J. Fish Biol.*, **34**, 97-110.

BAGLINIERE J.L., MAISSE G., LE BAIL P.Y., PREVOST E., 1987. Dynamique de la population de truite commune (*Salmo trutta* L.) d'un ruisseau breton (France) – Les géniteurs migrants. *Acta œcol., œcol. Appl.*, **8**, 201-215.

BAGLINIERE J.L., NIHOUARN A., CHAMPIGNEULLE A., 1979a. L'exploitation des Salmonidés à la ligne sur le Scorff, rivière de Bretagne-Sud. *Bull. Fr. Piscic.*, **272**, 94-115.

BAGLINIERE J.L., THIBAULT M., 1982. Les difficultés d'une gestion rationnelle : l'exemple des populations naturelles de Salmonidés, saumon atlantique et truite commune, sur le Scorff. Assoc. Internat. Entretiens Ecol. Colloque sur *la production et la commercialisation du poisson d'eau douce*, 30 mars-1er avril 1982. 26p.

BARRE N., 1972. *Dynamique d'une population de truites sur un secteur d'une rivière normande, l'Andelle.* Thèse doctorat vétérinaire. Faculté de Médecine Créteil. 117 p.

BENARD A., 1985. Monographie des bassin versants de l'Orne et de l'Huisne (département de l'Orne) : milieu naturel et peuplements piscicoles. DAA « *Protection et aménagement du milieu naturel* » ENSA Rennes. 34 p

BOURGET-RIVOALLAN S., 1982. L'impact des piscicultures sur les rivières à Salmonidés. DAA « *Protection et aménagement du milieu naturel* » ENSA Rennes. 29 p.

CHAMPIGNEULLE A., 1978. *Caractéristiques des juvéniles de saumon atlantique (Salmo salar L.) en relation avec l'habitat sur le cours principal du Scorff.* Thèse doctorat 3e cycle. Biol. Anim. Fac. Sci. Univ. Rennes, 92 p.

CHAMPIGNEULLE A., MELHAOUI M., MAISSE G., BAGLINIERE J.L., GILLET C., GERDEAUX D., 1988. Premières observations sur la truite (*Salmo trutta* L.) dans le Redon, un petit affluent frayère du lac Léman. *Bull. Fr. Pêche Piscic.*, **310**, 59-76.

CHANCEREL F., 1971. Dynamique d'une population de truites dans un ruisseau des Pyrénées atlantiques, le Lizunia. DAA « *Halieutique* ». ENSA Rennes. 62 p.

CHANGEUX T., 1988. Situation halieutique d'une rivière à truite *Salmo trutta* L. : le Haut-Torion. DAA « *Halieutique* ». ENSA Rennes. 45 p.

CHAVEROCHE P., SABATON C., 1988. Quinze experts analysent l'habitat de la truite fario (*Salmo trutta* fario). Colloque sur la truite, centre du Paraclet, 6-7-8/09/88. résumé de la communication, 2 p.

CUINAT R., 1971. Principaux caractères démographiques observés sur 50 rivières à truites françaises. Influence de la pente et du calcium. *Ann. Hydrobiol.*, **2**, 187-207.

CUINAT R., DUMAS J., 1973. Diagnose écologique en cours d'eau à Salmonidés, méthode et exemple. Rapport Organisation Nations Unies Alimentation Agriculture, Rome, 1973, 124 p.

EUZENAT G., FOURNEL F., 1976. *Recherches sur la truite commune (Salmo trutta L.) dans une rivière de Bretagne, le Scorff. 1. Caractéristiques démographiques des populations de truite commune de la rivière Scorff et des affluents. 2. Premiers éléments d'une étude de dynamique de population de truite commune.* Thèse doctorat 3e cycle Biol. Anim. Fac. Sci. Univ. Rennes, 213 p.

FOURNEL F., EUZENAT G., 1979. Etude sur les Salmonidés migrateurs du bassin de l'Arques, 1re partie. *Bull. Inf. C.S.P.*, **114**, 25-49.

FRAGNOUD E., 1987. *Préférences d'habitat de la truite fario* (Salmo trutta fario *L., 1758) en rivière, (quelques cours d'eau du Sud-Est de la France).* Thèse doctorat 3e cycle « Ecologie Fondamentale et Appliquée des Eaux Continentales » Univ. Claude Bernard-Lyon I. 435 p.

GAYOU F., SIMONET F., 1978. *Dynamique des populations de truites* (Salmo trutta fario, *L.). Aménagements piscicoles en haute vallée d'Aure.* Thèse doctorat 3e cycle « Sciences et Techniques en Production Animale ». Inst. Nat. Polytech. Toulouse. 244 p.

KRIEG F., GUYOMARD R., 1985. Population genetics of french brown trout (*Salmo trutta* L.) : large geographical differentiation of wild populations and high similarity of domesticated stocks. *Genet. Sel. Evol.*, **17**, 225-242.

LEGER L., 1910. Principes de la méthode rationnelle du peuplement des cours d'eau à Salmonidés. *Ann. Univ. Grenoble*, **22**, 533-568.

LE BAIL P.Y., MAISSE G., BRETON B., 1987. Détection des femelles de Salmonidés en vitellogénèse. 1. Description de la méthode et mise en œuvre pratique. *Bull. Fr. Piscic.*, **283**, 79-88.

MAISSE G., BAGLINIERE J.L., LE BAIL P.Y., 1987. Dynamique de la population de truite commune (*Salmo trutta*) d'un ruisseau breton (France) : les géniteurs sédentaires. *Hydrobiologia*, **148**, 123-130.

MAISSE G., BAGLINIERE J.L., 1990. The biology of brown trout, *Salmo trutta* L., in the river Scorff, Brittany : a synthesis of studies from 1973 to 1984. *Aquac. and Fish. Mgmt.*, **21**, 95-106.

NEVEU A., ECHAUBARD M., 1982. Inventaire piscicole : résultats obtenus au cours des pêches électriques de septembre 1982 dans la région de Besse-en-Chandesse (Puy-de-Dôme). Rapport 1982. Lab. Ecol. Hydrobiol. INRA, Lab. Zool. INA Paris. 20 p.

NEVEU A., ECHAUBARD M., 1983. Inventaire piscicole : résultats obtenus au cours des pêches électriques de septembre 1983 dans la région de Besse-en-Chandesse (Puy-de-Dôme). Rapport 1983. Lab. Ecol. Hydrobiol. INRA, Lab. Zool. INA Paris. 19 p.

NEVEU A., ECHAUBARD M., 1984. Inventaire piscicole : résultats obtenus au cours des pêches électriques de septembre 1984 dans la région de Besse-en-Chandesse (Puy-de-Dôme). Rapport 1984. Lab. Ecol. Hydrobiol. INRA, Lab. Zool. INA Paris. 14 p.

NIHOUARN A., 1983a. *Etude de la truite commune* (Salmo trutta *L.) dans le bassin du Scorff (Morbihan) : démographie, reproduction, migration.* Thèse doctorat 3e cycle, Biol. Anim. Fac. Univ. Rennes, 73 p.

NIHOUARN A., 1983b. Les cours amont et moyen de la Sienne. Etude des populations piscicoles. Rapport Conseil Supérieur de la Pêche DR n° 2. 14 p.

NIHOUARN A., 1983c. Situation piscicole du bassin du Couesnon, état naturel et influences humaines : pollutions, aménagements hydro-agricoles, repeuplements. Rapport Conseil Supérieur de la Pêche DR n° 2. 36 p.

OMBREDANE D., 1989. Les peuplements et habitats piscicoles de l'Elorn en 1988. Rapport Lab. Ecol. Hydrobiol. — Dept. Halieutique ENSAR. 14 p.

OMBREDANE D., HAURY J., THIBAULT M., 1988. Etude des peuplements piscicoles de l'Elorn en relation avec les habitats aquatiques en Octobre 1987. Rapport Lab. Ecol. Hydrobiol. INRA – Dept. Halieutique ENSAR. 24 p.

PORCHER-DECHAR C., PORCHER J.P., 1974. Etude hydrobiologique et écologique du bassin de la Bresle. DAA « Protection et aménagement du milieu naturel » ENSA Rennes. 101 p.

PROUZET P., 1981. Caractéristiques d'une population de Salmonidés (*Salmo salar* et *Salmo trutta*) remontant sur un affluent de l'Elorn (rivière de Bretagne-Nord) pendant la période de reproduction 1979-1980. *Bull. Fr. Piscic.*, **283**, 140-154.

PROUZET P., HARACHE Y., DANEL P., BRANELLEC J., 1977. Etude de la croissance de la truite commune *Salmo trutta fario* (L.) dans deux rivières du Finistère. *Bull. Fr. Piscic.*, **267**, 62-84.

VIBERT R., 1960. Bases rationnelles de la gestion piscicole. Les truites sont-elles migratrices ou sédentaires ? *Bull. Fr. Piscic.*, **196**, 107-110.

WITZEL L.D., MAC CRIMMON H.R., 1983. Embryo survival and alevin emergence of brook char, *Salvelinus fontinalis*, and brown trout, *Salmo trutta*, relative to redd gravel composition. *Can. J. Zool.*, **61**, 1783-1792.

2. L'habitat de la truite commune (*Salmo trutta* L.) en cours d'eau

J. Haury, Dominique Ombredane et J.L. Baglinière

I. Introduction

Dans son aire de répartition, la truite commune (*Salmo trutta* L.) n'est ni omniprésente ni équirépartie dans les cours d'eau. Parmi les facteurs qui régulent les populations naturelles de truites, les conditions du milieu ont une grande importance et permettent notamment de définir l'habitat de cette espèce.

Du point de vue théorique, l'« habitat (...) se définit par rapport à une espèce, comme l'ensemble des éléments du biotope dont cette dernière se sert pour la satisfaction de ses besoins et par extension, l'ensemble des biotopes où l'espèce se trouve » (Blondel, 1979). L'habitat trutticole peut donc être défini par les paramètres généraux caractérisant non seulement l'aire de répartition de cette espèce, mais aussi gouvernant la distribution longitudinale des populations au sein d'un réseau hydrographique. Enfin, au niveau d'un tronçon de rivière, d'autres éléments descriptifs de l'habitat déterminent la structure des populations de la truite commune, espèce territoriale aux exigences mésologiques assez précises (Kalleberg, 1958 ; Timmermans, 1960 ; Allen, 1969 ; Taube, 1974).

Ainsi, la définition et la caractérisation de l'habitat trutticole font appel à différents facteurs selon l'échelle spatiale choisie. Il convient donc, dans un premier temps de préciser la terminologie employée pour les différentes échelles d'étude de l'habitat, et de préciser quels facteurs déterminants dans l'écologie de la truite sont susceptibles d'être de bons descripteurs de son milieu de vie (chap. 1).

Sur ces bases, il est possible de caractériser la zone trutticole d'un cours d'eau et ses variations longitudinales (chap. 2).

D'autre part, les exigences de la truite commune pour son habitat sont variables en fonction du cycle de développement (oeufs, alevins, juvéniles, adultes) et des activités à un moment donné (reproduction, repos, alimentation,...). Certains stades sont donc plus spécialement distingués en fonction de leurs besoins spécifiques : les juvéniles et leurs zones de grossissement, les adultes pour leurs zones de stabulation et de reproduction (chap. 3). L'absence de différences morphologiques des juvéniles des trois écotypes de l'espèce *Salmo trutta* L. (lac, mer et sédentaire), qui peuvent cohabiter sur une rivière, ne permet pas de distinguer d'éventuels habitats spécifiques. Par contre, pour le stade adulte les zones d'engraissement sont distinctes et seul l'écotype sédentaire est présenté ici ; les zones de frai des trois formes se recoupent, mais les caractéristiques de frayères diffèrent.

Enfin, dans une perspective de gestion des populations de truite, une étude dynamique de l'habitat est présentée : les modifications naturelles de l'habitat et leurs conséquences sur les truites sont analysées, puis l'influence des activités humaines sur les habitats de la truite est détaillée (chap. 4). Des modèles d'estimation des stocks en fonction des caractéristiques de l'habitat (chap. 5) sont des outils complémentaires pour les gestionnaires.

Le sujet est envisagé essentiellement avec des exemples français et surtout armoricains, et discuté avec la bibliographie étrangère. Les observations en milieu naturel sont complétées par les résultats des expérimentations en conditions contrôlées. Quelques résultats originaux sur les rivières armoricaines permettent d'illustrer certains aspects de l'utilisation de l'habitat par les différentes classes d'âge, les relations spatiales avec les autres espèces de poissons,...

II. La description de l'habitat trutticole

Deux approches complémentaires mettent en évidence les relations entre la truite et son milieu de vie :

— la connaissance des facteurs écologiques et la quantification de leur gamme, ce qui permet de déterminer l'amplitude écologique de l'espèce;

— la description des biotopes naturels colonisés, qui sont déterminés par ces mêmes facteurs écologiques.

1. Les facteurs de caractérisation de l'habitat

Quelle que soit l'échelle d'étude, l'habitat est défini à partir de paramètres mésologiques et biotiques. Ces derniers étant difficiles à quantifier, notamment le facteur « ressources alimentaires » qui résulte de l'état et du fonctionnement de l'écosystème, seule la végétation est étudiée en raison de son rôle d'abri et de structuration de l'espace. Par contre, tous les descripteurs mésologiques, traduisant l'autoécologie de l'espèce, et leurs influences sont analysés un à un, comme l'ont fait de nombreux auteurs (Huet, 1962 ; Brown, 1975 ; Crisp, 1989).

a) Le courant

Le courant est un paramètre essentiel de l'habitat de la truite. Son rôle dans le fonctionnement et la structuration de l'écosystème est majeur (Butcher, 1933 ; Huet, 1962 ; Bournaud, 1963 ;...). Il agit de deux façons :

— directement, en déportant les individus, la truite étant d'un point de vue morphologique particulièrement bien adaptée au courant (Huet, 1962 ;

Brown, 1975 ;...) et montrant un net rhéotactisme positif (Baldes et Vincent, 1969), tout en limitant ses dépenses énergétiques (Bachman, 1984 ; Fausch, 1984) ;

— indirectement par une multiplicité de répercussions sur l'écosystème : dérive d'invertébrés, oxygénation des frayères (Crisp, 1989), sélection et modification des substrats (Butcher, 1933),...

b) La morphologie du lit

La profondeur joue un rôle important dans le positionnement des truites (Egglishaw et Shackley, 1982). Dans la mesure où elle est inversement corrélée à la vitesse de courant pour une largeur et un débit donnés, la profondeur par elle-même peut jouer un rôle d'abri, notamment hivernal (Chapman et Bjornn, 1969).

La morphologie locale du lit intervient également sur le positionnement des individus. Les sous-berges immergées correspondent à des caches potentielles (Nihouarn, 1983). La largeur du lit est également à prendre en compte : dans des cours d'eau importants, les truites restent près des berges (Lindroth, 1955). Il existe un véritable « effet-berge » que Baglinière et Arribe-Moutounet (1985) ont pu mettre en évidence.

La pente du lit qui détermine directement la vitesse du courant est de fait un facteur important dans la localisation des zones de reproduction (Champigneulle, 1978).

c) La granulométrie des fonds

La granulométrie des fonds est une résultante de la vitesse de courant, de la profondeur et de la nature géologique du bassin versant. Lorsque le substrat est suffisamment grossier, il joue essentiellement un rôle d'abri contre les vitesses de courant élevées et de protection contre les prédateurs (Jenkins, 1969 ; Heggenes, 1988a). La granulométrie détermine le nombre de « caches » dont l'utilisation dépend de la taille des truites car il faut que les interstices entre les composantes du substrat soient adéquats pour que les poissons s'y maintiennent (Heggenes, 1988b).

De plus, la granulométrie des fonds est déterminante pour les frayères : choix du site, creusement, réussite de ponte (Ottaway *et al.*, 1981). Ainsi un excès de sédiments fins se traduit par un colmatage des frayères et un manque d'oxygénation des oeufs (Peters, 1967 ; Reiser et White, 1988 ; Grant *et al.*, 1986), et une granulométrie très grossière peut limiter les possibilités de creusement.

d) La lumière

La lumière détermine le positionnement et l'orientation de la truite à la fois par la vision et le phototactisme, contrôle le cycle de développement, modifie les autres paramètres de l'habitat piscicole comme la température et l'oxygène dissous (via la photosynthèse).

Le phototactisme évolue au cours du cycle de développement : les alevins présentent un phototactisme négatif jusqu'à la résorption de la vésicule, puis un phototactisme positif entraîne l'apparition d'un stade de nage libre (Ottaway et Clarke, 1981). Ultérieurement, chez les truites âgées, un phototactisme négatif de plus en plus fort est noté par de nombreux auteurs et se traduit par un comportement de recherche d'abris (Butler et Hawthorne, 1968).

e) La température

La température est l'un des facteurs de contrôle majeur des écosystèmes à Salmonidés et la truite est considérée comme une sténotherme d'eau froide (Mills, 1971 ; Brown, 1975). La température intervient à deux niveaux :

— son action directe est une régulation du comportement (migration, reproduction) et surtout de l'écophysiologie de la truite. En milieu naturel, les températures optimales se situent dans une gamme comprise entre 7 et 19°C pour Frost et Brown (1967) et entre 7 et 17°C pour Mills (1971). En conditions expérimentales, le métabolisme respiratoire et l'activité augmentent avec la température, et dans la mesure où les autres paramètres ne sont pas limitants, jusqu'à la température létale (25°C) (Charlon, 1962). La croissance des juvéniles en fonction de la température de l'eau et de divers paramètres biologiques a pu être modélisée par Elliott (1984a) et par Baglinière et Maisse (1990);

— son action indirecte consiste en une modification des autres caractéristiques de l'habitat, spécialement la teneur en oxygène dissous, mais aussi la croissance des végétaux et le développement des invertébrés benthiques.

f) L'oxygène dissous

L'oxygène dissous est indispensable pour la survie de la truite considérée comme une espèce très exigeante vis-à-vis de ce facteur (Schindler, 1953 *in* Huet, 1962).

Les concentrations minimales nécessaires sont de 5,0 à 5,5 mg.l^{-1} et le taux de saturation en oxygène minimal doit normalement être de 80 p. 100 (Mills, 1971).

g) Les autres paramètres de la qualité de l'eau

La qualité d'eau requise pour la truite correspond à plusieurs réalités qui seront juste évoquées :

— le pH doit être compris entre 5 et 9,5 (Mills, 1971). Des valeurs inférieures à 4,5 entraînent la mort des alevins (Crisp, 1989). Des pH inférieurs à 7 sont néfastes pour les spermatozoïdes et ont donc un effet défavorable sur la reproduction (Gillet et Roubaud, 1986);

— des teneurs excessives en matières en suspension provoquent notamment le colmatage des branchies dans les cas les plus graves (Barton, 1977 *in* Grant *et al.*, 1986);

— les ions provoquant des phénomènes de toxicité aigüe sont surtout les nitrites (Lewis et Morris, 1986), l'aluminium (Ramade, 1982) et les métaux lourds (Alabaster et Lloyd, 1980);

— les variations de la dureté, des concentrations en oxygène dissous et du pH peuvent entraîner une toxicité indirecte par solubilisation et/ou réduction des formes fixées de l'aluminium, du manganèse ou du fer, et par réduction de l'azote nitrique en azote ammoniacal (Bremond et Vuichard, 1973 ; Brooker, 1981 ; Vander Borght *et al.*, 1982);

— la trophie de l'eau favorise la production biologique potentielle des rivières ; pour la truite, elle est traduite notamment par les teneurs en calcium

(Timmermans, 1960; Crisp 1963; Cuinat, 1971), mais aussi par les nitrates (Binns et Eiserman, 1979) et les phosphates.

h) Les macrophytes et la végétation des berges

Les macrophytes immergés et la végétation rivulaire, surplombant l'eau ou y trempant, ont un rôle direct d'abri (Boussu, 1954; Egglishaw et Shackley, 1977), mais aussi de structuration de l'habitat (fig. 1a) en offrant des limites visuelles (Jenkins, 1969). La nature des « caches » offertes et leur structure sont encore mal connues et dépendent probablement de la morphologie des espèces en cause. Les souches et racines constituent des abris spécifiques (Milner *et al.*, 1978; Lewis, 1969; Neveu, 1981).

Les rôles indirects de la végétation sont très variés :

— tout d'abord, les macrophytes modifient l'écoulement, ralentissant le courant à l'intérieur des touffes (Karlström, 1977; Dawson, 1978;...) et l'accélérant entre elles. Cet aspect hydraulique est couplé à une action dans le cycle sédimentation/érosion (Dawson *et al.*, 1978; Haury, 1985), le piégeage des sédiments fins limitant la turbidité de l'eau et, pour les renoncules qui repoussent à l'automne, le colmatage des frayères pendant la période de fraie ;

— par la photosynthèse, les macrophytes participent à l'oxygénation de l'eau et modifient le pH (Westlake, 1975). Néanmoins, en cas de prolifération, les macrophytes peuvent entraîner des augmentations importantes de pH (au delà de 9), déterminer une toxicité ammoniacale se traduisant par des mortalités de poissons, comme cela a été observé suite à des proliférations de renoncules dans la Semois en Belgique (Vander Borght *et al.*, 1982), et créer des conditions anoxiques en fin de nuit ;

— les macrophytes immergés constituent un support d'une faune invertébrée variée (Meriaux et Verdevoye, 1983; Tiberghien, 1985). Enfin, la végétation des berges supporte une faune terrestre dont une partie tombe dans l'eau et est utilisée par la truite (Neveu, 1981).

2. Les échelles d'étude de l'habitat piscicole

La notion d'habitat recouvre différentes échelles spatiales (fig. 2) qui renvoient chacune à une terminologie précise :

— l'**aire de répartition**, zone géographique où il existe des cours d'eau colonisés par l'espèce soit naturellement soit en raison d'introductions, est présentée par ailleurs (Baglinière, 1990) : elle ne sera plus envisagée ;

— la **zone trutticole** est la portion des cours d'eau colonisée par la truite (domaine de vie préférentiel); le domaine utile correspond à l'ensemble des stations réellement colonisées à l'intérieur de la zone trutticole : il traduit la valeur d'habitat de ce cours d'eau (Fragnoud, 1987);

— le **secteur écologique** correspond aux grandes unités hydrodynamiques de la zone trutticole, essentiellement caractérisées par un même débit et une homogénéité de pente (Malavoi, 1988, 1989; Paris, 1989; Haury, 1990);

— **le segment** (Malavoi, 1989) est un échelon intermédiaire correspondant à la portion de cours d'eau qui comprend une ou plusieurs séquences ;

Figure 1. Vues de diverses échelles d'étude de l'habitat trutticole et de macrohabitats caractéristiques.
a : Microhabitats et végétation; b : Séquence de macrohabitats; c : Radier, d : Rapide, e : Plat, f : Profond.

sur les rivières bretonnes, ce sont par exemple les unités inter-barrages (Champigneulle, 1978 ; Haury, 1988a) ;

— **la séquence** (fig. 1b) correspond à la succession des faciès d'écoulement, souvent marquée par l'alternance radier/profond (Illies et Botosaneanu, 1963 in Welcomme, 1985 ; Cuinat, 1980 ; Wasson *et al.*, 1981 ; Malavoi, 1988 ;...) ; c'est la station hétérogène d'étude souvent retenue, comme représentative d'un segment ou même d'un secteur écologique ;

— le **macrohabitat** ou faciès d'écoulement (ou encore unité morphodynamique) est une portion de cours d'eau présentant une physionomie homogène pour les principaux facteurs écologiques (Malavoi, 1989). Dans le cadre

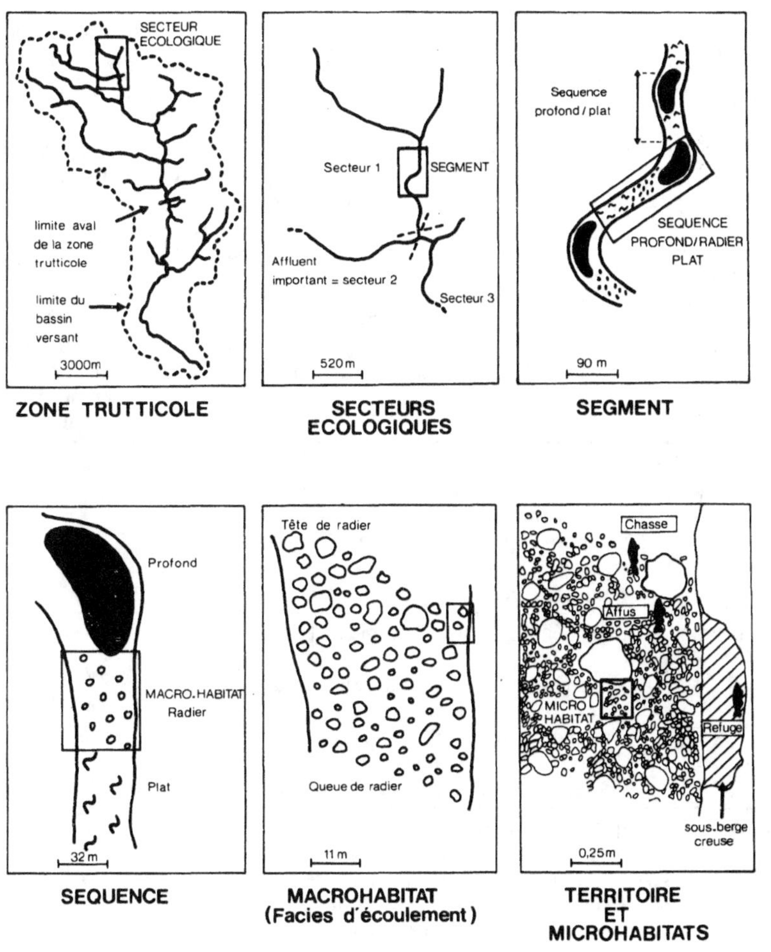

Figure 2. Echelles d'étude et subdivisions morphoécologiques d'un cours d'eau à truite (modifié d'après Malavoi, 1989).

d'études sur les Salmonidés, plusieurs typologies des faciès ont été établies (tabl. 1a et 1b) :

* à caractère général comme celles de Bisson et Sedell (1982 in Welcomme, 1985) pour les U.S.A. ou de Malavoi (1988 et 1989) pour les cours d'eau à haute énergie de l'Est de la France (fig. 3);

Tableau 1. Caractéristiques des macrohabitats et correspondances entre les diverses typologies
1 : Malavoi, 1989; 2 : Bisson et Sedell, 1982 *in* Welcomme, 1985; 3 : Champigneulle, 1978

Nom(s)	Caractéristiques générales	Auteurs	Caractéristiques complémentaires
Radier (Riffle)	— faible pente — hauteur faible — vitesse de courant et turbulences modérées — granulométrie variable (graviers à caillous)	1 2 3	3 : h < 30-40 cm v > 40 cm·s^{-1} portion de rivière souvent élargie
Rapide (Rapid)	— pente > 4 % — hauteur faible à moyenne — vitesse de courant et turbulences très importantes — granulométrie grossière (blocs et rochers)	1 2 3	1 : granulométrie fine dans les contre-courants 3 : h > 40 cm quand retrécissement du lit v > 40 cm·s^{-1}
Cascade (Cascade)	— pente très escarpée mais irrégulière — alternance de chutes (hauteur faible à moyenne, vitesse très forte) et de baignoires (hauteur moyenne à forte, vitesse faible à nulle — granulométrie très grossière (rocs)	1 2	
Faciès de type escalier (step pool)	— intermédiaire entre le rapide et la cascade — alternance de rides transversales de blocs (hauteur faible, vitesse moyenne à forte) et de petites fosses ou plats (hauteur moyenne, vitesse faible à moyenne)	1	
Faciès type chute (chute)	— quand la roche mère affleure ou lors d'accidents géologiques — alternance d'écoulements verticaux (hauteur faible, vitesse très forte) et de fosses (hauteur très importante, vitesse faible à nulle, granulométrie fine)	1	

Tableau 1 (suite)

Nom(s)	Caractéristiques générales	Auteurs	Caractéristiques complémentaires
Plats	Habitats très uniformes		
Plat courant peu profond (run. shoal)	— pente moyenne — hauteur faible — vitesse moyenne avec peu de turbulences — granulométrie moyenne (graviers et galets)	1 3	$3 : h < 40$ cm $20 < v < 40$ cm·s^{-1}
Chenal lotique plat courant profond (lotic channel)	outre la profondeur plus importante mêmes caractéristiques que le plat courant peu profond	1 · 3	$3 : h > 40$ cm $20 < v < 40$ cm·s^{-1}
Plat lent glide, flat, slick)	se distingue des plats courants par une vitesse plus faible et pas de turbulence en surface	2 3	2 : rectiligne dépourvu d'obstacles $3 : h < 60$ m et $v < 20$ cm·s^{-1} substrat parfois sableux
Mouilles ou profonds	— profondeurs importantes — vitesse faible à nulle — granulométrie variable	1 2 3	$3 : h > 60$ cm $v < 20$ cm s^{-1}
Mouille de concavite (pool)	— dans les coudes des cours d'eau — hauteur décroissante vers l'intérieur de la courbe	1	
Fosse de dissipation baignoire (plunged pool)	— quand une rivière passe au-dessus d'un obstacle et sucreuse le lit — substrat et profondeur variables	1 2	
Affouillement d'obstacle (backwater pool, scour pool)	— creusement du lit voire de la berge par les remous causés par une obstruction partielle du lit — hauteur importante — vitesse faible à nulle avec parfois un contre courant	1 2	
Anse d'érosion (alcove, latéral scour pool)	— quand l'eau est dérivée par un gros obstacle sur une berge — mêmes caractéristiques que les affouillements d'obstacle	1	
Mouille d'amont d'obstacle, bief de barrage (dammed pool)	— pente moyenne à faible — hauteur augmentant de l'amont vers l'aval — courant lent — substrat fin	1 2	1 : profil transversal horizontal

Tableau 1 (suite)

Nom(s)	Caractéristiques générales	Auteurs	Caractéristiques complémentaires
Chenal lentique (lentic channel)	— à l'amont de certaines particularités du lit faisant obstruction tels un resserrement, un pont... — mêmes caractéristiques que les biefs de barrage	1	1 : profil transversal en auge
Mouille d'un lit secondaire, eau morte, lone (off channel pond)	— habitat temporaire crée lors d'une inondable associé à une barre de gravier — hauteur moyenne à forte — vitesse très faible à nulle — granulométrie fine (sable, limons)	1 2	
Fosse (trench pool)	— long, profond, se produisant à l'aval d'un obstacle important — substrat grossier stable	2	

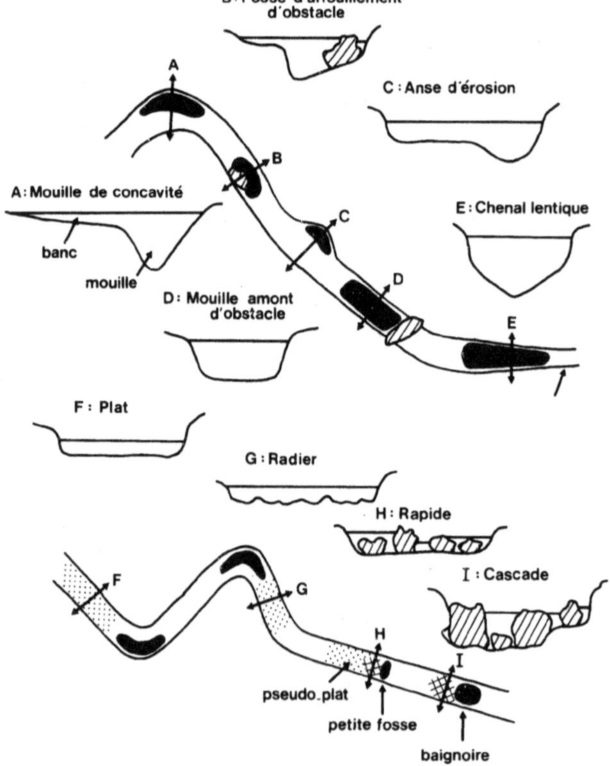

Figure 3. Typologie des principaux faciès d'écoulement (habitats) des cours d'eau à haute énergie (d'après Malavoi, 1989).

* pour des rivières particulières telle celle de Champigneulle (1978) pour le Scorff en Bretagne, voire pour une zone écologique (Ombredane et Haury, données non publiées). Ces classifications présentent des bornes quantitatives pour la différenciation des macrohabitats.

Si les dénominations des macrohabitats (radier, rapide, plat, profond) (fig. 1c à 1f) divergent un peu, la combinaison des facteurs de description est sensiblement la même et prend en considération essentiellement la vitesse de courant et le type d'écoulement, la profondeur et la granulométrie. Mais d'autres paramètres ont été considérés : les macrophytes (Champigneulle, 1978), la morphologie des berges (Malavoi, 1989), la pente,... ;

— le **microhabitat,** milieu physique élémentaire, est homogène pour la granulométrie, la profondeur et la vitesse de courant.

Le **domaine vital,** surface utilisée par une truite est constitué d'une juxtaposition de microhabitats (Allee *et al.*, 1949 in Shirvell et Dungey, 1983 ; Shirvell et Dungey, 1983), dont les rôles dans la vie de l'individu sont différents (Baldes et Vincent, 1969) : refuge, repos, alimentation. Le territoire est la portion « réservée » et défendue du domaine vital (Gautier *et al.*, 1978).

Actuellement, les deux principales échelles prises en compte dans l'étude des relations truite-habitat restent le secteur écologique et le macrohabitat. Ils seront donc plus particulièrement abordés par la suite.

III. Les rivières à truites

Les cours d'eau sont généralement caractérisés et comparés à partir de critères géographiques, géomorphologiques, physiographiques (densité de drainage), thermiques, hydrologiques (débit moyen spécifique...) ou chimiques (conductivité, teneur en calcium,...).

De façon générale, de sa source à son embouchure, un réseau hydrographique présente un gradient continu de conditions physiques et chimiques. Néanmoins, si ce concept de continuum fluvial, relativement récent (Vannote *et al.*, 1980), est satisfaisant sur le plan théorique, pour des raisons opérationnelles, il est plus aisé de subdiviser cette entité en tronçons (ou zone), présentant des caractéristiques assez homogènes d'un point de vue structurel et fonctionnel.

Des approches analytiques plus précises permettent de découper une zone (zone trutticole, par exemple) en secteurs écologiques caractérisés par la prédominance d'une classe d'âge ou par une fonction précise dans le cycle biologique d'une espèce.

1. Les eaux salmonicoles dans la zonation longitudinale des cours d'eau

De nombreuses subdivisions des cours d'eau en zones longitudinales sont proposées dans la littérature. Parmi ces zones écologiques, certaines sont définies par leur peuplement salmonicole (en opposition avec les peuplements cyprinicole et estuarien). C'est l'importance relative de la zone salmonicole, qui permet de qualifier un réseau de rivière à truites ou non.

Des typologies sont basées sur la ramification du réseau hydrographique et prennent en compte l'importance relative des cours d'eau qui est calculée de 2 manières (fig. 4) :

— l'ordre de drainage au sens de Horton (1945 *in* Welcomme, 1985) et de Strahler (1957 *in* Welcomme, 1981) correspond à la règle suivante : un ruisselet sans affluent est d'ordre 1, la confluence de deux ruisselets d'ordre 1 donne un ruisseau d'ordre 2,...). Pour Horton (1945 *in* Welcomme,1985), l'ordre de drainage le plus élevé du réseau hydrographique est affecté à l'ensemble du cours principal, alors que Strahler (1957 *in* Welcomme, 1985) ne distingue pas ce dernier;

— le cumul des ordres de drainage après chaque confluence de Shreve (1966 in Beaumont, 1975) amène une meilleure représentation de l'importance relative des débits dans les tronçons.

L'utilisation des **ordres de drainage** permet un regroupement plus naturel des zones d'un cours d'eau pour en comparer les communautés biologiques. En effet, les facteurs pente ainsi que profondeurs moyenne et maximale sont positivement liés à l'ordre de drainage (Barila *et al.*, 1981). Ces changements de caractéristiques s'accompagnent d'une augmentation de la diversité des habitats (Gorman et Karr, 1978), ce qui se traduit par un accroissement

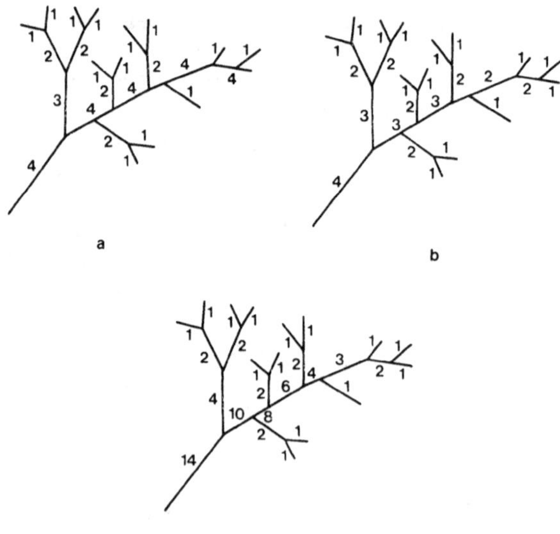

Figure 4. Méthodes d'affectation des ordres de drainage d'un cours d'eau.
a : Horton, 1945 *in* Welcomme, 1985; b : Strahler, 1957 *in* Welcomme, 1985; c : Shreve, 1966 *in* Beaumont, 1975

de la diversité piscicole (Barila *et al.*, 1981). De fait, Vannote *et al.* (1980) proposent une structuration des cours d'eau en 3 zones définies par l'ordre de drainage mais aussi par la valeur du rapport énergétique Production/Respiration et par la diversité spécifique des communautés biologiques.

Une autre zonation « universelle » des cours d'eau, applicable dans le monde entier, est celle de **Illies et Botosaneanu** (1963 *in* Hawkes, 1975). De l'amont vers l'aval, ils distinguent trois super-zones : le crénon (zone des sources), puis le rhitron et enfin le potamon ; ces deux derniers se différencient essentiellement par le facteur température, car dans le rhitron la température moyenne mensuelle ne dépasse pas 20°C (25°C en région tropicale). Ensuite, au sein de chaque super-zone, des critères de largeur et d'ordre de drainage les amènent à des subdivisions, et ils proposent 8 zones au total (tabl. 2).

Dès 1928, **Carpenter** (*in* Hawkes, 1975) définit une zonation longitudinale des cours d'eau d'Europe, basée sur la présence-absence de certaines espèces piscicoles. Les 5 zones ainsi déterminées sont ensuite caractérisées par des paramètres physiques et biologiques (poissons et invertébrés benthiques). Les 2 zones amont, nommées « Tête de bassin » et « Ruisseau à Truite » sont définies notamment par la présence de l'espèce *Salmo trutta*.

Ricker (1934 *in* Huet, 1962 et *in* Hawkes, 1975) distingue 2 grandes catégories de cours d'eau selon des critères de vitesses de courant et de largeur : les ruisseaux et les rivières. Parmi ces dernières, il définit les eaux salmonicoles dont la température estivale n'excède pas 24°C, eaux qu'il divise en 2 catégories selon leur richesse en $CaCO_3$.

La **zonation de Huet** (1949 et 1954) définit pour l'Europe de l'Ouest 4 zones longitudinales qui portent le nom d'un poisson (de l'amont vers l'aval : truite, ombre, barbeau et brême) en se basant sur les associations piscaires et la dominance de certaines espèces, ainsi que sur 2 paramètres physiques : la pente et la largeur; un diagramme schématique permet le repérage typologique dans cette méthode de classification connue sous le nom de « règle des pentes » (Arrignon, 1972). Huet (1962) considère comme salmonicoles, mixtes, ou cyprinicoles, les eaux dont les températures ne dépassent pas respectivement 20°C, 22°C et 25°C. Des précisions ultérieures toujours en fonction de la pente et de la largeur ont permis une distinction entre zone à truite inférieure et zone à truite supérieure (Arrignon, 1970). Pour étendre cette « sectorisation » à toute l'Europe, Arrignon (1972) propose 3 diagrammes qui tiennent compte des différences climatiques et géologiques des régions biogéographiques.

Compte-tenu de l'hétérogénéité physique et biologique des cours d'eau, la législation française a fixé 2 catégories de vocations piscicoles : les eaux de 1re catégorie correspondent à un peuplement salmonicole dominant, les eaux de 2e catégorie sont caractérisées par un peuplement à dominance cyprinicole (Arrignon, 1976). Cette classification des cours d'eau est loin de correspondre à la réalité biologique. Depuis 1978, des directives de la C.E.E. fixent des normes guides et impératives pour la qualité des eaux salmonicoles (tabl. 3) et cyprinicoles.

Tableau 2. Comparaison des zonations longitudinales des cours d'eau mettant en évidence la correspondance des zones et les facteurs sur lesquels elles sont basées (d'après Hawkes, 1975).

Carpenter (1928)*	Ricker (1934)*	Huet (1954)*	Illies & Botosaneanu (1963)**	Verneaux (1973-1974)***
Grande-Bretagne	Fleuves de l'Ontario	Europe de l'Ouest		Europe
– communautés zoologiques	– débit – largeur – température – teneur en $CaCO_3$	– communautés piscicoles – pente – largeur	– température – largeur – ordre de drainage	– communautés zoologiques (1)
Head stream	/	/	Eucrenon	B0
	Spring creeks	/	Hypocrenon	B1
Trout beck	Swift trout stream	Zone à truite	Epirithton	B2
	Slow trout stream		Metarithron	B3
				B4
Minnow reach		Zone à ombre	Hyporithron	B5
				B6
	Warm rivers		Epipotamon	B7
Upper reach		Zone à barbeau		
Lower reach	/	Zone à brème	Metapotamon	B8
Brackish estuary	/	/	Hypopotamon	B9

(1) Biocénotypes représentatifs des niveaux typologiques théoriques.
   * *in* Hawkes, 1975
  ** *in* Hynes, 1970
*** *in* Verneaux, 1980

L'utilisation de l'informatique et des méthodes d'analyses multidimensionnelles ont permis une approche plus fine de la zonation des rivières. L'exemple le plus connu est le **système biotypologique** que **Verneaux** (1973) a élaboré d'abord sur le Doubs (Jura), puis qu'il a étendu à l'ensemble des cours d'eau français, voire européens (Verneaux, 1980). Ainsi, 10 niveaux typologiques, caractérisés par un groupement animal (biocénotype) se succèdent depuis les sources jusqu'à l'embouchure des cours d'eau. Des analyses statistiques permettent de déterminer l'appartenance typologique d'une station :

— le niveau typologique théorique T (fig. 5) est calculé à partir de facteurs mésologiques correspondant à la morphologie de la station et à la région d'étude (Verneaux, 1977a);

— le niveau typologique biologique B (fig. 5) est déterminé à partir des peuplements ichtyologiques observés (Verneaux, 1977b); la truite est présente dans les niveaux typologiques B1 à B6;

— la comparaison entre les appartenances théorique T et biologique B permet d'élaborer un diagnostic : une discordance peut être imputable à des

Tableau 3. Normes de qualité des eaux salmonicoles d'après le journal de la CEE du 14/08/78 et dont les directives ont été adoptées au conseil des Ministres du 30/05/78 (simplifié d'après Martin, 1979).

Paramètres	Guide	Impérative
Température ($^{\circ}$C)		21,5 $^{\circ}$C ($\bullet$) 10,0 $^{\circ}$C ($\bullet$) pendant la reproduction
	Augmentation en aval d'un rejet : 1,5 $^{\circ}$C ($\bullet$)	
Oxygène dissous (mg·l^{-1} O_2)	50 % > 9 100 % > 7	50 % > 9 jamais inférieur à 6 mg·l^{-1} ($\bullet$)
pH		6 – 9 ($\bullet$)
Matières en suspension (mg·l^{-1})	< 25 (.)	
DB0$_5$ (mg·l^{-1} O_2) Nitrites (mg·l^{-1} NO$_2$) Ammoniac (mg·l^{-1} NH$_3$) Ammonium (mg·l^{-1} NH$_4$) Chlore résiduel (mg·l^{-1} HC0) Zinc total (mg·l^{-1} Zn) Cuivre soluble (mg·l^{-1} Cu)	< 3 < 0,01 < 0,005 < 0,04 < 0,04 (*)	< 0,025 < 1 ($\bullet$) < 0,005 < 0,3 (*)

($\bullet$) Dérogations possibles.
(*) Pour une dureté de l'eau de 100 mg·l^{-1} Ca C0$_3$. Des normes sont établies pour différentes duretés.

conditions historiques particulières d'ordre biogéographique ou paléogéologique, ou à des conditions écologiques éventuellement « anormales » (pollution de l'eau, altération des habitats,...).

Les zonations longitudinales des cours d'eau qui distinguent la zone trutticole font essentiellement référence à 4 facteurs mésologiques : la largeur, l'ordre de drainage, la pente et la température. Compte-tenu des correspondances entre les zones définies par les différents auteurs (tabl. 2), les biotopes colonisés par la truite (*Salmo trutta*) en Europe de l'Ouest sont caractérisées par :

— **une largeur comprise entre moins de 1 m et 100 m,**
— **un ordre de drainage faible, éventuellement égal à 1,**

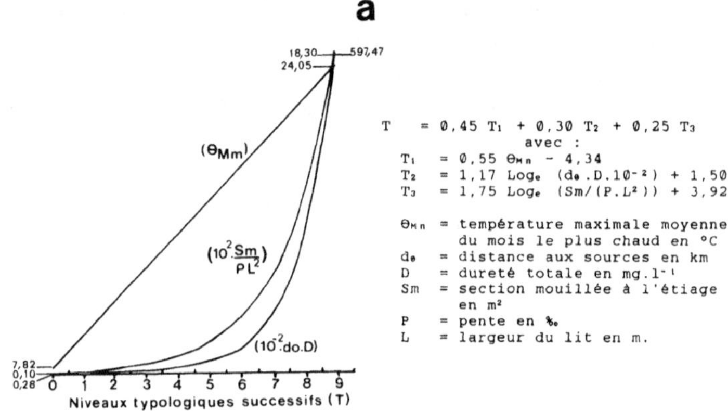

$$T = 0{,}45\ T_1 + 0{,}30\ T_2 + 0{,}25\ T_3$$

avec :

$$T_1 = 0{,}55\ \Theta_{Mn} - 4{,}34$$
$$T_2 = 1{,}17\ Log_e\ (d_e.D.10^{-2}) + 1{,}50$$
$$T_3 = 1{,}75\ Log_e\ (Sm/(P.L^2)) + 3{,}92$$

Θ_{Mn} = température maximale moyenne du mois le plus chaud en °C
d_e = distance aux sources en km
D = dureté totale en mg.l^{-1}
Sm = section mouillée à l'étiage en m^2
P = pente en ‰
L = largeur du lit en m.

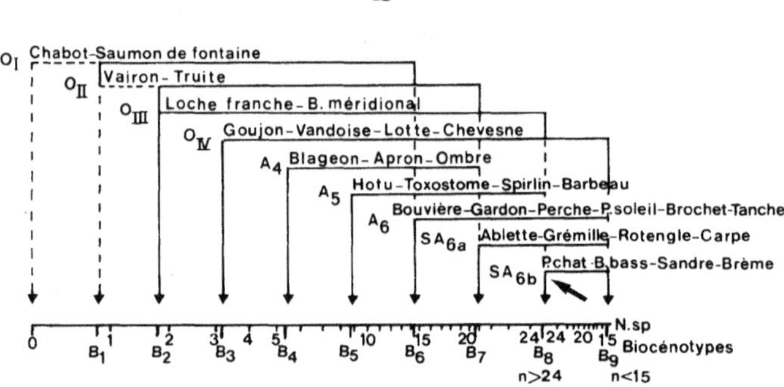

Figure 5. Caractéristiques et méthodes d'estimation des niveaux typologiques théorique (T) et biologique B de l'analyse biotypologique de Verneaux (d'après Verneaux, 1977a et 1977b).
a : Variation des trois facteurs synthétiques composant le niveau typologique théorique T le long de la succession biotypologique; b : Organisation des groupements socioécologiques (32 espèces de poissons dulçaquicoles) le long de la structure biologique de l'écosystème théorique d'eau courante medieuropéen – O : ordres; A : alliances; S.A. : sous-alliances.

— une pente supérieure à 4,5 p. 1000 (1,4 p. 1000 en région calcaire),
— une température estivale mensuelle de moyenne inférieure à 20-22° C.

Ces quelques critères, qui ne sont pas rédhibitoires, mettent en évidence la grande amplitude écologique de la truite commune.

2. Structuration longitudinale de la zone trutticole

De nombreuses études montrent une variabilité longitudinale des densités de truites, des spectres d'âge des populations et de la croissance des individus sous l'influence des paramètres de l'habitat.

a) Variabilité spatiale des effectifs et cohortes

Les études menées sur le Scorff (Morbihan) depuis 1972 (Euzenat et Fournel, 1976; Nihouarn, 1983; Maisse et Baglinière, 1990;...) mettent en évidence une augmentation des densités de truites de l'aval vers l'amont du cours principal, mais également de la rivière aux affluents et sous-affluents. Les travaux réalisés sur d'autres cours d'eau : Bresle en Picardie (Arrignon, 1972), Redon dans les Alpes (Melhaoui, 1985), Elorn dans le Finistère (Ombredane, 1989) corroborent ces observations.

De plus, il existe une ségrégation des différentes classes d'âge dans la zone à Truite. Ainsi, Nihouarn (1983) montre que les cohortes 0^+, 1^+ et $\geq 2^+$ ans représentent respectivement 21, 51 et 28 p. 100 des effectifs dans le cours principal du Scorff, 48, 38 et 14 p. 100 dans un affluent (ruisseau de Kernec) et 67, 26 et 7 p. 100 dans un sous-affluent (ruisseau de Talascorn). Cette répartition s'expliquerait par les différences de largeur dans les systèmes hydrographiques. Sur l'Elorn, on observe une augmentation des densités de 0+ et de 1^+ de l'aval vers l'amont du cours principal puis vers les affluents (Ombredane *et al.*, 1988; Ombredane, 1989). Sur le ruisseau de Kernec (bassin-versant du Scorff), on retrouve le même type de répartition des classes d'âge de l'aval vers l'amont (Baglinière *et al.*, 1989). Cette zonation piscicole se superpose avec celle des macrophytes qui s'avèrent ainsi un descripteur synthétique de l'habitat trutticole (Haury et Baglinière, 1990).

Afin de comparer toutes ces observations, les densités de truites totales et par classe d'âge peuvent être mises en relation avec l'ordre cumulé de Shreve (1966 *in* Beaumont, 1975). Ainsi, sur deux fleuves bretons, le Scorff et l'Elorn, les densités totales et plus particulièrement des 0^+ augmentent quand l'ordre de drainage diminue (fig. 6). L'évolution des densités en 1^+ est semblable jusqu'à l'ordre 2 sur l'Elorn et l'ordre 3 sur le Scorff. Quant aux individus $\geq 2^+$ ans, ils sont présents en densité maximale dans les tronçons d'ordre 3 à 20. Ces résultats illustrent la ségrégation spatiale intraspécifique et surtout le rôle important des têtes de bassin (ordres cumulés 1, 2 ou 3) pour la production en juvéniles 0^+.

La ségrégation spatiale des 0+ de truite et de saumon est liée aux possibilités de remontée des géniteurs sur les zones concernées, puis aux conditions hydroclimatiques pendant la reproduction et à l'émergence des alevins et enfin à une possible compétition interspécifique difficile à cerner (Baglinière et Maisse, 1989). Sur le Scorff, le saumon est absent des têtes de bassin (Baglinière, 1979) et sur la Gaula en Suède, les juvéniles de truite représentent 19 p. 100 des jeunes Salmonidés dans le cours principal et 94 p. 100 dans les affluents (L'Abbelund *et al.*, 1987 in Heggberget *et al.*, 1988). Cependant, dans certains cas, la compétition interspécifique entre les 0^+ de truite et de saumon pourrait expliquer la réduction des densités de truites lorsque le saumon est présent. Ainsi, sur le Quillivaron, affluent de l'Elorn d'ordre 12, non colonisé par le saumon, on trouve des densités moyennes de truites (essentiellement 0^+ et 1^+) voisines de celles des stations d'ordre 1 ou 2 où le saumon est en très faible densité (fig. 6).

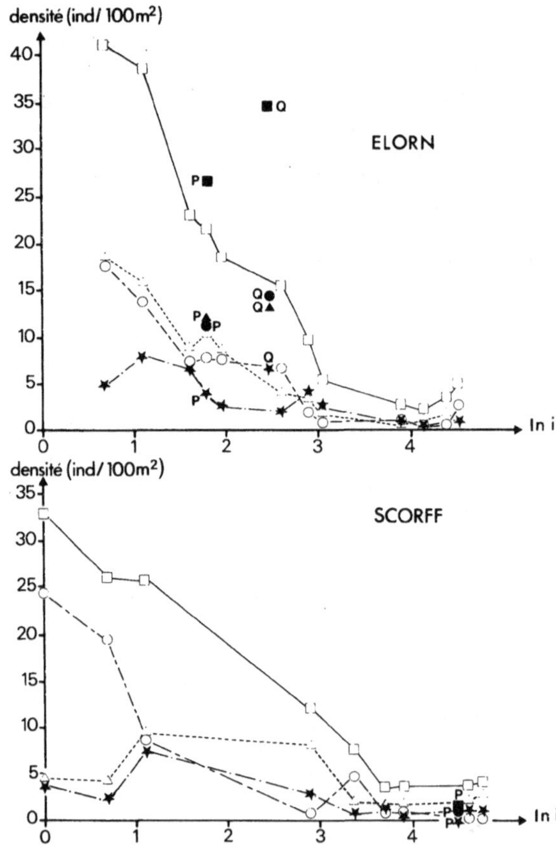

Figure 6. Evolution longitudinale des densités de truite totale et par classe d'âge (ind/100 m²) en fonction du logarithme, népérien de l'ordre de drainage cumulé de Shreve (lni) pour l'Elorn (Finistère) et le Scorff (Morbihan)
P : aval de Pisciculture; Q : Quillivaron, affluent de l'Elorn, non colonisé par le saumon; ◻ (◼) : Total des classes d'âge; △ (▲) : 1^+ an; ○ (●) : 0^+ an; ★ : $\geq 2^+$ ans.

b) Croissance

Des facteurs de l'habitat sont aussi responsables des variations de caractéristiques biologiques des populations de truites (la croissance, la survie,...) entre régions biogéographiques mais aussi au sein d'un même réseau hydrographique.

Ainsi Crisp (1963) souligne la faible croissance des truites en milieu montagnard oligotrophe et acide. Cuinat (1971) lie positivement la croissance aux 2 paramètres teneur en calcium et indice pente/largeur; la survie (entre 0^+ et 4^+ ans) augmenterait avec l'indice pente/largeur. Sur un ruisseau breton, Baglinière et Maisse (1990) mettent en évidence que l'ombrage (traversée d'une forêt) est cause d'une diminution locale de la croissance des juvéniles de truite.

De nombreux exemples illustrent la zonation longitudinale des modalités de croissance des truites (0^+ et 1^+) sous l'influence des conditions du milieu et non de la densité de population (Euzenat et Fournel, 1976; Egglishaw et Shackley, 1977). La taille moyenne des individus diminue de l'aval vers l'amont d'un cours d'eau (Euzenat et Fournel, 1976; Melhaoui, 1985; Ombredane, 1989) mais aussi du cours principal aux affluents et sous-affluents (Baglinière et Champigneulle, 1982; Baglinière *et al.*, 1989).

Ainsi les cours d'eau à truite, la zone trutticole et ses différents secteurs écologiques sont définis et caractérisés par des facteurs mésologiques et des facteurs biotiques dont la présence de l'espèce *Salmo trutta*. Mais l'absence de l'espèce dans un cours d'eau, voire dans une zone « favorable », peut être conjoncturelle (pollution, paramètres climatiques, épuisement de la population) ou structurelle (isolement par rapport aux zones colonisées).

IV. Utilisation des habitats par la truite

Après avoir analysé la macrodistribution des truites dans un cours d'eau, les exigences d'habitat des différents stades de cette espèce sont précisées notamment en regard de leur territorialité.

1. Les habitats de reproduction

a) Les zones de frai

Les zones propices au frai de la truite commune sont surtout déterminées par le débit et la granulométrie des fonds (Baglinière *et al.*, 1979; Witzel et Mac Crimmon, 1983). Cependant, l'accessibilité des zones potentiellement favorables est fonction des conditions hydroclimatiques : augmentation du débit, température de l'eau supérieure à un seuil de 6-7°C (Euzenat et Fournel, 1976; Campbell, 1977; Nihouarn, 1983; Baglinière *et al.*, 1987).

Ainsi, sur le Scorff (Morbihan), les zones de reproduction se situent surtout dans les affluents aval, ainsi que dans les parties amont et médiane du cours principal (Euzenat et Fournel, 1976; Champigneulle, 1978); la limite aval de cette localisation des frayères sur le cours principal étant dépendante des conditions de débit en début de période de frai (Baglinière *et al.*, 1979;

Nihouarn, 1983) ; le débit moyen hivernal jouerait un rôle dans l'importance relative des différentes zones de reproduction de ce système affluent/sous-affluent. Sur ce dernier, les principales zones d'implantation des frayères sont caractérisées par une pente de 10 à 30 p. 1000, une hauteur d'eau moyenne de 13 cm, un courant soutenu et une granulométrie à dominante de graviers (< 2 cm) et de galets (2 à 5 cm) (Euzenat et Fournel, 1976).

Il n' existe pas de réelle ségrégation spatiale des zones de frai des 3 écotypes de *Salmo trutta* : sédentaire, de lac et de mer. Melhaoui (1985) montre notamment pour le Redon, affluent du lac Léman et pour deux affluents du lac d'Annecy que si les truites de lac se reproduisent exclusivement dans les zones aval, on trouve des frayères de truites sédentaires sur l'ensemble des réseaux. De même, Campbell (1977) note un chevauchement entre les zones de frai des truites sédentaires et de mer. Plus généralement, la ségrégation spatiale des différentes espèces ou écotypes de Salmonidés pour la reproduction n'est une réalité qu'à l'échelle du macrohabitat, (Heggberget *et al.*, 1988). Toutefois les différentes zones de reproduction n'offrent pas les mêmes potentialités en fonction de la taille des géniteurs. Cela se traduit par une relative ségrégation spatiale des géniteurs de saumon et de truite sur le Scorff en période de frai : la zone aval du cours principal est essentiellement fréquentée par le saumon alors que la partie haute et les affluents le sont par les truites (Baglinière *et al.*, 1979).

Le frai des truites a lieu en hiver pour des températures comprises entre 4 et 10° C d'après Huet (1962) et entre 2 et 10,5° C d'après Baglinière *et al.* (1979). Cette activité de reproduction semble être ralentie par les fortes crues (Nihouarn, 1983).

Pour les œufs, la température optimale est comprise entre 2 et 6° C (Vernidub, 1963 et Kokurewicz, 1971 *in* Alabaster et Lloyd, 1980), et les températures létales extrêmes sont respectivement de moins de 0° C et de 15-16° C (Junwirth et Winkler, 1984 et Humpesch, 1985 *in* Crisp, 1989).

b) *Localisation des frayères dans les macrohabitats*

Les macrohabitats de frai correspondent plutôt aux radiers et aux « plats »", soit des **milieux peu profonds** (Baglinière *et al.*, 1979), les frayères étant localisées généralement en tête de radier ou en fin de mouille (Witzel et Mac Crimmon, 1983), voire en milieu de radier (Euzenat et Fournel, 1976). Les habitats favorables sont caractérisés par des **vitesses moyennes** (limite inférieure : 10-20 cm.s^{-1} (Crisp et Carling, 1989). Huet (1962) précise qu'il ne peut y avoir de frayères dans les zones où le courant est nul. Ces habitats de reproduction se caractérisent aussi par une **granulométrie moyennement grossière** (0,6 à 5,4 cm de diamètre d'après Jones et Ball (1954) et 2-3 cm de diamètre moyen d'après Crisp et Carling (1989)).

Une variation de pente, se traduisant par une accélération du courant, est un facteur favorable à l'implantation des frayères (Vaux, 1962 *in* Euzenat et Fournel, 1976 ; Melhaoui, 1985 ; Fragnoud, 1987). Ces facteurs hydrodynamiques évitent le colmatage par les particules fines et assurent à l'intérieur de la frayère une circulation d'eau, dont Crisp (1989) rappelle les effets bénéfiques d'oxygénation des oeufs puis des alevins et d'élimination des toxiques.

Cependant, dans certains secteurs, les frayères sont concentrées sur les rives convexes, protégées des courants violents en période de crue (Baglinière *et al.*, 1979). De plus, les frayères sont souvent situées à proximité d'abris comme l'ont signalé Euzenat et Fournel (1976) sur un affluent du Scorff : 90 p. 100 des frayères de truites recensées étaient proches de berges creuses, de végétation rivulaire immergée, ou de zones calmes et profondes. De même Witzel et Mac Crimmon (1983) observent que 84 p. 100 des frayères sont localisées à moins de 1,5 m de la berge (essentiellement près de troncs d'arbres et de branchages).

Shirvell et Dungey (1983) observent une constance dans les sites de reproduction d'une année sur l'autre, avec une légère extension (qui se traduit par une augmentation de la variance des caractéristiques moyennes des habitats) lorsque les densités de reproducteurs sont trop fortes. Cela traduit une grande flexibilité de l'espèce dans sa sélection de microhabitats pour se reproduire (Heggberget *et al.*, 1988). Ottaway *et al.* (1981) concluent que la truite semble frayer partout où le substrat est assez fin pour être remué. Cependant, les phénomènes de surcreusement de frayères dans les zones propices sont fréquents, entraînant la mortalité des oeufs antérieurement déposés (Crisp, 1989). Nihouarn (1983) observe un regroupement des frayères sur un même habitat alors que d'autres, favorables, sont délaissés. Cette forme de compétition spatiale lors de la reproduction peut devenir un facteur limitant le recrutement final d'un cours d'eau (Chapman, 1966).

Heggberget *et al.* (1988), dans le but d'étudier la ségrégation spatiale de reproduction chez les Salmonidés, montrent que les truites frayent plus près des berges que les saumons dans des rivières larges, soit en moyenne entre 2,5 et 10,5 m pour *S. trutta*, et entre 6,8 et 16,9 m pour *S. salar*. Pour les deux espèces, ils notent des possibilités d'implantation de frayères à moins d'un mètre de la berge et dans des profondeurs inférieures à 10 cm.

c) Les caractéristiques des frayères

Compte-tenu de leur modalité de constitution, les frayères ont une forme elliptique. Elles sont composées (fig. 7) d'un dôme allongé, sous lequel se

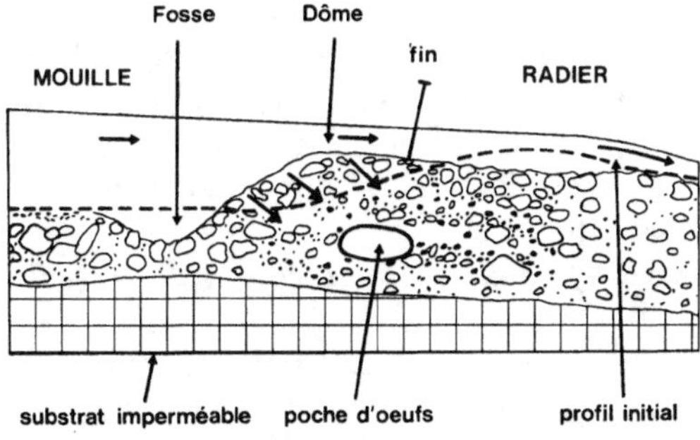

Figure 7. Représentation schématique (*S. trutta*), de sa position dans une séquence mouille-radier et de la circulation d'eau (modifié d'après Ottaway *et al.*, 1981 et Reiser *et al.*, 1985 *in* Fragnoud, 1987).

trouvent les œufs, et d'un fossé circulaire juste en amont (Fragnoud, 1987). Les paramètres permettant de décrire la localisation et la forme des frayères sont la hauteur d'eau, la vitesse de courant, la granulométrie, la surface et la distance à la berge. En outre, il faut considérer la profondeur de la poche d'œufs, qui traduit leur vulnérabilité : une grande profondeur est une protection contre les crues mais correspond aussi à un risque d'asphyxie si la sédimentation est importante (Crisp et Carling, 1989). Pour ces descripteurs, les valeurs trouvées dans la bibliographie ne sont malheureusement pas toutes comparables compte-tenu des différentes méthodologies employées pour les obtenir (tabl. 4). Outre les disparités méthodologiques, la variabilité des chiffres observés peut s'expliquer par la diversité des cours d'eau prospectés, mais surtout par les différences de taille des géniteurs concernés. En effet, la surface des frayères et la profondeur de la poche d'oeufs sont proportionnelles à la taille des géniteurs (Ottaway *et al.*, 1981 ; Crisp et Carling, 1989). De plus, les plus gros individus se reproduisent dans des zones plus profondes et plus courantes (Ottaway *et al.*, 1981), ce qui a été vérifié par Nihouarn (1983) pour la truite et semble général pour tous les Salmonidés. Ainsi Elliott (1984b) met en évidence que les profondeurs moyennes d'enfouissement des oeufs sont de 17 cm pour des truites de mer (taille : 25-45 cm) et de 4 cm pour des truites sédentaires (taille : 17-30 cm). De même, les frayères de truite de lac sont plus grandes, plus profondes et constituées d'un substrat plus grossier que celles de truites sédentaires (Melhaoui, 1985).

2. Les habitats préférentiels des juvéniles et des adultes

Les caractéristiques des habitats préférentiels des stades libres, étudiées dans la majorité des cas en période d'étiage, sont regroupées dans le tableau 5 ; les valeurs correspondent à des optimums de densité (par exemple, pour Baglinière et Champigneulle, 1982) ou à la fréquence maximale d'observations ponctuelles d'individus (pics des courbes de preferendums de Bovee, 1978 *in* Fragnoud, 1987, et de Fragnoud, 1987). Mais des difficultés existent dans la distinction des preferendums des alevins (0^+), des juvéniles (1^+, voire 2^+) et ceux des adultes ($\geq 2^+$) car beaucoup d'auteurs mélangent les classes d'âge et/ou ne précisent pas la taille et l'âge des truites étudiées.

Par ailleurs, dans ces macrohabitats se déroulent souvent plusieurs fonctions de la vie de la truite, associées à différents microhabitats constitutifs du territoire ; l'examen de ce dernier est donc indispensable pour expliquer la compétition intraspécifique.

a) Les habitats préférentiels des alevins et des juvéniles (âge $\leq 1^+$) (tabl. 5a et 5b)

Les jeunes stades (0^+ et 1^+ an) se trouvent, selon la plupart des auteurs, dans des milieux peu profonds : l'optimum se situerait essentiellement entre 10 et 30-40 cm (Lindroth, 1955 ; Baglinière et Champigneulle, 1982 ; Fragnoud, 1987 ; Heggenes, 1988b ;...). Toutefois, des truitelles peuvent se trouver dans des eaux plus profondes (Gaudin, 1981 *in* Fragnoud, 1987 ; Bovee, 1978 *in* Fragnoud, 1987 ; Raleigh *et al.*, 1984 *in* Fragnoud, 1987) ; l'analyse du

Tableau 4. Principales caractéristiques des frayères de truite sédentaire (*Salmo trutta*) mesurées par différents auteurs.

	Heggberget et al., 1988 (Suède)		Shirvell et Dungey, 1983 (Nelle Zélande) l = 0 à 40 m	Fragnoud, 1987 (Est de la France) l̄ = 11,6 m	Nihouarn, 1983 (Bretagne – France)		Witzel et Mac Crimmon, 1983 Ontario (USA) l = 5,3 m
	Rivières larges	Petites rivières			l = 7 à 21 m	l = 1,5 à 3 m	
Profondeur (cm)							
— moyenne au centre de la poche d'œufs	43,1 (± 17,9)	50,0 (± 15,5)					
— au nez du poisson			31,0 (± 14,4) [6-82]				
— moyenne de la frayère				23,9 [5-51]	76 % entre 30 et 60	98 % < 30	25,5 (± 8,0) [7-58]
Vitesse de courant (cm·s^{-1})							
— à mi-hauteur au-dessus du dôme	38,3 (± 17,7)	27,4 (± 13,6)					46,5 (± 14,9) [10,8-80,2]
— à 2 cm au-dessus du dôme			39,4 (± 11,0) [5-75]				
— moyenne sur la frayère				20,5 [0-70]	58 % entre 48 et 75	75 % entre 30 et 75	
Granulométrie (mm)							
— diamètre moyen	11,5 (± 5,5)	8,1 (± 2,7)	14,0 (± 6,0)				6,9 (± 2,8)
— classe de préférence maximale				2-64	20-50	2-20	
Surface (m^2)	4,7 (± 2,9)	2,3 (± 3,3)		0,32 max : 1,57			
Caractéristiques des truites	1,8 kg	0,8 kg	42 cm	30 cm			[18-54,5 cm]
Nombre d'observations	36	125	140	620	38	85	112

avec (± X) = écart type de la moyenne
[a-b] = intervalle des valeurs rencontrées
l et l̄ = largeur et largeur moyenne

Tableau 5a. Préférendums d'habitat et de microhabitat des truites âgées de 0^+ an – opt : optimum, près : présence, dmax : densité maximale.
Sources : 1 : Fragnoud, 1987; 2 : Gaudin, 1981 *in* Fragnoud, 1987; 3 : Baglinière et Champigneulle, 1982; 4 : Baglinière et Arribe-Moutounet, 1985; 5 : Crisp, 1989; 6 : Kennedy et Strange, 1982; 7 : Shirvell et Dungey, 1983; 8 : Baldes et Vincent, 1969; 9 : Heggenes, 1988b; 10 : Lindroth, 1955; 11 : Egglishaw et Shackley, 1982; 12 : Cunjak et Power, 1986; 13 : Jones, 1975; 14 : Bohlin, 1977.

Taille truites (cm)	Milieu	Profondeur (cm)	Granulométrie dominante	Vitesse $(cm.s^{-1})$	Observations	Sources
	Rivières suédoises	20-30	Graviers		Truite et saumon (printemps) Abri près des berges	10
11-12	Rivière Ontario	43-46 42		2,2 à 4,7 13,6	Hiver – Couverture obligatoire Eté – Abri non obligatoire	12
4,3	Chenal expérimental		opt : 50-70 mm excl : < 30 mm			9
	Chenal expérimental	15-90	Sables galets	20 à 30	Végétation aquatique comme abri	
	Scorff (Bretagne)	dmax : 10-40	Cailloux	dmax : > 40	Autres Salmonidés, étiage d'été près des berges	3
	Ecosse	prés : 15-35 excl : < 10-15			Peu d'utilisation des sous berges	11
	Pays de Galles	20-30			Radiers et rapides	13
	Suède	10-12			Truite de mer	14
5,2-7	Irlande	opt : 0-15 excl : > 30			Variations/années et sites Compétition intraspécifique	6

Tableau 5b. Preferendums d'habitat et de microhabitat des truites âgées de 1^+ an (voir la signification des abréviations et les sources au tableau 5a).

Taille truites (cm)	Milieu	Profondeur (cm)	Granulométrie dominante	Vitesse ($cm.s^{-1}$)	Observations	Sources
4 à 12	Oignin (Jura)	opt : 20 excl : < 15 > 70	Graviers-petits galets		71 points pêchés	1
4-12	Sémine (Jura)	opt : 30 excl : < 15, > 60	Blocs			1
	Scorff			dmax : ≤ 28		4
	Pays de Galles	20-40			Rapides et pools	13
	Canal expérimental			25	1 cohorte seule	5
	Suède	15-25	Rochers		Truite de mer	14
10,6-11,6	Irlande	opt : > 15 excl : < 15				6
	Ecosse	prés : (20)25-35 excl : < 15(19)			Nette utilisation des sous berges	11

positionnement exact des individus dans les biotopes profonds étudiés permettrait de nuancer la « potamophilie » envisagée par ces auteurs. De plus, en hiver, Cunjak et Power (1986) observent des truitelles 0^+ à une profondeur optimale de 43-46 cm.

La **vitesse de courant** au niveau du museau n'est généralement **pas trop élevée** (< 20 cm.s^{-1}, avec des vitesses très faibles pour les 0^+ en hiver : 4,7 et 2,2 cm.s-1 pour des truitelles de 11,1 et 11,6 cm (Heggenes et Saltveit, 1989 *in* Heggenes, 1988b)). Au niveau de l'habitat utilisé, les vitesses de courant moyennes optimales sont bien sûr plus élevées (le plus souvent comprises entre 20 et 50 cm.s^{-1} (Heggenes, 1988b)).

Les preferendums granulométriques des juvéniles sont essentiellement les **graviers** et **galets** (Baglinière et Champigneulle, 1982 ; Glova et Duncan, 1985 ; Fragnoud, 1987), et la plupart des auteurs, hormis Raleigh *et al.* (1984 *in* Fragnoud, 1987) signalent leur absence sur les substrats très fins.

Enfin, les micro-habitats de stabulation nocturne, éventuellement proches ou inclus dans les territoires de chasse, où les jeunes truites notamment se réfugient, semblent une composante importante de l'habitat des juvéniles (Kalleberg, 1958). Ceci met l'accent sur le rôle d'abri joué par la granulométrie des fonds (Heggenes, 1988b et 1988c).

Ces combinaisons de facteurs correspondent à certains faciès d'écoulement : ainsi, sur le Scorff, les 0^+ se trouvent dans des radiers et rapides caractérisés par des vitesses supérieures à 40 cm.s^{-1}, des profondeurs de 10 à 40 cm et des substrats caillouteux (Baglinière et Champigneulle, 1982).

b) Les habitats préférentiels des adultes (âge $\geq 2^+$) (tabl. 5c)

L'habitat des truites adultes est surtout caractérisé par une **profondeur d'eau assez grande** (20 à 50 cm) et l'ensemble des résultats concordent pour relier la taille des truites et la profondeur des habitats utilisés (Bohlin, 1977 ; Egglishaw et Shackley, 1977 ; Karlström, 1977 ; Baglinière et Champigneulle, 1982 ; Heggenes, 1988b ;...) : ainsi, Kennedy et Strange (1982) trouvent une corrélation positive entre la densité des individus 1^+ et 2^+ et la hauteur d'eau ($r = + 0,92$ entre la densité des 2^+ et une profondeur supérieure à 30 cm).

Pour la majorité des auteurs (Bohlin, 1977 ; Baglinière et Champigneulle, 1982 ; Egglishaw et Shackley, 1982 ; Heggenes, 1988c), les truites adultes préfèrent des **vitesses de courant assez lentes**. Toutefois, Karlstöm (1977) ainsi que Baglinière et Champigneulle (1982) signalent leur présence dans des zones turbulentes. De même, les individus mâtures des rivières de l'Ontario occupent des biotopes plus profonds et plus courants que les juvéniles (Cunjak et Power, 1986). En outre, il existe de fortes variations de vitesses optimales selon les cours d'eau : par exemple, les optimums trouvés sur 2 cours d'eau proches pour des truites de taille moyenne respective de 20,3 et 21,9 cm sont de 5,7 cm.s^{-1} et 16,0 cm.s^{-1} (Cunjak et Power, 1986). Ce phénomène a également été observé sur 2 rivières de l'Est de la France (Fragnoud, 1987).

La granulométrie optimale pour les adultes correspond à des substrats plus grossiers que pour les juvéniles tels que pierres et blocs (Baglinière et Champigneulle, 1982 ; Fragnoud, 1987). Toutefois, ces individus se réfugiant

Tableau 5c. Preferendums d'habitat et de microhabitat des truites d'âge ≥ 2 ans (voir la signification des abréviations et les sources au tableau 5a).

Taille truites (cm)	Milieu	Profondeur (cm)	Granulométrie dominante	Vitesse (cm.s^{-1})	Observations	Sources
	Scorff	> 40	Grossier > 2 mm	rapide	Importance abris et sécurité profondeur et/ou couvert	3
21,3	Canal expérimental	excl : < 5,1		excl : < 12,2 excl : > 21,3	Pas de couverture, espace petit Eclairement direct, turbulences	8
> 12	Oignin (Jura)	opt : > 50 excl : > 15, > 70	Petits et gros galets	opt : 5-15 excl : > 30	111 points pêchés	1
> 12	Sémine (Jura)	opt : > 50 excl : < 5	Blocs	opt : 30 excl : > 100		1
15-20	Rivière Ontario	53-76 43-59		5,7-16,0 5,4-17,2	Hiver – Couverture non obligatoire Eté – Abri non obligatoire Présence d'omble de fontaine	12
	Pays de Galles	40			Pools	13
	Irlande	> 30 < 15			Pente : facteur défavorable	6
42	6 rivières (Nlle-Zélande)	65,0		26,7	Truite de mer 140 individus	7

dans les zones profondes, ils peuvent se trouver dans des sites à forte sédimentation.

Pour les adultes, la nécessité d'abris avec éventuellement un fort taux d'ombrage est soulignée par de nombreux auteurs (Lewis, 1969 ; Cuinat, 1980 ; Mesick, 1988), ce qui est interprété par Baglinière et Champigneulle (1982) comme la recherche d'une sécurité par les truites d'âge > 1[+]. Ces abris permettent le maintien de truites dans des zones où la vitesse moyenne du courant est très élevée (Jenkins, 1969 ; Baglinière et Arribe-Moutounet, 1985) ou peut momentanément augmenter de façon très brutale (Heggenes, 1988c).

La possibilité pour un même individu d'utiliser des gammes de courant et de profondeur différentes selon ses activités, zones calmes et plus profondes pour le repos (stabulation ou abri) ou l'affût, milieux courants pour la nutrition et la chasse est signalée par Cuinat (1980) : les poissons habitant une mouille viennent fréquemment chercher leur nourriture à sa limite amont (« la tombée du courant ») ou aval (« plats ») où les « gobages » sont fréquents. Shirvell et Dungey (1983) trouvent pour des truites adultes de 42 cm des optimas de profondeur et de vitesse de 65 cm et de 26,7 cm.s[-1] pour la nutrition, et de 32 cm et 36,9 cm.s[-1] pour la reproduction. Les aires de repos et/ou de refuge sont caractérisées par une vitesse réduite (mais sensible pour maintenir la direction) par rapport au plein courant : les vitesses moyennes mesurées dans des abris par Baldes et Vincent (1969) pour des truites d'une longueur moyenne de 21,3 cm, varient de 12,2 cm.s[-1] à 21,3 cm.s[-1], les vitesses maximales dans l'habitat étant respectivement supérieures à 30,5 cm.s[-1] et 137,3 cm.s[-1]. Ces microhabitats de repos se situent au contact des structures immergées, racines ou souches (Milner *et al.*, 1978), substrats grossiers (Heggenes, 1988a et 1988b), et près des berges, sous-berges ou talus surplombants (Egglishaw et Shackley, 1982), branchages proches de la surface (Neveu, 1981). La truite se trouve en général près du fond, mais elle peut le quitter pour une vitesse du courant inférieure à 15 cm.s[-1] et se trouver en pleine eau, tout en restant dans son territoire (Kalleberg, 1958).

c) La compétition intraspécifique

La compétition intraspécifique entre cohortes est limitée avant tout par une certaine ségrégation spatiale des âges au niveau des macrohabitats d'une même séquence (Bohlin, 1978 ; Baglinière et Champigneulle, 1982 ; Nihouarn, 1983 ; Heggenes, 1988a, b et c ; Ombredane *et al.*, 1988 ; Haury et Baglinière, 1990...).Mais elle est également limitée par une inégale répartition transversale plus particulièrement dans les grandes rivières puisque les juvéniles se maintiennent essentiellement à proximité des berges (Lindroth, 1955 ; Bohlin, 1977 ; Karlström, 1977 ; Baglinière et Arribe-Moutounet, 1985).

L'existence d'un territoire individuel marqué pour les juvéniles (Heland, 1971a, 1971b, 1980), puis d'une hiérarchie entre les individus âgés pour l'occupation des meilleures positions (Jenkins, 1969 ; Fausch et White, 1981 ; Bachman, 1984) entraînent une compétition intraspécifique pour des individus de même âge.

La taille du territoire dépend de celle du poisson et elle est plus ou moins proportionnelle au cube de la longueur chez les Salmonidés (Allen,

1969) : quelques dm^2 pour les alevins (Heland, 1971a), à 58 g.m^{-2} pour les poissons de plus de 18 cm (Souchon *et al.*, 1989). Toutefois, cette proportionnalité est contestée par Bachman (1984) qui trouve un domaine moyen individuel des truites adultes en Pennsylvanie de 15,6 m^2, cette surface étant acquise la seconde, voire la première année, et restant stable ultérieurement. La taille du territoire est aussi liée au comportement puisqu'elle dépend de l'isolement visuel, ce dernier étant assuré notamment par la granulométrie, la topographie et les végétaux. Enfin, elle est déterminée par la disponibilité en nourriture dérivante (Chapman, 1966 ; Grant et Noakes, 1987). Cependant, Kalleberg (1958) observe que les limites des territoires sont floues, ce que confirme Bachman (1984).

Dans l'utilisation des abris, la truite dominante se trouve à l'amont de la cache, situation la meilleure pour profiter de la dérive ; elle peut supporter d'autres individus situés à l'aval et latéralement par rapport à elle dans la mesure où il y a isolement visuel (Butler et Hawthorne, 1968 ; Fausch et White, 1986). Par ailleurs, en cas de très forts débits se traduisant par des vitesses hors abris de 91 cm.s^{-1} à 183 cm.s^{-1}, Baldes et Vincent (1969) observent que plusieurs truites peuvent se maintenir dans une même zone profonde. En l'absence d'abris, la compétition intraspécifique et les comportements agressifs sont plus nombreux, ce qui affecte la croissance tant des individus dominés que celle des dominants (Fausch et White, 1986).

Pour une surface donnée, il existe donc un nombre de territoires maximal, un peu extensible lorsque les densités de population sont fortes selon Heland (1971b). La capacité d'accueil du milieu correspond au nombre potentiel de ces territoires. La densité de truite dépendrait, d'une part, de l'importance des abris et des « postes de chasse » (Kalleberg, 1958 ; Allen, 1969 ; Nihouarn, 1983) et, d'autre part, de celle des zones appropriées pour le repos nocturne (Chapman et Bjornn, 1969).

Toutefois, les mécanismes régulateurs de la densité peuvent varier selon les saisons : Chapman (1966) considère qu'en été, ce sont le plus souvent des mécanismes alimentation/espace voire abri/espace qui régulent les populations de Salmonidés, alors qu'en hiver (s'il y a régulation), ce serait par la quantité disponible de zones de refuge contre les forts courants.

3. La compétition interspécifique

Pour une population en allopatrie, la compétition intraspécifique permet l'expression de toute l'amplitude écologique de l'espèce, alors qu'en cas de sympatrie, les optima de chaque espèce sont déplacés et leur amplitude écologique réduite (Svärdson, 1949 et Nilsson, 1955, 1956 *in* Kalleberg, 1958). Par exemple, le fait que deux espèces aient un régime alimentaire similaire n'induit pas nécessairement qu'il y ait une compétition, car il existe une certaine plasticité des habitudes alimentaires (Kalleberg, 1958).

La compétition interspécifique intervient dans l'occupation de l'espace et la prise de nourriture ; elle peut même correspondre à la prédation. Cependant, la ségrégation spatiale des différentes espèces en sympatrie, mise en évidence en milieu naturel, peut résulter tant d'un choix des individus (adaptation de l'espèce à son environnement physique), que d'une réelle compétition interspécifique (Jones, 1975 ; Hearn, 1987).

a) Compétition avec d'autres Salmonidés

En cours d'eau, les individus entrent en compétition pour l'occupation des microhabitats favorables à l'acquisition de nourriture, ou pour ceux procurant un abri, ou donnant accès à un abri (Fausch et White, 1981). La ségrégation spatiale des divers Salmonidés en sympatrie resulte des préférendums d'habitat, mais aussi de la date d'émergence des alevins et de leur morphologie (Hearn, 1987).

— Compétition avec le saumon atlantique (*Salmo salar*)

Les alevins et juvéniles 0^+ des deux espèces occupent ensemble les eaux peu profondes (de type radier), où le saumon est souvent prédominant (Jones, 1975), alors que l'on ne trouve que les truites de cette classe d'âge dans les eaux moyennement profondes (Jones, 1975 ; Baglinière et Champigneulle, 1982 ; Egglishaw et Shackley, 1982 ; Kennedy et Strange, 1982). De même, si les individus 1^+ des deux espèces se trouvent simultanément dans les eaux moyennement profondes (de type plat), ceux de truite colonisent aussi les milieux à plus forte hauteur d'eau (Jones, 1975 ; Baglinière et Champigneulle, 1982 ; Egglishaw et Shackley, 1982 ; Kennedy et Strange, 1982), tout comme les individus plus âgés (Jones, 1975).

Dans les rivières suédoises, Karlström (1977) met en évidence que, quelle que soit la classe d'âge, les juvéniles de saumon, par rapport à ceux de truite, colonisent les milieux où la vitesse de courant est plus importante. La truite est présente dans les zones à faible courant (< 50 cm.s^{-1}) alors que le saumon y est rare ou absent. Sur une rivière bretonne, Baglinière et Champigneulle (1982) mettent en évidence que les saumons 1^+ sont cantonnés dans les rapides (association courant élevé et profondeur moyenne) alors que les truites du même âge colonisent différents types d'habitat. Les vitesses de courant des secteurs où l'on trouve le saumon sont généralement supérieures à 40 cm.s^{-1} (Karlström, 1977 ; Neveu, 1981 ; Baglinière et Champigneulle, 1982 ; Baglinière et Arribe-Moutounet, 1985) alors que la truite a des preferendums moins marqués (20-70 cm.s^{-1} d'après Karlström (1977) et 28-61 cm.s^{-1} pour les 0^+ d'après Baglinière et Arribe-Moutounet (1985)).

Enfin, les juvéniles de saumons se trouvent dans des habitats à granulométrie plus fine (galets, pierres de diamètre < 30 cm) que les truites (blocs) (Karlström, 1977).

En allopatrie la truite colonise des zones à plus fort courant qu'en sympatrie avec le saumon, mais on ne la trouve jamais dans l'association fort courant - granulométrie fine (Karlström, 1977), ce qui est confirmé par Baglinière et Champigneulle (1982). D'autre part, en allopatrie le saumon peut établir son territoire dans des milieux à faible vitesse de courant ou dans ceux à granulométrie grossière si le courant est fort (Karlström, 1977). La ségrégation spatiale observée quand les deux espèces sont en sympatrie, peut trouver son explication dans :

— une meilleure adaptation morphologique du saumon aux fortes vitesses de courant : en effet ses nageoires pectorales, environ 50 p. 100 plus larges que celles de la truite sont capables de détourner le courant (Jones, 1975);

— un comportement plus agressif, et ainsi dominance de la truite sur le saumon (Lindroth, 1955; Kalleberg, 1958; Jones, 1975) permettant aux truites d'établir des territoires dans les milieux à faible vitesse de courant (Karlström, 1977);

— une croissance plus rapide de la truite (Lindroth, 1955; Karlström, 1977).

Dans les rivières larges, les densités de truite sont plus faibles que celles de saumon du fait que ces derniers colonisent toute la largeur, alors que les truites sont cantonnées près des berges (Lindroth, 1955; Karlström, 1977) où le courant est plus faible. Ainsi, la prédominance du saumon dans les radiers résulterait de leur meilleure adaptation morphologique et de l'interaction avec les truites (Jones, 1975). Dans les petits cours d'eau, la truite est majoritaire car les surfaces qui lui sont favorables (près des berges) sont proportionnellement plus importantes et que la truite chasse le saumon des zones favorables aux deux espèces (Karlström, 1977).

Dans les radiers, la compétition entre les deux espèces peut être limitée par un certain isolement visuel des individus grâce aux turbulences en surface (Chapman, 1966). Par ailleurs, la dérive qui rentre pour une grande part dans le régime alimentaire des deux espèces y est importante. Cette grande disponibilité nourriture réduit l'espace nécessaire aux individus pour satisfaire leurs besoins (Egglishaw et Shackley, 1982).

En résumé, les deux espèces colonisent les mêmes types d'habitat, mais à âge (taille) égal(e), les juvéniles de saumon se trouvent donc dans des eaux à hauteur plus faible (Neveu, 1981; Egglishaw et Shackley, 1982; Kennedy et Strange, 1982), à vitesse de courant plus forte, à granulométrie plus fine (Karlström, 1977; Neveu, 1981; Baglinière et Champigneulle, 1982) et plus éclairés (Karlström, 1977) que les truites. Bien qu'il faille noter la prédation des grosse truites sur les juvéniles de saumon (Neveu, 1981), la compétition entre les cohortes est moins prononcée que celle existant entre les individus des deux espèces à taille égale, ce qui permet une utilisation optimale des habitats d'une rivière (Karlström, 1977). Enfin, la compétition affecte la survie et la croissance des deux espèces (Kennedy et Strange, 1986).

— Compétition avec la truite arc-en-ciel (*Oncorhynchus gairdneri*), l'omble de fontaine (*Salvelinus fontinalis*) et le saumon coho (*Oncorhynchus kisutch*)

Les trois espèces colonisent les mêmes milieux que la truite commune (Karlström, 1977; Fausch et White, 1981; Neveu, 1981) et montrent toutes, comme elle, une préférence marquée pour les milieux ombragés par des abris surplombants (Butler et Hawthorne, 1968; Fausch et White, 1981).

La truite arc-en-ciel est moins inféodée aux abris que le saumon de fontaine et surtout que la truite commune (Butler et Hawthorne, 1968) pour qui ce facteur est déterminant alors que pour la truite arc-en-ciel le paramètre le plus important est la vitesse de courant (Lewis, 1969).

L'omble de fontaine et la truite commune semblent s'exclure dans les rivières canadiennes (Karlström, 1977) et dans celle du Nord-Est des Etats Unis (Fausch et White, 1981). En milieu naturel, la truite commune domine l'omble pour l'occupation des meilleurs microhabitats de repos, situés près des « postes de chasse » que les deux espèces utilisent alternativement (Fausch et White, 1981). Cependant, Fausch et White (1986), mettant en évidence en chenal expérimental une compétition favorable à l'omble, concluent que la dominance s'exprime différemment selon la taille et l'âge des individus, et l'environnement dans le cours d'eau.

Les alevins de saumon coho en sympatrie avec ceux de truite commune en rivière sont dominants parce qu'ils émergent 2 à 3 semaines plus tôt et qu'ils sont plus gros à l'émergence (Fausch et White, 1986). En chenal expérimental, à taille égale, la compétition pour les meilleurs microhabitats de nutrition est encore favorable au coho (Fausch et White, 1986).

b) Compétition avec d'autres espèces non Salmonidés

— Compétition avec l'anguille (*Anguilla anguilla*)

L'anguille colonise des habitats très divers, des milieux courants caillouteux (petits individus) aux zones calmes et envasées (gros individus) (Jones, 1975 ; Baglinière, 1979 ; Neveu, 1981). Comme les truites, l'anguille recherche des abris : on la trouve près des berges où le couvert aquatique ou rivulaire est important (Baglinière et Arribe-Moutounet, 1985), mais elle préfère les débris de fond à l'opposé de la truite (Neveu, 1981).

Les anguilles peuvent avoir une forte incidence sur les Salmonidés s'exprimant plus en terme de compétition qu'en terme de prédation (Baglinière, 1979).

— Compétition avec le vairon (*Phoxinus phoxinus*)

Ils sont généralement inféodés aux habitats profonds et à vitesse de courant réduite où ils cohabitent avec des truites d'âge $\geq 1^+$ (Baglinière, 1979) et $\leq 2^+$ (Jones,1975). Cependant, on les trouve aussi dans des habitats plus modérés (Jones, 1975 ; Neveu, 1981) voire dans des milieux de faible hauteur d'eau et à forte vitesse de courant (Baglinière et Arribe-Moutounet, 1985). Neveu (1981) suggère que leur rareté dans les habitats profonds de la basse Nivelle serait due à une prédation par les grosses truites, phénomène mentionné par Heland (1973).

En ruisseau expérimental, Heland(1973) met en évidence la prédation des vairons sur les alevins de truite à résorption de vésicule qui évitent activement leur prédateur en dévalant. Enfin, il signale que les microhabitats fréquentés par ces deux groupes d'individus ne sont pas les mêmes, et que la compétition alimentaire serait limitée car les proies sélectionnées sont différentes pour les deux espèces.

— Compétition avec le chabot (*Cottus gobio*)

Les relations entre les adultes de cette espèce et les alevins de truite, étudiées en chenal expérimental, sont du même type que celle vues précédemment à propos du vairon (prédation, évitement actif) (Gaudin et Heland, 1984).

Cependant, aucune prédation dans ce sens n'a été mise en évidence par Crisp (1963) en milieu naturel alors qu'il a constaté que des truites d'un poids > 75 g pouvaient se nourrir de chabots.

Le chabot colonise essentiellement les habitats caillouteux et très courants plus particulièrement en amont des rivières et dans les affluents (Jones, 1975 ; Baglinière, 1979 ; Ombredane, données non publiées). Mais on peut le trouver aussi dans des habitats lents (Jones, 1975 ; Baglinière et Arribe-Moutounet, 1985). De par ses préferendums d'habitat, le chabot entre en compétition alimentaire partielle avec la truite (Crisp, 1963) bien que celle ci se nourrisse beaucoup en surface contrairement au chabot qui est benthique comme le saumon atlantique avec qui il est en compétition totale (Baglinière, 1979).

D'autres espèces colonisent les mêmes milieux que la truite. Dans les habitats moyennement profonds, on trouve des **loches franches** (*Nemacheilus barbatulus*) en même temps que des juvéniles 0^+ de truite (Jones, 1975 ; Baglinière, 1979 ; Baglinière et Arribe-Moutounet, 1985). Les **goujons** (*Gobio gobio*) se trouvent avec les truites plus âgées dans les habitats profonds à courant modéré (Jones, 1975 ; Baglinière, 1979 ; Neveu, 1981).

Ces compétitions interspécifiques sont donc un paramètre non négligeable de l'utilisation de l'habitat par les truites et donc de la capacité d'accueil d'un milieu, mais encore mal connu dans la mesure où les « espèces d'accompagnement », parfois majoritaires en biomasse sur les rivières à Salmonidés dans certains habitats (Baglinière, 1979) sont peu étudiées. Enfin Hearn (1987) souligne que lorsque les populations sympatriques sont réduites par les conditions naturelles (sécheresse ou crue), les compétitions interspécifiques sont faibles, voire inexistantes.

V. Variations temporelles de l'habitat et influence des activités humaines

Les caractéristiques mésologiques et biotiques des habitats varient selon des cycles journaliers et saisonniers, mais elles peuvent aussi se modifier graduellement selon des processus évolutifs naturels, ou plus brutalement sous la pression d'aménagements.

1. Variations naturelles

a) Variations journalières·

Le cycle nycthéméral qui s'exprime à la fois par l'alternance lumineuse et par l'amplitude thermique a des conséquences sur l'activité de la truite.

L'activité d'alimentation est maximale au crépuscule et à l'aube ; elle serait nulle la nuit selon Lindroth (1955), les truites chassant « à vue » et cessant toute alimentation en deçà de 0,02 lux (Kalleberg, 1958). Pendant la nuit, les Salmonidés détectent le courant à la fois par des réponses visuelles et tactiles, d'où l'importance de la granulométrie et du courant (Arnold, 1974 *in* Ottaway et Clarke, 1981), si bien que de nombreux déplacements sont nocturnes, notamment la dévalaison des alevins (Heland, 1980 ; Ottaway et Clarke, 1981).

L'alternance jour-nuit se traduit aussi par des modifications des autres compartiments biologiques (photosynthèse des végétaux, dérive des invertébrés,...) et de certaines caractéristiques mésologiques (teneur en oxygène dissous, température,...).

L'amplitude thermique est variable selon les conditions stationnelles : elle est notamment réduite dans les cours d'eau ombragés ou forestiers (Edington, 1966), et en montagne ; à l'inverse, en milieu éclairé ou exposé au sud, des amplitudes journalières importantes sont signalées (Crisp *et al.*, 1982). Les excès de température et d'éclairement renforcent un comportement d'abri des truites ; lorsqu'il fait trop chaud, elles se réfugient dans les zones plus profondes à l'aval des courants.

b) *Les variations saisonnières*

Les variations saisonnières de la température qui sont différentes selon le type de sources (Westlake *et al.*, 1972 ; Crisp *et al.*, 1982) influent sur les déplacements et la répartition spatiale des truites.

Lorsque la température de l'eau descend en deçà d'un certain seuil, les truites gagnent un abri hivernal, dans des milieux plus lents et profonds, avec une couverture du lit (Chapman et Bjornn, 1969 ; Bjornn, 1971 ; Cunjak et Power,1986) ; lorsque les eaux restent au-delà de 7°C, de tels phénomènes ne semblent pas exister (Allen, 1969). Des températures trop basses (< 4,5°C) inhibent les déplacements des alevins (Raleigh, 1971 *in* Ottaway et Clarke, 1981) et atténuent leurs comportements agressifs. De même, elles inhibent les migrations de reproduction (Euzenat et Fournel, 1976).

Dès la fin de l'hiver et durant le printemps, des déplacements de population existent pour satisfaire les besoins nutritionnels et trouver de nouveaux territoires de chasse (Kalleberg, 1958 ; Chapman et Bjornn, 1969).

Pendant l'étiage, la vitesse de courant et la surface en eau diminuent, ce qui se traduit par un dépôt des matières en suspension et notamment des limons (Haury, 1985), une moindre oxygénation et une élévation de température. Les zones de refuge correspondent alors aux mouilles qui parfois sont les seules surfaces en eau. L'étiage biologique apparait quand les courants lents représentent plus de 70 p. 100 de la surface en eau (Dumont et Rivier, 1981). Les sécheresses exceptionnelles ont un fort effet négatif sur les recrutements, la croissance et la dynamique des populations (Elliott, 1984a et 1985).

L'effet des crues dépend de la période où elles se produisent. Les répercussions des crues printanières ont été étudiées expérimentalement par Ottaway et Clarke (1981) : de fortes crues, remaniant les fonds peuvent détruire les frayères et une forte vulnérabilité au courant des alevins sortant de la frayère existe spécialement lorsque les variations de courant sont brutales. Pour les poissons les plus âgés, le comportement d'abri limite l'influence négative des crues (déport des individus vers l'aval) (Baldes et Vincent, 1969 ; Heggenes, 1988c).

Les variations saisonnières des recouvrements macrophytiques entraînent aussi une diversification saisonnière de l'habitat et des modifications des ressources trophiques. Jenkins (1969) a observé des changements de position des truites en fonction des recouvrements macrophytiques : il en conclut que la structure sociale et la délimitation des territoires sont plus stables dans des ruisseaux rocheux que dans des cours d'eau fortement végétalisés.

2. Impact des activités humaines sur l'habitat

L'impact des activités humaines sur l'habitat s'exprime en terme d'altération de la qualité de l'eau et de modifications des caractéristiques physiques de l'habitat.

Les effets des « pollutions » sont extrêmement variables et peu généralisables, car leurs impacts dépendent non seulement de la nature du rejet, mais aussi du cours d'eau récepteur, de la fréquence et de l'époque du rejet. La figure 6 illustre bien ce phénomène avec un rejet de pisciculture : sur l'Elorn, il se traduit par une augmentation des densités de truites (y compris des 0+) et une amélioration de la croissance (Ombredane et al., 1988) ; sur le Scorff, ce rejet entraîne également une augmentation de la croissance, mais par contre une diminution des effectifs de truite (Baglinière, 1983). Aussi les altérations de la qualité de l'eau ne sont-elles pas détaillées présentement.

a) Aménagements physiques du lit et des berges

Le **recalibrage** se traduit par une disparition des abris immergés, une réduction de la végétation des berges (80 p. 100 sur des cours d'eau étudiés par Elser (1968)) et une très forte réduction de l'hétérogénéité des fonds. Les éléments granulométriques grossiers (rares pierres et graviers restants) sont colmatés par les sédiments provenant notamment des travaux puis de l'érosion des berges. Un des dangers majeurs pour la truite est la réduction estivale des débits et l'augmentation de la température des eaux. L'éclairement brutal du lit se traduit par une prolifération algale aux premiers stades et parfois une recolonisation végétale rapide par des hélophytes (Dutartre et Gross, 1982). Dans des secteurs aménagés, Elser (1968) constate une diminution de 74 p. 100 des effectifs de truite, ainsi qu'un déséquilibre des « espèces d'accompagnement ». En fait, les rectifications et recalibrages des cours d'eau ont le même impact que les pollutions organiques (Huet et Timmermans, 1976).

La **restauration** qui se contente de modifications localisées du lit et d'un enlèvement de la végétation en excès, permet de limiter ces inconvénients (Cuinat, 1980 ; Gross et Dutartre, 1980).

Le **nettoyage** des rivières correspond à la phase initiale de la reprise d'entretien. Sur le Scorff, il s'est traduit par une augmentation des zones courantes (+ 20 à 50 p. 100), un dégagement des substrats grossiers favorables au frai et un dévasement (− 35 à 65 p. 100 de sédiments fins, d'où une meilleure oxygénation des fonds : + 1 à 2 mg.l^{-1} d'O_2), un afflux de lumière et une augmentation des macrophytes (recouvrement multiplié par 2 à 5), une modification légère du régime thermique (+ 2°C lors d'étiage sévère), une augmentation de la diversité et de la production d'invertébrés (Champigneulle, 1978).

Les conséquences observées sur les populations de Salmonidés sont (Champigneulle, 1978) :

— une diminution des truites 1^+ ou plus âgées (– 70p. 100), attribuée à la suppression des caches, mais pouvant également être due à un moindre apport d'invertébrés des berges;

— une augmentation des saumons 0^+ (+ 300p. 100).

Un entretien régulier des berges doit faire suite à un tel nettoyage, sous peine de voir de nouvelles embâcles se créer.

Le **curage** et le **faucardage** ont des effets assez négatifs sur les populations de poissons (réduction des potentialités alimentaires et des abris notamment). Aussi, dans certaines régions anglaises, la période de faucardage intervient-elle après l'émergence d'une éphémère (*Ephemerella ignita*) particulièrement impliquée dans l'alimentation de la truite (Armitage, Freshwater Biological Association, Wareham, Grande-Bretagne, comm. pers.).

Les **extractions de granulats** dans le lit des cours d'eau ont pour conséquences (Cuinat, 1980) :

— la remise en suspension des sédiments fins entraînant une réduction de la photosynthèse et un colmatage des fonds;

— l'approfondissement et l'uniformisation des zones draguées;

— la déstabilisation des berges et du lit et notamment disparition de l'alternance mouille/radier;

— la régression ou disparition des espèces rhéophiles comme la truite.

b) Modifications du débit et barrages

L'aménagement ancien des rivières pour différentes utilisations, dont l'énergie hydraulique (digues des moulins), les pêcheries d'anguilles,... se traduisent par une diversification des conditions d'écoulement et des hauteurs d'eau au sein des « unités interbarrages » augmentant ainsi le nombre des faciès (Champigneulle, 1978 ; Haury, 1988a et b).

L'impact des **barrages** « infranchissables » est surtout connu pour contrarier les déplacements des espèces amphihalines comme la truite de mer (Elliott, 1989), mais ils rendent éventuellement inaccessibles à la truite certaines zones de reproduction situées dans les affluents (Brooker, 1981), isolant des populations (Elliott, 1989) ou des espèces compétitrices (Kaeding, 1980). Cependant, Brooker (1981) signale que la régulation des débits et la prévention de crues trop importantes peuvent avoir un effet positif sur le frai et le recrutement des jeunes.

Les **prises d'eau**, réduisant le débit, notamment en été, peuvent entraîner une forte augmentation des températures (Brooker, 1981). Cet effet est d'autant plus important que le lit mineur est surdimensionné par rapport au débit restant. Assez fréquemment, cette réduction de débit se traduit par des proliférations macrophytiques (Decamps et Capblancq, 1980 ; Khalanski *et al.*, 1985). En revanche, dans la zone de moindre débit, l'arrivée d'eau d'une meilleure qualité provenant d'affluent, peut correspondre à une amélioration de certains paramètres de l'habitat (Haury, 1987).

De plus les **restitutions d'eau** ont deux effets :

— l'augmentation rapide du débit se traduit par des chocs mécaniques pouvant entraîner le déport à l'aval et/ou la mortalité de juvéniles de truites (Elliott, 1987) ; par ailleurs, les sédiments peuvent être notablement remis en suspension. Toutefois, en terme de cycle hydrologique, le rôle de soutien d'étiage, atténuant l'effet néfaste des sécheresses estivales peut contribuer favorablement à la production piscicole;

— les rejets d'une eau dont la température ou la qualité physico-chimique est modifiée correspondent à un changement des conditions d'habitat parfois sensible sur des kilomètres à l'aval, avec d'éventuelles mortalités de poissons (Brooker, 1981).

Une des solutions pour préserver un écoulement hydraulique suffisant passe par le calcul du débit réservé nécessaire au maintien d'une vie piscicole. La notion de « débit de référence biologique » introduite par Dumont et Rivier (1981) fait l'hypothèse que l'équilibre biologique est optimal lorsque la diversité maximale des conditions d'écoulement est atteinte. Les auteurs considèrent qu'il faut une équirépartition des faciès à écoulement lent (v < 30 cm.s^{-1}), moyen (30 ≤ v < 80 cm.s^{-1}) et rapide (v ≥ 80 cm.s^{-1}). Les modèles de simulation des conditions d'habitat en fonction des débits (PHASBIM – Bovee et Milhous, 1978 ; Souchon *et al.*, 1989) visent à quantifier les effets des modifications hydrauliques.

c) Une gestion de l'habitat par des aménagements

Certains aménagements peuvent remédier à une altération du milieu provoquée par l'homme ou améliorer l'état « naturel des rivières ».

Dans certains cours d'eau uniformes avec des substrats vaseux, limoneux ou sableux, la création d'irrégularités dans l'écoulement avec des déflecteurs peuvent éventuellement créer un dégagement des graviers et ainsi augmenter la productivité en Salmonidés (Hunt, 1969 ; Arrignon, 1976 ; Milner *et al.*, 1985). De même, l'effet d'un désensablement est favorable aux populations de truites (Hansen *et al.*, 1983). L'implantation de déflecteurs, accompagnée d'une végétalisation puis d'une gestion de la végétation arbustive des berges se traduit par un rétrécissement et un approfondissement du lit favorables aux gros individus, dont les effets bénéfiques sont plus sensibles les années de sécheresse (White, 1975). En cas de déforestation, une implantation d'abris, notamment par immersion de souches d'arbres est préconisée, et il faut éviter un nettoyage des berges trop drastique (Champigneulle, 1978).

Toutefois, la gestion de l'habitat, par exemple en mettant des petits barrages, des déflecteurs, des caches artificielles peuvent modifier l'équilibre des populations, comme Saunders et Smith (1962) l'ont montré avec l'omble de fontaine (*Salvelinus fontinalis*) : suite aux aménagements, ils notent une régression du nombre d'individus jeunes et un doublement de l'effectif des ombles plus âgés, ce qui a été ultérieurement confirmé pour diverses espèces de Salmonidés (Hunt, 1969 ; White, 1975).

La nécessité de séries chronologiques et de suivis à long terme pour juger de l'efficacité des aménagements de rivière s'impose donc et a déja été soulignée par White (1975) et Hunt (1976).

VI. Prévision du peuplement trutticole à partir des caractéristiques de l'habitat

Certains auteurs (Cuinat, 1971; Philippart, 1978 *in* Welcomme, 1985; Lanka *et al.*, 1987;...) ont cherché à modéliser la production (kg/ha/an) ou bien la biomasse (kg/ha) de poissons, voire plus précisément de truites pour des segments de la zone trutticole, à partir de facteurs mésologiques les caractérisant. D'autres (Binns et Eiserman, 1979; Raleigh *et al.*, 1986 *in* Heggenes, 1988b;...), ont établi des modèles de prévision du stock de truite (la biomasse dans la plupart des cas) en place dans un macrohabitat, à partir, notamment, de ses caractéristiques.

1. Les modèles pour des segments de la zone trutticole

Les modèles les plus connus en Europe sont ceux de Leger-Huet (Leger, 1910 et Huet, 1964 *in* Arrignon, 1970) pour l'estimation de la productivité piscicole théorique, de Phillipart (1978 et 1978a *in* Welcomme, 1985) pour l'ichtyomasse, et de Cuinat (1971) pour la biomasse et la production en truites (*Salmo trutta*) des rivières françaises.

Plus récemment, Lanka *et al.* (1987) ont établi des modèles de prédiction de la biomasse de « truites » (genres *Salmo* et *Salvelinus*) pour les rivières du Colorado, du Missouri et du Wyoming. Ces auteurs utilisent, pour une même précision des estimations, soit des paramètres mésologiques caractérisant un segment de cours d'eau (incluant une séquence pool-radier), soit des variables géomorphologiques de la rivière et de son bassin-versant. De plus, ils distinguent les cours d'eau sous forêt des cours d'eau « découverts ».

D'après le tableau 6 résumant les divers paramètres utilisés dans ces modèles, on note le rôle de la teneur en calcium de l'eau dans la production pisciaire d'une rivière. L'effet calcium avait déja été envisagé par Timmermans (1960) et Crisp (1963). Ainsi, Timmermans (1960) compare des cours d'eau acides où la biomasse moyenne de truites est de 74 kg.ha^{-1} à des eaux alcalines où cette biomasse atteint 166 kg.ha^{-1}. D'autres paramètres tels les végétations rivulaire et aquatique en milieu « découvert » favorisent la production (Mills, 1967).

2. Les modèles pour les macrohabitats

Grant *et al.* (1986) soulignent l'importance d'une description précise des habitats pour pouvoir envisager de faire des modèles de prognose. Ces auteurs ont mis en évidence que pour des unités semblables, caractérisées par une vingtaine de facteurs, et dans un même cours d'eau, ils ne trouvent pas de différences significatives dans le peuplement en Salmonidés. Ils peuvent ainsi mettre en évidence d'éventuels changements des populations dus à une altération de l'habitat.

Tableau 6. Les différents modèles de prédiction du stock piscicole, salmonicole ou trutticole en fonction des caractéristiques d'un segment de cours d'eau.

Nom	Paramètre estimé	Forme du modèle	Variables utilisées
Léger-Huet *	Productivité piscicole P ($kg{\cdot}ha^{-1}{\cdot}an^{-1}$)	P = B. L. K.	L = largeur du cours d'eau B = capacité biogénique K = coefficient de productivité, fonction de la température, l'acidité, les types de poissons et leur âge
Cuinat (1971)	Biomasse de truite T ($kg{\cdot}ha^{-1}$) pour Massif central (France)	T = 41,26 + 16,4 S/L ou T = 18,07 S/L + 7,28 Y − 3,37	S = pente L = largeur Y = indice de teneur en calcium
Phillipart (1978) **	Ichtyomasse I ($kg{\cdot}ha^{-1}$) pour les rivières belges	$I = 6,9569\ L^{1,8456}$ ou I = − 295 + 0,19 A + 5,72 θ + 17,585 S + 16,8 L	L = largeur moyenne θ = température moyenne S = pente moyenne A = alcalinité
Lanka *et al.* (1987)	Biomasse de Salmonidés M ($kg{\cdot}ha^{-1}$) pour Colorado, Missouri, Wyoming (USA)	M = f(L, L/H, S) ou M = f(RT, RC, P, R, R/O, GS, ID) ou M = fonction de toutes les variables	L = largeur moyenne H = profondeur moyenne S = pente RT = altitude du tronçon RC = altitude du centre du bassin versant P = Périmètre du bassin versant R = Périmètre du bassin versant R = Relief = altitude des sources/altitude du tronçon O = distance des sources GS = penbte moyenne du cours d'eau ID = densité de drainage

* Léger, 1910 et Huet, 1964 (*in* Arrignon, 1968)
** Phillipart (1978 et 1978a *in* Wellomme, 1985)

Un modèle de simulation hydrologique (PHASBIM) a été développé par Bovee et Milhous (1978) et Bovee (1982 *in* Souchon *et al.*, 1989). Des paramètres majeurs de l'habitat (profondeur, vitesse de courant, granulométrie) ont été mis en parallèle avec la population de truite commune à un moment donné. D'une variation de débit, qui pourrait être provoquée par un aménagement hydraulique du cours d'eau, le modèle déduit les modifications des paramètres profondeur et vitesse de courant. Cela conduit à évaluer l'impact d'une telle perturbation sur l'habitat de la truite, et donc sur sa population. Avec une démarche similaire, de nouveaux développements et applications (repeuplement) sont proposés par Souchon *et al.* (1989) sous le nom de « méthode des microhabitats ».

Binns et Eiserman (1979) ont établi un indice, le « Habitat Quality Index » (HQI) qui prédit, pour les rivières du Wyoming, le stock de Salmonidés toutes espèces confondues (*Salvelinus fontinalis, Salmo trutta, S. clarkii, Oncorhynchus gairdneri*). Le modèle explique 97 p. 100 des variations de la biomasse automnale de Salmonidés entre les macrohabitats à partir notamment de ses caractéristiques fines : vitesse de courant, pourcentage d'abris, largeur, proportion de berges érodées, nature du substrat, concentration en nitrates. A ces variables sont adjoints des paramètres traduisant les facteurs spatio-temporels limitant la biomasse de Salmonidés en place à l'automne : débit moyen journalier à l'étiage, variations annuelles du débit, température maximale d'étiage. Ce modèle appliqué aux cours d'eau du Sud de l'Ontario n'a pas permis d'expliquer plus de 9,2 p. 100 des variations de biomasses entre les différents habitats bien qu'il fasse appel à certains facteurs dont l'influence a été démontrée statistiquement (Bowlby et Roff, 1986). En outre, il a été mis en évidence des relations (régression et analyse discriminante) entre la biomasse de Salmonidés et celle de la micro-communauté (microorganismes, invertébrés), ainsi qu'avec la présence de poissons piscivores en plus des relations avec certains paramètres physiques (Bowlby et Roff, 1986).

Un autre modèle a été développé par Raleigh *et al.* (1986 *in* Heggenes, 1988b), l' « Habitat Suitability Index » (HSI), évaluant ce que l'on peut appeler la capacité d'accueil potentielle d'un habitat. Ce modèle fait appel à 18 variables caractérisant le milieu et s'applique particulièrement à la truite commune dont il prédit le stock.

Il est donc possible de modéliser, pour une région écogéographique donnée, la production en truite via les caractéristiques de l'habitat dont les plus pertinentes semblent être la profondeur, la vitesse de courant, le substrat et le pourcentage d'abris (Heggenes, 1988b). Cependant, l'usage en routine de tels modèles ne semble pas très réaliste en raison de la lourdeur des protocoles à mettre en oeuvre pour l'acquisition des données.

Enfin, les courbes « de synthèse » de preferendums sont trop générales et imprécises pour être réellement utilisables, compte-tenu des déplacements des adultes pour la reproduction, des différences de positionnement en fonction des activités, de l'action plus ou moins forte de la compétition et des variations entre réseaux hydrographiques (Fragnoud, 1987 ; Heggenes, 1988b). Cette variabilité écogéographique et cette plasticité éco-éthologique de l'espèce expliquent la valeur ponctuelle des modèles d'ores et déjà mis au point et rendent illusoire l'élaboration d'un modèle général pour prédire un stock de Salmonidés, voire de truites. Néanmoins, l'établissement de modèles constitue une première étape pour la mise au point d'outils plus simples à l'usage des gestionnaires.

VII. Conclusion – Discussion

La définition de l'habitat de la truite (de l'individu à la population) en rivière dépend donc des échelles d'espace et de temps considérées. Les résultats acquis posent un certain nombre de questions quant à leur niveau de représentativité. Certaines pistes de recherche doivent être développées pour arriver à une connaissance permettant une réelle gestion des populations par l'intermédiaire de celle de l'habitat.

1. Les résultats acquis et leurs limites

Plusieurs points importants se dégagent :

a) Une complémentarité des études en milieu naturel et expérimentales

Les études d'auto-écologie et les expérimentations sont intéressantes par les connaissances fondamentales, précises et reproductibles qu'elles apportent. Elles ne peuvent élucider les relations exactes entre le milieu et la population qui le colonise, mais seulement mettre en évidence tel ou tel facteur limitant qui peut être compensé par un autre paramètre en conditions non contrôlées. Aussi est-il nécessaire de mener de façon complémentaire des études en « milieu naturel », sur des populations « sauvages » et en milieu contrôlé voire artificiel.

b) Une concordance partielle de résultats épars sur les preferendums d'habitat...

L'ensemble des auteurs s'accordent sur les grands traits des habitats préférentiels des différents stades de la truite. Cependant, des divergences importantes apparaissent dès qu'il s'agit des caractéristiques chiffrées ou de préciser les relations statistiques entre le poisson et son milieu de vie. Cela peut s'expliquer par l'absence de prise en compte des différences écogéographiques des rivières et des populations étudiées mais également par la grande plasticité écologique de la truite. Actuellement, il est difficile de comparer des résultats obtenus sur des cours d'eau peu nombreux et divers, avec des méthodes d'étude et des protocoles diversifiés et à des saisons (et dans des conditions de débit) disparates comme le soulignent Fragnoud (1987) et Heggenes (1988b).

c) Des problèmes d'intégration spatiale de résultats stationnels

La prise en compte des différentes échelles spatiales est obligatoire compte-tenu des interactions entre les sous-systèmes. Un plan d'échantillonnage rigoureux et une grande prudence dans l'inférence de résultats localisés aux échelles d'étude supérieures sont exigés en raison des complémentarités :

— des secteurs écologiques pour l'accomplissement du cycle biologique,

— des macrohabitats pour l'accueil des différentes cohortes,

— des microhabitats pour la satisfaction de l'ensemble des besoins individuels.

d) L'importance des variations temporelles dans les relations habitat-truite,...

L'étude dynamique de l'habitat exige des recherches à long terme pour cerner les variations du fonctionnement de l'écosystème et de l'utilisation du milieu par les truites. Notamment, les effets « seuils » ou « catastrophes » des sécheresses exceptionnelles en milieu naturel (Elliott, 1984a et 1985) ou des crues importantes qui détruisent le frai (Crisp, 1989) sont à prendre en considération. Enfin, il faut intégrer les effets des pollutions accidentelles graves ou des aménagements qui éradiquent au moins momentanément la population de tout un cours d'eau.

2. Perspectives

Les objectifs des travaux à poursuivre sur l'habitat de la truite commune sont résumés par Elliott (1989) : « arriver à une modélisation mathématique pour prévoir les densités optimales de truites de différentes populations, le taux maximum de croissance dans différents habitats et les effets sur les populations naturelles d'événements naturels (comme sécheresse ou crues) et des activités humaines ». Une des voies de la modélisation passe par l'estimation de la valeur d'habitat (potentialité d'utilisation) d'une rivière fréquentée par la truite.

En conséquence, divers axes de recherche, nécessitant certaines mises au point méthodologiques sont à envisager :

a) il semble nécessaire d'arriver à une standardisation des méthodes de description de l'habitat pour les différentes échelles d'étude, afin d'obtenir des résultats comparables (nature des facteurs à prendre en compte, mode et fréquence des mesures). A ce niveau, des paramètres relatifs aux macrophytes (taux de recouvrement, types biologiques,...) pour la délimitation des zones écologiques, des macrohabitats, mais aussi des microhabitats sont à préconiser. Les méthodes de quantification des abris et d'estimation de leur valeur pour le poisson sont encore à élaborer. En tout état de cause, après une phase d'investigation, il ne faudra retenir que des paramètres facilement mesurables et garantissant des données fiables;

b) la modélisation des relations habitat-population de truite reste un objectif important : il faut arriver à déterminer les grands types de modèles et leur validité écogéographique. La hiérarchie et les relations entre facteurs seront certainement variables selon les types de cours d'eau, comme cela a été montré pour la croissance des truites. Il semble nécessaire d'enrichir les modèles hydrologiques existants avec des variables liées au comportement territorial de la truite, voire à l'aspect trophique de l'habitat. Les macrophytes sont, localement, de bons témoins de cette qualité trophique, mais d'autres facteurs seraient également à prendre en compte : physico-chimie de l'eau, invertébrés,...;

c) des études de suivi des changements de l'habitat au long des cycles annuels sont à entreprendre pour déterminer les facteurs les plus limitants à telle ou telle période et pour tel ou tel stade;

d) les impacts des modifications anthropiques des habitats piscicoles liées aux différents usages et aménagements des cours d'eau sont encore mal connus. Toute action sur un cours d'eau tendant à le rendre uniforme est en conflit avec les finalités de la gestion des milieux aquatiques (Mortensen, 1977). L'analyse détaillée des impacts des aménagements devrait permettre, via l'élaboration de « guides écologiques pratiques à l'usage des gestionnaires », de limiter les effets non intentionnels des interventions humaines;

e) au vu des facteurs limitants identifiés, des expérimentations d'amélioration de l'habitat (implantation d'abris, nettoyage des rivières, lutte contre la pollution,...) seraient à poursuivre au côté des utilisateurs et aménageurs des cours d'eau pour arriver à une meilleure gestion des stocks via celle de l'habitat, paramètre déterminant la capacité d'accueil d'une rivière.

Cependant, la connaissance des stocks de truite commune à travers une cartographie de l'habitat est encore au stade de l'objectif, contrairement à ce qui existe pour le saumon atlantique. On peut attribuer cet état de fait à la très grande amplitude écologique de la truite en cours d'eau, éventuellement reliée à une forte diversité génétique et à des stratégies démographiques très variées.

Références bibliographiques

ALABASTER J.S., LLYOD R., 1980. *Water quality criteria for fresh water fish*, Butter Worths Ed., London, 297 p.

ALLEN K.R., 1969. Limitations on Production in Salmonid populations in Streams, The University of British columbia Institute of Fisheries. Symposium on Salmon and Trout in Streams, 1968, 3-18.

ARRIGNON J., 1970. Aménagement piscicole des eaux intérieures. Ed. S.E.D.E.T.E.C. SA (Paris) 643 p.

ARRIGNON J., 1972. Zonation piscicole de quelques cours d'eau normands (France). *Verh. Int. Verein. Limnol.*, **18**, 1135-1146.

ARRIGNON J. 1976. Aménagement écologique et piscicole des eaux douces, 3e édition, Ed. Gauthier-Villars (Paris), 340 p.

BACHMAN R.A., 1984. Foraging behavior of free-ranging wild and hatchery brown trout in a stream. *Trans. Am. Fish. Soc.*, **113**, 1-32.

BAGLINIERE J.L., 1979. Les principales populations de poissons sur une rivière à Salmonidés de Bretagne-sud, le Scorff. *Cybium*, 3e série, 7, 53-74.

BAGLINIERE J.L., 1983. *Impact des piscicultures sur les rivières à Salmonidés*. Rapp. Contr., Lab. Ecol. Hydrobiol. INRA, Rennes, 12 p.

BAGLINIERE J.L., 1991. La truite commune (*Salmo trutta* L.), son origine, son aire de répartition, ses intérêts économique et scientifique. In J.L. Baglinière et G. Maisse ed., *La truite : biologie et écologie*, INRA Paris, 11-22.

BAGLINIERE J.L., CHAMPIGNEULLE A., NIHOUARN A., 1979. La fraie du saumon atlantique (*Salmo salar*) et de la truite commune (*Salmo trutta* L.) sur le bassin du Scorff. *Cybium*, 3e série, 7, 75-96.

BAGLINIERE J.L., ARRIBE-MOUTOUNET D., 1985. Microrépartition des populations de truite commune (*Salmo trutta* L.), de juvénile de saumon atlantique (*Salmo salar* L.) et des autres espèces présentes dans la partie haute du Scorff (Bretagne). *Hydrobiologia*, 120, 229-239.

BAGLINIERE J.L., CHAMPIGNEULLE A., 1982. Densité des populations de truite commune (*Salmo trutta* L.) et de juvéniles de saumon atlantique (*Salmo salar* L.) sur le cours principal du Scorff (Bretagne) : préférendums physiques et variations annuelles (1976-1980). *Acta Oecol, Oecol. Appl.*, 3 (3), 241-256.

BAGLINIERE J.L., MAISSE G., LEBAIL P.Y., PREVOST E., 1987. Dynamique de population de truite commune (*Salmo trutta* L.) d'un ruisseau breton (France) : les géniteurs migrants. *Acta Oecol., Oecol. Appl.*, 8, 201-215.

BAGLINIERE J.L., MAISSE G., 1989. Dynamique de la population de juvéniles de saumon atlantique (*Salmo salar* L.) sur un petit affluent du Scorff (Morbihan).*Acta Oecol., Oecol. Appl.*, 9, 3-17.

BAGLINIERE J.L., MAISSE G., LEBAIL P.Y., NIHOUARN A., 1989. Population dynamics of brown trout, *Salmo trutta* L., in a tributary in Brittany (France) : spawning and juveniles. *J. Fish Biol.*, 34, 97-110.

BAGLINIERE J.L., MAISSE G., 1990. La croissance de la truite commune (*Salmo trutta* L.) sur le bassin du Scorff. *Bull. Fr. Pêche Piscic.*, 317, Spec Coll., (sous presse).

BALDES R.J., VINCENT E.V., 1969. Physical parameters of microhabitats occupied by brown trout in an experimental flume. *Trans. Am. Fish. Soc.*, 98 (2), 230-238.

BARILA T., WILLIAMS R.D., STAUFFER J.R.Jr., 1981. The influence of stream order and selected stream bed parameters on fish diversity in Raystown Branch, Susquehanna River Drainage, Pennsylvania. *J. appl. Ecol.*, 18, 125-131.

BEAUMONT P., 1975. Hydrology., *in River ecology*, B.A. Whitton Ed., Blackwell Scientific Publications, Oxford, 1-38.

BINNS N.A., EISERMAN F.M., 1979. Quantification of fluvial trout habitat in Wyoming. *Trans. Am. Fish. Soc.*, 108, 215-228.

BJORNN T.J., 1971. Trout and salmon movements in two Idaho streams as related to temperature, food, stream flow, cover and population density. *Trans. Am. Fish. Soc.*, 100 (3), 423-438.

BLONDEL J., 1979. *Biogéographie et écologie*. Collection d'écologie 15, Masson Eds (Paris), 173 p.

BOHLIN T., 1977. Habitat selection and intercohort competition of juvenile sea-trout *Salmo trutta*. *Oïkos*, 29, 112-117.

BOHLIN T., 1978. Temporal changes in spatial distribution of juvenile sea-trout *Salmo trutta* in a small stream. *Oïkos*, 30, 114-120.

BOURNAUD M., 1963. Le courant, facteur écologique et éthologique de la vie aquatique. *Hydrobiologia*, 21, 125-165.

BOUSSU M.F., 1954. Relationship between trout populations and cover on a small stream. *J. Wildl. Manage.*, vol 18, 2, 229-239.

BOVEE K.D., MILHOUS R., 1978. *Hydraulic simulation in instream flow studies : theory and techniques*. Cooperative Instream Flow Service Group, Fish and Wildlife Service, U.S. Department of the Interior, FWS/OBS-78/33, 131 p.

BOWLBY J.N., ROFF J.C., 1986. Trout biomass and habitat relationships in Southern Ontario streams. *Trans. Am. Fish. Soc.*, 115, 503-514.

BREMOND R., VUICHARD R., 1973. Paramètres de la qualité des eaux, 1 vol., Ministère de la Protection de la Nature et de l'Environnement. La Documentation Française, Ed. Paris, 179 p.

BROOKER M.P.,1981. The impact of Impoundment on the downstream fisheries and general ecology, in *Advances in applied biology*, 91-152, Academic Press Ed.

BROWN V.M., 1975. Fishes. *In* : *River Ecology* (Ed. by B.A. Whitton), p. 199-229, Blackwell Scientific Publications, Oxford, 725 p.

BUTCHER R.W., 1933. Studies on the ecology of rivers. I. On the distribution of macrophytic vegetation in the rivers of Britain. *J. Ecol.*, 21, 58-91.

BUTLER R.L., HAWTHORNE V.M., 1968. The reactions of dominant trout to changes in overhead artificial cover. *Trans. Am. Fish. Soc.*, 97, 37-41.

CAMPBELL J.S., 1977. Spawning characteristics of brown trout and sea trout *Salmo trutta* L. in Kirk Burn, River Tweed, Scotland. *J. Fish Biol.*, 11, 217-229.

CHAMPIGNEULLE A., 1978. *Caractéristiques de l'habitat piscicole et de la population de juvéniles sauvages de saumon atlantique (Salmo salar L.) sur le cours principal du Scorff (Morbihan)*. Thèse 3e Cycle Biologie Animale, Univ. Rennes 1, 92 p.

CHAPMAN D.W.,1966. Food and Space as regulators of salmonid populations in streams. *Am. Nat.*, 100, (913), 345-357.

CHAPMAN D.W., BJORNN T.C., 1969. Distribution of salmonids in streams, with special reference to food and feeding. in T.G. Northcote, *Salmon and trout in streams*, 153-176. H.R. Mc Millan Lect. Fisheries Univ.Brit. Columbia (Vancouver).

CHARLON N., 1969. Relation entre métabolisme respiratoire chez les poissons, teneur en oxygène et température. *Extrait Bull. Soc. Histoire Naturelle de Toulouse*, 105, 1-2, 136-156.

CRISP D.T., 1963. A priliminary survey of brown trout (*Salmo trutta* L.) and bullheads (*Cottus gobio* L.) in high altitude becks. *Salmon Trout Mag.*, 167, 45-59.

CRISP D.T., 1989. Some impacts of human activities on trout, *Salmo trutta*, populations. *Freshwater Biol.*, 21, 21-33.

CRISP D.T., MATTHEWS A.M., WESTLAKE D.F., 1982. The temperature of nine flowing waters in Southern England. *Hydrobiologia*, 89, 193-204.

CRISP D.T., CARLING P.A., 1989. Observations on siting, dimensions and structure of salmonid reeds. *J. Fish. Biol*, 34, 119-134.

CUINAT R., 1971. Principaux caractères démographiques observés sur 50 rivières à truites françaises. Influence de la pente et du calcium. *Ann. Hydrobiol.*, 2 (2), 187-207.

CUINAT R., 1980. *Modification du lit des cours d'eau : conséquences écologiques et piscicoles*. 1 vol. ronéotypé, Coll. FAO, CECPI, Vichy avril 1980 - Conseil Supérieur de la Pêche, 6e D.R., Clermont-Ferrand, 15 p.

CUNJAK R.A., POWER G., 1986. Winter habitat utilization by stream resident brook trout (*Salvelinus fontinalis*) and brown trout (*Salmo trutta*). *Can. J. Fish. Aquat. Sci.*, 43, 1970-1981.

DAWSON F.H., 1978. Aquatic plant management in semi-natural streams : the role of marginal vegetation. *J. Environ. Manage.*, 6, 213-221.

DAWSON F.H., CASTELLANO E., LADLE M., 1978. Concept of species succession in relation to river vegetation and management. *Verh. Int. Verein Theor. Angew. Limnol.*, 20, 1429-1434.

DECAMPS H., CAPBLANCQ J., 1980. *Recherches sur le bassin Lot-Dordogne et l'herbier d'Argentat*. 2 vol., Min. Environ. Cadre Vie, Com. Faune-Flore, Contr. 8046, Neuilly-sur-Seine, 94 p..

DUMONT B., RIVIER B., 1981. *Le débit de référence biologique*. 1 Vol. ronéotypé, Doc. CEMAGREF n° 19, Aix en Provence, Section Qualité des Eaux, Pêche et Pisciculture, 19 p.+ 11 p. ann.

DUTARTRE A., GROSS F., 1982. Evolution des végétaux aquatiques dans les cours d'eau recalibrés (Exemples pris dans le Sud-Ouest de la France). In J.J. Symoens, S.S. Hooper & P. Compère (Eds), *Studies on aquatic vascular plants*, 394-397, Bot. R. Soc. Belgium, Bruxelles.

EDINGTON J.M., 1966. Some observations on stream temperature. *Oikos*, **15** (Fasc. 2), 265-273.

EGGLISHAW H.J., SHACKLEY P.E., 1977. Growth, survival and production of juvenile salmon and trout in a Scottish stream, 1966-75. *J. Fish Biol.*, **11**, 647-672.

EGGLISHAW H.J.,SHACKLEY P.E., 1982. Influence of water pH on dispersion of juvenile salmonids, *Salmo salar* L. and *S. trutta* L. in Scottish stream. *J. Fish Biol.*, **21**, 141-155.

ELLIOTT J.M., 1984a. Growth, size, biomass and production of young migratory trout *Salmo trutta* in a Lake District stream, 1966-83. *J. Anim. Ecol.*, **53**, 979-994.

ELLIOTT J.M., 1984b. Numerical changes and population regulation in young migratory trout *Salmo trutta* in a Lake District stream, 1966-83. *J. Anim. Ecol.*, **53**, 327-350.

ELLIOTT J.M., 1985. Population regulation for different life-stages of migratory trout *Salmo trutta* in a Lake District stream, 1966-83. *J. Anim. Ecol.*, **54**, 617-638.

ELLIOTT J.M., 1987. Population regulation in contrasting populations of trout *Salmo trutta* in tow Lake District streams. *J. Anim. Ecol.*, 56, 83-98.

ELLIOTT J.M., 1989. Wild Brown trout *Salmo trutta* : an important national and international resource. *Freshwater Biol.*, **21**, 1-5.

ELSER A.A., 1968. Fish populations of a trout stream in relation to major habitat zones and channel alterations. *Trans. Am. Fish. Soc.*, **97** (4), 389-397.

EUZENAT G., FOURNEL F., 1976. *Recherches sur la truite commune* (Salmo trutta L.) *dans une rivière de Bretagne, le Scorff*. Thèse 3e Cycle Biologie Animale, Univ. Rennes 1, 213 p.

FAUSCH K.D., 1984. Profitable stream postitions for salmonids : relating specific growth rate to net energy gain. *Can. J. Zool.*, **62**, 441-451.

FAUSCH K.D., WHITE R.J., 1981. Competition between brook trout (*Salvelinus fontinalis*) and brown trout (*Salmo trutta*) for positions in a Michigan stream. *Can. J. Fish. aquat. Sci.*, **38**, 1220-1227.

FAUSCH K.D., WHITE R.J., 1986. Competition among juveniles of coho salmon, brook trout, and brown trout in a laboratory stream, and implications for Great Lake tributaries. *Trans. Am. Fish. Soc.*, **115**, 363-381.

FRAGNOUD E., 1987. *Préférences d'habitat de la truite fario* (Salmo trutta fario *L., 1758) en rivière (Quelques cours d'eau du Sud-Est de la France)*. Thèse Doct. 3e Cycle Ecol. fond. appl. Eaux contin., Univ. Lyon I, C.E.M.A.G.R.E.F. Lyon, Lab. Hydroécol. quant., 435 p.

FROST W.E., BROWN M.E., 1967. *The trout*, Collins Ed. (London), 286 p.

GAUDIN Ph., HELAND M., 1984. Influence d'adultes de chabots (*Cottus gobio* L.) sur des alevins de truite commune (*Salmo trutta* L.) : étude expérimentale en milieux semi-naturels. *Acta Oecol., Oecol. Appl.*, **5** (1), 71-83.

GAUTIER J.Y., LEFEUVRE J.C., RICHARD G., TREHEN P., 1978. *Ecoéthologie*, Masson Ed. (Paris), 166 p.

GILLET C., ROUBAUD P., 1986. Survie embryonnaire précoce de 9 espèces de poissons d'eau douce après un choc de pH appliqué pendant la fécondation ou au cours des premiers stades de développement embryonnaire. *Reprod. Nutr. Dev.*, **26**, 1319-1333.

GLOVA G.J., DUNCAN M.J., 1985. Potential effects of reduced flows on fish habitats in a large boarded river, New Zealand. *Trans. Fish. Am. Soc.*, **114**, (2), 165-181.

GORMAN O.T., KARR J.R., 1978. Habitat structure and stream fish communities. *Ecology*, 59, (3), 507-515.

GRANT J.W.A., ENGLERT J., BIETZ B.F., 1986. Application of a method for assessing the impact of watershed practices : effects of logging on salmonid standing crops. *North Am. J. Fish. Manage.*, **6**, 24-31.

GRANT J.W.A., NOAKES D.L.G., 1987. A simple model of territory size for drift feeding fish. *Can. J. Zool.*, **65**, 270-276.

HANSEN E.A., ALEXANDER G.R., DUNN W.H., 1983. Sand sediment in a Michigan trout stream. Part I. A technique for removing sand bedload from streams. *North Am. J. Fish. Manage.*, **3**, 355-364.

HAURY J., 1985. *Etude écologique des macrophytes sur Scorff (Bretagne-Sud)*. Thèse Doct. Ing. Ecol., Univ. Rennes 1, 196p.

HAURY J., 1987. *Les macrophytes autour du Barrage de Rabodanges (Orne) – Impact du barrage. Etablissement d'un état de référence avant une augmentation du débit réservé.* E.N.S.A. Botanique et I.N.R.A. Ecol. hydrobiol., Rennes, 39 p.

HAURY J., 1988a. Macrophytes du Scorff : distribution des espèces et bio-typologie. *Bull. Soc. Sci. Bretagne*, **59** (1-4), 53-66.

HAURY J., 1988b. Macrophytes du Trieux (Bretagne-Nord) : les ensembles floristiques. *Bull. Soc. Sci. nat. Ouest Fr.*, Nouv. Sér., **10** (3), 135-150.

HAURY J., 1990. Programme inter-agences, milieu et végétaux aquatiques fixés – Rapport d'expertise, Lab. INRA Ecol. Hydrobiol (Rennes). 58 p.

HAURY J., BAGLINIERE J.L., 1990. Relations entre la population de truite commune (*Salmo trutta*), les macrophytes et les paramètres du milieu sur un ruisseau. *Bull. Fr. Pêche Piscic.*, **317**, Spec Coll., (sous presse).

HAWKES H.A., 1975. River zonation and classification. in *River ecology*, B.A. Whitton Ed., Blackwell Scientific Publications, Oxford, p. 312-374.

HEARN W.E., 1987. Interspecific competition and habitat segregation among stream-dwelling trout and salmon : a review. *Fisheries*, **12** (5), 24-31.

HEGGBERGET T.G., HAUKERBO T., MORK J., STAUL G.,1988. Temporal and spatial segregation of spawning in sympatric populations of atlantic salmon, *Salmo salar* L., and brown trout, *Salmo trutta* L. *J. Fish. Biol.*, **33**, 347-356.

HEGGENES J., 1988a. Substrate preferences of brown trout fry (*Salmo trutta*) in artificial stream channels. *Can. J. Fish. Aquat. Sci.*, **45**, 1801-1806.

HEGGENES J., 1988b. Physical habitat selection by brown trout (*Salmo trutta*) in riverine systems. *Nordic. J. Freshwater Res.*, **64**, 74-90.

HEGGENES J., 1988c. Effects of short-term flow fluctuations of displacement of, and habitat use by brown trout in a small stream. *Trans. Am. Fish. Soc.*, **117**, 336-344.

HELAND M., 1971a. Observations sur les premières phases du comportement agonistique et territorial de la truite commune *Salmo trutta* L. en ruisseau artificiel. *Ann. Hydrobiol.*, **2** (1), 33-46.

HELAND M., 1971b. Influence de la densité du peuplement initial sur l'acquisition des territoires chez la truite commune *Salmo trutta* L. en ruisseau artificiel. *Ann. Hydrobiol.*, **2** (1), 25-32.

HELAND M., 1973. Observations préliminaires sur la compétition inter spécifique entre le vairon *Phoxinus phoxinus* (L.) et l'alevin de truite commune *Salmo trutta* L.. *Bull. fr.. Piscic.*, **250**, 5-16.

HELAND M., 1980. La dévalaison des alevins de truite commune *Salmo trutta* L. I. Caractérisation en milieu artificiel. *Ann. Limnol.*, **16** (3), 233-245.

HUET M., 1949. Aperçu des relations entre la pente et les populations piscicoles des eaux courantes. *Rev. suisse d'Hydrol.*, **11** (Fasc. 3/4), 332-351.

HUET M., 1954. Biologie, profils en long et en travers des eaux courantes. *Bull. Fr. Piscic.*, **175**, 41-53.

HUET M., 1962. Influence du courant sur la distribution des poissons dans les eaux courantes. *Rev. suisse d'Hydrol.*, **24** (Fasc. 2), 412-432.

HUET M., TIMMERMANS J.A., 1976. Influence sur les populations de poissons des aménagements hydrauliques des petits cours d'eau assez rapides. *Trav. Stn. Rech. Eaux For.*, Sér. D, **46**, 27 p.

HUNT R.L., 1969. Effects of habitat alteration on production, standing crops and yield of brook trout in Lawrence Creek, Wisconsin. in T.G. Northcote, *Salmon and trout in streams*, 281-312. *H.R. Mc Millan Lect. Fisheries Univ.Brit. Columbia (Vancouver)*.

HUNT R.L., 1976. A long term evaluation of trout habitat development and its relation to improving management-related research. *Trans. Am. Fish. Soc.*, **105** (3), 361-364.

JENKINS T.M. Jr., 1969. Social structure, position choice and micro-distribution of two trout species (*Salmo trutta* and *Salmo gairdneri*) resident in mountain streams. *Anim. Behav. Monog.*, **2** (part 2), 57-123.

JONES J.W., BALL J.N., 1954. The spawning behaviour of brown trout and salmon. *Br. J. Anim. Behav.*, **2**, 103-104.

JONES A.N., 1975. A preliminary study of fish segregation in salmon spawning streams. *J. Fish Biol.*, **7**, 95-104.

KAEDING L.R., 1980. Observations on communities of brook and brown trout separated by an upstream-movement barrier on the Firehole river. *Prog. Fish Cult.*, **42** (3), 174-176.

KALLEBERG H., 1958. Observations in a stream tank of territoriality and competition in juvenile salmon and trout (*Salmo salar* L. and *Salmo trutta* L.). *Rep. Int. Freshwater Res. Drottningholm*, **39**, 55-98.

KARLSTROM O., 1977. Habitat selection and population densities of salmon (*Salmo salar* L.) and trout (*Salmo trutta* L.) parr in swedish rivers with some reference to human activities. *Acta Univ Upsaliensis*, **404**, 3-12.

KENNEDY G.J.A., STRANGE C.D., 1982. The distribution of salmonids in upland streams in relation to ph and gradient. *J. Fish Biol.*, **20**, 579-591.

KENNEDY G.J.A., STRANGE C.D., 1986. The effects of intra and interspecific competition on the survival growth of stocked juvenile Atlantic salmon, *Salmo salar* L., in a upland stream. *J. Fish Biol.*, **28**, 479-489.

KHALANSKI M., BONNET M., GREGOIRE A., 1987. *Evaluation quantitative de la biomasse végétale à l'aval de Serre-Ponçon*. E.D.F. Dir. Etud. Rech., HE/32-87.05, 58 p. + 8 ann. + 15 fig. + 17 tabl.

LANKA R.P., HUBERT W.A., WESCHE T.A., 1987. Relations of geomorphology to stream habitat and trout standing stock in small rocky mountain streams. *Trans. Am. Fish. Soc.*, 116, 21-28.

LEGER L., 1910. Principes de la méthode rationnelle du peuplement des cours d'eau à Salmonidés. *Bull. Soc. cent. Aquiculture Pêche*, **22**, 241-269.

LEWIS S.L., 1969. Physical factors influencing fish populations in pools of a trout stream. *Trans. Am. Fish. Soc.*, **98** (1), 14-19.

LEWIS W.M., MORRIS D.P., 1986. Toxicity of nitrite to fish : a review. *Trans. Am. Fish. Soc.*, **115**, 183-195.

LINDROTH A., 1955. Distribution territorial behavior and movements of sea trout fry in the river Indalsälven. *Rep. Int. Freshwater Res. Drottningholm*, **36**, 104-119.

MAISSE G., BAGLINIERE J.L., 1990. Biologie de la truite commune (*Salmo trutta*) dans les rivières françaises. In J.L. Baglinière et G. Maisse ed., *La truite : biologie et écologie*, INRA Paris, 25-46.

MALAVOI J.R., 1988. *Protocole de description des composantes morpho-dynamiques d'un cours d'eau à fond caillouteux*. C.E.M.A.G.R.E.F. Lyon, Lab. Hydroécol. quant., Lyon, 21 p.

MALAVOI J.R., 1989. Typologie des facies d'écoulement ou unités morpho-dynamiques des cours d'eau à haute énergie. *Bull. Fr. Pêche Piscic.*, **315**, 189-210.

MARTIN G., 1979. Le problème de l'azote dans les eaux. Ed. Technique et documentation (Paris) 279 p.

MELHAOUI M., 1985. *Eléments d'écologie de la truite de lac* (Salmo trutta L.) *du Léman dans le système lac-affluent*. Thèse 3ᵉ cycle de Biol. Animale, Université Pierre et Marie Curie, Paris 6, 127 p.

MERIAUX J.L., VERDEVOYE P.,1983. Données sur le *Callitrichetum obtusangulae* Serbert 1962. Synfloristique, syntaxonomie, synécologie et faune associée. In J.M. Gehu, *Les végétations aquatiques et amphibies*, 45-68, J. Cramer Ed. (Vaduz).

MESICK C.F., 1988. Effects of food and cover on numbers of apache and brown trout establishing residency in artificial stream channels. *Trans. Am. Fish Soc.*, **117**, 421-431.

MILLS D.H., 1967. A study of trout and young salmon populations in forest streams with a view to management. *Forestry*, **40** (1) Supp., 85-90.

MILLS D.H., 1971. *Salmon and trout resource, its ecology, conservation and management*. Oliver and Boyd Ed., Edimburgh, 351 p.

MILNER N.J., GEE A.S., HEMSWORTH R.J., 1978. The production of brown trout, *Salmo trutta* in tributaries of the Upper Wye, Wales. *J. Fish. Biol.*, **13**, 599-612.

MILNER N.J., HEMSWORTH R.J., JONES B.E., 1985. Habitat evaluations as a fisheries management tool. *J. Fish. Biol.*, **27** (supplement A), 85-108.

MORTENSEN E., 1977. Density-dependance mortality of trout fry (*Salmo trutta* L.) and its relationship to management of small streams. *J. Fish Biol.*, **11**, 613-617.

NEVEU A., 1981. Densité et microrépartition des différentes espèces de poissons dans la Basse Nivelle, petit fleuve côtier des Pyrénées atlantiques. *Bull. Fr. Piscic.*, **280**, 86-103.

NIHOUARN A., 1983. *Etude de la truite commune* (Salmo trutta L.) *dans le bassin du Scorff (Morbihan)* : *démographie, reproduction, migrations*. Thèse 3ᵉ cycle Ecologie, Univ. Rennes 1, 64 p.

OMBREDANE D., HAURY J., THIBAULT M., 1988. *Etude des peuplements piscicoles de l'Elorn en relation avec les habitats aquatiques en octobre 1987*. Stn Physiol. Ecol. Poissons INRA, Départ. Halieutique ENSA, Rennes, 24 p.

OMBREDANE D., 1989. Les peuplements et habitats piscicoles de l'Elorn en 1988, IN-RA-ENSAR (Rennes), 14 p.

OTTAWAY E.M., CARLING P.A., CLARKE A., READER N.A., 1981. Observations on the structure of brown trout, *Salmo trutta* Linnaeus, redds. *J. Fish Biol.*, **19**, 593-607.

OTTAWAY E.M., CLARKE A., 1981. A preliminary investigation into the vulnerability of young trout (*Salmo trutta* L.) and Atlantis salmon (*S. salar* L.) to downstream displacement by high water velocities. *J. Fish Biol.*, **19**, 135-145.

PARIS P., 1989. *Etude des végétaux aquatiques fixés en relation avec la qualité du milieu – Rapport d'avancement des travaux*. 2 vol., Loisirs et Détente Joinville-le-Pont (94), Agence de l'Eau Rhin-Meuse Rozerieulles (57), 12 p. + 12 p. ann.

PETERS J.C., 1967. Effects on a trout stream of sediment from agricultural practices. *J. Wildl. Manage.*, **31** (4), 805-812.

RAMADE F., 1982. Elément d'écologie appliquée. 1 vol., Mc Graw-Hill, Eds (Paris), 452p.

SAUNDERS J.W., SMITH M.W., 1962. Physical alterations of stream habitat to improve brook trout production. *Trans. Am. Fish. Soc.*, **92** (2), 185-189.

SHIRVELL C.S., DUNGEY R.G., 1983. Microhabitats chosen by brown trout for feeding and spawning in rivers. *Trans. Am. Fish. Soc.*, **112**, 355-367.

SOUCHON Y, TROCHERIE F., FRAGNOUD E., LACOMBRE C., 1989. Les modèles numériques des microhabitats des poissons : application et nouveaux développements. *Rev. Sci. Eau*, **2**, 807-830.

TAUBE C.M., 1974. Stability of residence among brown trout and rainbow trout in experimental sections of platte river. Fisheries Research Report n° 1817, Michigan Depart. of Natural Resources – Fisheries Division, 20 p.

TIBERGHIEN G. (Ed.) 1985. *Le Scorff* : *système de référence floristique et faunistique de la qualité des eaux courantes.* Rapp. Contr., Lab. Ecol. Hydrobiol. INRA, Rennes, 176p. + 44 p. ann.

TIMMERMANS J.A., 1960. Observations concernant les populations de truite commune (*Salmo trutta fario* L.) dans les eaux courantes. *Trav. Stn. Rech. Eaux For. Groendaal-Hoeilaart,* **Sér. D** (28), 25 p.

VANDER BORGHT P., SKA B., SCHMITZ A., WOLLAST R., 1982. Eutrophisation de la rivière Semois : le développement de *Ranunculus* et ses conséquences sur l'écosystème aquatique. In J.J. Symoens, S.S. Hooper & P. Compere (Eds) : *Studies on aquatic vascular plants,* 340-345, Bot. R. Soc. Begium, Bruxelles.

VANNOTE R.L., MINSHALL G.W., CUMMINS K.W., SEDELL J.R., CUSHING C.E., 1980. The river continuum concept. *Can. J. Fish. Aquat. Sci.,* **37**, 130-137.

VERNEAUX J., 1973. Les principales méthodes biologiques de détermination du degré de pollution des eaux courantes. *Econ. Méd. Anim.,* **14** (1), 11-19.

VERNEAUX J., 1977a. Biotypologie de l'écosystème « eau courante ». Déterminisme approché de la structure biotypologique. *C.R. Acad. Sci. Paris,* **284**, Série D, 77-79.

VERNEAUX J., 1977b. Biotypologie de l'écosystème à « eau courante ». Détermination approchée de l'appartenance typologique d'un peuplement ichtyologique. *C.R. Acad. Sci. Paris,* **284**, Série D, 675-678.

VERNEAUX J., 1980. Fondements biologiques et écologiques de l'étude de la qualité des eaux continentales. Principales méthodes biologiques. In P. Pesson, *La pollution des eaux continentales,* 289-345. Ed. Gauthier-Villars (Paris) 345p.

WASSON (G.), DUMONT (B.), TROCHERIE (F.), 1981. *Protocole de description des habitats aquatiques et de prélèvement des invertébrés benthiques dans les cours d'eau.* Etude n° 1, Centre d'Etude du Machinisme Agricole, du Génie Rural, des Eaux et des Forêts, Div. Qualité des Eaux, Pêche et Pisciculture, Lyon, 17 p.

WELCOMME R.L., 1985. River fisheries. *F.A.O. Fish. Tech. Pap.,* 262, 330 p.

WESTLAKE D.F., 1975. Aquatic macrophytes. In *River ecology,* B.A. Whitton Ed., Blackwell Scientific Publications, Oxford, p. 106-128.

WESTLAKE D.F., CASEY H., DAWSON F.H., LADLE M., MANN R.M.K., MARKER A.F.H., 1972. The chalk stream ecosystem. In *Productivity problems of freshwater,* Z. Zajak et A. Hillbricht Eds., Ibkowska, p.615-635.

WHITE R.J., 1975. Trout population responses to streamflow fluctuation and habitat management in Big Roche-a-Cri Creek, Wisconsin. *Verh. Int. Verein. Limnol.,* **19**, 2469-2477.

WITZEL L.D., Mac CRIMMON H.R., 1983. Redd site selection by brook trout and brown trout in south eastern Ontario streams. *Trans. Am. Fish. Soc.,* **112**, 760-771.

3. Stratégie alimentaire de la truite commune (*Salmo trutta* L.) en eaux courantes

A. Neveu

I. Introduction

L'approche d'un écosystème aquatique est avant tout l'analyse de la répartition énergétique dans les différentes chaines alimentaires. L'objectif est d'apporter des éléments pour une meilleure compréhension des interactions afin le plus souvent d'optimiser l'exploitation des ressources soit par la pêche, soit par l'aquaculture.

Les études du flux énergétique des systèmes s'orientent de plus en plus vers la prise en compte de tout un bassin hydrographique en tant qu'unité écologique intégratrice. L'interdépendance des différents éléments est souligné par le concept de « River continuum » de Vannote *et al.* (1980) associé à celui de cycle spiral des nutriments de Newbold *et al.* (1981). De nombreux travaux montrent aussi que les détritus organiques, autochtones mais surtout allochtones, représentent la principale source d'énergie, et qu'il est possible d'appliquer la notion de groupes trophiques fonctionnels au niveau des invertébrés (Cummins, 1973 ; Minshall *et al.*, 1982).

Il reste cependant beaucoup à apprendre sur le compartiment poissons, généralement au sommet des réseaux trophiques. Le flux énergétique qui le concerne est mal connu, les estimations de taux de consommation sont très limitées au niveau des populations sauvages même au niveau de la truite qui est certainement le poisson le plus étudié.

Il faut rappeler que les poissons ont besoin d'une nourriture très riche en protéines (de l'ordre de 40 p. 100) qui servent non seulement à la synthèse de leurs constituants tissulaires, mais aussi de source d'énergie. Cette aptitude est liée à leur capacité à excréter facilement les produits ammoniaqués et à des besoins énergétiques relativement limités (poïkilothermie, support de l'eau).

Dans ce contexte, la truite a un régime strictement carnivore, comme la majorité des poissons. Ce régime pouvant être considéré comme un avantage dans la mesure où le broutage (d'algues, de végétaux,...) est un processus laborieux et peu efficace pour la récolte de protéines.

II. Les ressources trophiques

Dans les cours d'eau à Salmonidae le niveau de trophie est généralement peu élevé, en rapport avec une localisation en tête de bassin; la production primaire est réduite au périphyton, aux bryophytes et à quelques hydrophytes. Cette production primaire autochtone est limitée, la source principale d'énergie nécessaire à l'économie du cours d'eau vient des apports en détritus organiques allochtones qui servent de nourriture aux invertébrés (Kaushik, Hynes, 1971; Minshall, 1978; Anderson, Sedell, 1979).

1. Les sources de nourriture

Compte tenu des conditions spécifiques à ce type de cours d'eau, le zooplancton est en quantité négligeable et provient surtout d'apports extérieurs; par exemple, lorsqu'un lac est présent sur le bassin, sa production zooplanctonique peut profiter localement au cours d'eau par dérive (Neveu, Echaubard, 1975; Crisp *et al.*, 1978).

La principale source d'aliments pour la truite est l'ensemble des invertébrés benthiques, dont la densité est très variable suivant les conditions locales. Ces invertébrés peuvent être omniprésents, lorsque tout leur cycle s'effectue dans l'eau (Crustacés, Mollusques,...), ou présents seulement à certaines époques, généralement au cours du développement larvaire (insectes). La plupart du temps ces différents constituants du benthos sont plus ou moins accessibles dans le substrat, mais ils deviennent parfois très vulnérables (métamorphose, dérive,...).

Une autre source de nourriture est représentée par les apports de faune exogène, c'est-à-dire d'éléments terrestres qui tombent à l'eau et qui constituent la dérive de surface souvent très importante chez la truite (Chaston, 1969; Tusa, 1969; Metz, 1974). Cet apport est en relation avec la flore des rives et les conditions climatiques instantanées (Hunt, 1975).

Une dernière possibilité alimentaire pour la truite est la capture d'autres espèces pisciaires plus petites (vairons, loches,...) ou les juvéniles de sa propre espèce. Dans la majorité des eaux courantes, cette ichthyophagie ne semble guère développée, elle présente cependant un avantage nutritionnel (protéines) en particulier pour les plus gros individus.

2. Estimation des stocks et de la productivité

L'approche des quantités de nourriture disponibles s'effectue suivant diverses méthodes tant au niveau du benthos que de la dérive.

La plus courante consiste en des prélèvements réguliers et normalisés de la faune en place à l'aide de filets (type SURBER) à mailles fines (au plus 0,25 – 0,30 mm). A partir d'un tri exhaustif, de la détermination des principales espèces et de leur mesure, il est possible d'estimer les stocks (biomasse moyenne). Suivant les cycles de développement, la productivité peut être très différente à biomasse égale, la connaissance de ceux-ci est nécessaire aux différentes méthodes de calcul revues par Waters (1977), améliorées récemment pour les espèces à reproduction continue par Kimmerer (1987) et pour leurs limites de confiance par Morin *et al.* (1987).

La complexité de ce travail fait que les résultats de productivité du macrobenthos concernant tout un cours d'eau restent rares, ils se limitent trop souvent à quelques espèces. Quelques chiffres peuvent cependant être avancés : 800 kg/ha/an pour une rivière des contreforts des Pyrénées (Neveu *et al.*, 1979), 1188 kg/ha/an pour une petite rivière de plaine (Maslin, Pattee, 1981), de 325 à 1324 kg/ha/an pour divers cours d'eau du Minnesota (Krueger, Waters, 1983). Autrement dit, ces valeurs restent dans la même gamme de valeurs, proche de 1000 kg/ha/an pour des zones tempérées.

Il faut remarquer que la mise au point de rapport P/B pour une région particulière, peut ensuite servir à des estimations rapides de la productivité (P) uniquement à partir des biomasses moyennes (B).

L'approche des relations énergétiques s'effectue à partir d'une analyse calorimétrique des stocks soit par des mesures directes sur échantillons (synthèse méthodologique : Richman, 1971) soit par conversion des biomasses en énergie à partir des tables (Cummins, Wuychek, 1971; Wissing, Hasler, 1968, 1971; Caspers, 1975a, b; Alimov, Shadrin, 1977; Penczak *et al.*, 1984). Il est aussi possible d'approcher les valeurs réelles en considérant qu'en moyenne 1 g de matières sèches = 6 g matières vivantes = 5 kilocalories = 21 kilojoules = 0,90 g de matières sèches sans cendres = 0,50 g de carbone (Waters, 1977).

L'analyse chimique des composants peut aussi permettre de juger de la valeur nutritionnelle : teneur en protéines, etc. Ainsi Yurkowski et Tabachek (1978) montrent la variabilité des teneurs en acides aminés de différents invertébrés, tandis que Gardner *et al.* (1985) trouvent une variation saisonnière de la teneur en lipides. Les données sur la valeur nutritionnelle peuvent être complétées par des études de digestibilité des différents aliments suivant les méthodes exposées dans Utne (1978).

3. Variabilité des stocks et de leur accessibilité

a) Dans l'espace

La quantité de proies disponibles est variable suivant l'importance du cours d'eau, le type d'habitat (influence du courant, de la granulométrie,...) et l'aspect des berges (rôle du boisement,...). Ainsi différentes mesures dans divers cours d'eau montrent une dérive de surface plus pauvre en forêt (10 à 24 p. 100 de la dérive totale) et en zone de culture (11 à 14 p. 100) qu'en prairie naturelle de montagne (28 à 70 p. 100). En petits ruisseaux les stocks peuvent varier de 1 à 3 g/m² pour les zones calmes jusqu'à 9-20 g/m² pour les zones de courant; la moyenne annuelle atteint ainsi 16 g/m² pour un petit fleuve des Pyrénées (Neveu *et al.*, 1979). D'une façon générale les zones éclairées sont plus productives (Behmer, Hawkins, 1986) et l'apport de sédiments diminue les stocks (Neveu, 1980).

Des apports organiques ponctuels (pollutions organiques) peuvent modifier l'agencement original en augmentant les stocks; ainsi dans un torrent du Massif central des rejets de laiteries, tout en changeant la structure biocénotique, augmentent les stocks de 9-27 g/m^2 pour les zones naturelles (prairies) à 60-371 g/m^2 pour la partie influencée (Neveu, Echaubard, 1983).

Tous les stocks disponibles dans un ruisseau ne sont pas exploitables par le poisson, une partie reste inaccessible. Si la faune terrestre qui tombe à l'eau est totalement vulnérable, pour les espèces benthiques l'accessibilité dépend beaucoup du substrat, de la végétation, mais aussi des moyens de protection des proies (mimétisme, fourreaux,...). Il faut aussi une coïncidence spatiale entre le poisson et un type de proie particulier qui peut se développer dans une zone inaccessible (paquets de feuilles mortes, zones peu profondes, rives,...).

b) Dans le temps

Au cours de l'année, les stocks varient suivant les cycles de développement des invertébrés : les oeufs, surtout s'ils sont à développement lent, correspondent à des stades inexploitables, il en est de même des jeunes stades larvaires.

D'une année à l'autre, l'influence de facteurs clefs sur le développement des invertébrés (températures limites, crues, étiages, etc.) peut changer les disponibilités en nourriture et réduire la croissance de la truite.

Au cours d'une journée, l'accès aux proies peut changer en relation en particulier avec la dérive, qui est généralement nocturne pour les larves et plutôt diurne pour les adultes et la faune exogène. Cette dernière dépend beaucoup de la météorologie du moment (vent, pluie).Les variations de niveau (crue), de la température peuvent aussi changer le rythme de la dérive, son intensité, à un moment où la truite recherche ses proies.

Cette accessibilité des proies peut aussi dépendre du stade de développement : vulnérabilité des imagos et subimages au moment de l'émergence, déplacement des larves au cours de leurs activités (mue, prise alimentaire,...). Les changements du niveau de l'eau peuvent provoquer des migrations inter-substrats et des enfouissements.

III. Exploitation des ressources trophiques

1. Méthodes d'étude

Les différents modes d'estimation de la consommation des poissons ont souvent fait l'objet de synthèses méthodologiques (Mann, 1978; Windell, 1978a; Neveu, 1979; Hyslop, 1980).

Les méthodes relèvent de deux principes : soit l'analyse de contenus stomacaux, soit l'extrapolation à la nature de résultats obtenus expérimentalement en laboratoire.

L'analyse des contenus stomacaux est certainement la méthode la plus employée dans la mesure où elle apporte des données sur le comportement alimentaire et sur le taux de consommation. L'obstacle principal réside dans la nécessité de sacrifier le poisson. Certains travaux ont pu être menés sur l'animal vivant grace à des lavages stomacaux (Seaburg, Moyle, 1962; Baker, Fraser, 1975; Mechan, Miller, 1978; Giles, 1980; Light *et al.*, 1983; Georges, Gaudin, 1984). Cependant, l'efficacité de cette technique est variable suivant la taille de l'estomac, le type de proie et est moins bonne pour la partie postérieure de l'estomac (Neveu, Thibault, 1977).

2. Comportement alimentaire

La capture résulte d'interactions de paramètres qui dépendent du prédateur et de la proie.

a) La chasse

Dans le cas de la truite, la stratégie de prise alimentaire se caractérise par une suite d'étapes, qui ne durent souvent que quelques 1/10 de seconde, résumées par Nilsson (1978).

La motivation initiale correspondant à la recherche de la nourriture est avant tout physiologique par l'apparition de la faim en relation avec la vidange stomacale (Ivlev, 1961; Ware, 1971; Ware, 1972; Colgan, 1973) mais aussi avec d'autres paramètres physiologiques (Colgan, 1973).

La rencontre avec la proie détermine la 2e séquence où va intervenir un certain choix dépendant du prédateur mais aussi de la proie. Par exemple, la distance de réaction augmente avec la taille de la truite (Ware, 1972, 1973) comme du saumon (Wankowski, 1979) mais aussi avec la taille de la proie (Ware, 1972, 1973). Cet aspect, essentiellement visuel peut du reste être perturbé par la diminution de la lumière sous l'influence de la turbidité (Berg, Northcote, 1985) ou de la pluie (Bachman, 1984). Par ailleurs, le temps d'attaque est très variable suivant les individus (Ringler, 1979; Ringler, Brodowski, 1983).

La 3e séquence se traduit par la capture qui conduit ou non à l'ingestion. Les stimuli déclenchant l'attaque peuvent être visuels, olfactifs ou gustatifs suivant les espèces, mais l'ingestion reste en relation étroite avec la gustation. Cette influence du goût est surtout détectable au niveau expérimental (Hara, 1975; Adron, Mackie, 1978; Appelbaum, 1980). Il est difficile d'en connaître le rôle exact dans les conditions sauvages, dans ce milieu particulier qu'est l'eau. Les molécules d'acides aminés semblent avoir le rôle le plus important.

b) La sélection des proies

De très nombreux facteurs interviennent dans le choix d'une proie par un prédateur. L'étude du choix chez les poissons a souvent été faite en laboratoire avec toutes les difficultés d'extrapolation à la nature (Ivlev, 1961; Ware, 1971).

Dans les conditions sauvages, l'étude peut être faite par comparaison entre les contenus stomacaux et la faune en place à partir de différents indices (Ivlev, 1961; Jacobs, 1974; Herrera, 1976; Chesson, 1978; Strauss, 1979) ou par des comparaisons de rang sur les spectres trophiques (Neveu, 1980, 1981a).

Dans tous les cas, il faut veiller à ce que l'échantillonnage des stocks trophiques se fasse avec un filet correct (O'Brien, Vinyard, 1974).

Les mouvements de la proie jouent un grand rôle, qu'elle soit active ou agitée par le courant (Waters, 1969; Serebrov, 1983; Ware, 1973; Rimmer, Power, 1978; Irwine, Northcote, 1983).

La sélection d'une proie dépend de sa densité relative (Ware, 1973; Ringler, Brodowski, 1983). L'augmentation même momentanée d'un élément peut augmenter sa consommation (Murdoch *et al.*, 1975), bien que cette capacité soit variable suivant les individus (Ringler, 1985).

La taille des proies est en relation avec la taille de la truite (Dahl, 1962; Nilsson, 1965; Egglishaw, 1967; Ware, 1973; Vinyard, O'Brien, 1975) en rapport avec les variations de la taille de la bouche (Bannon, Ringler, 1986). Ceci est particulièrement net dans le cas de la truite d'un ruisseau des Pyrénées (Neveu, Thibault, 1977). L'impression que la truite sélectionne activement certaines proies (Thomas, 1962) peut être reliée à une capture sélective de certaines tailles (Ringler, 1979; Fahy, 1980; Newman, Waters, 1984) comme dans le cas de l'omble (Allan, 1981). Cette sélection est bien visible dans le cas de la consommation du mollusque *Potamopyrgus jenkinsi* (tabl. 1).

La vulnérabilité des proies dépend aussi de ses moyens de protection (couleur, coquille, fourreaux, etc...) (Ware, 1972, 1973; Ginetz, Larkin, 1973).

Le rôle de l'expérience du prédateur est important, mais cette expérience est labile (Ware, 1971; Ringler, 1979) d'autant que la capacité d'apprentissage est variable selon les individus (Ringler, 1983) et peut aussi conduire à des erreurs comme la capture de morceaux de bois (Rocha, Mills, 1984). Ce dernier

Tableau 1. Fréquences des différentes tailles du mollusque *Potamopyrgus jenkinsi* (L : longueur totale de la coquille en mm) dans les estomacs de truites communes de différentes tailles et dans le benthos d'un ruisseau des Pyrénées (données non publiées).

L (mm)	Tailles des truites (cm)				Benthos
	5 – 9,9	10 – 14,9	15 – 19,9	≥ 20,0	
0,40-0,79	10	4			2
0,80-1,19	44	4			12
1,20-1,59	23	18	2		14
1,60-1,99	18	9	12	19	14
2,00-2,39	5	4	5	11	8
2,40-2,79		10	5	4	4
2,80-3,19		8	10	26	8
3,20-3,59		11	27	7	12
3,60-3,99		20	22	19	8
4,00-4,39		11	12	15	14
4,40-4,79		2	5		3
4,80-5,19					2

phénomène s'observe souvent chez les animaux de repeuplement issus de pisciculture (Neveu, non publié).

Malgré tout, une certaine spécialisation individuelle peut se maintenir (Bryan, Larkin, 1972).

3. Le taux de capture

a) Intensité de la consommation

C'est la quantité de nourriture ingérée par unité de temps. Elle dépend de la concentration des aliments, de leur distribution spatiale, mais aussi de la faim du prédateur.

Depuis les travaux expérimentaux de Ivlev (1961) sur diverses espèces, il est admis que l'intensité de la consommation dépend directement du nombre de proies disponibles dans le milieu; une réduction de celles-ci entraîne une baisse de la consommation pour les truites (Neveu, 1980).

D'une manière générale, la faim et l'intensité de la consommation augmentent avec la vidange stomacale. Fortmann *et al.* (1961) remarquent ainsi que les pêcheurs capturent plus de truites ayant l'estomac vide. Elliott (1975a) a pu estimer le temps nécessaire pour parvenir à la satiété chez la truite en fonction de la température et montre que le remplissage de l'estomac ralentit progressivement la consommation. La croissance de l'appétit est ainsi maximum lorsque le contenu stomacal tombe en dessous de 10 p. 100 de la ration maximum à 15 °C (soit 10 h après le repas); si la privation de nourriture est plus longue, l'appétit (traduit par la vitesse de consommation) reste maximum (Elliott, 1975b).

Dans les conditions sauvages, il est difficile de mesurer la vitesse de consommation, elle est probablement plus faible qu'en laboratoire dans la mesure où l'animal doit rechercher sa nourriture, qui peut ne pas être assez abondante pour remplir l'estomac et arrêter la faim. En fait, l'intensité de la consommation est très variable au cours du temps, ce qui se traduit par des rythmes alimentaires.

b) Les rythmes alimentaires

Dans le milieu aquatique, beaucoup de paramètres présentent des variations périodiques soit au niveau primaire (lumière, température, minéraux), soit au niveau secondaire (oxygène, pH,...). Même les facteurs biotiques peuvent être rythmés : migration, dérive du benthos, cycle d'émergence des imagos, etc. Le poisson en fin de chaîne alimentaire est tributaire de ces fluctuations (poikilothermie, disponibilité en nourriture,...). Les rythmes qui en résultent sont très variables suivant les espèces, l'arythmie est rare dans la nature (Neveu, 1981b).

Il est possible de distinguer des rythmes saisonniers, d'autant plus accentués que l'on remonte vers le Nord, ils dépendent avant tout de la température de l'eau. Mais les plus originaux sont les rythmes journaliers qui dépendent de la succession photophase-scotophase.

Le facteur le plus important est la lumière qui agit sur la périodicité de ces rythmes, le seuil de sensibilité pouvant être très bas de 10^{-3} à 3.10^{-2} (lueur des étoiles 10^{-3}, de la lune de 10^{-2} à 10^{-1} lux) pour les Salmonidae (Kalleberg, 1958; Tanaka, 1970; Brett, 1971). Mais la température semble être le facteur orchestrant le nombre de repas chez la truite, au moins au niveau expérimental (Elliott, 1975b). Le seuil thermique de réaction n'est que de quelques degrés chez les Salmonidae. En revanche, une suite de jours chauds (supérieurs à 20° C) peut inhiber l'alimentation (Hoar, 1942; Baldwin, 1957; Elliott, 1975b). En fait, il est difficile de séparer l'action de la lumière et de la température, c'est l'action conjuguée des deux qui permet de suivre l'évolution annuelle, en particulier au niveau du cercle arctique où les Salmonidae sont diurnes l'hiver, nocturnes l'été avec des phases transitoires bimodales (Kalleberg, 1958; Erickson, 1973).

D'autres facteurs peuvent avoir une influence sur les rythmes d'alimentation dans la nature. On a souvent considéré que la dérive en invertébrés conditionnait le rythme de la truite (Elliott, 1967, 1970, 1973; Chaston, 1969; Jenkins *et al.*, 1970; Tanaka, 1970). Mais des analyses de la composition de la nourriture dans l'estomac et dans la dérive ne permettent pas de conclure définivement, certaines pencheraient plutôt en faveur d'une alimentation benthique (Neveu, 1980), surtout au niveau des plus jeunes truites (tabl. 2).

Tableau 2. Comparaison à l'aide du coefficient de rang de Spearman (* significatif au seuil de 5 %) entre la composition du contenu stomacal de truites communes de différentes tailles (n : nombre d'individus) et celle du benthos et de la dérive dans un ruisseau des Pyrénées (données non publiées).

Classes de taille (cm)	Juin			Octobre		
	n	Benthos	Dérive	n	Benthos	Dérive
5- 9,9	26	0,65*	0,33	83	0,73*	0,52
10-14,9	58	0,50	− 0,21	92	0,69*	0,42
14-19,9	44	0,24	− 0,50	56	0,11	0,07
≥ 20,0	25	0,38	− 0,43	0		
Benthos		1,00	0,14		1,00	0,36

Le taux de digestion et le niveau métabolique, tous deux sous l'influence de la température, agissent directement sur la prise alimentaire. Un aliment pauvre peut augmenter le rythme de capture par compensation (Elliott, 1976c; Grove *et al.*, 1978). De même si l'apprentissage peut avoir un rôle expérimentalement (Ware, 1971), ce ne semble pas être le cas dans la nature (Bryan, 1973), sauf dans certaines conditions telles que des apports réguliers par une pollution organique (Ellis, Gowing, 1957).

De nombreux toxiques, en perturbant le comportement général, peuvent influencer sur les rythmes alimentaires, c'est le cas du cuivre et du mercure chez la truite (Drummond *et al.*, 1973; Hara *et al.*, 1976).

Il faut aussi remarquer des changements de rythmes avec l'âge. Les truitelles dans les zones de courant se nourrissent plus sur la dérive endogène nocturne que les truites adultes des zones profondes qui s'attaquent à la dérive exogène diurne (tabl. 3).

L'étude des rythmes alimentaires reste indispensable à la connaissance des taux de consommation, car elle permet de déterminer le nombre de prises alimentaires dans la journée.

c) Le taux de consommation

Différentes méthodes ont été employées pour aborder la consommation journalière, revues par Windell (1978a) :

— une approche énergétique (Winberg, 1956; Mann, 1965; Morgan, 1974; Elliott, 1976c);

— une approche à partir des besoins azotés (Smith, Thorpe, 1976; Braaten, 1979);

— une approche à partir du taux de croissance (Allen, 1951; Horton, 1961; Warren *et al.*, 1964; Elliott, 1975c, d).

Toutes ces méthodes demandent des extrapolations importantes des résultats de laboratoire au terrain, supposent un certain nombre d'hypothèses simplificatrices et ne sont souvent applicables qu'à des valeurs moyennes sur des périodes longues.

Il est possible d'appliquer une méthodologie plus directe, sur des temps déterminés, par l'analyse des variations du contenu stomacal associée à une connaissance du transit gastrique.

La vitesse du transit stomacal doit être évaluée au laboratoire à partir de repas « standard ». La plupart des taux d'évacuation sont exponentiels (Windell, 1978b), en particulier chez la truite commune (Elliott, 1972). Chez cette dernière, le taux d'évacuation n'est pas affecté par la taille du poisson, la taille du repas, peu par la taille des proies, la fréquence des repas, il dépend surtout de la température (Elliott, 1972). Cependant, Jobling (1981) émet un doute sur l'influence de la taille du poisson et du repas, mais surtout sur la composition de la nourriture avec un rôle de la teneur en lipides (qui ralentissent le transit). Une longue période de jeûne peut aussi ralentir le transit, de même que tout stress (Pickering *et al.*, 1982).

En fait, le modèle exponentiel convient surtout au cas où l'évacuation concerne de petites particules alimentaires (la plupart des invertébrés benthiques). Mais les différents rapports surface/volume entre de petites particules et de plus grandes, le degré de friabilité de ces particules conditionnent le type d'évacuation, qui devient proche d'un modèle linéaire pour les ichthyophages (Jobling, 1986, 1987). Il faut donc adapter le modèle suivant le type de nourriture de la truite : invertébrés ou poissons.

Bajkov (1935) a effectué des études de consommation à partir de la connaissance du contenu et du transit stomacal. Sa méthode a été souvent employée, malgré ses imperfections, elle considère entre autres une alimentation continue et un taux d'évacuation constant.

Tableau 3. Fréquence (F) de la faune aquatique et terrestre dans les estomacs de truites communes d'un ruisseau des Pyrénées suivant l'heure de capture en juin (exprimée en pourcentage du nombre total de proies) et diversité (D) de la nourriture exprimée par le nombre de familles d'invertébrés capturés pour chaque classe de taille des truites (n : nombre total, moyen, maximum de familles dans les estomacs; b : nombre de familles dans le benthos, d : dans la dérive) (données non publiées)

Taille des truites (cm)	F						D				
	Heures de capture						n			d	b
	11 h 30 12 h 00	15 h 30 16 h 00	19 h 30 20 h 00	23 h 30 24 h 00	3 h 30 4 h 00	7 h 30 8 h 00	Total	Moy.	Max.		
Faune aquatique										19	34
5- 9,9	99	96	97	100	91	96	10	6,1	8		
10-14,9	52	3	92	59	56	75	18	10,6	15		
15-19,9	28	3	52	80	59	62	17	9,5	10		
≥ 20,0	85	27	81	98	76	20	12	5,8	8		
Faune terrestre										7	0
5- 9,9	1	4	3	0	5	4	4	0,8	2		
10-14,9	48	97	8	27	36	8	13	6,1	8		
15-19,9	69	97	48	13	26	36	11	7,0	9		
≥ 20,0	7	72	13	2	19	56	9	5,3	7		

Pour la truite, la meilleure méthode de calcul semble actuellement celle de Elliott et Persson (1978) avec :

$$D = \Sigma C_t \qquad C_t = \frac{(S_t - S_0\, e^{-Rt})\, Rt}{1 - e^{-Rt}}$$

D = consommation journalière (en matières sèches)
Ct = consommation instantanée (mesurée pendant t heures)
So = quantité de nourriture dans l'estomac au temps t_0
St = quantité de nourriture dans l'estomac au temps t
R = taux d'évacuation gastrique à la température de l'étude

Les mesures de C_t doivent se faire sur des périodes aussi courtes que possible, normalement entre 1 et 3 heures.

Si $S_0 = S_{24}$, c'est-à-dire si la quantité d'aliment est la même à la fin des 24 heures, la formule devient D = 24 SR, S étant la quantité moyenne de nourriture dans l'estomac au cours de la journée.

L'application de ces calculs aux truites d'un ruisseau des Pyrénées a été effectuée à deux époques de l'année : juin et octobre (tabl. 4). Les résultats permettent de suivre l'évolution de la consommation au cours de la journée et d'estimer la consommation des différentes classes de taille. En juin, la consommation est supérieure à celle d'octobre, surtout pour les plus grands individus en liaison avec les faibles disponibilités trophiques automnales (invertébrés aux premiers stades de développement). Cette consommation représente de 0,4 à 6,4 p. 100 du poids des truites en juin contre 0,1 à 1,2 p. 100 en octobre. L'application de la formule D = 24 SR donne des résultats comparables (respectivement 14,8 – 14,1 – 13,1 – 9,1 mg/g/j en juin, 10,1 – 4,2 – 2,7 mg/g/j en octobre).

Très peu de données sont disponibles actuellement au niveau des truites sauvages en rivières (Elliott, 1973; Neveu, 1980; Mortensen, 1985).

Les données existantes restent ponctuelles dans le temps et nécessitent un complément de mesures pour des calculs sur l'année comme celles de Lien (1978) sur un lac.

IV. Bilan énergétique chez la truite

Pour comprendre la croissance, la production d'une espèce, il est nécessaire d'appréhender la manière dont sont utilisés des apports énergétiques issus de l'alimentation. En particulier, faire un bilan entre les apports et les dépenses surtout au niveau du métabolisme. En principe, les divers paramètres d'un bilan énergétique peuvent être mesurés expérimentalement, mais l'animal sauvage ne peut être placé dans un calorimètre, il est donc nécessaire d'effectuer des approches indirectes avec une complémentarité complète entre le laboratoire et le terrain.

Tableau 4. Rythme alimentaire et consommation journalière de truites communes de différentes tailles d'un ruisseau des Pyrénées à deux époques de l'année (T °C : température de l'eau, R : taux d'évacuation gastrique, Ct : consommation calculée sur 4 heures, ΣC_t : consommation journalière en mg de matières sèches pour 1 g de truite) (données non publiées).

Juin	Heures de capture												ΣC_t
	11 h 30 12 h 00	Ct	15 h 30 16 h 00	Ct	19 h 30 20 h 00	Ct	23 h 30 24 h 00	Ct	3 h 30 4 h 00	Ct	7 h 30 8 h 00	Ct	
							Nuit						
T °C	16,0		17,0		15,5		13,2		12,2		14,0		
R		0,318		0,356		0,301		0,232		0,208		0,254	
Taille des truites (cm)													
5- 9,9		4,31		0,00		4,43		2,98		1,59		2,07	15,38
10-14,9		4,59		0,88		4,10		2,96		0,71		1,50	14,74
15-19,9		3,65		4,27		2,22		1,66		0,81		1,63	14,24
≥ 20,0		1,84		2,19		0,42		0,73		0,73		4,01	9,92
Octobre	14 h 00 14 h 30		18 h 00 18 h 30		22 h 00 22 h 30		2 h 00 2 h 30		6 h 00 6 h 30		10 h 00 10 h 30		
							Nuit						
T °C	15,9		15,9		15,1		14,8		14,8		15,6		
R		0,316		0,316		0,288		0,278		0,278		0,304	
Taille des truites (cm)													
5- 9,9		2,37		2,24		1,70		1,29		0,68		1,92	10,21
18-14,9		0,63		0,43		0,72		1,06		0,81		0,54	4,19
≥ 15,0		0,00		0,77		0,77		0,13		0,09		1,13	2,89

Le bilan énergétique peut s'écrire sous la forme suivante :

$$C = \delta B + R + U + F$$

C = apport énergétique de l'alimentation
δB = accumulation d'énergie dans les tissus
R = pertes d'énergie par le métabolisme général
U = pertes par les excrétions azotées
F = pertes par les fèces

1. Accumulation d'énergie δB

Lorsque les apports d'énergie par les aliments sont suffisants, une partie est stockée au niveau de la croissance somatique et germinale.

La mesure de cette croissance se fait à partir de nombreuses méthodes directes (poids, longueur, etc.) ou indirectes (rétromesures ostéochronologiques, dosage RNA-DNA). Dans tous les cas, l'intérêt doit se porter sur la teneur énergétique des tissus qui peut varier fortement dans la même espèce en fonction de la taille, de la maturité, du type d'aliment, de la saison et de l'activité du poisson. C'est le cas de la truite où ces différents facteurs ont souvent été étudiés (Elliott, 1976a; Staples, Nomura, 1976; Weatherley, Gill, 1983). Cette variabilité est en liaison avec des changements dans le taux de lipides qui se traduisent par des variations de l'embonpoint, que l'on peut estimer avec le coefficient de condition obtenu à partir des mesures poids-longueurs.

La croissance des gonades est à suivre particulièrement à certaines périodes de l'année où les réserves énergétiques sont focalisées sur ce phénomène au détriment de la croissance somatique.

Les relations entre l'apport énergétique et son utilisation pour la croissance ont été revues récemment par Jobling (1985) et Wootton (1985).

2. Pertes dans les déchets U + F

Les pertes ne peuvent être mesurées directement en rapport avec la dispersion rapide des particules et des éléments dissous dans l'eau, seules des analyses de laboratoire sont actuellement envisageables.

Winberg (1956) a évalué les pertes fécales à 15 p. 100 des apports énergétiques et à 3 p. 100 les pertes par les divers produits d'excrétion. C'est pourquoi, pour éviter des analyses fastidieuses, beaucoup d'auteurs utilisent une approximation de 20 p. 100 pour U + F.

Elliott (1976b) a revu ces chiffres pour la truite et montre que 25 à 30 p. 100 est un chiffre plus réaliste. En fait, les pertes fécales (F) sont fonction de la température et de la ration alimentaire. Elles varient de 31 p. 100 de la ration maximum à 3 °C à seulement 11 p. 100 pour une ration réduite. Elles ne sont plus que de 10 p. 100 à 22 °C pour la ration maximum. Les pertes par produits d'excrétion (U) varient de 3,6 p. 100 à 3 °C avec une ration maximum à 15,1 p. 100 pour une ration réduite et à 22 °C. Par ailleurs, lorsque le rapport lipides/protéines augmente, F augmente alors que U diminue.

3. Pertes métaboliques R

Les pertes métaboliques, tant au niveau du métabolisme basal que des diverses activités (alimentation, nage, digestion,...) représentent une grande partie du flux énergétique. La mesure de ces pertes ne peut se faire *in situ*. Il faut les évaluer en laboratoire, dans des conditions les plus proches possibles de la nature et avec un certain nombre d'hypothèses simplificatrices.

Il est classique de séparer les différentes pertes métaboliques :

$$R = Rs + Rd + Ra$$

Rs = métabolisme basal
Rd = pertes dues à l'alimentation
Ra = pertes dues à la locomotion

Le métabolisme basal R_s est estimé sur des individus sans nourriture, en activité minimale, par l'analyse de leurs dépenses en oxygène, en fonction de leur poids et de la température. Il peut être aussi estimé à partir de la perte tissulaire et par excrétion de ces mêmes poissons (Elliott, 1976c).

La capture des proies se traduit par une augmentation de chaleur et de la consommation en oxygène. Ces pertes Rd sont liées aux dépenses d'activité pour la chasse, l'ingestion, la digestion et l'absorption, surtout au niveau des protéines (action dynamique spécifique, en anglais SDA). Ces dépenses dépendent du niveau de consommation, de la température et du poids du poisson (Soofiani, Hawkins, 1985).

Les dépenses liées aux mouvements du poisson (R_a) (nage statique, fuite, migration, recherche de la nourriture,...) sont difficiles à évaluer car très variables dans les conditions naturelles. Il est cependant possible d'étudier les mouvements de la truite par vidéo, en comptant les battements de queue (Feldmeth, Jenkins, 1973). Mais la méthode présente une interprétation délicate. Il est aussi possible de faire une approche à partir des battements cardiaques suivis par télémétrie (Priede, Tytler, 1977; Priede, Young, 1977) ou encore à partir des mouvements des branchies (Oswald, 1978).

Face à ces difficultés, une évaluation globale peut être faite à partir de $R_a + R_d = R - R_s$, R étant estimé en fonction du poids de la truite et de la température (Elliott, 1976c).

4. Calcul du budget énergétique

Il existe très peu de données sur l'évaluation du budget énergétique de la truite dans la nature, compte tenu de la complexité de ce problème et de sa variabilité temporelle.

Quelques approches ont cependant été effectuées récemment soit en rivière (Mortensen, 1986; Cunjak, Power, 1987) soit en lac (Lien, 1978) en utilisant les résultats expérimentaux obtenus par Elliott (1976a, b, c).

L'utilisation de cette dernière méthodologie peut être effectuée sur les données de truites d'un ruisseau des Pyrénées (tabl. 5).

Les formules d'Elliott sont construites pour des individus de 11 à 250 g. On admet qu'elles sont encore valables pour les alevins de 2 à 3 g. Les calculs sont effectués sur la base de 5,2 kcal/g de poids sec d'invertébrés en juin et 5 kcal/g en octobre, ceci en rapport avec la composition de la faune. La valeur calorifique des truites est arrondie à partir d'Elliott (1976a), faute d'analyse directe. De même le métabolisme, pour une ration comprise entre la maintenance et le maximum, est estimé à partir des expériences d'Elliott (1976c) (température moyenne 15 °C, truites de 12 à 91 g). On peut calculer :

$$\frac{R}{R_{main}} = 1,37\, \frac{C}{C_{max}} + 0,67\,(r = 0,97 \text{ pour } n = 9)$$

le calcul de R_{main} et de $\dfrac{C}{C_{max}}$ permet d'approcher R

En juin, en dehors des alevins, la consommation est proche de la ration maximum, ce qui donne une efficience brute élevée ($\delta B/C_{max} = 0,29$) et une croissance forte. Les pertes F + U représentent 27 à 31 p. 100 des apports et le métabolisme 39 à 59 p. 100 (les dépenses d'activité et de digestion $R_a + R_d$ peuvent être estimées à 45 – 63 p. 100 du métabolisme).

En octobre, la consommation est plus faible. La température relativement élevée augmente les dépenses qui sont supérieures à la consommation et il y a utilisation des réserves. Ceci se traduit effectivement par une baisse du coefficient de condition entre juin et octobre de 1,32 à 1,14 pour les mâles et de 1,24 à 1,05 pour les femelles.

Il faut remarquer que ces calculs sont effectués sur des animaux « moyens » de chaque classe de taille, or en octobre certains individus ont des tubes digestifs vides. Pour eux $C = 0$, $-\delta B = F + U + R$, avec R proche de R_s, le calcul de F + U et de R_s (Elliott, 1976b) permet d'estimer δB respectivement à $-91,16$, $-333,87$ et $-871,03$ cal/j/truite soit un rapport $\delta B/W$ de $-0,023$, $-0,013$ et $-0,008$, ce qui correspond à un amaigrissement plus rapide de ces individus trophiquement inactifs.

Ces résultats sont à relier aux disponibilités trophiques de ce ruisseau qui sont très réduites en cette période préautomnale, la plupart des invertébrés étant à l'état d'oeufs ou de très jeunes stades et le niveau d'eau à l'étiage (Neveu *et al.*, 1979).

V. Conclusions générales et prospectives

Bien des aspects des bilans énergétiques restent à préciser surtout au niveau des facteurs biotiques comme le coût du comportement, surtout du comportement social, avec les avantages des différentes stratégies sociales et leur incidence écologique. On peut considérer qu'en général les benthophages sont plus territoriaux, plus agressifs que les planctonophages. Chez la truite,

Tableau 5. Budget énergétique des truites de différentes tailles d'un ruisseau des Pyrénées à deux époques de l'année (calculs effectués à partir des différentes formules de Elliott en cal/truite/jour).
K : teneur en calories des truites, C : consommation actuelle, Cmax : consommation maximum, F ; pertes par les féces, U : pertes par les excrétions azotées, Rmain : dépenses de maintenance, R : dépenses métaboliques totales, Rs : métabolisme basal, Ra : dépenses pour la locomotion, Rd : dépenses liées à la digestion, δB : énergie disponible pour la croissance (données non publiées).

Taille en cm	Poids Wg	K Cal/g	C	Cmax	C/Cmax	F	U	Rmain	R/Rmain	R	Rs	Ra + Rd	δB	$\delta B/C$	$\delta B/W$
Juin T °C = 14,6															
5- 9,9	2,46	1 200	195	391	0,50	31	21	87	1,34	116	63	53	27	0,14	0,008
10-14,9	25,36	1 300	1 939	2 342	0,82	382	186	466	1,79	835	348	487	536	0,28	0,016
15-19,9	59,14	1 400	4 581	4 484	1,02	1 008	417	859	2,07	1 778	645	1 133	1 378	0,30	0,017
≥ 20,0	126,36	1 500	6 269	8 027	0,78	1 197	608	1 485	1,74	2 584	1 124	1 460	1 879	0,29	0,010
Octobre T °C = 15,3															
5- 9,9	3,48	1 200	178	478	0,37	26	20	119	1,18	140	87	53	− 008	− 0,04	− 0,002
10-14,9	20,44	1 300	428	1 857	0,23	57	50	427	1,00	427	317	109	− 106	− 0,24	− 0,004
≥ 15,0	75,22	1 400	1 087	5 045	0,21	143	129	1 092	1,00	1 092	824	268	− 277	− 0,25	− 0,003

les individus dominants mangent plus et présentent une croissance plus rapide. Ils sont mâtures ainsi plus tôt avec une fécondité plus élevée.

De même, la stratégie migratoire (migration en mer des Salmonidae) peut être considérée comme un moyen d'augmenter la croissance, la survie et la densité, c'est-à-dire la productivité de la population. Or, cette migration coûte souvent très cher en énergie (Wootton, 1985). Il faut donc qu'elle présente des avantages importants, comme le retour d'adultes beaucoup plus grands, ayant une forte fécondité qui augmente la probabilité de survie.

La rareté des études concernant les analyses trophiques dans les conditions sauvages est liée à deux difficultés majeures : d'une part l'estimation valable de la consommation, d'autre part ce qu'elle représente de la disponibilité en proies.

Allen (1951) estime la consommation d'une population en truite à 40-50 fois les stocks benthiques et Horton (1961) à 8-26 fois. Ce qui apparait comme un paradoxe vient d'un manque de connaissance sur le transit stomacal, sur le rythme alimentaire et ses variations et sur l'efficacité de la transformation en croissance (Mann, 1978). Mais il y a aussi une méconnaissance du taux de renouvellement des stocks benthiques qui, par exemple, est proche de 5 dans le cas d'une rivière des Pyrénées (Neveu *et al.*, 1979). De même l'utilisation d'un filet à mailles trop larges peut avoir diminué l'estimation des stocks (Macan, 1958). Il s'agit du problème général de l'estimation valable des invertébrés dont une partie peut aussi être inaccessible dans la zone hyporhéique (Hynes *et al.*, 1976).

Une telle prédation, si elle est si importante, doit se faire ressentir au niveau du peuplement benthique. Griffith (1981) observe ainsi une réduction des invertébrés après l'introduction de truites dans un ruisseau où elles n'existaient pas. Mann (1978) note aussi une forte prédation des poissons sur le benthos; de la même manière, les truites peuvent réduire fortement le zooplancton en eaux stagnantes (Macan, 1966). Par contre, diverses observations ne montrent pas de différence significative dans la faune aquatique de cours d'eau qu'il y ait ou non des poissons (Zelinka, 1974; Allan, 1982). Ceci va dans le sens de Mundie (1974) qui considère la dérive suffisante pour nourrir plus de Salmonidae qu'il n'en existe naturellement, or cette dérive n'est qu'une faible partie du benthos.

L'effet de la prédation des truites sur les stocks de nourriture est donc difficile à mettre en évidence, d'autant plus que le rôle des invertébrés prédateurs est important et très souvent négligé. Par ailleurs, les invertébrés présentent diverses adaptations qui permettent de prévenir la prédation. Ces adaptations sont soit comportementales, avec la dérive plutôt nocturne des derniers stades larvaires (Steine, 1972; Allan, 1978; Ringler, 1979), soit morphologiques avec la protection des Trichoptères par des fourreaux (Otto, Svensson, 1980). L'activité du prédateur peut même quelquefois diminuer l'activité des proies (Stein, Magnuson, 1976).

Même si certaines expériences vont dans le sens d'une relation étroite entre le stock de nourriture disponible et la croissance des truites (Warren *et al.*, 1964), il reste très difficile d'établir de telles relations dans les conditions sauvages. Malgré la mise en évidence d'une consommation intense des stocks benthiques, ces derniers ne semblent pas être affectés. Tous ces faits en apparence contradictoires démontrent l'incapacité des méthodes actuelles à d'une part, estimer correctement la consommation de truites sauvages et d'autre part, à évaluer correctement les stocks de nourriture disponible.

Références bibliographiques

ADRON J.W., MACKIE, A.M., 1978. Studies on the chemical nature of feeding stimulants for rainbow trout, *Salmo gairdneri* Richardson. *J. Fish Biol.*, **12**, 303-310.

ALIMOV A.F., SHADRIN, N.V., 1977. The calorific value of some representatives of freshwater benthos. *Hydrobiol. J.*, **13**, 68-73.

ALLAN J.D., 1978. Trout predation and the size composition of stream drift. *Limnol. Oceanogr.*, **23**, 1231-1237.

ALLAN J.D., 1981. Determinant of diet of brook trout (*Salvelinus fontinalis*) in a mountain stream. *Can. J. Fish. Aquat. Sci.*, **38**, 184-192.

ALLAN J.D., 1982. The effects of reduction in trout density on the invertebrate community of a mountain stream. *Ecology*, **63**, 1444- 1455.

ALLEN K.R., 1951. The Horokiwi stream. *Bull. Mar. Dep. N.Z. Fish.*, **10**, 1-231.

ANDERSON N.H., SEDELL, J.R., 1979. Detritus processing by macroinvertebrates in stream ecosystems. *Ann. Rev. Entomol.*, **24**, 351-377.

APPELBAUM S., 1980. Zur Fresslust der Regenbogenforellen (*Salmo gairdneri* R.) bei der Aufnahme von aromatisiertem bzw. nicht aromatisiertem Futter. *Arch. Fischereiwiss*, **31**, 21-27.

BACHMAN R.A., 1984. Foraging behavior of free ranging wild and hatchery brown trout in a stream. *Trans. Am. Fish. Soc.*, **113**, 1-32.

BAJKOV A.D., 1935. How to estimate the daily feed consumption of fish under natural conditions. *Trans. Am. Fish. Soc.*, **65**, 288-289.

BAKER A.M., FRASER D.F., 1975. A method for securing the gut contents of small, live fish. *Trans. Am. Fish. Soc.*, **105**, 520-522.

BALDWIN N.S., 1957. Food consumption and growth of brook trout at different temperatures. *Trans. Am. Fish. Soc.*, **86**, 323-328.

BANNON E., RINGLER N.H., 1986. Optimal prey size for stream resident brown trout (*S. trutta*); tests of predictive models. *Can. J. Zool.*, **64**, 704-713.

BEHMER D.J., HAWKINS C.P., 1986. Effects of overhead canopy on macroinvertebrate production in a Utah stream. *Freshwater Biol.*, **16**, 287-300.

BERG L., NORTHCOTE T.G., 1985. Changes in territorial, gill-flaring, and feeding behavior in juvenile Coho salmon (*Oncorhynchus kisutch*) following short-term pulses of suspended sediment. *Can. J. Fish. Aquat. Sci.*, **42**, 1410-1417.

BRAATEN B.R., 1979. Bioenergetics – A review on methodology. In : Halver J.E., Tiews K. (Eds). *Proc. World Symp. on Finfish Nutrition and Fishfeed Technology*, Vol. II, Berlin, Heenemann, 461-504.

BRETT J.R., 1971. Satiation time, appetite and maximum food intake of sockeye salmon (*Oncorhynchus nerka*). *J. Fish. Res. Board Can.*, **28**, 409-415.

BRYAN J.E., 1973. Feeding history, parental stock and food selection in rainbow trout. *Behaviour*, **45**, 123-153.

BRYAN J.E., LARKIN P.A., 1972. Food specialization by individual trout. *J. Fish. Res. Board Can.*, **29**, 1615-1624.

CASPERS N., 1975a. Kalorische Werte der dominierenden Invertebraten zweier Waldbäche des Naturparkes Kottenforst-Ville. *Arch. Hydrobiol.*, **75**, 484-489.

CASPERS N., 1975b. Untersuchungen über Individuendichte, Biomasse und kalorische Aquivalente des Makrobenthos eines Waldbaches. *Int. Revue. Ges. Hydrobiol.*, **60**, 557-566.

CHASTON L., 1969. Seasonal activity and feeding pattern of brown trout (*Salmo trutta*) in a Dartmoor stream in relation to availability of food. *J. Fish. Res. Board Can.*, **26**, 2165-2171.

CHESSON J., 1978. Measuring preference in selective predation. *Ecology*, **59**, 211-215.

COLGAN P., 1973. Motivation analysis of fish feeding. *Behaviour*, **45**, 38-66.

CRISP D.T., MANN R.H.K., McCORMACK J.C., 1978. The effects of impoundment and regulation upon the stomach contents of fish at Cow Green, Upper Teesdale. *J. Fish Biol.*, **12**, 287-301.

CUMMINS K.W., 1973. Trophic relations of aquatic insects. *Ann. Rev.Entomol.*, **18**, 183-206.

CUMMINS K.W., WUYCHECK J.C., 1971. Caloric equivalents for investigations in ecological energetics. *Mitt. int. Ver. Limnol.*, **18**, 1-158.

CUNJAK R.A., POWERS G., 1987. The feeding and energetics of stream resident trout in winter. *J. Fish Biol.*, **31**, 493-511.

DAHL J., 1962. Studies on the biology of Danish stream fishes. I. The food of grayling (*Thymallus thymallus*) in some inland streams. *Medd. Dan. Fisk. Havunders.*, **3**, 199-264.

DRUMMOND R.A., SPOOR W.A., OLSON G.F., 1973. Some short-term indicators of sublethal effects of copper on brook trout. *J. Fish. Res. Board Can.*, **30**, 698-701.

EGGLISHAW H.J., 1967. The food, growth and population structure of salmon and trout in two streams in the Scottish Highlands. *Freshwater Salm. Fish. Res.*, **38**, 1-32.

ELLIOTT J.M., 1967. The food of trout (*Salmo trutta*) in a Dartmoor stream. *J. Appl. Ecol.*, **4**, 59-61.

ELLIOTT J.M., 1970. Diel changes in invertebrate drift and the food of trout *Salmo trutta* L. *J. Fish Biol.*, **2**, 161-165.

ELLIOTT J.M., 1972. Rates of gastric evacuation in brown trout *Salmo trutta* L. *Freshwater Biol.*, **2**, 1-18.

ELLIOTT J.M., 1973. The food of brown and rainbow trout (*Salmo trutta* and *S. gairdneri*) in relation to the abundance of drifting invertebrates in a mountain stream. *Oecologia*, **12**, 329-347.

ELLIOTT J.M., 1975a. Weight of food and time required to satiate brown trout *Salmo trutta* L. *Freshwater Biol.*, **5**, 51-64.

ELLIOTT J.M., 1975b. Number of meals in a day, maximum weight of food consumed in a day and maximum rate of feeding for brown trout *Salmo trutta* L. *Freshwater Biol.*, **5**, 287-303.

ELLIOTT J.M., 1975c. The growth rate of brown trout (*Salmo trutta* L.) fed on maximum rations. *J. Anim. Ecol.*, **44**, 561-580.

ELLIOTT J.M., 1975d. The growth rate of brown trout (*Salmo trutta* L.) fed on reduced rations. *J. Anim. Ecol.*, **44**, 823-842.

ELLIOTT J.M., 1976a. Body composition of brown trout (*Salmo trutta* L.) in relation to temperature and ration size. *J. Anim. Ecol.*, **45**, 273-283.

ELLIOTT J.M., 1976b. Energy losses in the waste products of brown trout (*Salmo trutta* L.). *J. Anim. Ecol.*, **45**, 561-580.

ELLIOTT J.M., 1976c. The energetics of feeding, metabolism and growth of brown trout (*Salmo trutta* L.) in relation to body weight, water temperature and ration size. *J. Anim. Ecol.*, **45**, 923-948.

ELLIOTT J.M., PERSSON L., 1978. The estimate of daily rates of food consumption for fish. *J. Anim. Ecol.*, **47**, 977-991.

ELLIS R.J., GOWING H., 1957. Relationship between food supply and condition of wild brown trout, *Salmo trutta* L., in a Michigan stream. *Limnol. Oceanogr.*, **2**, 299-308.

ERICKSSON L.D., 1973. Spring inversion of the diel rhythm of locomotor activity in young sea-going brown trout, *Salmo trutta trutta* L. and atlantic salmon, *Salmo salar* L. *Aquilo Ser. Zool.*, **14**, 68-79.

FAHY E., 1980. Prey selection by young trout fry (*Salmo trutta*). *J. Zool.*, **190**, 27-37.

FELDMETH C.R., JENKINS T.M., 1973. An estimate of energy expenditure by rainbow trout (*Salmo gairdneri*) in a small mountain stream. *J. Fish. Res. Board Can.*, **30**, 1755-1765.

FORTMANN H.R., HAZZARD A.S., BRADFORD A.D., 1961. The relation of feeding before stocking to catchibility of trout. *J. Wildl. Manage*, **25**, 391-397.

GARDNER W.S., NALEPA T.F., FREZ W.A., CICHOCKI E.A., LANDRUM P.F., 1985. Seasonal patterns in lipid content of lake Michigan macroinvertebrates. *Can. J. Fish. Aquat. Sci.*, **42**, 1827-1882.

GEORGES J.P., GAUDIN P., 1984. Le tubage gastrique chez les poissons : expérimentation chez la truitelle (*Salmo trutta* L.). *Arch. Hydrobiol.*, **101**, 483-460.

GILES N., 1980. A stomach sampler for use on live fish. *J. Fish Biol.*, **16**, 441-444.

GINETZ R.M., LARKIN P.A., 1973. Choise of colors of food items by rainbow trout (*Salmo gairdneri*). *J. Fish. Res. Board Can.*, **30**, 229-234.

GRIFFITH R.W., 1981. *The effect of trout predation on the abundance and production of stream insects.* M.S. Thesis, University of British Columbia, Vancouver, 250 p.

GROVE D.J., LOIZIDES L.G., NOTT J., 1978. Satiation amount, frequency of feeding and gastric emptying rate in *Salmo gairdneri*. *J. Fish Biol.*, **12**, 507-516.

HARA T.J., 1975. Olfaction in fish. *Prog. Neurobiol.*, **5**, 271-335.

HARA T.J., LAW Y.M.C., Mc DONALD S., 1976. Effects of mercury and copper on the olfactory response in rainbow trout, *Salmo gairdneri*. *J. Fish Res. Board Can.*, **33**, 1568-1573.

HERRERA C.M., 1976. A trophic diversity index for presence-absence food data. *Oecologia*, **25**, 187-191.

HOAR W.S., 1942. Diurnal variations in feeding activity of young salmon and trout. *J. Fish. Res. Board Can.*, **6**, 90-101.

HORTON P.A., 1961. The bionomics of brown trout in a Dartmoor sheam. *J. Anim. Ecol.*, **30**, 311-338.

HUNT R.L., 1975. Use of terrestrial invertebrates as food by salmonids. *Ecol. stud.*, **10**, 137-151.

HYNES H.B.N., WILLIAMS D.D., WILLIAMS N.E., 1976. Distributions of the benthos within the substratum of a welsh mountain stream. *Oïkos*, **27**, 307-310.

HYSLOP E.J., 1980. Stomacal content analysis. A review of methods and their application. *J. Fish Biol.*, **17**, 411-429.

IRVINE J.R., NORTHCOTE T.G., 1983. Selection by young rainbow trout (*Salmo gairdneri*) in simulated stream environments for live and dead prey of different sizes. *Can. J. Fish. Aquat. Sci.*, **40**, 1745-1749.

IVLEV V.S., 1961. *Experimental ecology of the feeding of fishes.* Transl. D. Scott. Yale Univ. Press, New Haven, Conn., 302 p.

JACOBS J., 1974. Quantitative measurement of food selection. A modification of the forage ratio and IVLEV'S selectivity index. *Oecologia*, **14**, 413-417.

JENKINS T.M., FELDMETH C.R., ELLIOTT G.V., 1970. Feeding of rainbow trout (*Salmo gairdneri*) in relation to abundance of drifting invertebrates in a mountain stream. *J. Fish. Res. Board Can.*, **27**, 2356-2361.

JOBLING M., 1981. Mathematical modes of gastric emptying and the estimation of daily rates of food consumption for fish. *J. Fish Biol.*, **19**, 245-257.

JOBLING M., 1985. Growth. In : *Fish energetics. New perspectives*, Tytler P., Carlow P., Eds, Croom Helm, London, 213-230.

JOBLING M., 1986. Mythical models of gastric emptying and implications for food consumption studies. *Environ. Biol. Fish.*, **16**, 35-50.

JOBLING M., 1987. Influences of food particule size and dietary energy content on patterns of gastric evacuation in fish : test of a physiological model of gastric emptying. *J. Fish Biol.*, **30**, 289-314.

KALLEBERG H., 1958. Observations in a stream tank of territoriality in juvenile salmon and trout (*Salmo salar* L. and *S. trutta* L.). *Rep. Inst. Freshwater Res. Drottningholm*, **39**, 55-98.

KAUSHIK N.K., HYNES H.B.N., 1971. The fate of dead leaves that fall into streams. *Arch. Hydrobiol.*, **68**, 465-515.

KIMMERER W.J., 1987. The theory of secondary production calculation for continuously reproducing populations. *Limnol. Oceanogr.*, **32**, 1-13.

KRUEGER C.C., WATERS T.F., 1983. Annual production of macroinvertebrates in three streams of different water quality. *Ecology*, **64**, 840-850.

LIEN C., 1978. The energy budget of the brown trout population of Ovre Heindalsvatn. *Holarctic Ecol.*, **1**, 279-300.

LIGHT R.W., ADLER P.H., ARNOLD D.E., 1983. Evaluation of gastric lavage for stomach analysis. *North Amer. J. Fish. Manage.*, **3**, 81-85.

MACAN T.T., 1958. Causes and effects of short emergence periods in insects. *Verh. Int. Verein. Limnol.*, **13**, 845-849.

MACAN T.T., 1966. The influence of predation on the fauna of moorland fishpond. *Arch. Hydrobiol.*, **61**, 432-452.

MANN K.H., 1965. Energy transformation by a population of fish in the river Thames. *J. Anim. Ecol.*, **34**, 253-275.

MANN K.H., 1978. Estimating the food consumption of fish in nature. In : Gerking S. (Ed), *Ecology of freshwater fish production*, Blackwell Scientific Publ., London, 250-273.

MASLIN J.L., PATTEE E., 1981. La production du peuplement benthique d'une petite rivière : son évaluation par la méthode de Hynes Coleman et Hamilton. *Arch. Hydrobiol.*, **92**, 321-345.

MECHAN W.R., MILLER R.A., 1978. Stomach flushing : effectiveness and influence on survival and condition of juvenile salmonids. *J. Fish. Res. Board Can.*, **35**, 1359-1363.

METZ J.P., 1974. Die Invertebratendrift an der Oberfläche eines Voralpenflusses und ihre selektive Ausnutzung durch die Regenbogenforellen (*Salmo gairdneri*). *Oecologia*, **14**, 247-267.

MINSHALL G.W., 1978. Autotrophy in stream ecosystems. *Bioscience*, **28**, 767-771.

MINSHALL G.W., BROCK J.T., LAPOINT T.W., 1982. Characterization and dynamics of benthic organic matter and invertebrate fonctional feeding group relationships in the Upper Salmon River (USA). *Int. Rev. Ges. Hydrobiol.*, **67**, 793-820.

MORGAN R.I.G., 1974. The energy requirement of trout and perch population in Loch Leven, Kinross. *Proc. R. Soc. Edinburgh*, **74**, 333-345.

MORIN A., MOUSSEAU T.A., ROFF D.A., 1987. Accuracy and precision of secondary production estimates. *Limnol. Oceanogr.*, **32**, 1342-1352.

MORTENSEN E., 1985. Population and energy dynamics of trout *Salmo trutta* in a small danish steam. *J. Anim. Ecol.*, **54**, 869-882.

MUNDIE J.H., 1974. Optimization of the salmonid nursery stream. *J. Fish. Res. Board Can.*, **31**, 1827-1837.

MURDORCH W.W., AVERY S., SMYTH M.E.B., 1975. Switching in predatory fish. *Ecology*, **56**, 1094-1105.

NEVEU A., 1979. Les problèmes posés par l'étude de l'alimentation naturelle des populations sauvages de poissons. *Bull. Cent. Etud. Rech. Sci. Biarritz*, **12**, 501-512.

NEVEU A., 1980. Influence d'une fine sédimentation dans un canal expérimental sur la densité du macrobenthos, sa composition et sa consommation par les Salmonidés. *Bull. Fr. Pisc.*, **276**, 104-122.

NEVEU A., 1981a. Relations entre le benthos, la dérive, le rythme alimentaire et le taux de consommation de truites communes (*S. trutta* L.) en canal expérimental. *Hydrobiologia*, **76**, 217-228.

NEVEU A., 1981b. Les rythmes alimentaires en milieu naturel. In : *La nutrition des poissons*. Publ. CNERNA, CNRS, Paris, 339-354.

NEVEU A., ECHAUBARD M., 1975. La dérive estivale des invertébrés aquatiques et terrestres dans un ruisseau du Massif central, la Couze Pavin. *Ann. Hydrobiol.*, **6**, 1-26.

NEVEU A., ECHAUBARD M., 1983. L'action de l'homme sur la faune des torrents et ruisseaux. Un exemple de torrent pollué : la Couze Pavin. *Ann. Stn Biol. Besse*, **17**, 92-111.

NEVEU A., LAPCHIN L., VIGNES J.C., 1979. Le macrobenthos de la basse Nivelle, petit fleuve côtier des Pyrénées atlantiques. *Ann. Zool.Ecol. Anim.*, **11**, 85-111.

NEVEU A., THIBAULT M., 1977. Comportement alimentaire d'une population sauvage de truites fario (*S. trutta* L.). *Ann. Hydrobiol.*, **8**, 111-128.

NEWBOLD J.D., ELWOOD J.W., O'NEIL R.V., VAN WINKLE W., 1981. Measuring nutrient spiralling in streams. *Can. J. Fish. Aquat. Sci.*, **38**, 860-863.

NEWMANN R.M., WATERS T.F., 1984. Size selective predation on *Gammarus pseudolimnaeus* by trout and sculpins. *Ecology*, **65**, 1535-1545.

NILSSON N.A., 1965. Food segregation between salmonid species in North Sweden. *Rep. Inst. Freshwater Res. Drottningholm*, **46**, 58-78.

NILSSON N.A., 1978. The role of size-biased predation in competition and interactive segregation in fish. In : Gerking S.D. ed. *Ecology of freshwater fish production*, Blackwell Scientific Publ., Oxford, 303-325.

O'BRIEN W.J., VINYARD G.L., 1974. Comment on the use of Ivlev's selectivity index with planktivorous fish. *J. Fish. Res. Board Can.*, **31**, 1427-1429.

OSWALD R.L., 1978. The use of telemetry to study light synchronization with feeding and gill ventilation rates in *Salmo trutta*. *J. Fish Biol.*, **13**, 729-732.

OTTO C., SVENSSON B.S., 1980. The significance of case material selection for the survival of caddis larvae. *J. Anim. Ecol.*, **49**, 855-866.

PENCZAK T., KUSTO E., KRZYZANOWSKA D., MOLINSKI M., SUSZYCKA E., 1984. Food consumption and energy transformation by fish populations in two small lowland rivers in Poland. *Hydrobiologia*, **108**, 135-144.

PICKERING A.D., POTTINGER T.G., CHRISTIE P., 1982. Recovery of the brown trout (*S. trutta* L.) from acute handling stress : a time-cause study. *J. Fish Biol.*, **20**, 229-235.

PRIEDE I.G., TYTLER P., 1977. Heart rate as a measure of metabolic rate in teleost fishes : *Salmo gairdneri*, *Salmo trutta* and *Gadus morhua*. *J. Fish Biol.*, **10**, 231-242.

PRIEDE I.G., YOUNG A.H., 1977. The ultrasonic telematry of cardiac rhythms of wild brown trout (*Salmo trutta* L.) as an indicator of bioenergetics and behaviour. *J. Fish Biol.*, **10**, 299-318.

RICHMAN S., 1971. Calorimetry. In *"a manual on methods for the assessment of secondary productivity in fresh waters"*. IBP handbook n° 17, Blackwell Sci. Publ., Oxford and Edinburgh, 146-149.

RIMMER D.M., POWER G., 1978. Feeding response of Atlantic salmon (*S. salar* L.) alevins in flowing and still water. *J. Fish. Res.Board Can.*, **35**, 329-332.

RINGLER N.H., 1979. Selective predation by drift feeding brown trout (*S. trutta*). *J. Fish. Res. Board Can.*, **36**, 392-403.

RINGLER N.H., 1983. Variation in foraging tactics of fishes. In : *Predators and Preys in Fishes*. Noakes D.L.G. *et al.* (Eds), Dr W.Junk Publ., La Hague, 159-171.

RINGLER N.H., 1985. Individual and temporal variation in prey switching by brown trout, *Salmo trutta*. *Copeia*, **4**, 918-926.

RINGLER N.H., BRODOWSKI D.F., 1983. Functionnal responses of brown trout (*Salmo trutta*) to invertebrate drift. *J. Freswater Ecol.*, **2**, 45-57.

ROCHA A.J., MILLS D.H., 1984. Short communication "Utilization of fish pellets and wood fragments by brown trout (*S. trutta*) in Cobbinshaw Reservoir, West Lothian, Scotland. *Fish. Manage.*, **15**, 141-142.

SEABURG K.G., MOYLE J.B., 1964. Feeding habits, digestion rates and growth of some Minnesota warmwater fishes. *Trans. Am. Fish. Soc.*, **93**, 269-285.

SEREBROV L.I., 1983. Effect of a current on the intensity of feeding in certain fishes. *Hydrobiol. J.*, **9**, 68-70.

SMITH M.A.K., THORPE A., 1976. Nitrogen metabolism and trophic input in relation to growth in freshwater and saltwater *Salmo gairdneri*. *Biol. Bull.*, **150**, 139-151.

SOOFIANI N.M., HAWKINS A.D., 1985. Field studies of energy budgets. In : Tytler P., Calow P., Eds. *Fish Energetics. New perspectives*, Croom Helm, London, 283-308.

STAPLES J., NOMURA N., 1976. Influence of body size and food ration on the energy budget of rainbow trout *Salmo gairdneri* Richardson. *J. Fish Biol.*, **9**, 28-43.

STEIN R.A., MAGNUSON J.J., 1976. Behavioral response of crayfish to a fish predator. *Ecology*, **57**, 751-761.

STEINE I., 1972. The number and size of drifting nymphs of Ephemeroptera, Chironomidae and Simuliidae by day and night in the river Stranda, Western Norway. *Norw. J. Ent.*, **19**, 127-131.

STRAUSS R.E., 1979. Reliability estimates for Ivlev's electicity index, the forage ratio, and a proposed linear index of food selection. *Trans. Am. Fish. Soc.*, **108**, 344-352.

TANAKA H., 1970. On the nocturnal feeding activity of rainbow trout (*Salmo gairdneri*) in streams. *Bull. Freshwater Fish. Res. Lab.*, Tokyo, **20**, 73-82.

THOMAS J.D., 1962. The food and growth of brown trout (*Salmo trutta* L.) and its feeding relationships with the salmon parr (*S. salar* L.) and the eel (*Anguilla anguilla* L.) in the river Teify, West Wales. *J. Anim. Ecol.*, **31**, 175-205.

TUSA I., 1969. On the feeding biology of the brown trout (*Salmo trutta* m. *fario* L.) in the course of day and night. *Zool. List.*, **18**, 275-284.

UTNE F., 1979. Standards methods and terminology in finfish nutrition. In : Halver J.E., Tiews K. (Eds). *Proc. World Symp. on Finfish Nutrition and Fishfeed Technology*, Berlin, Heenemann, 438-443.

VANNOTE R.L., MINSHALL G.W., CUMMINS K.W., SEDELL J.R., CUSHING C.E., 1980. The river continum concept. *Can. J. Fish. Aquat. Sci.*, **37**, 130-137.

VINYARD G.L., O'BRIEN N.J., 1975. Dorsal light response as an index of prey preference in bluegill (*Lepomis macrochirus*). *J. Fish. Res. Board Can.*, **32**, 1860-1863.

WANKOWSKI J.W.J., 1979. Morphological limitations, prey size selectivity and growth response of juvenile atlantic salmon, *Salmo salar*. *J. Fish Biol.*, **14**, 89-100.

WARE D.M., 1971. Predation of rainbow trout (*Salmo gairdneri*) : the effect of experience. *J. Fish. Res. Board Can.*, **28**, 1847-1852.

WARE D.M., 1972. Predation by rainbow trout (*Salmo gairdneri*) : the influence of hunger, prey density and prey size. *J. Fish. Res. Board Can.*, **29**, 1193-1201.

WARE D.M., 1973. Risk of epibenthic prey to predation by rainbow trout (*Salmo gairdneri*). *J. Fish. Res. Board Can.*, **30**, 787-797.

WARREN C.E., WALES J.H., DAVIS G.E., DOUDOROFF P., 1964. Trout production in an experimental stream enriched with sucrose. *J. Wildl. Manage.*, **28**, 617-660.

WATERS T.F., 1969. Invertebrate drift ecology and significance to stream fishes. In : Northcote T.G., *Symposium on Salmon and Trout in Streams*, H.R. Mc Millan Lectures in Fish., Univ. Brit. Columbia, Van., 121-134.

WATERS T.F., 1977. Secondary production in inland waters. *Adv. Ecol. Res.*, **10**, 91-104.

WEATHERLEY A.H., GILL H.S., 1983. Protein lipid, water and caloric content of immature rainbow trout *Salmo gairdneri* Richardson, growing at different rates. *J. Fish Biol.*, **23**, 653-688.

WINBERG G.G., 1956. Rate of metabolism and food requirements of fishes. *Transl. Russ. by Fish. Res. Board Can.*, **194**, 251 p.

WINDELL J.T., 1978a. Estimating food consumption rates of fish populations. In : *Methods for assessment of fish production in freshwater*, IBP Handbook, **3**, 227-254, Blackwell Sci. Publ., London.

WINDELL J.T., 1978b. Digestion and the daily ration of fishes. In : Gerking S.D. ed., *Ecology of freshwater fish Production*, Blackwell Scic. Publ., London, 159-183.

WISSING T.E., HASLER A.D., 1968. Calorific values of some invertebrates in lake Mendota, Wisconsin. *J. Fish. Res. Board Can.*, **25**, 2515-2518.

WISSING T.E., HASLER A.D., 1971. Intraseasonal change in caloric content of some freshwater invertebrates. *Ecology*, **52**, 371-373.

WOOTTON R.J., 1985. Energetics of reproduction. In : Tytler P., Calow P., eds, *Fish energetics. New perspectives*, Croom Helm, London, 231-256.

YURKOWSKI M., TABACHEK J.L., 1979. Proximate and aminoacid composition of some natural fish foods. In : Halver J.E., Tiews K. (Eds). *Proc. World Symp. on Finfish Nutrition and Fishfeed Technology*. Berlin, Heenemann, 436-445.

ZELINKA M., 1974. Die Eintagsfliegen (Ephemeroptera) in Forellenbachen der Beskiden. III. Der Einfluss des verschiedenen Fischbestandes. *Vest. Cesk. Spol. Zool.*, **38**, 76-80.

4. Organisation sociale et territorialité chez la truite commune immature au cours de l'ontogenèse

M. Héland

I. Introduction

Les études de dynamique des populations de Salmonidés font apparaître le rôle déterminant des facteurs éthologiques, compétitions spatiale et alimentaire notamment (Mc Fadden, 1969), dans la limitation des peuplements (Philippart, 1975) et leur répartition (Godin, 1982). Ce rôle des compétitions dans la biologie des populations et finalement sur la production (Onodera, 1967; Noakes, 1978) semble particulièrement net chez la truite commune, *Salmo trutta* L., l'une des espèces de Salmonidés les plus typiquement territoriales en eau douce courante (Thorpe, 1982).

Dans les ruisseaux d'eau froide et à forte pente, généralement situés en tête d'un bassin hydrographique, qui constitue le biotope naturel de la truite, la compétition territoriale est la règle (Frost et Brown, 1967). Hynes (1970) estime que l'acquisition des territoires commence très tôt, dès que le jeune alevin nouvellement émergé est capable de nager. C'est également au stade jeune, caractérisé par des mortalités importantes (Allen, 1969; Gulland, 1977) que se définit le futur peuplement du ruisseau (Le Cren, 1961; Elliott, 1984). Le Cren (1961) a émis l'hypothèse que le comportement territorial est responsable de la régulation des densités de juvéniles dans les ruisseaux (fig. 1).

A propos de territoire chez les poissons, Greenberg (1947) fut l'un des premiers à démontrer l'existence de la territorialité, chez la perche soleil verte, *Lepomis cyanellus* Rafinesque, selon la définition de Noble (1939) qui incluait, essentiellement, la notion d'agressivité : le territoire est une aire quelconque défendue. Dans ses travaux sur le comportement territorial de l'épinoche, *Gasterosteus aculeatus* L., Van Den Assem (1967) estime que la notion de territoire doit contenir deux éléments essentiels :

– restriction spatiale de tout ou partie du comportement,
– exclusion des congénères.

Il donne la définition suivante : le territoire correspond à toute zone où la seule présence et/ou le comportement d'un résident excluent ou tendent à exclure la présence simultanée des congénères (Van Den Assem, 1970). Le territoire se distingue du domaine vital dont il est une portion réservée. Le domaine vital se définit pour une période donnée comme l'ensemble des lieux fréquentés par un individu ou un groupe d'individus (Gerking, 1953; Richard, 1970).

Chez la truite commune, les observations sur le territorialisme en dehors de la période de reproduction sont anciennes, puisque Lindroth, dès 1955, a noté ce comportement dans la rivière Indalsälven et établi que le territoire de chaque alevin est d'environ 1 m^2 à la fin du mois de juin. Auparavant, Stuart (1953) avait utilisé le terme territoire, mais estimait que les alevins à l'émergence respectaient des « distances de tolérance » d'environ 7,5 cm qui s'accroissaient avec la taille de l'alevin. Avec Kalleberg (1958), la première étude de la territorialité chez la truite et le saumon atlantique, *Salmo salar* L., en ruisseau artificiel, décrit précisément la structure du territoire et l'activité agonistique qui lui est liée, en les comparant avec les observations d'autres auteurs sur l'agressivité des Salmonidés liée au comportement reproducteur (Fabricius, 1951, 1953 ; Fabricius et Gustafson, 1954, 1955). Depuis, de nombreux travaux ont traité, au moins partiellement, de la territorialité chez la truite commune

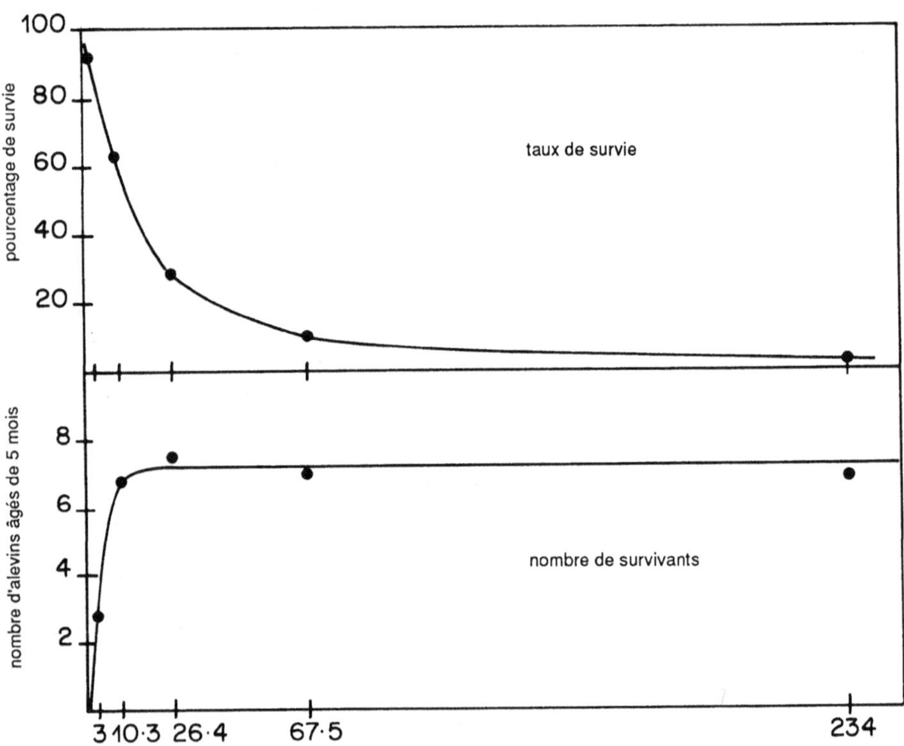

Figure 1. – Survie d'alevins de truite de repeuplement introduits à différentes densités dans des sections d'un ruisseau naturel.
Graphique supérieur = Pourcentage de survie depuis le début de l'alimentation (début mai) jusqu'au début septembre.
Graphique inférieur = Effectifs retrouvés en septembre par m^2. En abscisse, les nombres d'alevins introduits par m^2.
(d'après Le Cren, 1961).

(Kennedy et Fitzmaurice, 1968 ; Jenkins, 1969 ; Timmermans, 1972 ; Le Cren, 1973 ; Jones, 1975 ; Bachman, 1984), mais peu d'entre eux ont abordé l'apparition de ce comportement chez l'alevin et son évolution au cours de l'ontogenèse.

L'objectif de ce chapitre est de présenter de manière synthétique et succincte une analyse des relations sociales et des compétitions territoriales chez la truite commune au cours de l'ontogenèse pendant la phase juvénile immature, en excluant les phases de migration ou de reproduction. De nombreux résultats illustrant l'exposé sont tirés d'expériences réalisées à la Station d'Hydrobiologie de Saint-Pée-sur-Nivelle, quelquefois en milieu naturel, mais beaucoup plus fréquemment en ruisseaux artificiels reproduisant l'environnement d'une frayère à Salmonidés, zone qui a limité notre étude.

II. Etablissement du comportement territorial chez l'alevin

1. Observations sur les premières phases du comportement social et territorial

Dans les zones de frayères des ruisseaux naturels ou artificiels, les alevins de truite apparaissent au moment de l'émergence, entre les interstices du substrat. Ils sont généralement immobiles sur le fond ou animés de faibles mouvements de nage stationnaire près du fond pour lutter contre le courant d'eau qui tend à les entraîner vers l'aval. Dès ce stade, les premiers comportements alimentaires se manifestent sous forme de captures des larves d'invertébrés de la dérive qui passe à proximité.

En quelques jours, le comportement de nage stationnaire face au courant, appelé aussi nage statique (Héland, 1978), devient plus assuré et permanent. Les alevins se concentrent alors dans les zones à courant modéré (inférieur à 20 cm/s) et recherchent un emplacement de nage favorable, en général derrière un obstacle du substrat, pierre ou gros galet, à partir duquel ils capturent les proies. Cet emplacement est généralement appelé «poste de chasse». On constate chez l'alevin à l'émergence 2 types d'orientations : par rapport au courant d'eau contre lequel l'animal doit résister et par rapport aux proies constituées par la dérive des invertébrés. Dans les tout premiers jours qui suivent l'émergence, les premiers comportements agressifs entre alevins s'expriment à l'occasion des confrontations pour la recherche d'emplacements de nage ou la capture d'une proie.

Au cours de 2 expériences consécutives et identiques dans le même ruisseau expérimental, l'évolution des nombres d'alevins en nage statique et en déplacement a été enregistrée depuis la fin de l'émergence jusqu'à environ 3 semaines plus tard (Héland, 1971 a). Les courbes obtenues pour ces deux expériences (2 lots successifs) ont des allures similaires et traduisent un phénomène général observé chez les alevins à l'émergence (fig. 2).

 M. HELAND

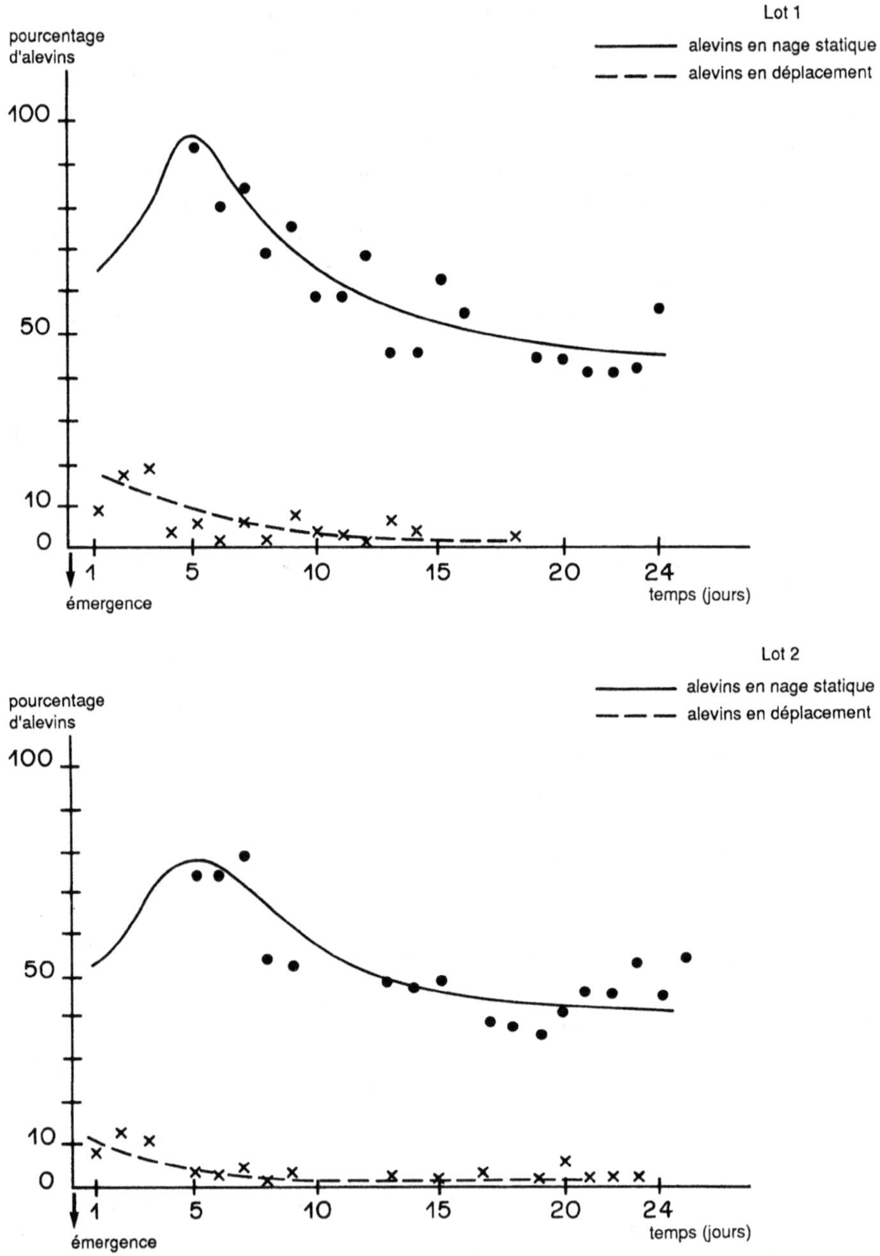

Figure 2. – Evolution dans le même ruisseau expérimental, au cours de 2 expériences consécutives (Lot 1 et Lot 2), des proportions d'alevins en nage statique et en déplacement pendant les premières semaines après la fin de l'émergence (d'après Heland, 1971a).

Après la résorption de la vésicule et la sortie des graviers, la proportion d'alevins en nage statique augmente dans la population. Cette augmentation correspond à l'apprentissage et la mise en place du comportement de nage stationnaire face au courant chez les alevins. Dans le même temps, une proportion de 10 à 20 p. 100 d'alevins change fréquemment d'emplacement de nage à la recherche du meilleur poste de chasse.

Dans la phase suivante, environ 5 à 6 jours après l'émergence, la proportion d'alevins en nage statique diminue fortement puis se stabilise 12 à 15 jours après l'émergence (fig. 2). Pendant cette phase, caractérisée par l'apparition de nombreux comportements agressifs dans la population, une compétition s'instaure entre les alevins pour la possession des meilleurs postes de chasse. Cette compétition aboutit à l'élimination de certains alevins contraints de se cacher sous les pierres pour éviter les attaques. Une hiérarchie sociale s'établit ainsi dans laquelle les individus dominants défendent un poste de chasse et son environnement immédiat que l'on peut dès lors appeler « territoire », alors que les individus subordonnés sont contraints de se soustraire à la vue des dominants ou de fuir. Une mosaïque de territoires contigus et exclusifs est créée. Il semble que la perception visuelle des congénères soit déterminante dans l'établissement des frontières de territoires : Stuart (1953) avait démontré que la disposition d'une plaque verticale opaque parmi les alevins de truite après l'émergence provoquait un rapprochement des individus situés de part et d'autre de la plaque, alors qu'une plaque translucide restait sans effet. Kalleberg (1958) a montré que, lorsque le substrat est diversifié et permet une isolation visuelle entre alevins, le nombre de territoires et par conséquent la capacité d'accueil se trouvent augmentés (fig. 3).

2. Vie sous graviers, émergence et apprentissage de la nage

L'origine éventuelle chez les larves de certains comportements exprimés dès l'émergence par les alevins a été recherchée à l'intérieur de frayères artificielles en billes de verre. Les observations confirment celles de Geiger et Roth (1962) et Roth et Geiger (1963) : après l'éclosion, les larves, qui présentent une réaction de phototaxie négative, s'enfouissent dans les graviers et se dispersent. Vers le 10ème jour après l'éclosion, cette dispersion s'accentue, les larves ayant une meilleure mobilité. Puis, la remontée vers la surface s'amorce suivie par l'émergence qui s'étale sur une huitaine de jours pour une même ponte. Les alevins restent fréquemment plusieurs jours à la limite des graviers avant de commencer à nager en eau libre.

Des interactions entre les larves peuvent expliquer leur espacement actif dans la frayère selon l'hypothèse de Dill (1969) à partir d'observations chez les saumons du Pacifique. Cependant, aucune relation individuelle à caractère social ou aucun comportement de capture de proie n'ont pu être enregistrés à l'intérieur des graviers. Cela ne signifie pas obligatoirement que les larves n'ont pas la capacité d'exprimer de tels comportements. En eau libre, dans une clayette de pisciculture, par exemple, on peut observer des morsures entre larves et des captures de proies avant la résorption complète de la vésicule.

A l'émergence, l'apprentissage du comportement de nage face au courant
se met en place. Cette période très importante correspond aussi à la transition
entre alimentation endogène à partir des réserves vitellines et l'alimentation
exogène à partir de la dérive des invertébrés (Héland, 1978). L'enregistrement
précis de l'établissement de la nage stationnaire chez les alevins à l'émergence
montre que cette activité se met en place progressivement en séquences de
plus en plus longues et de moins en moins nombreuses (fig. 4). Une douzaine

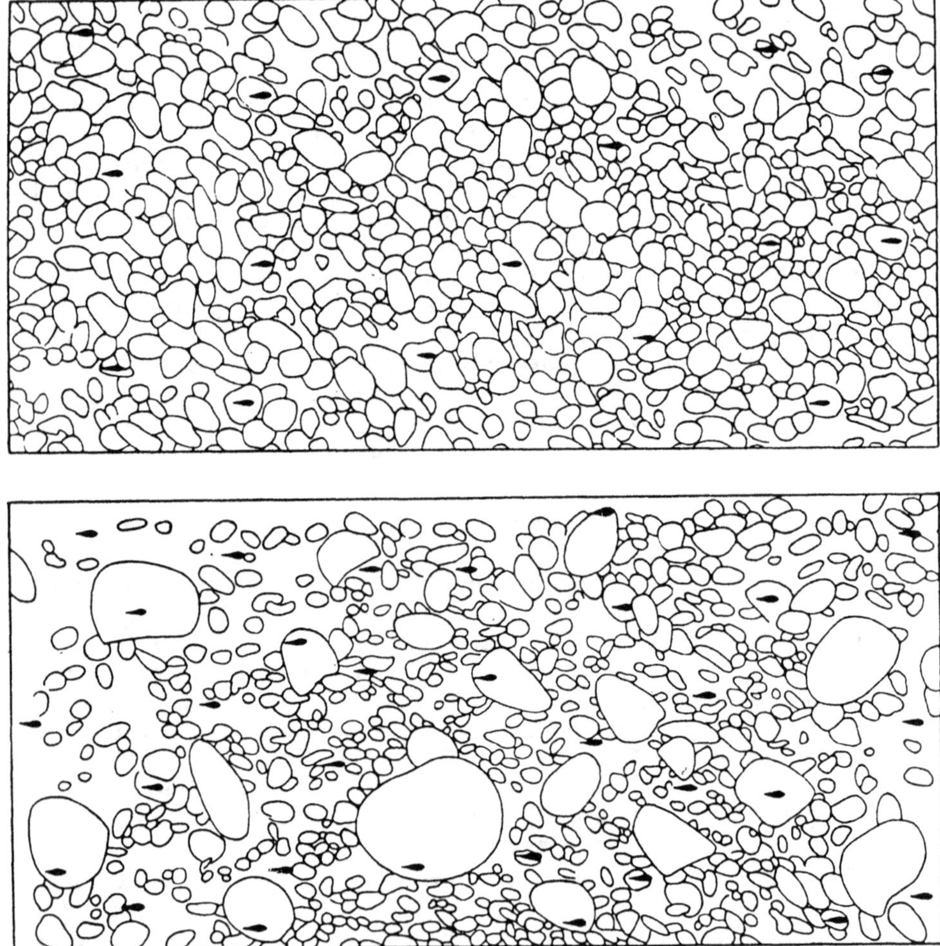

Figure 3. – Postes de chasse utilisés par des alevins de saumon atlantique à l'intérieur des
mosaïques territoriales de 2 sections d'un ruisseau artificiel ayant des substrats différents.
La surface de chaque section est de 170 cm × 80 cm (d'après Kalleberg, 1958).

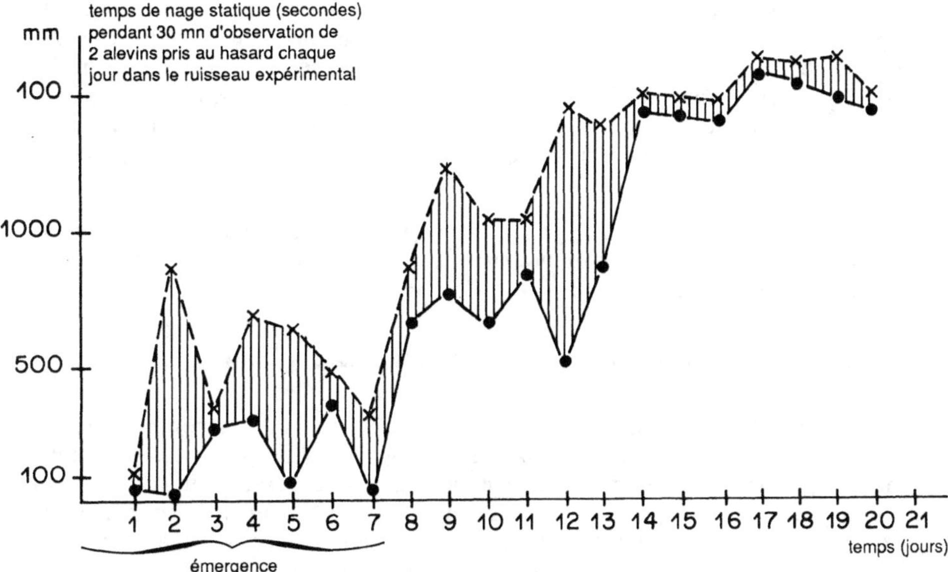

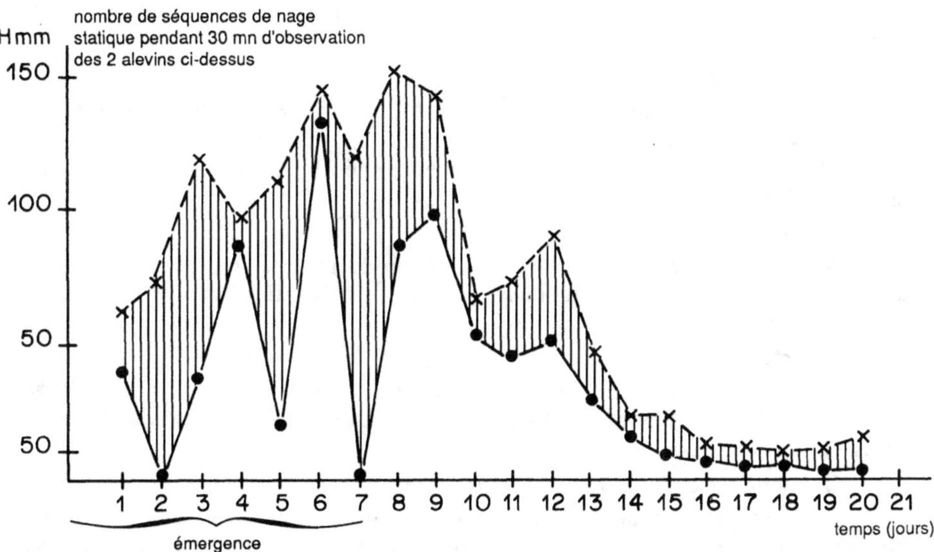

Figure 4. – Evolution chez 2 alevins de truite pris au hasard chaque jour dans un ruisseau expérimental du temps de nage statique (graphique supérieur) et du nombre de séquences de nage (graphique inférieur) au cours de périodes d'observation quotidiennes de 30 mn depuis l'émergence jusqu'à 3 semaines. Cette évolution est représentée par une bande hachurée entre les valeurs supérieures et inférieures enregistrées pour les 2 alevins (d'après Héland, 1978).

de jours après l'émergence les alevins ont acquis la capacité de se maintenir en permanence en activité de nage stationnaire en pleine eau. Dill (1977) a décrit le même phénomène chez le saumon atlantique et la truite arc-en-ciel (*Oncorhynchus mykiss* Walbaum). Au cours de cet apprentissage, l'animal va rechercher le meilleur emplacement dans le ruisseau pour se maintenir en nage stationnaire à l'abri du courant tout en demeurant à proximité du flux principal où la dérive des invertébrés est importante.

La mise en place de la nage stationnaire dans le groupe d'alevins, émergeant de la frayère, précède et prépare l'établissement des relations sociales et du comportement territorial.

3. Comportements agonistiques, attachement au site

La compétition pour les emplacements de nage ou l'accès à la dérive d'invertébrés s'accompagne de l'exhibition de toute une gamme de comportements agonistiques allant de la tendance la plus agressive jusqu'à la soumission. Ces comportements sont susceptibles, pour la plupart d'entre eux, de s'exprimer très précocement, dès que l'alevin commence à nager contre le courant et à exploiter le milieu trophique. Leur description a déjà été faite par différents auteurs depuis Stuart (1953) et Kalleberg (1958). Bien que les termes choisis pour les caractériser soient différents selon les auteurs (Hartman, 1963 ; Jenkins, 1969), on distingue les comportements agonistiques suivants :

a) La charge

Exécutée par un alevin en nage stationnaire à l'encontre d'un autre qui pénètre dans son environnement immédiat, elle consiste en une nage directe et rapide vers l'intrus. Elle se termine en général par une morsure ou une tentative de morsure.

b) La morsure

Ce comportement le plus agressif se produit après une charge ou après une menace frontale. La morsure n'est pas toujours effective car l'alevin attaqué parvient quelquefois à éviter le contact.

c) La chasse

Il s'agit de charges répétées vers un poisson qui s'enfuit « comme à regret » : il s'éloigne à petite distance après chaque charge en évitant les morsures de l'agresseur.

d) La posture de menace frontale et la posture de menace latérale

Les postures de menace frontale ou latérale sont des comportements agonistiques stéréotypés adoptés par certains poissons, dont les Salmonidés, pour « intimider » l'adversaire. Ils consistent à présenter à l'opposant une taille « exagérée », soit de face (frontale), soit de profil (latérale) grâce à la contraction de muscles particuliers aboutissant à la courbure du corps, des érections de nageoires, l'écartement des opercules ou l'abaissement du plancher buccal (cf. schémas de Kalleberg, 1958).

Ces postures sont des comportements agonistiques ambivalents qui expriment un conflit de tendance entre l'attaque et la fuite chez l'animal. Elles apparaissent généralement entre alevins de rang social équivalent et, par conséquent, s'observent rarement à l'émergence avant l'établissement de la hiérarchie. Elles sont fréquentes entre alevins dominants voisins lorsque l'un deux pénètre dans la zone d'influence du premier (McNicol et Noakes, 1981). Peu après l'émergence, cette zone d'influence correspond à une zone d'intolérance des intrus autour du résident, limitée par les distances d'attaque ou de fuite : les poissons respectent alors des distances interindividuelles et peuvent changer fréquemment d'emplacement. Plus tard, cette zone d'influence va progressivement se stabiliser dans l'espace et l'aire défendue, appelée alors territoire, aura des limites topographiques temporaires, car en perpétuelle évolution au cours de la croissance de l'alevin.

e) La posture de soumission

C'est une posture prise exclusivement par les subordonnés que plusieurs auteurs ont observé sans la décrire comme un comportement à part. Elle se traduit par une immobilisation du sujet sur le fond et s'accompagne d'un changement de pigmentation du poisson qui devient terne et pâle, perdant les marques latérales toujours très contrastées chez les individus dominants.

f) La fuite

Ce comportement, très fréquent au cours des rencontres agressives, est exprimé par les alevins subissant une attaque : ils s'enfuient très rapidement et très directement, en général vers un abri constitué par une anfractuosité du substrat, le plus souvent sous une pierre ou un galet. L'abri est une autre composante du territoire qui permet à l'animal d'échapper aux prédateurs et de se procurer, dans certains cas, un couvert de protection contre une lumière trop forte (Butler et Hawthorne, 1968 ; Gibson et Power, 1975). Un substrat diversifié et une hauteur d'eau plus importante augmentent les potentialités d'abris dans le ruisseau. Chez la truite commune, l'abri n'est pas toujours situé à l'intérieur du territoire et peut être une sous-berge assez distante. Chez l'omble de fontaine, *Salvelinus fontinalis* Mitchill, la composante abri-couvert joue un rôle important dans le choix des territoires en fonction du rang social (Caron, 1986).

Si la notion de défense est essentielle dans le concept de territoire, celle d'attachement au site associée à la restriction des activités à une zone l'est également (Wickler, 1976). Des tests d'attachement au site (ou au territoire) permettent de préciser la mise en place de la liaison entre l'animal et le milieu. Ces tests consistent à enregistrer le temps de retour à son poste de chasse d'un alevin après l'avoir effrayé en lui présentant un leurre (Héland, 1971 a). Avec des leurres différents pour éviter les phénomènes d'habituation, les résultats sont identiques.

Au début, juste après l'émergence, les alevins testés s'enfuient et ne reviennent pas. Puis ils reviennent sur leur poste de chasse de plus en plus vite dans les jours qui suivent (fig. 5). Vers la fin de l'expérience, 2 à 3 semaines après l'émergence, certains alevins adoptent une attitude agressive à l'encontre du leurre : charge ou posture de menace latérale. Plus l'animal aura passé de

temps à occuper un poste de chasse en exploitant la dérive des invertébrés
qui passent à proximité, plus il s'y attache et en interdit l'accès aux congénères. La capture des proies dans la dérive intervient ici comme renforcement
alimentaire de l'attachement (Skinner, 1971).

Un tel résultat souligne l'importance pour un alevin, à l'émergence, de
trouver rapidement un emplacement favorable. Ceux qui s'établissent les premiers vont pouvoir « s'approprier » un poste, ce qui procure un avantage important aux alevins qui émergent précocement. A l'inverse, les alevins tardifs
seront exclus des postes déjà occupés et devront rechercher des emplacements
moins favorables ou se déplacer vers d'autres zones, ce qui les expose à la
prédation. C'est la règle de l'antériorité de résidence (Jenkins, 1969) qui ren-
force la position dominante des résidents par rapport aux nouveaux arrivants.
Ce phénomène est assez général chez les poissons (Zayan, 1975, 1976; Brown
et Green, 1976). Egglishaw et Shackley (1973) ont inversé expérimentalement
en ruisseau naturel le sens de la dominance entre 2 populations sympatriques
de truites et saumons en introduisant dans certains secteurs des alevins de
saumon plus précoces que ceux de truite : contrairement à la situation naturelle
inverse, les saumons ont alors « dominé » les truitelles, ce qui s'est traduit par
une meilleure croissance et une meilleure survie.

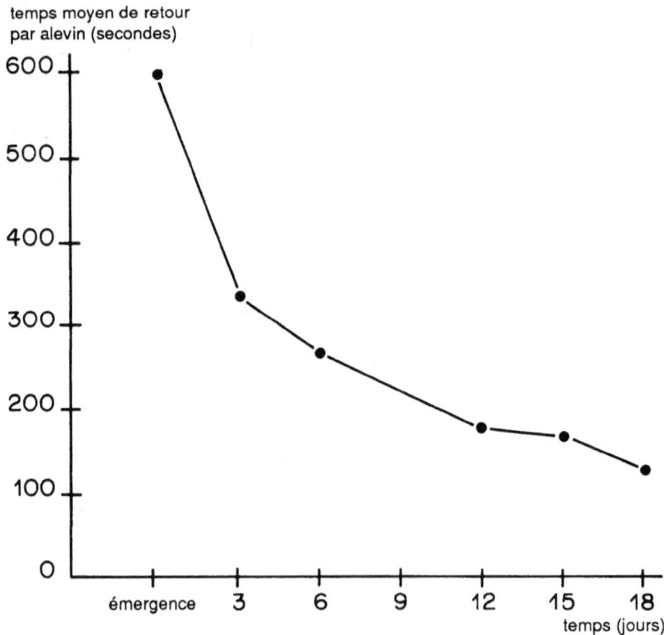

Figure 5. – Test d'attachement au site : évolution chez des alevins de truite après l'é-
mergence, du temps moyen de retour à leur poste de chasse d'individus effrayés par
un leurre présenté au bout d'une baguette de verre (d'après Héland, 1971a).

III. Relations entre alimentation, densité et territorialité

L'établissement du comportement social et de la mosaïque territoriale chez l'alevin de truite apparaît comme motivé par l'accès à la nourriture sous forme de dérive d'invertébrés. La question est de savoir si les modifications du nombre d'alevins ou de la quantité de nourriture disponible peuvent entraîner une modification de l'organisation sociale et territoriale.

1. Influence de la densité

D'après Le Cren (1961), la compétition pour l'acquisition des territoires chez les truitelles serait responsable de la régulation des peuplements dans les ruisseaux (fig. 1). Cette hypothèse a été testée expérimentalement en recherchant si cette influence se faisait sentir dès l'établissement des territoires au début de la vie en eau libre des alevins (Héland, 1971 b).

Dans 3 ruisseaux artificiels parallèles et identiques recevant respectivement 100, 50 et 25 alevins à la résorption de la vésicule, l'évolution des nombres d'alevins en nage stationnaire a été suivie quotidiennement pendant le premier mois après l'émergence (fig. 6). A la fin de l'expérience, ces nombres tendent vers les mêmes valeurs et les nombres de territoires enregistrés en fin d'expérience (17, 15 et 13) ne diffèrent pas significativement. De cette expérience, il ressort que pour un substrat donné, il existe un maximum défini de territoires selon le stade de développement du poisson, ce qui confirme l'hypothèse de Le Cren.

Après l'effet de la surpopulation, celui de l'isolement a pu être testé : un alevin isolé dès le stade œuf était-il capable d'établir un territoire ? Cette expérience a été réalisée dans 18 ruisseaux artificiels identiques, fonctionnant en dérivation d'un ruisseau naturel (Héland, 1982). L'apport de nourriture sous forme de dérive suivait ainsi un rythme naturel. L'expérience qui durait 2 mois environ, selon la vitesse de développement des larves, a été répétée deux années consécutives. Les alevins ont été introduits en cours de résorption de la vésicule à raison d'un seul alevin (isolé dès le stade œuf) dans 6 ruisseaux, 2 alevins dans 6 autres et un groupe de 10 alevins (5 la seconde année) dans 8 ruisseaux restants. Les observations ont porté sur la microrépartition des alevins, ainsi que sur leurs activités observées quotidiennement quand la turbidité le permettait.

Dès l'émergence, l'occupation progressive du milieu se développe selon le même schéma dans les 3 situations expérimentales : phase d'instabilité pendant l'établissement du comportement de nage et la recherche de l'emplacement favorable, puis phase stable orientée vers la prise de nourriture. Il n'y a pas de différence entre les activités des poissons isolés et les autres (activités agressives exceptées). Ainsi, plusieurs alevins isolés restent cachés sous une pierre pendant la plus grande partie du temps, exactement comme certains alevins subordonnés. Des tests d'attachement au territoire pratiqués sur les 3 types de ruisseaux ne mettent pas en évidence de différences significatives entre les alevins « naïfs » (isolés) ou « expérimentés » (en groupe) (fig. 7).

    M. HELAND

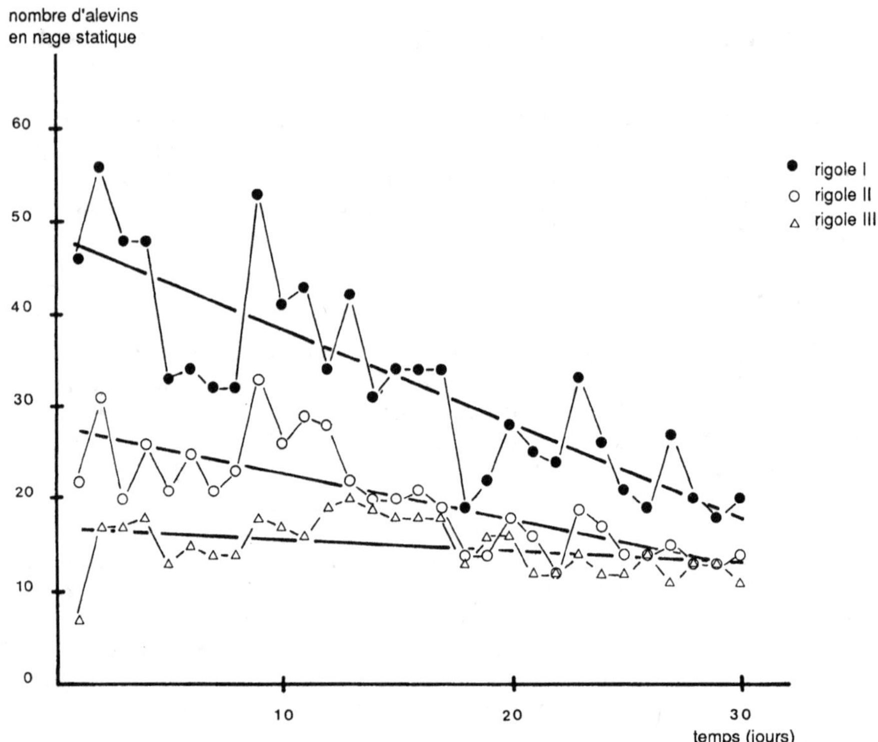

Figure 6. – Influence de la densité du peuplement initial sur l'établissement des territoires chez l'alevin de truite.
Evolution pendant 1 mois des nombres d'alevins en nage statique dans 3 rigoles contenant au départ 100 (I), 50 (II) et 25 (III) alevins à la résorption de la vésicule. Les nombres de territoires à la fin de l'expérience ne sont pas significativement différents.

Au total, il n'apparaît pas de différence notable entre les orientations dans le milieu et les comportements des alevins isolés comparés aux alevins en groupe, ce qui souligne le rôle directeur de facteurs écologiques, comme la vitesse du courant ou la dérive des invertébrés dans l'exploitation du milieu trophique sous forme de territorialité. Indépendamment de la présence des congénères, les alevins s'attachent à un emplacement particulier du substrat à partir duquel ils bénéficient d'un renforcement alimentaire sous forme de dérive d'invertébrés. Le comportement territorial est bien une réponse adaptée de l'alevin en milieu ruisseau où les proies sont véhiculées par le courant, l'animal recherchant le meilleur compromis entre dépense d'énergie contre le courant et gain d'énergie par prise alimentaire sur la dérive. Cette fonction «énergétique» du modèle territorial chez les juvéniles de Salmonidés en ruisseau a pu être démontrée chez plusieurs espèces (Dill *et al.*, 1981 ; McNicol et Noakes, 1984 ; McNicol *et al.*, 1985 ; Puckett et Dill, 1985).

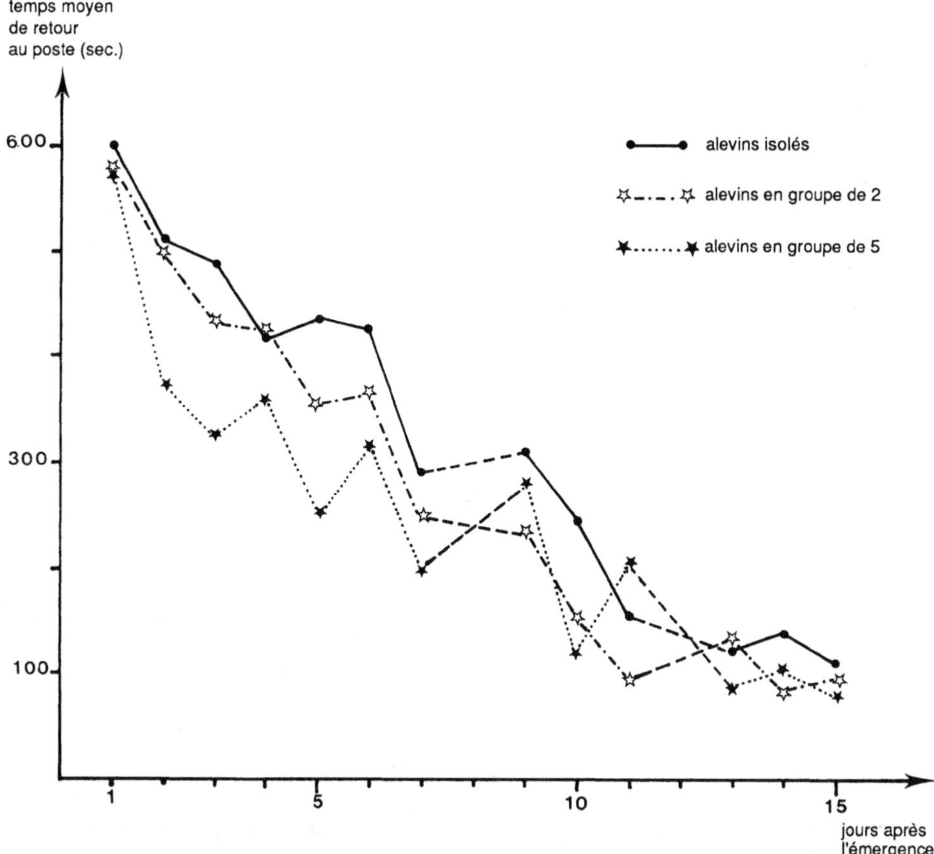

Figure 7. – Tests d'attachement au site chez des alevins de truite commune isolés ou en groupe dans 18 ruisseaux artificiels parallèles alimentés par un ruisseau naturel. Le test consiste à enregistrer le temps de retour à son poste de chasse d'un alevin effrayé par un leurre (d'après Heland, 1982).

2. Influence de l'alimentation

Chapman (1966) affirme que «l'espace est un régulateur de la densité des populations chez les Salmonidés, dans la mesure où il est lié à la nourriture». De ce fait, la densité serait ajustée à l'abondance ou à la rareté de la nourriture. Qu'en est-il en ce qui concerne la territorialité?

Slaney et Northcote (1974) ont mis en évidence avec précision chez la truite arc-en-ciel en ruisseau artificiel la possibilité de diminuer l'étendue des territoires en augmentant la densité des proies.

La truite commune présente quelques différences par rapport à la truite arc-en-ciel, tant du point de vue des comportements agressifs (Jenkins, 1969) que de celui de la niche écologique occupée (Dumas, 1976). Chez la truite commune au stade juvénile, dans un environnement d'eau courante proche de

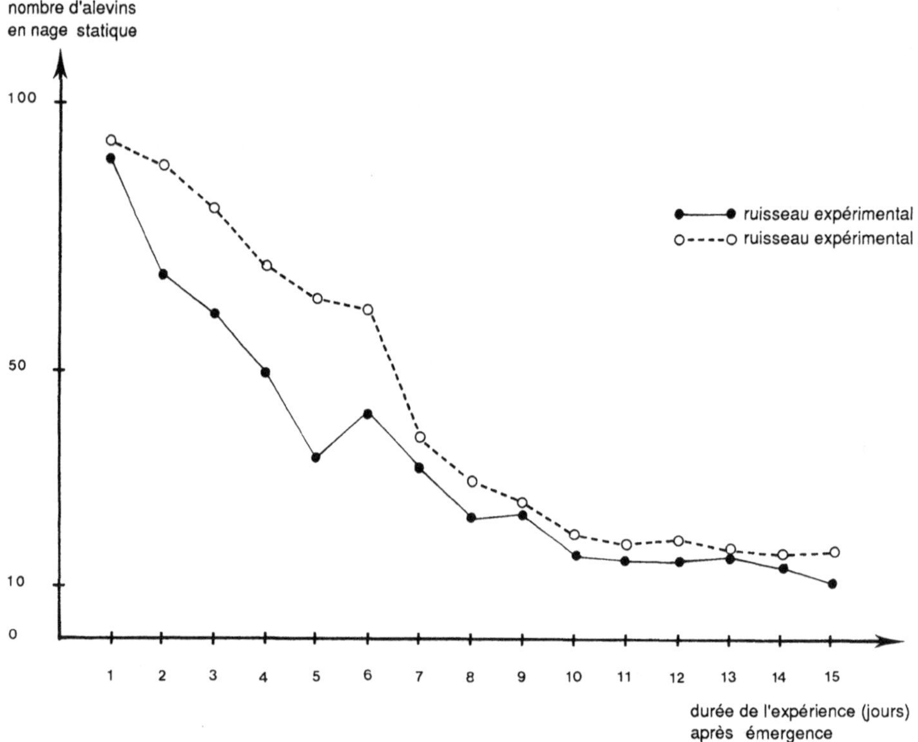

Figure 8. – Influence de l'alimentation sur l'établissement du comportement territorial chez l'alevin de truite.
Evolution depuis l'émergence des nombres d'alevins en nage statique dans 2 ruisseaux expérimentaux recevant des rations alimentaires différentes :
Ruisseau 1 : alimentation normale par rapport au nombre d'alevins – 15 g de plancton par jour.
Ruisseau 2 : alimentation double (2 distributeurs), soit 30 g de plancton par jour.
Le nombre d'alevins en nage statique sur leur poste de chasse correspond au nombre de territoires après la stabilisation territoriale. Les deux distributions représentées par ces graphiques sont homogènes (Test 2 I) (d'après Héland, 1977).

celui de la zone de frayères, l'hypothèse à vérifier est que l'accroissement des disponibilités en nourriture pourrait augmenter le nombre de territoires avec diminution de leur superficie. Cette hypothèse a été examinée expérimentalement chez des alevins à la résorption de la vésicule, puis chez des alevins âgés de 3 mois.

Chez les *alevins à la résorption de la vésicule*, l'expérience a porté sur 2 ruisseaux artificiels identiques mis en charge avec le même nombre d'alevins vésiculés (Héland, 1977). Chaque ruisseau recevait une ration alimentaire différente sous forme de plancton congelé distribué progressivement en début et en fin de journée : ration dite normale dans le premier ruisseau expérimental, ration double dans le second ruisseau. Les nombres d'alevins en nage station-

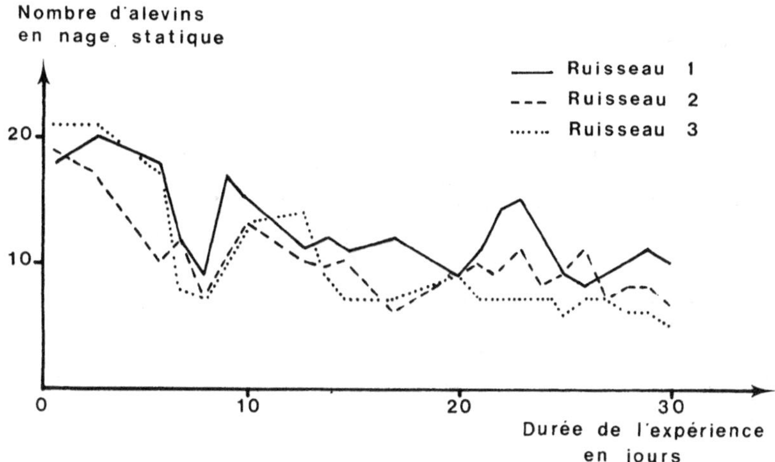

Figure 9. – Influence de l'alimentation sur la territorialité d'alevins âgés de 3 à 4 mois. Evolution des nombres d'alevins en nage statique (30 alevins au départ) dans 3 ruisseaux expérimentaux recevant des rations alimentaires différentes :
Ruisseau 1 : alimentation normale : 20 g de plancton + 2,7 g de larves de chironomes par jour.
Ruisseau 2 : alimentation double : 40 g de plancton et 5,4 g de chironomes.
Ruisseau 3 : alimentation faible : 10 g de plancton et 2,7 g de chironomes.
Les nombres d'alevins en nage statique correspondant aux nombres d'alevins territoriaux visibles sur un poste de chasse. Les 3 distributions ne sont pas significativement différentes (Test 2 I) (d'après Heland, 1977).

naire dans les deux ruisseaux ont été enregistrés journellement depuis la fin de l'émergence jusqu'à 2 semaines plus tard (fig. 8). Au début de l'expérience, les alevins en nage statique semblent plus nombreux dans le ruisseau expérimental 2 (alimentation double) mais après la stabilisation territoriale, les deux courbes sont très proches.

Chez *les alevins âgés de 3 mois*, une expérience similaire a été réalisée dans 3 ruisseaux avec 3 rations alimentaires : alimentation faible, normale et double. En plus du plancton, la ration alimentaire était constituée de mesures pesées de larves de chironomes vivantes (genre *Chironomus*). En dépit de quantités de nourriture distribuée très différentes, l'évolution des nombres d'alevins en nage stationnaire dans les 3 ruisseaux est similaire (fig. 9). Ce résultat montre que le nombre et, par conséquent, la taille des territoires des alevins visibles ne seraient pas directement modifiables par l'alimentation. Cependant, le nombre d'alevins dominés au comportement cryptique qui restent dans le ruisseau en fin d'expérience est légèrement plus grand lorsque la nourriture est surabondante, ce que Symons (1971) avait déjà observé chez le saumon atlantique. En revanche, lorsque la nourriture est rare (alimentation faible dans la 2ème expérience), la dévalaison des alevins est plus importante. Dans toutes ces expériences en ruisseaux artificiels, les alevins peuvent à tout moment quitter le ruisseau vers l'amont ou vers l'aval et sont alors capturés dans des pièges.

IV. La dévalaison précoce chez l'alevin

Le phénomène de la dévalaison des alevins de truite à l'époque de l'émergence a été remarqué depuis longtemps par les biologistes (Huet, 1961 ; Elliott, 1966 ; Timmermans, 1966). Dans les ruisseaux naturels, il est fréquent de capturer des alevins au printemps dans des pièges de dévalaison. Ces déplacements vers l'aval se produisent essentiellement pendant la phase nocturne avec un pic correspondant à l'époque de l'émergence ou peu de temps après. Certains auteurs (Le Cren, 1961 ; Chapman, 1962) considèrent que les alevins « dévalants » sont des alevins en surnombre dans la zone de frayère, qui vont peupler les secteurs aval du ruisseau où le recrutement est plus faible. Elliott (1987) estime que la majorité de ces alevins sont moribonds et perdus pour l'écosystème.

1. Observations en milieu naturel

Au cours de l'étude de la population d'alevins de truite commune du ruisseau Lissuraga, affluent de la Nivelle, les émigrations vers l'aval ont été enregistrées quotidiennement au niveau d'un piège établi à partir d'un barrage (Cuinat et Héland, 1979). Cette étude s'est poursuivie pendant 3 années consécutives. Les résultats de la dévalaison des alevins, ainsi que les variations concomitantes des facteurs du milieu sont représentés à titre d'exemple pour l'année 1969 (fig. 10). Les résultats obtenus pour les 2 autres années sont très comparables.

Les alevins de truite commune dévalent au printemps en mars-avril et mai sur le Lissuraga. Le pic de dévalaison correspond à la période d'émergence dans le ruisseau. Les alevins « dévalants » capturés dans le piège ne présentent pas de signe particulier de malformations ou de faiblesse. Leur taille est comparable à celle des alevins à l'émergence échantillonnés sur le ruisseau à cette époque.

Les dévalaisons d'alevins se produisent essentiellement la nuit et plus particulièrement pendant la première partie de la nuit. Les variations des facteurs du milieu tels que la pluviométrie, le niveau ou la température de l'eau ne semblent pas avoir d'influence sur le phénomène de la dévalaison. Cependant, comme, en période de crues, l'efficacité du piège diminuait beaucoup, l'hypothèse de l'influence des crues sur la dévalaison ne peut être totalement écartée.

Au cours d'une importante étude de la dévalaison des alevins de truite de mer en ruisseau naturel, Elliott (1986) a enregistré les déplacements des alevins vers l'amont ou vers l'aval à partir de 5 frayères naturelles. Dans une première expérience, les pièges de capture étaient placés à 1 m en amont et en aval de la frayère et observés pendant 20 jours. Dans une seconde expérience, les pièges étaient situés 10 m en amont et en aval et relevés pendant 28 jours (fig. 11). Les résultats montrent que les alevins dévalent majoritairement pendant la nuit, alors qu'ils remontent le courant presque exclusivement

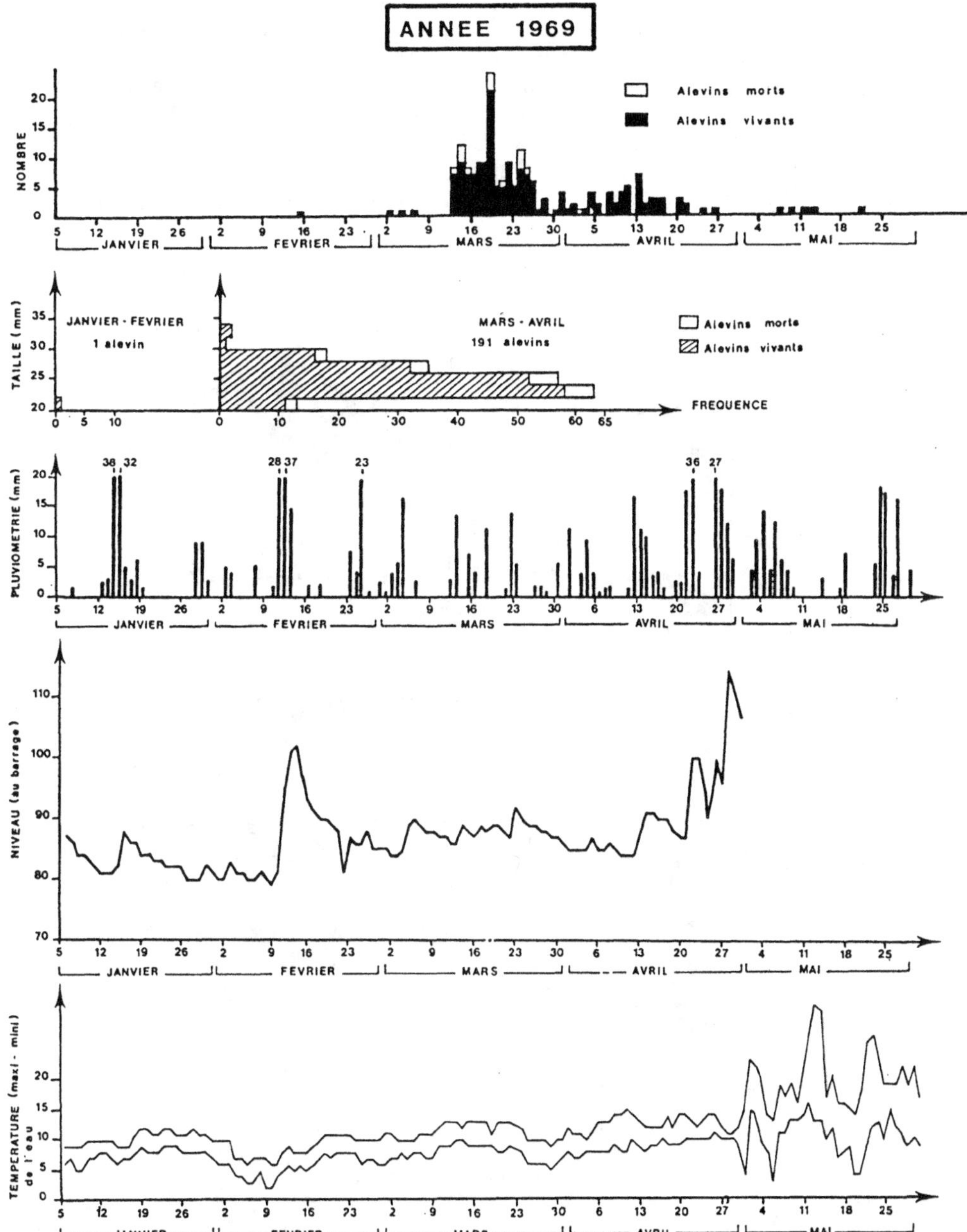

Figure 10. — Caractéristiques de la dévalaison des alevins de truites du Lissuraga, en 1969, au niveau d'un piège de descente. Variations de la pluviométrie, du niveau de l'eau et de la température pendant la même période (d'après Cuinat et Heland, 1979).

pendant le jour. Par ailleurs, dans les pièges situés à proximité immédiate de
la frayère, il s'agit d'alevins très proches de l'émergence qui possèdent encore
des vestiges de sac vitellin. La forme de l'histogramme de dévalaison avec
un pic marqué n'est pas sans rappeler celle des histogrammes d'émergence
(Marty et Beall, 1987). Dans les pièges situés à 10 m de la frayère, les alevins
« dévalants » sont en mauvaises conditions physiques avec un estomac vide,
alors que les alevins capturés dans les pièges amont sont en bonnes conditions

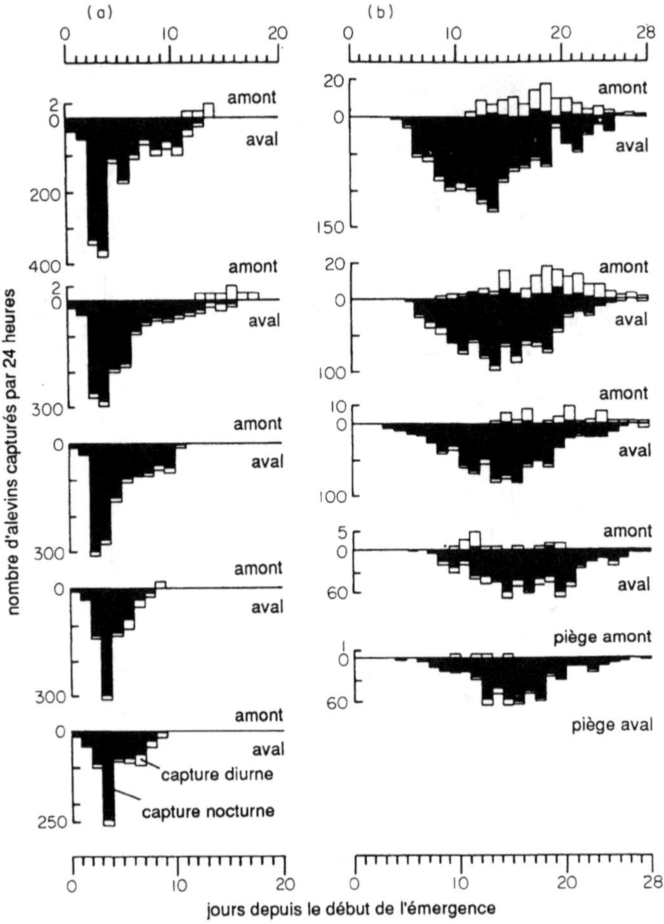

Figure 11. – Captures journalières d'alevins de truite « remontants » ou « dévalants »
à partir de l'émergence depuis 5 frayères naturelles :
a) pièges placés 1 m en amont et en aval des frayères
b) pièges placés 10 m en amont et en aval des frayères.
Les captures nocturnes sont représentées en noir et les captures diurnes en blanc
(d'après Elliott, 1986).

avec des estomacs pleins et une taille égale à celle des sédentaires de la zone de frayère. Elliott (1986) estime que les alevins « dévalants » sont condamnés à disparaître, surtout les années où leur densité est importante. Inversement, les alevins se déplaçant vers l'amont sont de futurs résidents qui colonisent la zone amont de la frayère.

2. Comportement des alevins dévalants en ruisseau artificiel

Le mécanisme de la dévalaison dans une population d'alevins a pu être analysé finement en ruisseau artificiel. Une expérience basée sur le principe des piégeages successifs a permis de caractériser, isoler et observer les alevins « dévalants » comparés aux sédentaires (Héland, 1980 a et b).

Dans un ruisseau expérimental, les alevins « dévalants » sont récupérés dans des pièges et introduits dans un autre ruisseau vide d'occupants. Là, ils peuvent à nouveau dévaler et dans ce cas, ils sont marqués par ablation partielle d'une nageoire pectorale puis remis dans le ruisseau. L'opération peut être renouvelée avec l'ablation de l'autre pectorale. S'ils dévalent à nouveau (4e fois), ils sont introduits dans un troisième ruisseau identique aux deux précédents, mais divisé en 2 compartiments sans possibilité de dévaler et là, leurs comportements sont observés.

L'évolution des nombres d'alevins en nage stationnaire dans les 3 ruisseaux expérimentaux (fig. 12) met en évidence un important décalage dans le temps du schéma de la stabilisation territoriale, tel qu'il a été défini au début de ce chapitre (fig. 2). Dans le premier ruisseau où les alevins vésiculés ont été déversés, se développe une augmentation du nombre d'alevins en nage statique qui correspond à la période d'apprentissage de la nage chez les alevins sédentaires et aboutit à l'occupation progressive et complète de tout le milieu. Puis, avec la mise en place de la hiérarchie et la compétition pour les meilleurs postes, une diminution du nombre d'alevins en nage statique se produit jusqu'à une stabilisation qui correspondrait alors au nombre d'alevins dominants territoriaux.

Dans le deuxième ruisseau contenant des alevins « dévalants », le même phénomène apparaît mais avec un décalage dans le temps de 4 à 5 jours au minimum. Parmi le grand nombre d'alevins en nage statique observés en fin d'expérience, certains devraient être des alevins encore en train d'établir le comportement de nage, ce qui expliquerait leur nombre important.

Dans les compartiments du ruisseau expérimental 3, où se trouvent les alevins ayant dévalé plusieurs fois, la nage stationnaire – préalable à la stabilisation territoriale – commence à se mettre en place. Cette expérience montre que les alevins « dévalants » s'avèrent capables d'établir un territoire mais avec un retard plus ou moins grand par rapport aux alevins sédentaires.

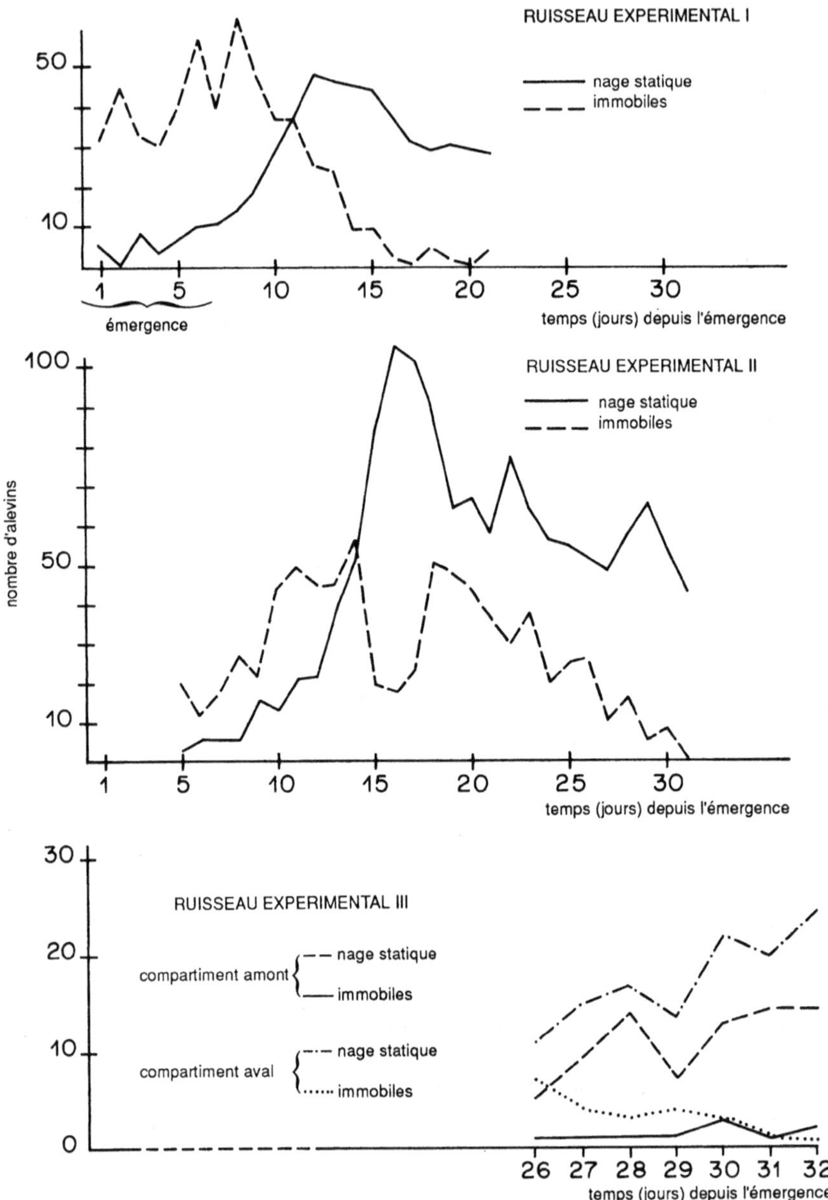

Figure 12. – Evolution des nombres d'alevins observés en nage statique ou immobile sur le fond dans 3 ruisseaux expérimentaux pendant le mois qui suit l'émergence. Le ruisseau expérimental II reçoit les alevins « dévalants » du ruisseau I et le ruisseau III, ceux qui ont dévalé 3 fois dans le ruisseau II (contrôle par marquage) (d'après Héland, 1980a).

V. Evolution de la territorialité au cours de l'ontogenèse

Les résultats présentés jusqu'ici concernent les alevins depuis l'émergence jusqu'au premier été, soit pendant la phase de recrutement initial dont le déterminisme est d'importance majeure dans la régulation des peuplements naturels.

Cependant, les relations sociales évoluent au cours de l'ontogenèse de même que les conditions écologiques nécessaires au développement des individus. De fait, la mosaïque de territoires bien délimités, contigus et exclusifs, mise en place après l'émergence va devoir se transformer pour répondre aux nouveaux besoins des poissons en cours de croissance. De même, les variations des conditions environnementales, notamment cycliques (circadiennes ou saisonnières) vont entraîner de nécessaires adaptations comportementales de la truite juvénile.

1. De la mosaïque territoriale des alevins aux territoires partiels des truitelles

En ruisseaux artificiels, des enregistrements précis des frontières de territoires à partir de l'observation des postes de chasse et des abris occupés permettent d'établir des cartes des territoires. Chez les alevins, ces cartes constituent une mosaïque (cf. II.1). Au cours de la croissance, les alevins agrandissent l'étendue de leurs territoires en occupant de nouveaux postes de chasse. La hiérarchie a tendance à se compliquer par l'apparition de relations triangulaires fréquentes, alors que l'agressivité générale diminue au sein de la population grâce au développement de réactions d'habituation entre individus voisins qui évitent de se combattre tout en respectant l'ordre hiérarchique. De ce fait, chaque individu bénéficie d'un accès à la nourriture dans un territoire plus ou moins grand selon le rang hiérarchique. En surface, cela représente chez des alevins âgés de 3 mois 1 à 2 dm^2 pour un individu dominé à plusieurs m^2 chez ceux qui ont les rangs les plus élevés.

Cette évolution aboutit à une superposition importante des territoires, superposition qui s'accroît avec le temps. Entre le 3e et le 4e mois après l'émergence, la surface totale des territoires occupés peut s'accroître de 50 p. 100 dans un même ruisseau (Héland, 1977). La dimension verticale des territoires permet d'expliquer en partie cette superposition grandissante. En fait, celle-ci dépend plutôt d'une occupation facultative des postes de chasse entre individus voisins : les truitelles exploitent les ressources trophiques selon un système de partage des postes de chasse dans l'espace et dans le temps. Jenkins (1969) a observé le même phénomène chez des truites sauvages de 20 à 30 cm de longueur en rivière et parle de territoires partiels (« partial territories »), terme défini par Greenberg (1947), ou de territoires tournants (« rotating territories ») reprenant la définition de Newman (1956). Le choix des postes de chasse se fait toujours par rapport à la dérive des invertébrés et la vitesse du courant selon le principe de « l'économie d'énergie » (cf. § III.1).

Avec les territoires partiels, Jenkins évoque un système de hiérarchies locales qu'il explique par la stabilité du groupe social et la sédentarité de la grande majorité des poissons (fig. 13). Ces observations sont confirmées par Bachman (1984) qui a pu montré l'organisation hiérarchique stable pendant 3 années consécutives d'un groupe de truites sauvages suivies individuellement dans une zone de rivière.

A un stade ultérieur, lorsque la truite adulte atteint une taille importante, son régime alimentaire tend à se modifier et à évoluer vers un régime carnassier. Ces poissons se cantonnent en général dans les zones profondes et se nourrissent assez peu à partir de la dérive, mais plutôt au cours de circuits de déplacements à l'intérieur de leur domaine vital. D'après les observations de Jenkins (1969), ces grosses truites semblent être ignorées par les truites plus jeunes sur leur poste de chasse dans les courants, dans la mesure où les habitats occupés sont différents.

Au sujet des compétitions entre cohortes, le cas le plus complexe est la confrontation entre les jeunes alevins et les truitelles de l'année précédente

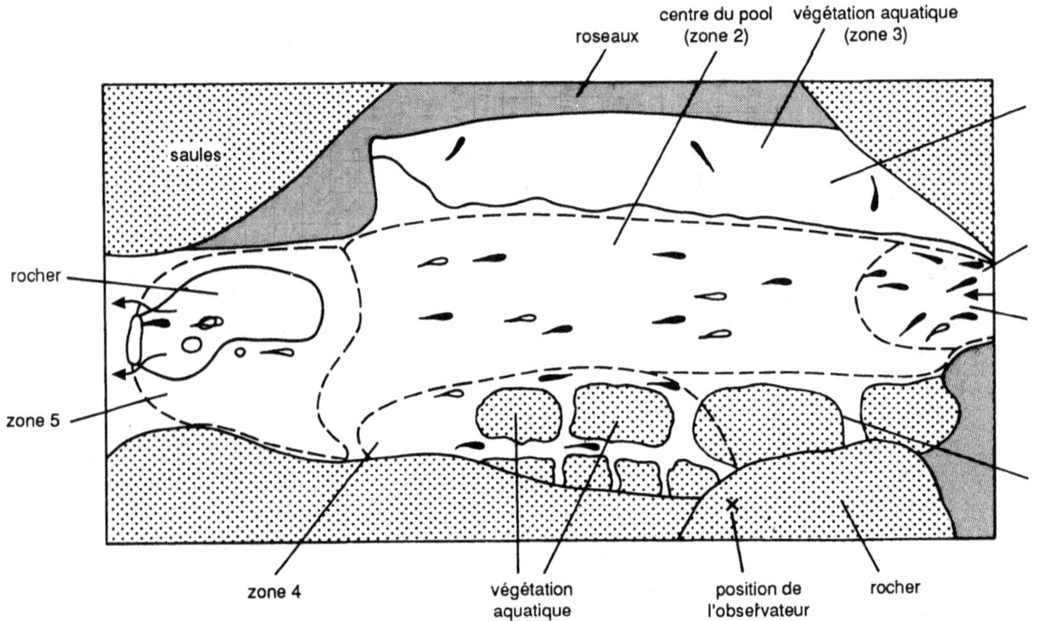

Figure 13. – Exemple de répartition des truites dans l'aire d'observation en zone profonde de 15 m de long de l'Owens river (Sierra Nevada, USA). Les poissons figurés en noir ou blanc représentent respectivement les individus en surface ou en profondeur. Les lignes en tirets représentent les subdivisions en hiérarchies locales des truites exploitant la zone (d'après Jenkins, 1969).

qui occupent les même zones. En définitive, cette confrontation est minimisée dans les ruisseaux puisque les 2 classes d'âge utilisent et exploitent des micro-habitats différents : zones peu profondes caillouteuses pour les alevins, zones plus profondes avec substrat diversifié pour les truitelles (Bohlin, 1977 ; Kennedy et Strange, 1982).

2. Dynamique de la territorialité au cours des rythmes nycthéméraux et saisonniers

L'organisation sociale, comme toute activité animale, est soumise aux phénomènes de périodicité de l'environnement, rythmes circadiens ou saisonniers notamment. L'alevin ou la truitelle n'échappent pas à cette règle et leur niveau global d'activité va varier selon les fluctuations du nycthémère ou des saisons. Perez (1986) a mis en évidence l'existence d'un rythme circadien d'activité chez l'alevin de truite commune. Nous avons vu précédemment (§ IV) que le nycthémère influence directement la dévalaison des alevins qui se produit la nuit. Elliott (1973) a montré que l'alimentation de la truite s'effectue principalement en début et en fin de nuit, ce qui est confirmé par Neveu et Thibault (1977) et ce qui sous-entend une activité importante pendant ces heures nocturnes. Chaston (1968) a démontré une activité essentiellement nocturne de groupes de truites sauvages par des enregistrements actographiques en bacs artificiels.

La question est de savoir si le partage des ressources trophiques selon un ordre hiérarchique et/ou territorial pendant la photophase est appliqué durant la scotophase. Des observations en ruisseaux naturels ou artificiels à l'aide d'enregistrements photographiques ou vidéo permettent de constater une diminution de l'agressivité intra-population pendant la scotophase. L'altération des capacités visuelles peut expliquer cette diminution à mettre en parallèle avec les effets d'une augmentation de la turbidité (Berg et Northcote, 1985). Durant la scotophase, les alevins subordonnés pourraient avoir un meilleur accès aux proies de la dérive. Ainsi, le partage dans le temps et l'espace des ressources du milieu – spatiales (postes de chasse) et alimentaire (dérive d'invertébrés) – pourrait se prolonger pendant la nuit, aboutissant à un rééquilibrage partiel de l'exploitation trophique du milieu entre individus dominants et subordonnés. Cette hypothèse, basée sur des observations fragmentaires reste à confirmer.

En ce qui concerne les rythmes saisonniers, la grande majorité des travaux publiés jusqu'ici sur la territorialité des Salmonidés fait référence à des études effectuées pendant la belle saison, printemps et été. Cet état de fait est la conséquence d'une plus grande facilité d'échantillonnage pendant cette période de l'année, mais traduit indirectement l'inexistence apparente d'activités sociales chez les Salmonidés pendant la période froide. Quelques études effectuées pendant l'hiver mettent en évidence une diminution de l'agressivité et de la territorialité chez les Salmonidés qui se rassemblent dans les zones profondes en adoptant un comportement grégaire comme cela a pu être montré récemment chez l'omble de fontaine par Cunjack et Power (1987). Pendant la période froide, la dérive des invertébrés est très faible et le niveau de métabolisme des truites décroît lorsque la température descend.

Chez l'alevin de truite en fin de résorption de la vésicule, une expérience de maintien artificiel d'une ambiance hivernale (photopériode courte et température froide) entraîne un retard dans l'émergence et dans l'établissement du comportement de nage précédant le comportement territorial (Calleja Boveda, 1987). Cette expérience souligne le rôle adaptatif de la territorialité dans les écosystèmes montagnards, ainsi que ses limites : un hiver doux favorisant l'émergence précoce et un printemps froid retardant la fonte des neiges peuvent entraîner l'anéantissement d'une cohorte d'alevins, ce qui expliquerait la fréquente structure déséquilibrée de ces populations (Gayou et Simonet, 1978 ; Abad, 1982).

En ce qui concerne les variations saisonnières, il apparaît que la territorialité se manifeste essentiellement pendant la belle saison, au moment où la dérive d'invertébrés et l'arrivée de la nouvelle génération d'alevins dans le milieu nécessitent un ajustement. Les saisons automnale et hivernale sont fréquemment l'occasion de remaniements de population à l'intérieur de l'écosystème avec les déplacements des juvéniles vers l'aval (Bjornn, 1971 ; Thorpe, 1974 ; Solomon et Templeton, 1976 ; Godin, 1982 ; Solomon, 1982 ; Elliott, 1985, 1986, 1988) précédant, chez les Salmonidés amphihalins, le départ en migration comme smolts.

Il convient aussi de signaler les migrations de reproduction en fin d'automne et début d'hiver avec l'arrivée des géniteurs dans les zones de frayères. Ils vont établir dans ces zones des territoires de reproduction dont ils interdisent l'accès aux congénères par l'expression du répertoire des comportements agressifs de la période juvénile (Jones et Ball, 1954).

VI. Conclusion

L'organisation sociale des juvéniles de truite commune évolue au cours de l'ontogenèse depuis une territorialité stricte chez les alevins vers une territorialité partielle chez la truitelle. Cette évolution entraîne un partage dans l'espace et dans le temps de l'accès aux ressources trophiques pour les individus d'un même groupe social. Cet accès est plus ou moins avantageux sur le plan énergétique en fonction du rang social. D'autres alevins ne restent pas dans la zone de frayère, mais dévalent vers les zones basses du ruisseau qu'ils sont susceptibles de coloniser.

Au total, la territorialité représente une adaptation comportementale à l'exploitation de la dérive d'invertébrés en ruisseau et tend vers un ajustement de la densité des poissons aux ressources du milieu. Cet ajustement serait réalisé plus complètement grâce à une organisation sociale qui, après la période de dispersion initiale favorisée par la compétition territoriale, permettrait aux subordonnés d'accéder à la source de nourriture et à une fraction d'individus nomades d'exploiter les zones aval dépourvues de frayères. Les territoires partiels des alevins âgés et des truitelles, de même que les différents microhabitats préférés par les alevins ou les truitelles de plus d'un an, contribuent à l'organisation d'un partage dynamique des ressources spatiales et alimentaires.

De plus, le comportement territorial n'est pas constant dans le temps et semble varier en fonction de l'heure du jour ou de l'époque de l'année. De même, lorsque le régime alimentaire de la truite se modifie – régime carnassier des grosses truites par exemple – la territorialité paraît être abandonnée. Par ailleurs, lorsque le courant qui véhicule les invertébrés est supprimé, soit artificiellement (Kalleberg, 1958), soit naturellement comme dans les lacs ou la mer, le comportement territorial est délaissé au profit d'une structure de banc plus ou moins hiérarchisée.

Il apparaît une certaine flexibilité du comportement social qui serait dépendante de caractéristiques individuelles et de l'influence du milieu. Il est remarquable de constater que cette socio-plasticité prend son départ chez les alevins qui vont diversifier ainsi leurs capacités de coloniser et exploiter le milieu trophique. Ce phénomène d'exploration précoce de nouvelles voies de construction de la relation de l'animal avec son environnement est fréquent chez les vertébrés (Gautier, 1982). Ces processus d'ontogenèse expliquent en partie la multiplicité des phénotypes adultes observés chez une espèce comme la truite commune qui peut occuper tous les milieux aquatiques. Inversement, d'autres espèces de Salmonidés comme certains *Oncorhynchus* (*O. nerka, O. keta et O. gorbuscha* Walbaum) qui sont étroitement tributaires de milieux particuliers, semblent être beaucoup plus « canalisées » au niveau de leur développement ontogénétique et, plus spécialement, celui de leur structure sociale.

Références bibliographiques

ABAD N., 1982. *Ecologie et dynamique des populations de truites commune* (Salmo trutta fario *L.) dans le bassin du Tarn*. Thèse 3e cycle, Sci. Techn. Prod. anim., Inst. Nat. Polytech. Toulouse, 221 p.

ALLEN K.R., 1969. Limitations on production in salmonid populations in streams. *In* Northcote T.G. ed., *Salmon and Trout in streams*, 3-20, H.R. MacMillan Lect. Fisheries, Univ. Br. Columbia, Vancouver.

ASSEM J. VAN DEN, 1967. Territory in the three-spined stickleback (*Gasterosteus aculeatus* L.), an experimental study in intraspecific competition. *Behaviour*, Suppl. 16, 1-164.

ASSEM J. VAN DEN, 1970. Les problèmes du territorialisme chez les poissons. *In* Richard G., *Territoire et domaine vital*, 21-34. Masson et Cie ed., Paris.

BACHMAN R.A., 1984. Foraging behavior of free-ranging wild and hatchery brown trout in a stream. *Trans. Am. Fish. Soc.*, 113, 1, 1-32.

BERG L., NORTHCOTE T.G., 1985. Changes in territorial, gill-flaring, and feeding behaviour in juvenile coho salmon (*Oncorhynchus kisutch*) following short-term pulses of suspended sediment. *Can. J. Fish. Aquat. Sci.*, 42, 1410-1417.

BJORNN T.C., 1971. Trout and salmon movements in two Idaho streams as related to temperature food stream flow cover and population density. *Trans. Am. Fish. Soc.*, 100, 3, 423-438.

BOHLIN T., 1977. Habitat selection and intercohort competition of juvenile sea trout, *Salmo trutta. Oikos*, 29, 112-117.

BROWN J., GREEN J.M., 1976. Territoriality, habitat selection and prior residency in underyearling *Stichaeus punctatus* (Pisces : Stichaeidae). *Can. J. Zool.*, 54, 1904-1907.

BUTLER R.L., HAWTHORNE V.M., 1968. The reactions of dominant trout to changes in overhead artificial cover. *Trans. Am. Fish. Soc.*, 97, 37-41.

CALLEJA BOVEDA P., 1987. *Influence de la température et de la photopériode sur le développement des activités chez l'alevin de truite commune*, Salmo trutta L., *en aquarium*. D.E.A. Ecol. exp., Univ. Pau et Pays Adour, 43 p.

CARON J., 1986. *L'organisation sociale et l'utilisation de l'espace chez l'omble de fontaine (*Salvelinus fontinalis*) : les effets de la compétition pour la nourriture, l'abri et le couvert en ruisseau artificiel et en dehors de la période de reproduction*. Thèse Doct., Univ. Québec, Montréal,188 p.

CHAPMAN D.W., 1962. Aggressive behaviour of juvenile coho salmon as a cause of emigration. *J. Fish. Res. Board Can.*, 19, 6, 1047-1080.

CHAPMAN D.W., 1966. Food and space as regulators of salmonid populations in streams. *Am. Nat.*, 100, 913, 345-358.

CHASTON I., 1968. Influence of light on activity of brown trout (*Salmo trutta*). *J. Fish. Res. Board Can.*, 25, 6, 1285-1289.

CUINAT R., HELAND M., 1979. Observations sur la dévalaison d'alevins de truite commune (*Salmo trutta* L.) dans le Lissuraga. *Bull. Fr. Piscic.*, 274, 1-17.

CUNJACK R.A., POWER G.,1987. The feeding and energetics of stream-resident trout in winter. *J. Fish Biol.*, 31, 493-511.

DILL L.M., 1969.The sub-gravel behaviour of Pacific salmon larvae. *In* Northcote T.G. ed., *Salmon and trout in streams*, 89-99, H.R. MacMillan Lect. Fisheries, Univ. Br. Columbia, Vancouver.

DILL L.M., YDENBERG R.C., FRASER A.H.G., 1981. Food abundance and territory size in juvenile coho salmon (*Oncorhynchus kisutch*). *Can. J. Zool.*, 59, 1801-1809.

DILL P.A., 1977. Development of behaviour in alevins of Atlantic salmon, *Salmo salar*, and rainbow trout, *S. gairdneri. Anim. Behav.*, 25, 116-121.

DUMAS J., 1976. Dynamique et sédentarité d'une population naturalisée de truites arc-en-ciel (*Salmo gairdneri* Richardson) dans un ruisseau de montagne, l'Estibère (Hautes-Pyrénées). *Ann. Hydrobiol.*, 7, 2, 115-139.

EGGLISHAW H.J., SHACKLEY P.E., 1973. An experiment on faster growth of salmon (*Salmo salar* L.) in a Scottish stream. *J. Fish Biol.*, 5, 197-204.

ELLIOTT J.M., 1966. Downstream movements of trout fry (*Salmo trutta*) in a Dartmoor stream. *J. Fish. Res. Board Can.*, 23, 1, 157-159.

ELLIOTT J.M., 1973. The food of brown and rainbow trout (*Salmo trutta* and *S. gairdneri*) in relation to the abundance of drifting invertebrate in a mountain stream. *Oecologia*, 12, 329-347.

ELLIOTT J.M., 1984. Numerical changes and population regulation in young migratory trout, *Salmo trutta*, in a lake district stream, 1966-83. *J. Anim. Ecol.*, 53, 327-350.

ELLIOTT J.M., 1985. Population regulation for different life-stages of migratory trout, *Salmo trutta*, in a lake district stream, 1966-83. *J. Anim. Ecol.*, 54, 617-638.

ELLIOTT J.M., 1986. Spatial distribution and behavioural movements of migratory trout, *Salmo trutta*, in a lake district stream. *J. Anim. Ecol.*, 55, 907-922.

ELLIOTT J.M., 1987. The distances travelled by downstream moving trout fry, *Salmo trutta*, in a lake district stream. *Freshwater Biol.*, 17, 491-499.

ELLIOTT J.M., 1988. Growth, size, biomass and production in contrasting populations of trout, *Salmo trutta*, in two lake district streams. *J. Anim. Ecol.*, 57, 49-60.

FABRICIUS E., 1951. The topography of the spawning bottom as a factor influencing the size of territory in some species of fish. *Rep. Inst. Freshwater Res. Drottningholm*, 32, 43-49.

FABRICIUS E., 1953. Aquarium observations on the spawning behaviour of the char, *Salvelinus alpinus* L. *Rep. Inst. Freshwater Res., Drottningholm*, 34, 14-48.

FABRICIUS E., GUSTAFSON K.J., 1954. Further aquarium observations on the spawning behaviour of the char, *Salmo alpinus* L. *Rep. Inst. Freshwater Res., Drottningholm*, 35, 58-104.

FABRICIUS E., GUSTAFSON K.J., 1955. Observations on the spawning behaviour on the grayling, *Thymallus thymallus* L. *Rep. Inst. Freshwater Res., Drottningholm*, 36, 75-103.

FROST W.E., BROWN M.E., 1967. *The trout.* Collins ed., London, 286 p.

GAUTIER J.Y., 1982. Socioécologie. L'animal social et son univers. Privat, Toulouse, 267 p.

GAYOU F., SIMONET F., 1978. *Dynamique des populations de truites* (Salmo trutta fario L.). *Aménagements piscicoles en haute vallée d'Aure.* Thèse 3e cycle, Sci. Tech. Prod. anim., Inst. Nat. Polytech., Toulouse, 244 p.

GEIGER W., ROTH H., 1962. Observations on artificial trout redds. *Schweiz. Z. Hydrol.*, 24, 76-89.

GERKING S.D., 1953. Evidence for the concept of home range and territory in stream fishes. *Ecology*, 34, 347-365.

GIBSON R.J., POWER G., 1975. Selection by brook trout (*Salvelinus fontinalis*) and juvenile Atlantic salmon (*Salmo salar*) of shade related to water depth. *J. Fish. Res. Board Can.*, 32, 9, 1652-1656.

GODIN J-G.J., 1982. Migrations of salmonid fishes during early life history phases : daily and annual timing. *In* E.L. Brannon and E.O. Salo (eds.) : *Salmo and trout migratory behavior symposium*, 22-50, School of Fisheries, Univ. of Washington, Seattle, USA.

GREENBERG B., 1947. Some relations between territory, social hierarchy and leadership in the Green Sunfish (*Lepomis cyanellus*). *Physiol. Zool.*, 20, 267-299.

GULLAND J.A., 1977. The stability of fish stocks. *J. Cons. Int. Explor. Mer*, 37, 199-204.

HARTMAN G.F., 1963. Observation on behavior of juvenile brown trout in a stream aquarium during winter and spring. *J. Fish. Res. Board Can.*, 20, 3, 769-787.

HELAND M., 1971 a. Observations sur les premières phases du comportement agonistique et territorial de la truite commune, *Salmo trutta* L., en ruisseau artificiel. *Ann. Hydrobiol.*, 2, 1, 33-46.

HELAND M., 1971 b. Influence de la densité du peuplement initial sur l'acquisition des territoires chez la truite commune, *Salmo trutta* L., en ruisseau artificiel. *Ann. Hydrobiol.*, 2, 1, 25-32.

HELAND M., 1977. *Recherches sur l'ontogenèse du comportement territorial chez l'alevin de truite commune*, Salmo trutta L. Thèse 3e cycle, Biol. Anim., Fac. Sci., Univ. Rennes, 239 p.

HELAND M., 1978. Observations sur l'établissement du comportement de nage face au courant chez l'alevin de truite, *Salmo trutta* L., en ruisseau artificiel. *Ann. Limnol.*, 14, 3, 273-280.

HELAND M., 1980 a. La dévalaison des alevins de truite commune, *Salmo trutta* L. I. Caractérisation en milieu artificiel. *Ann. Limnol.*, 16, 3, 233-245.

HELAND M., 1980 b. La dévalaison des alevins de truite commune, *Salmo trutta* L. II. Activité des alevins « dévalants » comparés aux sédentaires. *Ann. Limnol.*, 16, 3, 247-254.

HELAND M., 1982. Influence de l'isolement sur l'établissement du comportement territorial chez l'alevin de truite commune, *Salmo trutta* L. Commun. Coll. SFECA, Tours, mars 1982. *Bull. Int. SFECA, Rennes*, 2, 49-61.

HUET M., 1961. Reproduction et migration de la truite commune dans un ruisselet salmonicole de l'Ardenne belge. *Verh. Int. Verein Theor. Angew. Limnol.*, 14, 757-762.

HYNES H.B.N., 1970. The ecology of running waters. *Liverpool Univ. Press., Liverpool*, 555 p.

JENKINS T.M. Jr., 1969. Social structure, position choice and microdistribution of two trout species (*Salmo trutta* and *Salmo gairdneri*) resident in mountain streams. *Anim. Behav. Monog.*, 2, 2, 55-123.

JONES A.N., 1975. A preliminary study of fish segregation in salmon spawning streams. *J. Fish Biol.*, 7, 1, 95-104.

JONES J.W., BALL J.N., 1954. The spawning behaviour of brown trout and salmon. *Br. J. Anim. Behav.*, 2, 103-114.

KALLEBERG H., 1958. Observations in a stream tank of territoriality and competition in juvenile salmon and trout (*Salmo salar* L. and *S. trutta* L.). *Rep. Inst. Freshwater Res., Drottningholm*, 39, 55-88.

KENNEDY G.J.A., STRANGE C.D., 1982. The distribution of salmonids in upland streams in relation to depth and gradient. *J. Fish Biol.*, 20, 579-591.

KENNEDY M., FITZMAURICE P., 1968. The early life of brown trout (*Salmo trutta* L.). *Ir. Fish. Invest.*, ser. A, 4, 31 p.

LE CREN E.D., 1961. How many fish survive? *Yb. River Bds Ass.*, 57-64.

LE CREN E.D., 1973. The population dynamics of young trout (*Salmo trutta*) in relation to density and territorial behaviour. *Rapp. P.V. Reun. Cons. int. Explor. Mer*, 164, 241-246.

LINDROTH A., 1955. Distribution territorial behaviour and movements of sea trout fry in the River Indalsälven. *Rep. Inst. Freshwater Res., Drottningholm*, 36, 104-119.

MARTY C., BEALL E., 1987. Rythmes journaliers et saisonniers de dévalaison d'alevins de saumon atlantique à l'émergence. *In* : Thibault M., Billard R. (Eds.) *La Restauration des Rivières à Saumons*, 283-290, INRA, Paris.

Mc FADDEN J.T., 1969. Dynamics and regulation of salmonid populations in streams. *In* Northcote T.G. ed., *Salmon and Trout in streams*, 313-322, H.R. MacMillan Lect. Fisheries, Univ. Br. Columbia, Vancouver.

McNICOL R.E., NOAKES D.L.G., 1981. Territories and territorial defense in juvenile brook charr, *Salvelinus fontinalis* (Pisces : Salmonidae). *Can. J. Zool.*, 59, 22-28.

McNICOL R.E., NOAKES D.L.G., 1984. Environmental influences on territoriality of juvenile brook charr, *Salvelinus fontinalis*, in a stream environment. *Environ. Biol. Fishes*, 10, 1/2, 29-42.

McNICOL R.E., SCHERER E., MURKIN E.J., 1985. Quantitative field investigations of feeding and territorial behaviour of young-of-the-year brook charr, *Salvelinus fontinalis*. *Environ. Biol. Fishes*, 12, 3, 219-229.

NEVEU A., THIBAULT M., 1977. Comportement alimentaire d'une population sauvage de truites fario (*Salmo trutta* L.) dans un ruisseau des Pyrénées-atlantiques, le Lissuraga. *Ann. Hydrobiol.*, 17, 2, 111-128.

NEWMAN M.A., 1956. Social behavior and interspecific competition in two trout species. *Physiol. Zool.*, 29, 64-81.

NOAKES D.L.G., 1978. Social behavior as it influences fish production. In Gerking S.D. ed., *Ecology of freshwater fish production*, 360-386, Blackwell Sci. Publ., London.

NOBLE G.K., 1939. The role of dominance in the social life of birds. *Auk*, 56, 263-273.

ONODERA K., 1967.Some aspects of behaviour influencing production. *In* Gerking S.D. ed., *The Biological basis of freshwater fish production*, 345-355, Blackwell Scient. Publ., Oxford.

PEREZ E., 1986. *Rôle de facteurs externes et internes dans la mise en place du rythme circadien d'activité au cours de l'ontogenèse de la truite* (Salmo trutta L.). Thèse Biol. Anim., Fac. Sci. Tech. St-Etienne, 295 p.

PHILIPPART J.C., 1975. Dynamique des populations de poissons d'eau douce non exploités. *In* Lamotte M. et F. Bourlière, *Problèmes d'écologie : la démographie des populations de vertébrés*, 292-394, Masson ed., Paris.

PUCKETT K.J., DILL L.M., 1985. The energetics of feeding territoriality in juvenile coho salmon (*Oncorhynchus kisutch*). *Behaviour*, 92, 1-2, 97-111.

RICHARD P.B., 1970. Le comportement territorial chez les vertébrés. *In* Richard G., *Territoire et domaine vital*, 1-19, Masson et Cie ed., Paris.

ROTH H., GEIGER W., 1963. Experimental studies on brown trout fry in the gravel. *Schweiz. Z. Hydrol.*, 25, 202-218.

SKINNER B.F., 1971. *L'analyse expérimentale du comportement. Un essai théorique.* 2e ed., Dessart et Mardaga Ed., Bruxelles, 408 p.

SLANEY P.A., NORTHCOTE T.G., 1974. Effects of prey abundance on density and territorial behavior of young rainbow trout (*Salmo gairdneri*) in laboratory stream channels. *J. Fish. Res. Board Can.*, 31, 7, 1201-1209.

SOLOMON D.J., 1982. Migration and dispersion of juvenile brown and sea trout. *In* E.L. Brannon and E.O. Salo (eds.) : *Salmon and trout migratory behavior symposium*, 136-145, School of Fisheries, Univ. of Washington, Seattle (USA).

SOLOMON D.J., TEMPLETON R.G., 1976. Movements of brown trout, *Salmo trutta* L., in a chalk stream. *J. Fish Biol.*, 9, 411-423.

STUART T.A., 1953. Spawning, migration, reproduction and young stages of loch trout (*Salmo trutta* L.). *Freshwater Salm. Fish. Res.*, 5, 39 p.

SYMONS P.E.K., 1971. Behavioural adjustment of population density to available food by juvenile Atlantic salmon. *J. Anim. Ecol.*, 40, 569-587.

THORPE J.E., 1974. The movements of brown trout, *Salmo trutta* L., in Loch Leven Kinross,Scotland. *J. Fish Biol.*, 6, 2,153-180.

THORPE J.E., 1982. Migration in salmonids, with special reference to juvenile movements in freshwater. *In* Brannon E.L. and E.O. Salo (eds.) : *Salmon and trout migratory behavior symposium*, 86-97, School of Fisheries, Univ. of Washington, Seattle (USA).

TIMMERMANS J.A., 1966. Etude d'une population de truites (*Salmo trutta fario* L.) dans une petite rivière de l'Ardenne belge. *Verh. Int. Ver. Theor. Angew. Limnol.*, 16, 2, 1204-1211.

TIMMERMANS J.A., 1972. La territorialité de la truite fario. *Trav. Stn. Rech. Eaux & For. Groenendaal-Hœilaart*, D, 42, 7-15.

WICKLER W., 1976. The ethological analysis of attachment. *Z. Tierpsychol.*, 42, 12-28.

ZAYAN R.C., 1975. Modification des effets liés à la priorité de résidence chez *Xiphophorus* (Pisces, Poeciliidae) : le rôle des manipulations expérimentales. *Z. Tierphysiol.*, 39, 463-491.

ZAYAN R.C., 1976. Modification des effets liés à la priorité de résidence chez *Xiphophorus* (Pisces, Poeciliidae) : le rôle de l'isolement et des différences de taille. *Z. Tierpsychol.*, 41, 142-190.

II

Plasticité écologique et diversité génétique chez la truite

1. Principales caractéristiques de la biologie de la truite (*Salmo trutta* L.) dans le Léman et quelques affluents

A. Champigneulle, B. Buttiker,
P. Durand et M. Melhaoui

I. Introduction

Partagé entre la France (41 p. 100) et la Suisse (59 p. 100), le Léman est, avec une surface de 58240 ha, le plus grand lac d'Europe occidentale (fig. 1). Les principales caractéristiques physico-chimiques et biologiques de ce lac subalpin mésœutrophe ont été détaillées dans un rapport récent (C.I.P.E.L., 1984). Les données physiques les plus importantes concernant le bassin versant du lac sont présentées dans la figure 1. Vingt trois espèces de poissons ont été répertoriées (Laurent, 1972) mais les captures par pêche (Gerdeaux, 1988) portent principalement sur 6 espèces : la perche (*Perca fluviatilis*), les corégones (*Coregonus* sp.), l'omble chevalier (*Salvelinus alpinus*), la truite commune (*Salmo trutta*), la lotte (*Lotta lotta*) et le gardon (*Rutilus rutilus*). Les captures de truite représentent 2 à 5 p. 100 du tonnage annuel total de poissons capturés dans le Léman. La truite arc-en-ciel (*Salmo gairdneri*) est également présente mais ne participe actuellement qu'à moins de 3 p. 100 des captures de truites (Durand, données non publiées). Les principales caractéristiques de la pêche et des relâchers de truites dans le Léman au cours des 5 dernières années sont présentées dans le tableau 1. La truite de lac est capturée essentiellement en lac, soit à la traine par les pêcheurs amateurs en bateau, soit avec des filets maillants par les pêcheurs professionnels. Depuis 1950, les captures annuelles de truites déclarées par les pêcheurs professionnels ont varié entre 9 et 32 t/an (fig. 2). Les pêcheurs amateurs à la traine ont été récemment (depuis 1982 en France et depuis 1986 en Suisse, fig. 2) soumis à déclaration de leurs prises ; ces dernières ont été équivalentes à celles des professionnels sur l'ensemble de deux dernières années (1986-87). Des captures occasionnelles d'adultes de truite de lac sont réalisées à la ligne en rivière, avant ou après la fraie, mais elles restent mal connues car non soumises à déclaration.

Depuis Forel (1904), les travaux publiés sur la biologie de la truite de lac au Léman sont récents (Melhaoui, 1985 ; Buttiker et Matthey, 1986 ; But-

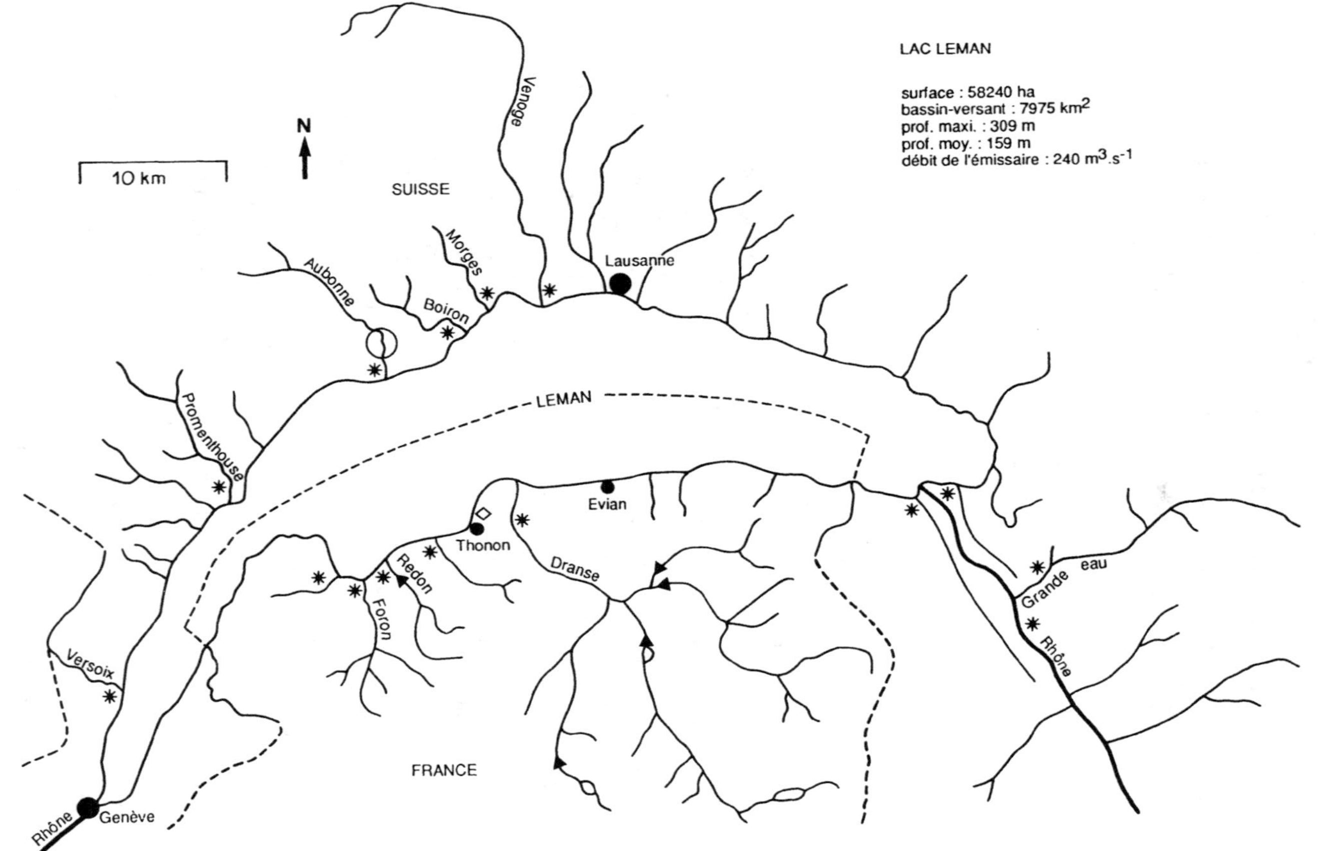

Figure 1. – L'écosystème du lac Léman (*); principaux affluents frayères connus pour la truite de lac. (◀) : obstacle infranchissable vers l'amont; (○) : piège à truite; (◇) : pisciculture de repeuplement.

tiker *et al.*, 1987 ; Champigneulle, 1987 ; Champigneulle *et al.*, 1988a ; Champigneulle *et al.*, 1990a et b ; Durand et Pilotto, 1989). La structure génotypique de la ou des populations de truite du Léman et de son bassin-versant n'a été que très récemment et ponctuellement étudiée et comparée à celle des souches de référence décrites en France par Chevassus et Guyomard (1983) et Krieg (1984). L'étude génétique (Guyomard, 1989a) d'un petit échantillon de truites issues de géniteurs de truite de lac remontant sur l'Aubonne (rive suisse) a montré une proximité génétique avec les populations de truite commune du versant méditerranéen français. L'examen du même échantillon révèle également un phénomène d'introgression par des souches domestiques vraisemblablement lié au repeuplement. En effet, les juvéniles, relâchés en grand nombre, proviennent non seulement de géniteurs de truite de lac capturés sur divers affluents du Léman mais également de géniteurs de souches de pisciculture. Les relâchers réalisés directement en lac sont bien quantifiés (tabl. 1), mais ceux effectués sur l'ensemble des affluents ne sont pas encore intégrés dans le cadre d'un bilan d'alevinage du système Léman. Dans la suite du texte, le terme « truite de lac » sera employé pour les truites de l'espèce *Salmo trutta* capturées en lac ou identifiées comme

Tableau 1. Principales caractéristiques de la pêche et des relâchers de truite commune dans le lac Léman de 1983 à 1987. Les données entre parenthèses concernent la truite en rivière. (F) : France; (S) : Suisse; (T) : France + Suisse.

Pêche en lac (1983-87)			Déversements en lac (1983-87)				
Ouverture	15 janvier - 15 octobre		Origine des géniteurs	Stade	Nombre moyen annuel		
Taille légale de capture	35 cm				F	S	T
Engins	Profession-nels	Amateurs	Truite de lac Léman	Pré-estivaux	49 000	9 000	58 000
	Filets maillants	Traine		Estivaux (3-8 cm)	67 000	170 000	237 000
Quota : (n/jour)	Non	8					
Nombre de licences	F : 53-60 S : 105-120	F : 360 S : 2500-3500	Truite de pisciculture	Pré-estivaux	55 000	0	55 000
Captures déclarées en tonnes/an	F : 15 S : 7 T : 22	F : 3 S : 12 en 1986-87 T : 15 en 1986-87		Estivaux (3-8 cm)	747 000	0	747 000
Captures en kg/ha/an	T : 0,4	T : 0,25 en 1986-87	Total	Pré-estivaux	104 000	9 000	113 000
				Estivaux	814 000	170 000	984 000

ayant eu une phase de croissance en lac. Le terme sera également utilisé pour désigner les juvéniles de repeuplement, produits en pisciculture mais issus de géniteurs de truite de lac capturés lors de leur migration de reproduction. Du fait de la multiplicité des modes de recrutement (naturel ou artificiel) possibles et du manque de données sur leur efficacité respective il est difficile, hormis le cas de truites marquées, de préciser l'origine des truites de lac actuellement capturées au Léman. Cependant, afin d'illustrer les différentes phases abordées ultérieurement, les grandes lignes du cycle biologique de la truite de lac au Léman sont précisées dans la figure 3 en y incluant la composante « soutien d'effectifs ».

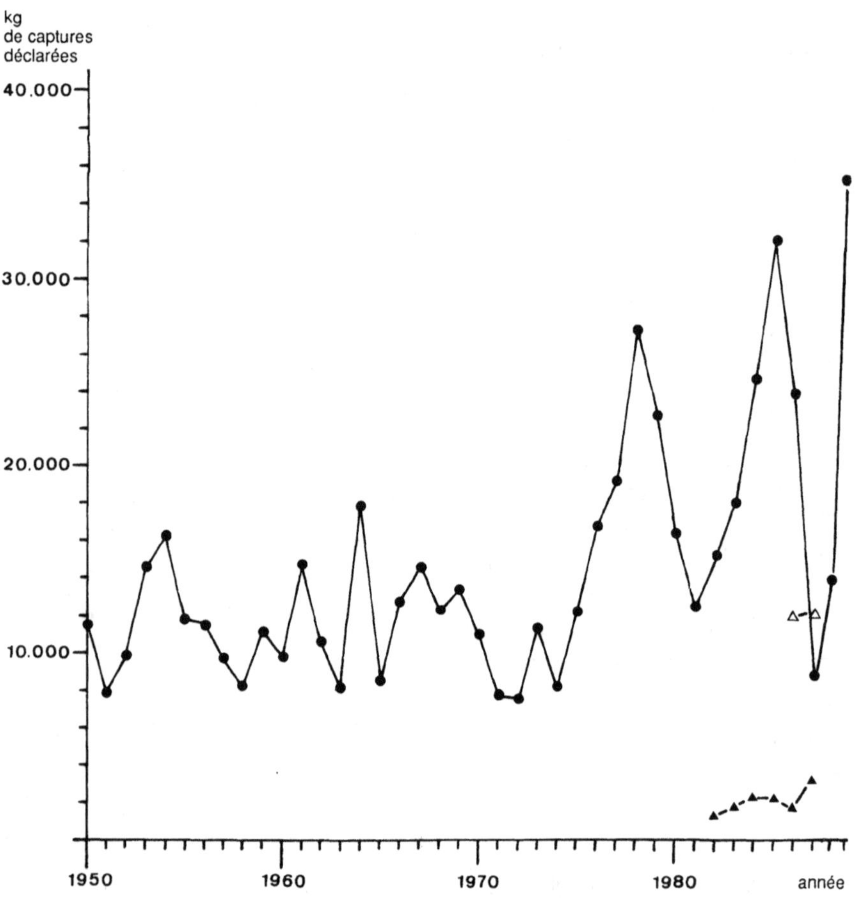

Figure 2. – Captures (en kg) de truites (commune et arc-en-ciel regroupées) dans le Léman (données DDA pour la France et Conservation de la Faune pour la Suisse). (●—●) captures par les pêcheurs professionnels français et suisses depuis 1950. (▲) prises par les pêcheurs amateurs français de 1982 à 1987. (△) prises par les pêcheurs amateurs suisses en 1986-87.

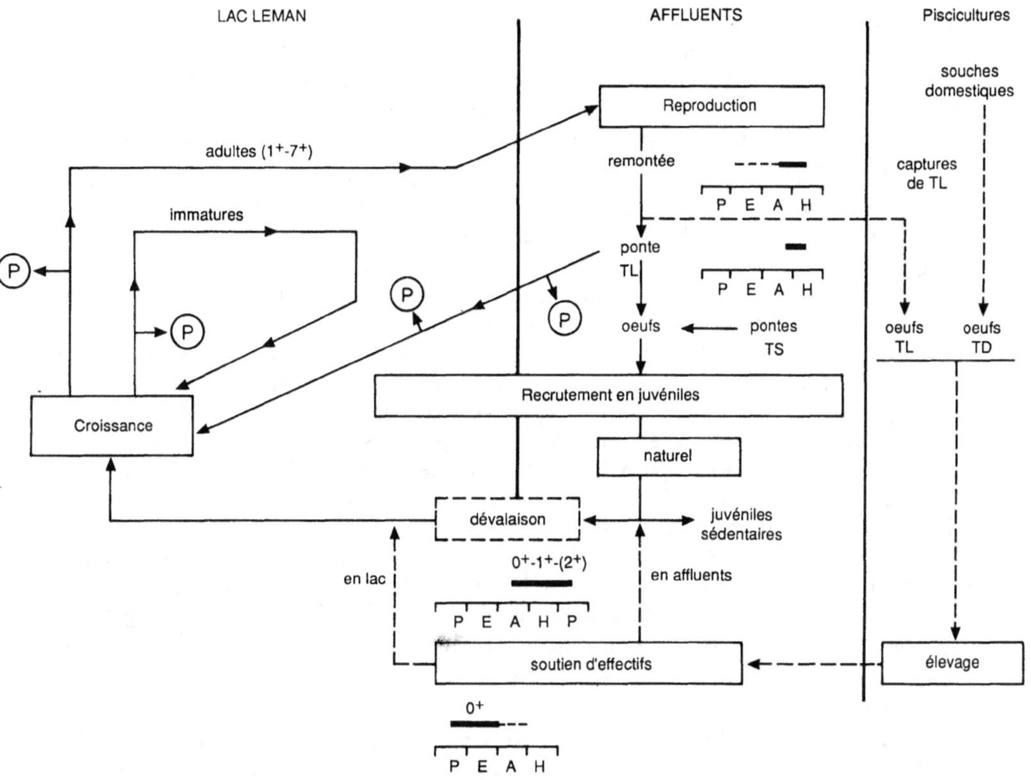

Figure 3. – Principales caractéristiques du cycle de vie de la truite de lac au Léman. (TL) : truite de lac; (TS) : truite sédentaire; (TD) : truite domestique. (→ P) : pêche; (P) : printemps; (E) : été; (A) : automne; (H) : hiver.

II. Phase juvénile dans les affluents

1. Les populations en place

Lors de la phase de vie en milieu rivière, aucune caractéristique externe sûre ne permet de distinguer la future truite de lac de la future truite sédentaire (truite effectuant la totalité de son cycle de vie en rivière). Par ailleurs, hormis les cas où il y a eu des marquages de réalisés, il est difficile d'apprécier les contributions respectives de la production naturelle et des soutiens d'effectifs très diversifiés (fig. 3) et quantitativement importants en lac (tabl. 1) et dans les affluents. Par conséquent, il est seulement possible de préciser globalement les caractéristiques des juvéniles qui sont connues dans quelques affluents du Léman (fig. 1 ; tabl. 2) et en particulier sur quatre affluents frayères : le Redon en France, la Versoix, l'Aubonne et la Promenthouse en Suisse. Les affluents, en relation avec leur forte pente, constituent un habitat à dominance de « rapides » et « radiers » favorable aux juvéniles de truite. Les données sur les parties amont des affluents, généralement ouvertes à la pêche, sont actuellement manquantes.

Dans le Redon, des inventaires réalisés à la fin octobre, de 1983 à 1987 (Melhaoui, 1985 ; Champigneulle, 1987 ; Champigneulle *et al.*, 1988a et 1990a), montrent, dans des secteurs de fraie de la truite de lac ouverts à la pêche, que la densité de truite d'âge $\geq 2^+$ est faible (< 2 ind./100 m^2) (tabl. 2). Par contre, la structure de population est caractérisée par la dominance des juvéniles 0^+ (11,7 à 72,5 ind./100 m^2) et 1^+ (1,8 à 20,9 ind./100 m^2) (tabl. 2). Cependant la densité automnale de truites 0^+ issues du recrutement naturel reste inférieure à 35 ind./100 m^2 en zone ouverte à la pêche (Champigneulle, 1987 ; Champigneulle *et al.*, 1988a). Dans les zones soumises à des relâchers en alevins prégrossis, le recrutement naturel représente seulement, selon l'année et le secteur, de 7 à 72 p. 100 des 0^+ présents à l'automne (Champigneulle *et al.*, 1990a). Les juvéniles 0^+ et 1^+ issus du repeuplement au stade d'alevins peuvent représenter selon l'année et le secteur de 28 à 93 p. 100 (7-65 ind./100 m^2) des 0^+ en place à l'automne et de 39 à 91 p. 100 (4-17 ind./100 m^2) des 1^+ (Champigneulle *et al.*, 1990a). Les résultats ont été obtenus à partir d'alevins prégrossis (LT = 3-5 cm), issus de géniteurs de truite de lac ou de pisciculture, dispersés (40-50 ind./100 m^2) en fin de printemps – début été sur la partie aval du Redon.

Des travaux récents menés sur des affluents suisses ouverts à la pêche confirment les tendances observées dans le cas du Redon. En effet, on observe (tabl. 2) sur la Versoix de faibles densités en truites d'âge $\geq 2^+$ (0,1-1,1 ind./100 m^2) et en truitelles 0^+ (1,5-14 ind./100 m^2) issues du recrutement naturel. Par ailleurs, des relâchers automnaux d'alevins marqués issus d'œufs de géniteurs de truite de lac prégrossis (5-8 cm) en pisciculture ont été suivis sur des secteurs expérimentaux de la Versoix, de la Promenthouse et de l'Aubonne. L'étude (Durand et Pilotto, 1989) montre que, pour la gamme de mise en charge pratiquée (13-53 ind./100 m^2), l'impact du relâcher augmente avec la densité de mise en charge et se manifeste essentiellement sur le secteur même de déversement. Les alevins déversés représentent selon les affluents et les secteurs de 10 à 56 p. 100 des juvéniles 1^+ en place 8 à 10 mois après le relâcher.

2. Croissance

La croissance des juvéniles dans la partie basse des affluents du Léman peut-être considérée comme bonne comparativement à celle observée dans d'autres rivières françaises (Cuinat, 1960 ; Prouzet *et al.*, 1977 ; Baglinière *et al.*, 1989). En effet, au cours de la deuxième quinzaine de juillet la taille moyenne (longueur totale : LT) est déjà de 51-59 mm pour

Tableau 2. Caractéristiques des populations en place sur le cours principal de quelques affluents du Léman. (1) : largeur du secteur en m; (D) : densité en nombre d'individus par 100 m^2 estimée selon la méthode de Lury (2-3 passages). (LT) : longueur totale moyenne en mm. (*) : zone fréquentée par les géniteurs de truite de lac. (**) : zone avec des soutiens d'effectifs.

Auteurs	Affluent	l (m)	Pression de pêche	Période	0$^+$		1$^+$		≥ 2$^+$
					D (n/100 m^2)	LT (mm)	D (n/100 m^2)	LT (mm)	D (n/100 m^2)
Buttiker, 1984	Greny	5	nulle	mi mai 1982	2,1	87	3,3	153	2,4
Champigneulle et al. (1988a)	Redon	4	nulle	fin octobre 1983 à 1987	15,6-43,8	90-105	3,8-17,9	167-209	3,1-5,6
				fin février 1984-85	24,1-28,1	101-116	4,6-5,1	203-207	1,-2,8
	Redon (*) (**)	4-4,5	forte	fin octobre 1983 à 1987	11,7-72,5	83-117	1,8-20,9	164-193	0-1,6
				fin février 1984-85	10,6-35,9	100-119	2,0-5,8	158-193	0-1,1
Durand (données non publiées)	Versoix (*)	10	forte	mi juillet à fin juillet 1984 à 87	1,5-14	51-59	1,3-7,7	148-163	0,1-1,1
	(**)			fin novembre 1985	26,9		2,4	214	0,25

les O^+ et de 148-163 mm pour les 1^+ (tabl. 2). La taille moyenne automnale des O^+ et 1^+ varie respectivement de 83 à 117 mm et de 164 à 209 mm (tabl. 2) selon l'année et les secteurs du Redon.

La multiplicité des origines de recrutement possibles (fig. 3) rend difficile les études fines de croissance hormis les cas où l'origine des échantillons examinés est bien connue, notamment grâce au marquage. Durand et Pilotto (1989) ont suivi la croissance de truitelles originaires d'œufs de truite de lac, prégrossis en pisciculture jusqu'à 65 mm puis déversées en novembre 1987 dans trois affluents suisses du Léman. La croissance moyenne mensuelle en rivière, évaluée pour les 8-10 premiers mois après le relâcher varie entre 6 et 10 mm/mois selon l'affluent. D'après les auteurs, la croissance est d'autant plus forte que l'affluent est plus productif et plus pauvre en truitelles déjà en place au moment du déversement. Champigneulle *et al.* (1990a) ont étudié la croissance d'alevins (originaires d'œufs de géniteurs de truite de lac) prégrossis en pisciculture jusqu'à la taille de 30-40 mm, marqués puis déversés dans le Redon en fin printemps-début été. Pour chacune des années d'étude, la taille moyenne automnale au stade O^+ est plus faible, de 1 à 3 cm, pour les truitelles déversées que pour celles issues de la reproduction naturelle de truites de lac dans le Redon. Les auteurs attribuent ce retard en partie au fait que, au moment du déversement, la taille des alevins relâchés était plus faible que celle des alevins déjà en place. Par contre, la différence de taille ne subsiste plus au stade 1^+ à l'automne de l'année suivante. La même étude montre que, du fait de leur forte croissance, des truitelles d'origine lacustre peuvent contribuer à la pêche dans le Redon dès l'âge de 2 ans, puisque certaines d'entre elles sont encore présentes en rivière et dépassent déjà la taille légale (21 cm sur les affluents français) au moment de l'ouverture de la pêche en rivière, en début mars.

3. Mortalité et mouvements

Champigneulle *et al.* (1990a) ont mis en évidence l'existence dans le Redon, sur la zone de fraie de la truite de lac, un taux de disparition élevé (> 98 p. 100) entre le stade œuf et le stade O^+ à la mi-automne. Les parts respectives de la mortalité naturelle, des mouvements internes dans l'affluent ou d'éventuelles dévalaisons en lac à un stade très précoce ne sont pas encore connues. Des inventaires réalisés sur le Redon en fin d'hiver 83-84 et 84-85 ont montré l'existence d'une assez forte chute (voisine de 50 p. 100 en moyenne) des densités en O^+ et 1^+ entre la fin octobre et le début mars (Melhaoui, 1985 ; Champigneulle, 1987 ; Champigneulle *et al.*, 1990a). Une partie de cette diminution des effectifs peut-être attribuée à des mouvements de dévalaison. En effet, des expériences de marquage (Champigneulle *et al.*, 1988a) ont montré que la période de fin automne-hiver est caractérisée par une instabilité du peuplement en juvéniles avec des mouvements vers l'aval. Par ailleurs, une expérience de piégeage partiel réalisée dans le sens de la descente (Melhaoui, 1985 ; Champigneulle *et al.*, 1988a) en automne-hiver et début de printemps a mis en évidence l'existence de dévalaisons vers le lac de truitelles de 1 an ou 2 ans. Contrairement au cas des truitelles dévalant à l'automne, celles migrant en hiver et au printemps présentaient un aspect de smolts ou de présmolts. Une étude en cours sur le Redon vise à comparer, en fonction de leur taille (deux sous lots marqués différemment), le devenir d'alevins (originaires d'œufs de géniteurs de truite de lac) déversés au stade de préestivaux. Les premiers résultats (Champigneulle, données non publiées) suggèrent qu'une dévalaison au stade 0+ peut avoir lieu avant la mi-automne et que cette dernière concerne davantage le sous-lot ayant la plus grande taille moyenne au moment du relâcher. Ces études sont encore trop limitées pour permettre de conclure précisément sur les modalités de la dévalaison des juvéniles de truite dans le Léman. Elles sont néanmoins en accord avec les études menées (Stuart, 1957 ; Hunt et Jones, 1972 ; Thorpe, 1974 ; Arawomo, 1982 ; Craig, 1982) dans d'autres lacs en Grande Bretagne, qui font apparaître une dévalaison après 1 à 3 saisons de croissance en rivière et au cours de la période allant de la mi-automne au début du printemps. Durand (données non publiées) a également montré l'existence de mouvements de dévalaison de truites de lac immatures quittant le Léman par son émissaire : le Rhône-aval. Ces mouvements ont été observés au printemps et la taille des truites dévalant variait entre 15 et 50 cm. En raison de barrages empêchant les remontées, ces dévalaisons constituent une perte pour le système.

En l'absence de barrière liée à la salinité, les mouvements de juvéniles entre la zone courante et la zone lentique, peuvent prendre des modes plus variés dans le cas de la truite de lac comparativement à la truite de mer. Par exemple, la dévalaison peut concerner des truitelles de plus petite taille et elle est plus étalée dans le temps même si, dans le cas de la truite de mer, il peut également exister (Piggins, 1975) des dévalaisons automnales en plus de la migration printanière des smolts. Par ailleurs, plusieurs auteurs (Stuart, 1957 ; Jonsson, 1985) ont noté une recolonisation printanière d'affluents de lac par des juvéniles ayant dévalé en lac l'automne précédent.

III. Caractéristiques des adultes

1. Détermination de l'âge par lecture d'écailles

Pour l'ensemble des travaux sur la biologie de la truite au Léman, les écailles ont été utilisées pour la détermination de l'âge et des études de croissance (Melhaoui, 1985 ; Buttiker *et al.*, 1987 ; Champigneulle *et al.*, 1988a). Dans le cas de la truite de lac du Léman, la plupart des études d'âge et de croissance ont été réalisées sur des adultes capturés en période de reproduction. Si la détermination de l'âge n'a pas posé de problèmes particuliers dans le cas des truites sédentaires, par contre l'interprétation des structures est plus délicate dans le cas des truites de lac (Buttiker *et al.*, 1987). L'existence d'écailles de référence provenant de truites d'âge et d'histoire connus grâce au marquage, a permis de dégager des critères d'interprétation des écailles (Buttiker *et al.*, 1987 ; Champigneulle *et al.*, 1990b).

Les écailles de truites de lac du Léman montrent généralement l'existence d'une ou de deux années (plus rarement trois) de croissance initiale faible suivie(s) d'une phase de croissance nettement plus forte marquée par une augmentation de l'espacement, de l'épaisseur et parfois du nombre annuel de circuli (fig. 4). Ces années de faible croissance initiale sont généralement interprétées (Allen, 1938; Holcik et Bastl, 1970; Craig, 1982) dans d'autres lacs comme la phase de vie en rivière. Dans le cas du Léman, si cette interprétation est sans doute valable pour une grande partie des truites de lac, elle ne saurait cependant être systématique. En effet, des truites de lac issues de juvéniles O$^+$ déversés directement en lac (Champigneulle et Durand, données non publiées) présentent le même type de structure initiale des écailles. Le changement de structure pourrait donc également traduire une accélération de croissance liée à un passage à un régime ichtyophage, pouvant d'ailleurs correspondre au passage en milieu lacustre pour les truitelles issues des affluents.

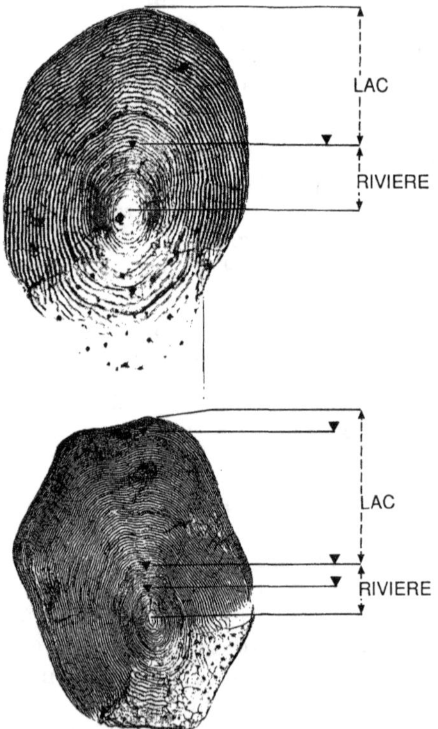

Figure 4. – Ecailles de truites de lac du Léman capturées en hiver
4a : Géniteurs de 2 ans (1.0$^+$) : 1 année de faible croissance initiale « type rivière » (type 1) et 1 saison de croissance accélérée en lac. LT = 330 mm. (▼) : hiver.
4b : Géniteurs de 4 ans (2.I$^+$) : 2 années de faible croissance initiale « type rivière » (type 2) et 2 saisons de croissance accélérée en lac – LT = 585 mm. (▼) : hiver.

Dans la suite du texte, nous parlerons donc de nombre d'années de croissance initiale faible « type rivière » et de nombre d'années de croissance forte « type lac ». La terminologie « truites de type 1 ou 2 » indiquera les truites ayant respectivement 1 ou 2 années de croissance initiale faible « type rivière » ou encore les truites dont la phase « juvénile » aura duré 1 ou 2 ans. Pour les adultes, les études d'âge et de croissance ont été réalisées à partir de truites capturées en fin ou en tout début d'année. C'est pourquoi dans la suite du texte, les termes truite de 2, 3, 4 ans... seront respectivement équivalents à truite en fin de stade 1^+, 2^+, 3^+...

2. Age, maturité sexuelle et sex-ratio

a) Données comparatives sur les truites sédentaires (cas du Redon)

Une étude réalisée à l'automne dans le Redon (Champigneulle *et al.*, 1990a) a permis de sexer les géniteurs de truites sédentaires. Les mâles mûrs ont été sexés grâce à l'obtention de laitance par pression abdominale et les femelles par sérodiagnostic selon la méthode décrite par Le Bail *et al.* (1981). L'étude montre que la maturité sexuelle peut être observée dès l'âge de 2 ans chez les deux sexes mais avec un pourcentage plus élevé (16-27 p. 100) de mâles que de femelles (3-4 p. 100). Cependant, ce n'est qu'à partir de 3 ans que la quasi totalité des truites sédentaires sont matures (fig. 5A). Selon Champigneulle *et al.* (1988a), en zone ouverte à la pêche, les géniteurs de truites sédentaires sont très peu abondants à l'automne (d$\male$< 3 ind./100 m^2 et d$\female$< 1 ind./100 m^2) avec une sex-ratio ($\male$/$\female$) très en faveur des mâles (4,9) et très peu de truites âgées de 3 ans ou plus (fig. 5A). Par contre, en zone de réserve, la densité est nettement plus élevée (d$\female$: 3,5-5,8 ind./100 m^2; d$\male$: 4,3-6,4 ind./100 m^2) avec une sex-ratio plus équilibrée (1,4) et avec la présence de truites âgées de 3 ans ou plus (fig. 5A).

b) Truite de lac

Dans le cas des géniteurs de truites de lac capturés dans les affluents suisses du Léman de 1964 à 1974 et pour lesquels l'âge a pu être déterminé, toutes les femelles capturées étaient âgées de 3 ans ou plus alors que quelques mâles étaient âgés de 2 ans (Buttiker *et al.*, 1987). Du fait de leur objectif (récolte d'œufs), ces pêches étaient très sélectives (les femelles et les gros individus étant préférentiellement capturés) et n'ont pas permis de préciser la sex-ratio et la structure d'âge des géniteurs. Par contre, lors de travaux plus récents sur le Redon (Champigneulle *et al.*, 1988a et 1990b), la Versoix et le Brassu (Durand, données non publiées), les auteurs ont tenté de minimiser les biais d'échantillonnage en pratiquant des pêches fréquentes et en examinant tous les géniteurs capturés. Cette approche a montré, dans le cas du Redon suivi de 1983 à 1988, la présence de géniteurs de truites de lac âgées de 2 à 7 ans (tabl. 3). Bien que quelques femelles de 2 ans (7 p. 100 des femelles) aient été capturées, c'est surtout chez les mâles qu'il y a un pourcentage notable (41 p. 100) mais très variable selon l'année (15 à 72 p. 100) de mâles de 2 ans (Champigneulle *et al.*, 1990b). Sur l'ensemble des cinq années de suivi, alors que le pourcentage d'individus de 3 ans est voisin chez les deux sexes

Tableau 3. Structure d'âge selon le sexe pour les géniteurs de truite de lac capturés dans le Redon de 1983 à 1988. Les données sont exprimées en % en fonction de l'âge total (2 ans = 1^+; 3 ans = 2^+...).

Age total Sexe N = nombre	2 ans	3	4	5	6-7
♂ (N = 128)	41,4 %	31,2 %	16,4 %	9,4 %	1,6 %
♀ (N = 86)	7,0 %	25,6 %	37,2 %	22,1 %	8,1 %

(tabl. 3), les pourcentages de géniteurs âgés de 4 à 7 ans est significativement plus élevé pour les femelles (67 p. 100) que pour les mâles (27 p. 100). Le pourcentage de géniteurs ayant 1, 2 ou 3 années de croissance initiale « type rivière » était respectivement de 68 – 31 et 1 p. 100 pour les mâles et de 38 – 61 et 1 p. 100 pour les femelles. La différence est essentiellement due à la présence de nombreux jeunes mâles de 2 ans. Pour les géniteurs de 3 ans, le pourcentage des individus de type 2 est nettement plus élevé pour les femelles (82 p. 100) que pour les mâles (40 p. 100) alors qu'il y a peu de différence selon le sexe pour les reproducteurs plus âgés (Champigneulle *et al.*, 1990b).

La sex-ratio (♂/♀) du total (226) des captures était de 1,5 et variait selon l'année entre 1 et 2. Cependant la valeur de la sex-ratio a pu être surévaluée en faveur des mâles par la technique de capture par pêche électrique du fait que le temps de séjour en rivière apparaît plus court pour les femelles que pour les mâles (Champigneulle *et al.*, 1988a).

Généralement, dans un milieu donné et pour une population donnée, les truites ayant la plus forte croissance atteignent plus précocement la maturité sexuelle (Alm, 1959; Baglinière *et al.*, 1981; Craig, 1982; Burger, 1985; Dellefors et Faremo, 1988; Jonsson, 1989). Cependant le taux de maturation peut varier selon les souches ou le milieu (Alm, 1952; Quillet *et al.*, 1986; Dellefors et Faremo, 1988). Par ailleurs la relation « forte croissance-précocité sexuelle » n'est pas systématique (Stuart, 1953; Jonsson, 1982) et peut être inverse lorsque l'on compare entre elles la fraction migrante (en mer ou en lac) à celle restant sédentaire en rivière (Craig, 1982). Les données collectées sur le Redon (fig.5; Champigneulle *et al.*, 1988a et 1990b) font apparaître, malgré leur plus forte croissance, l'existence d'une maturité sexuelle plus tardive pour les truites de lac que pour les truites sédentaires. Melhaoui (1985) et Champigneulle *et al.* (1990b) ont noté la présence de nombreuses truites de lac immatures de grande taille âgées de 3 à 6 ans alors que Champigneulle

Figure 5. – Structure de taille (LT en mm) des géniteurs de truite de lac et de truite sédentaire capturés dans le Redon.
5a : Truites sédentaires en fin automne en zone de réserve et en zone ouverte à la pêche. (▫) immatures; (■) mâles spermiant; (▥) femelles matures.
5b : Géniteurs de truite de lac. Classe d'âge : (■) 1^+; (▫) 2^+; (▥) 3^+; (▣) 4^+; (▫) 5^+-6^+.

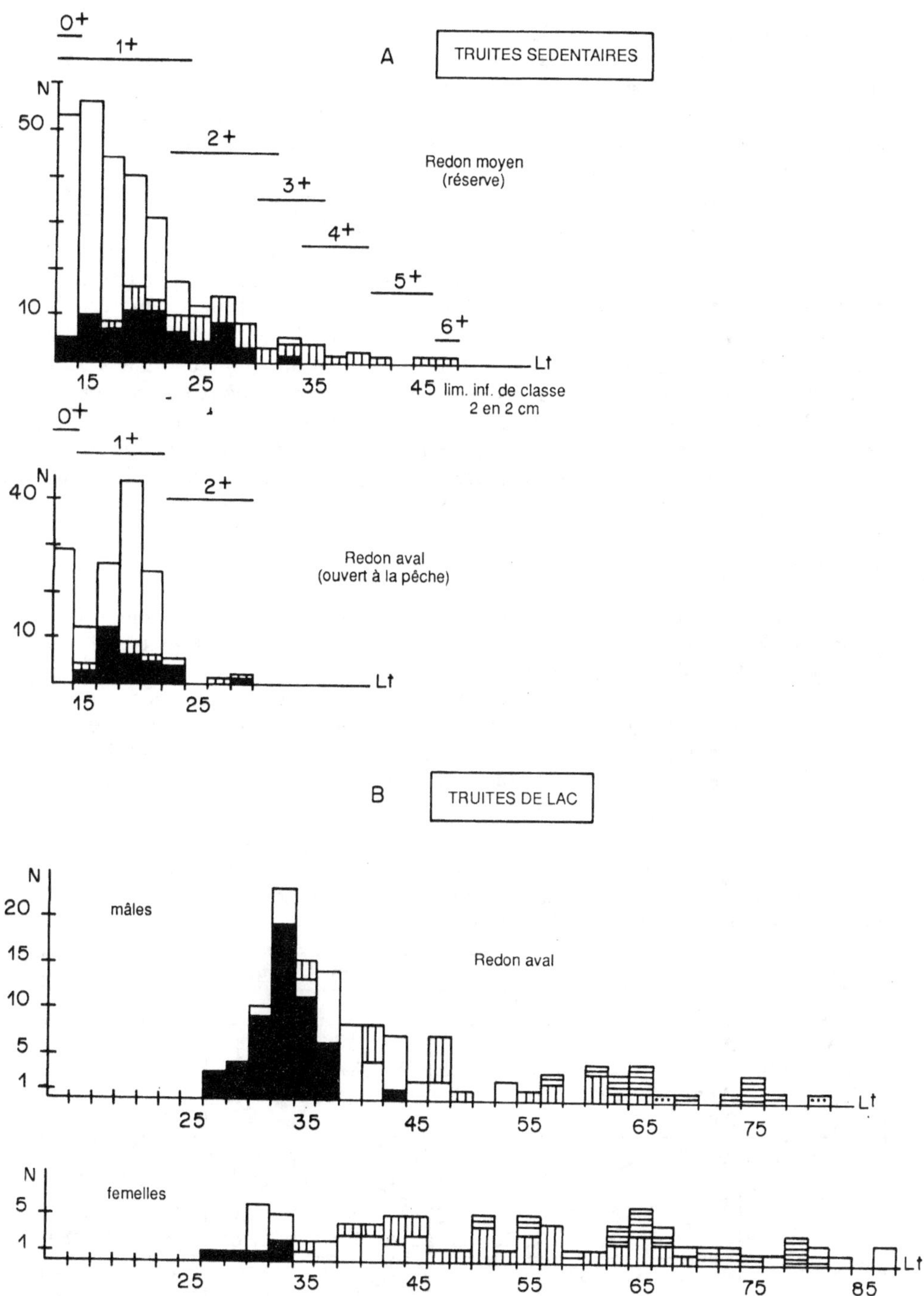
0+
1+
A
TRUITES SEDENTAIRES
N
50
2+
3+
4+
5+
6+
Redon moyen
(réserve)
10
15
25
35
45 lim. inf. de classe
2 en 2 cm
Lt
0+
1+
40 N
2+
Redon aval
(ouvert à la pêche)
10
15
25
Lt
B
TRUITES DE LAC
N
20
15
10
5
1
mâles
Redon aval
25
35
45
55
65
75
Lt
N
5
1
femelles
25
35
45
55
65
75
85
Lt

et al. (1988a) indiquent que la quasi totalité (minimum de 90 p. 100) des truites sédentaires âgées de 3 ans ou plus sont matures. La maturation tardive des truites de lac a également été notée dans le lac de Constance où selon Ruhlé (1983), 8 p. 100 des truites de lac sont matures à 3 ans, 22 p. 100 à 4 ans, 75 p. 100 à 5 ans et 100 p. 100 à 6 ans. Cependant, l'âge à la première maturité pourrait ne pas être systématiquement plus tardif pour la truite de lac. En effet Maisse (1985) a noté, sur un échantillon de 86 truites de lac du Léman ayant deux années de croissance initiale faible « type rivière », la présence d'une marque de fraie précoce au niveau du deuxième hiver. L'auteur indique que cette fraie précoce peut-être observée tant chez les mâles que chez les femelles et qu'elle concerne 20 p. 100 de l'échantillon examiné.

A titre de comparaison avec les géniteurs de truites de lac remontant dans le Redon, un échantillon de 126 truites de lac immatures capturées à la même période dans la zone pélagique du Léman a été examiné (Champigneulle *et al.*, 1990b). Dans cet échantillon de truites immatures âgées de 2 à 6 ans la sex-ratio ($\male/\female$) était de 0,8 et, contrairement, au cas des géniteurs du Redon la structure d'âge et la répartition en truites de type 1, 2 ou 3 (respectivement 44, 52 et 4 p. 100 sur l'ensemble de l'échantillon) variaient peu selon le sexe.

3. Croissance

Buttiker *et al.* (1987) ont déterminé l'âge et étudié la croissance des géniteurs de truite de lac capturés de 1964 à 1974 sur des affluents suisses du Léman. Pour cet échantillon de géniteurs, composé essentiellement de truites âgées de 3 ans ou plus, les médianes des longueurs totales pour les différentes classes d'âge sont indiquées dans le tableau 4. Les auteurs notent une très nette accélération de la croissance entre 2 et 3 ans. A âge total égal, il peut y avoir en fonction des affluents des différences significatives dans la

Tableau 4. Longueur totale (LT en mm) des géniteurs (mâles et femelles) de truite de lac capturés dans différents affluents du Léman en fonction de l'âge total (2 à 7 ans). (m) : moyenne des longueurs; (md) médiane des longueurs.

Auteurs	Affluents	Période	LT en mm (n; σ)					
			2	3	4	5	6	7
Buttiker *et al.* (1987)	Au-bonne Promen-thouse	1964-1974 (md)		388 (1294)	500 (1494)	588 (1332)	666 (793)	730 (282)
Champigneulle *et al.* (1989b)	Redon	1983-87 (m)	341 (58; 30)	394 (62; 55)	532 (51-91)	685 (32; 81)		
Durand (données non publiées)	Versoix	1985-87 (m)	355 (4; 50)	375 (12; 59)	525 (6; 89)	623 (21; 65)	710 (11; 97)	749 (9; 101)
	Brassu	1985-87 (m)	345 (2; 0)	391 (10; 63)	438 (6; 86)	519 (4; 47)	618 (8; 17)	650 (1; 0)

longueur moyenne des femelles. Par ailleurs, il n'apparaît pas y avoir eu, malgré l'eutrophisation, de modification immédiate de la croissance pour les cohortes nées entre 1958 et 1970. Les auteurs signalent des biais possibles liés à un sous-échantillonnage des géniteurs de petite taille et au fait que seules les écailles bien lisibles ont été prises en compte. Des lectures d'âge ont également été effectuées sur des géniteurs de truite de lac capturés plus récemment, depuis 1983 (Melhaoui, 1985; Champigneulle *et al.*, 1988a; Champigneulle *et al.*; 1990b; Durand, données non publiées). Les tailles moyennes des géniteurs capturés sont indiquées dans le tableau 4.

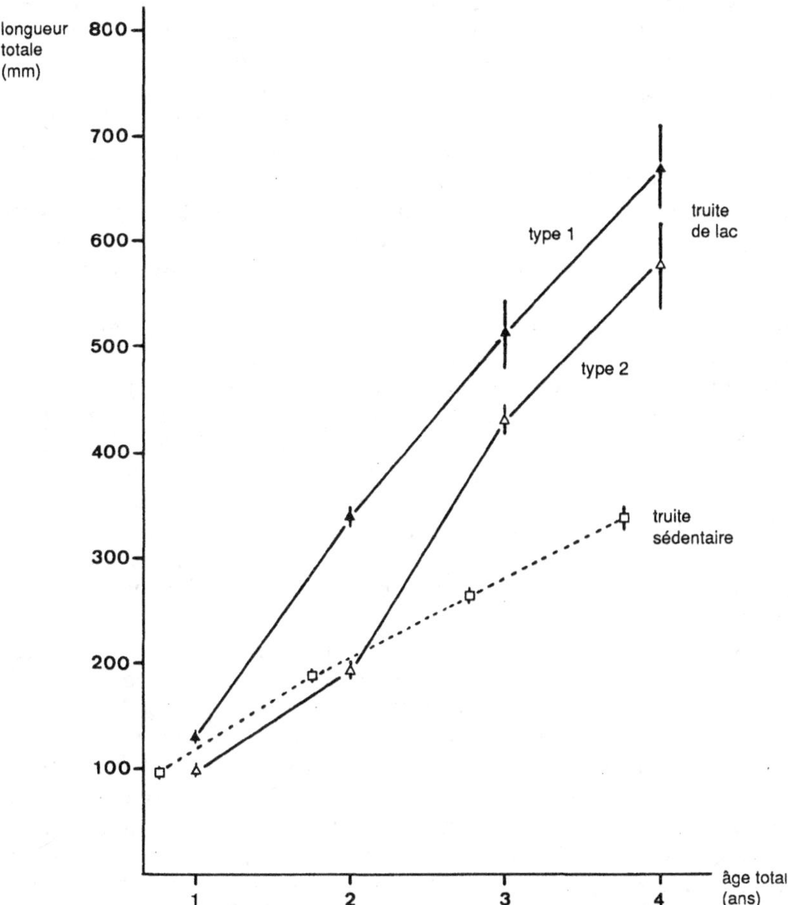

Figure 6. – Croissance (LT en mm) des géniteurs de truite capturés dans le Redon. Truite de lac de 1983 à 1987, longueurs rétrocalculés (modèle linéaire) en considérant le nombre d'années de croissance initiale faible « type rivière » : (▲) 1 : type 1; (Δ) 2 : type 2. (❑) truites sédentaires, longueurs moyennes mesurées à la mi-automne 1984-85 (d'après Champigneulle *et al.*, 1988a). Les barres verticales indiquent l'intervalle de confiance à 95 % de la moyenne.

Champigneulle *et al.* (1990b) ont étudié l'âge et la croissance des géniteurs de truite du Redon de 1983 à 87 en distinguant les géniteurs ayant 1 (type 1) ou 2 (type 2) ans de croissance initiale faible « type rivière ». Pour les rétrocalculs, les auteurs ont utilisé un modèle linéaire ajusté sur un échantillon composé à la fois d'adultes de truite de lac et de juvéniles du Redon. La distinction des deux types de géniteurs a permis de montrer que, pour un type de géniteurs donné (1 ou 2), il y a peu de différence de croissance selon le sexe. Par contre, à âge total égal, la taille est significativement plus élevée pour les géniteurs de type 1 que pour ceux de type 2 (fig. 6). Cette croissance plus rapide se met en place précocement puisque la longueur rétrocalculée à 1 an est significativement plus élevée (129 mm) pour les géniteurs de type 1 que celle (100 mm) des géniteurs de type 2. Cette différence pourrait en partie être expliquée par un passage en lac au stade juvénile à respectivement 1 ou 2 ans pour les géniteurs de type 1 ou 2. Plusieurs auteurs (Allen, 1938 ; Stuart, 1957 ; Treasurer, 1976 ; Arawomo, 1982 ; Jonsson, 1982) indiquent, pour d'autres lacs, que le temps de séjour en rivière est plus court pour les juvéniles ayant eu la plus forte croissance. En accord avec Treasurer (1976), il apparaît souhaitable de décrire la croissance de la truite de lac en distinguant des groupes selon leur nombre d'années de croissance initiale faible « type rivière ».

Champigneulle *et al.* (1990b) ont mis en évidence la présence dans le Léman d'immatures ayant, à âge égal en début d'hiver, une taille supérieure à celle des géniteurs de truite de lac. L'examen de leur croissance par rétromesure a montré que, bien qu'ayant eu une croissance légèrement plus faible lors des années antérieures, c'est lors de la dernière année que les immatures étudiés ont rattrapé et dépassé en taille les géniteurs. Ce rattrapage peut en partie s'expliquer du fait que la maturation sexuelle ralentit la croissance, phénomène bien connu en aquaculture (Burger, 1985 ; Quillet *et al.*, 1986). D'ailleurs l'examen des contenus stomacaux a montré que les immatures continuaient à se nourrir activement en fin automne-début hiver alors que les truites de lac matures arrêtaient de se nourrir en rivière, en période de reproduction.

Comparée à d'autres lacs la croissance de la truite apparaît forte dans le Léman (Melhaoui, 1985 ; Buttiker *et al.*, 1987) ; elle est même comparable à celle observée pour la truite de mer (Euzenat et Fournel, 1979 ; Richard, 1981). A âge égal, la taille des truites est nettement plus élevée dans le Léman qu'en rivière (fig. 6) même si la croissance dans la partie aval des affluents peut-être considérée comme forte (Melhaoui, 1985 ; Champigneulle *et al.*, 1988a). Le régime thermique du Léman est globalement plus favorable à la croissance que celui des affluents. L'inertie thermique limite le refroidissement hivernal. Par ailleurs, en été, alors que la température est généralement supérieure à 15°C en affluent, la zone pélagique du lac, du fait de sa stratification thermique, offre des températures de 12-14°C (optimum pour la croissance de l'espèce selon Elliott (1982) à proximité de la thermocline). Nettles *et al.* (1987) ont d'ailleurs mis en évidence dans le cas du lac Ontario une localisation préférentielle de la truite de lac à proximité de la thermocline en été. Outre le facteur thermique, la meilleure croissance en lac peut s'expliquer par la modification d'autres facteurs : courant, alimentation et densité. Selon

Héland (1977), ces changements conduisent à un relâchement du comportement territorial au profit d'un comportement de petits bancs mieux adaptés à la capture de proies en milieu pélagique. La richesse en poisson fourrage est un des principaux facteurs explicatifs de la forte croissance de la truite généralement observé dans les lacs eutrophes ou mésœutrophes comme le Léman. Cependant, les fortes fluctuations interannuelles de l'abondance de proies disponibles (juvéniles de gardon et de perche) pourraient en partie expliquer les variations de croissance de la truite de lac récemment observées au Léman (Champigneulle *et al.*, 1990b). Les travaux de Jensen (1977) montrent que, en milieu lacustre, une augmentation de la densité de truite peut s'accompagner d'une diminution de la vitesse de croissance. Le développement des techniques acoustiques (échointégration, sonar large bande) devrait permettre de mieux appréhender les fluctuations d'abondance du poisson fourrage dans la zone pélagique des lacs (Dziedzic et Gerdeaux, comm. pers.).

IV. Alimentation de la truite en lac

Quelques tendances concernant l'alimentation de la truite dans le Léman de décembre 1983 à janvier 1985 ont été indiquées par Melhaoui (1985). Ce dernier a examiné les contenus stomacaux de 208 truites de grande taille (35 à 81 cm) capturées en zone pélagique. L'examen de cet échantillon (fig. 7) montrait une très forte tendance à l'ichtyophagie (essentiellement des gardons lors de la période considérée) pour les truites capturées au printemps, en été et en automne. Par contre, celles capturées en hiver étaient ichtyozooplanctonophages (bythotrephes essentiellement). A cette saison, on note la présence de truites à proximité de la surface. D'ailleurs, Champigneulle *et al.* (1986) ont montré lors de deux essais en 1983 et 86, que les captures hivernales par unité d'effort sont en moyenne 5 à 9 fois plus élevées lorsque les filets maillants (3 m de chute) sont plaçés en surface au lieu de 2 m sous la surface (tabl. 5). L'examen des truites immatures ainsi capturées montre que ces dernières continuent à se nourrir activement malgré la faible température de l'eau (< 6°C). L'examen d'un échantillon de 76 truites plus petites (6 à 32 cm) capturées en hiver en zone littorale a montré que ces dernières étaient ichtyobenthophages (fig. 7 ; Melhaoui, 1985). La tendance à l'ichtyophagie a également été notée (Wojno, 1961 ; Holcik et Bastl, 1970 ; Antoniazza et Pedroli, 1983 ; Aass, 1984 ; Brandt, 1986) dans d'autres lacs avec différentes espèces « proies » : gardon, perche, ablette, corégone, éperlan, truite, alose.

Devaux et Monod (1987) ont évalué le taux de conversion (gain de poids/poids ingéré) du gardon par la truite du Léman en étudiant l'accumulation de PCB et de p, p'-DDE (polluants organochlorés) en fonction de l'âge, la croissance annuelle et la contamination du gardon. Le taux de conversion serait de 0,4 entre 3 et 4 ans et de 0,17 entre 4 et 5 ans.

Plusieurs études (Nilsson, 1963 ; Nilsson et Pejler, 1973 ; Svardson, 1976) montrent, dans le cas de lacs scandinaves, l'existence d'interactions entre omble chevalier et truite commune faisant fortement régresser la truite au profit

                    A. CHAMPIGNEULLE *et al.*

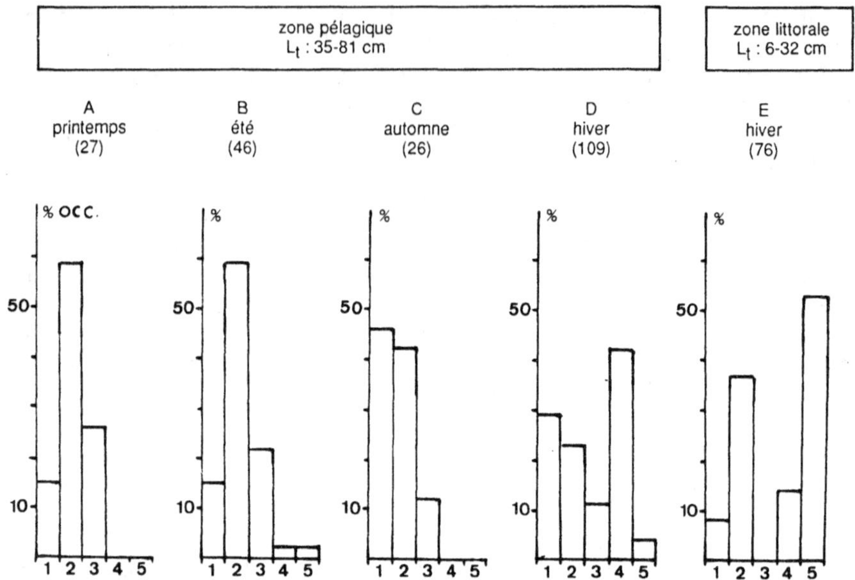

Figure 7. – Alimentation de la truite de lac au Léman entre la fin 1983 et le début 1985 (d'après Melhaoui, 1985). Grandes truites (L_T : longueur totale : 35-81 cm) en zone pélagique : (A) printemps; (B) été; (C) automne; (D) hiver. Petites (7-32 cm) truites en zone littorale en hiver; (E) données exprimées en pourcentage d'occurence : (1) Vide. (2) gardons. (3) autres poissons (ablettes, perches) et indéterminés. (4) zooplancton. (5) macroinvertébrés benthiques. Nombre de truites examinées : valeurs entre parenthèses.

Tableau 5. Comparaisons des captures moyennes de truites par unité d'effort en début 1983 et 1986 selon deux modes de pose des filets maillants : en surface et à 2 m sous la surface (d'après Champigneulle *et al.*, 1986).

		1983 (13/02 au 11/03)	1986 (17/01 au 23/02)
Pose en surface	Effort de pêche (longueur de filets posés, en m)	7 840	114 300
	Captures moyennes (en kg/100 m de filet)	1,25	1,8
	Captures moyennes (en nombre/100 m de filet)	1,0	1,6
Pose à 2 m sous la surface	Effort de pêche (longueur de filets posés, en m)	21 075	3 330
	Captures moyennes (en kg/100 m de filet)	0,22	0,2
	Captures moyennes (en nombre/100 m de filet)	0,20	0,2
Rapport des captures moyennes : (surface) (– 2 m)	En poids	5,7	9,0
	En nombre	5,0	8,0

de l'omble pour des raisons trophiques. Ce phénomène n'est pas observé actuellement au Léman. La grande taille du lac, l'abondance du zooplancton, la localisation généralement profonde de l'omble et surtout l'abondance du poisson fourrage pourraient limiter la compétition alimentaire entre l'omble et la truite au Léman et ce d'autant que, selon Svardson (1976), la truite commence à être piscivore plus tôt que l'omble. Néanmoins les interactions sont susceptibles d'évoluer du fait de l'accroissement des repeuplements en ombles (Champigneulle *et al.*, 1988b) et des fortes fluctuations dans l'abondance du «poisson fourrage».

V. Reproduction

1. Période de remontée et sites de fraie

Il ressort de nombreuses études, revues par Melhaoui (1985), que la truite de lac fraie généralement dans les affluents. Cependant, dans certains lacs scandinaves, la reproduction peut avoir lieu dans les émissaires (Runnstrom, 1949, 1952, 1957). Par ailleurs, Stuart (1953) et Frost et Brown (1972) ont déjà observé la reproduction de truites en bordure de lac, en Irlande et en Ecosse. En Europe, la migration de reproduction a généralement lieu de l'été au début de l'hiver et semble plus précoce, de même que la reproduction, aux latitudes les plus élevées (Allen, 1938 ; Runnstrom, 1949, 1952 et 1957 ; Stuart, 1957 ; Sakowicz, 1961 ; Holick et Bastl, 1970 ; Jensen, 1977 ; Rippmann, 1983).

Dans le cas du Léman, les principaux affluents-frayères à truite de lac connus sont indiqués dans la figure 1. Sur de nombreux d'entre eux (ex : Dranses), les meilleures zones de reproduction et de production de juvéniles ont été rendues inaccessibles par la création de barrages. Les données sur les remontées et les caractéristiques des géniteurs ont été recueillies sur les affluents de la rive suisse principalement grâce aux pêches de reproducteurs (pêche électrique, piégeage partiel sur l'Aubonne; fig. 1) destinées à fournir les œufs pour les piscicultures de repeuplement (Buttiker et Matthey, 1986). Sur la rive française, les données concernant la reproduction de la truite (lac et sédentaire) ont été recueillies dans le Redon en associant des inventaires automnaux avec sexage des géniteurs sédentaires puis par plusieurs sondages par pêche électrique avec un suivi des frayères au cours de la période de reproduction (Champigneulle *et al.*, 1988a). Ces études ont mis en évidence l'existence de remontées essentiellement de la fin novembre à la fin janvier avec comme dans le cas du Redon (fig. 8) des pics de captures variant d'une année à l'autre mais généralement observés pendant et juste après les plus fortes crues. Sur certaines grandes rivières cependant, telle la Dranse (fig. 1), les captures de truite de lac par les pêcheurs amateurs indiquent que certains géniteurs sont déjà présents en été et en début automne. Cependant, ces remontées précoces n'ont pas la même ampleur que celles observées dans le cas de la truite de mer (Piggins, 1975 ; Euzenat et Fournel, 1979 ; Richard, 1986).

2. Frayères et activité de fraie

Les caractéristiques des frayères et de l'activité de fraie ont été décrites pour la truite de lac et la truite sédentaire sur le cours principal du Redon (Champigneulle *et al.*, 1988a). Dans le cas de cet affluent, la fraie est en moyenne plus tardive pour les truites de lac que pour les truites sédentaires. A la date où 50 p. 100 des frayères de truite de lac ont été creusées le pourcentage cumulé de frayères de truite sédentaire creusées est déjà voisin de 90 p. 100 (fig. 8). Pour la truite sédentaire, la période maximale de fraie a lieu entre le début novembre et la mi-décembre alors qu'elle a lieu entre le début décembre et début janvier pour la truite de lac (fig. 8).

La figure 9 précise les caractéristiques morphométriques des frayères (longueur, hauteur d'eau, substrat) de truite de lac dans le Redon. Dans cet affluent, en relation avec la taille plus grande des géniteurs migrateurs, les frayères de truite de lac sont généralement plus grandes, plus profondes et à substrat plus grossier que celles de truites sédentaires (Melhaoui, 1985 ; Champigneulle *et al.*, 1988a). Sur cet affluent, l'ouverture de quelques frayères en 1984 (Melhaoui, 1985) a mis en évidence l'existence d'un bon taux de survie (85 p. 100) jusqu'au stade œillé. Cependant, lors d'hivers à régime hydrologique non favorable (ex : fin d'automne 1985 sans crues, puis fortes crues en début 1986 ; fig. 8), certaines frayères peuvent être totalement détruites (Champigneulle *et al.*, 1988a).

3. Fécondité et phénomène de fraies multiples

Le tableau 6 précise les relations taille-poids et taille-fécondité établies par Melhaoui (1985) à partir d'échantillons de truite de lac du Léman. La fécondité moyenne relative calculée par Melhaoui (1985) sur un échantillon de 26 truites de taille comprise entre 42 et 71 cm est de 2460 ± 220 ovules/kg de femelles. La fécondité relative fluctue de 1300 à 3700 ovules/kg selon les femelles, confirmant la forte variabilité de ce paramètre déjà notée en France pour d'autres populations de truite de rivière ou de mer (Euzenat et Fournel, 1976 et 1979).

Dans le cas du Léman, des fraies multiples ont pu être mises en évidence par l'examen des marques de fraie sur les écailles ou grâce aux opérations de marquage individuel des géniteurs (Melhaoui, 1985 ; Buttiker et Matthey, 1986 ; Champigneulle *et al.*, 1990b). L'examen du tableau 7 montre l'existence

---

Figure 8. – Suivi de trois années (1983 à 85) de fraie de la truite sur le Redon (adapté de Champigneulle *et al.*, 1988a).
8a : Evolution (■ : % du total capturé) des captures de géniteurs de truite de lac en fonction de la période et du niveau d'eau (●——●).
8b : Evolution du nombre cumulé (en %) de frayères de truites de lac (■) et de truites sédentaires (❑) sur la partie aval du Redon.

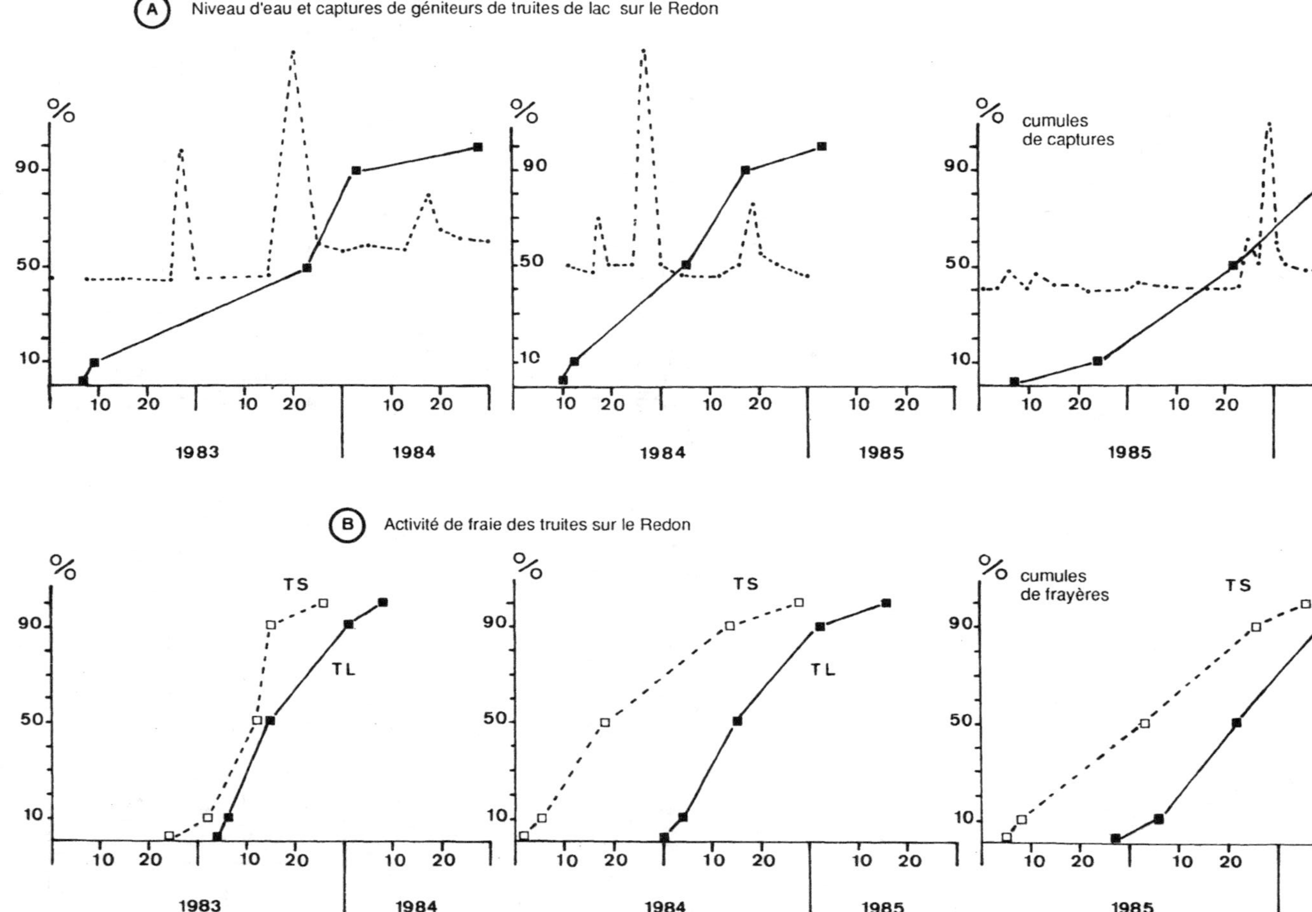
A Niveau d'eau et captures de géniteurs de truites de lac sur le Redon
niveau
d'eau
cumules
de captures
1983
1984
1985
1986
B Activité de fraie des truites sur le Redon
cumules
de frayères
TS
TL

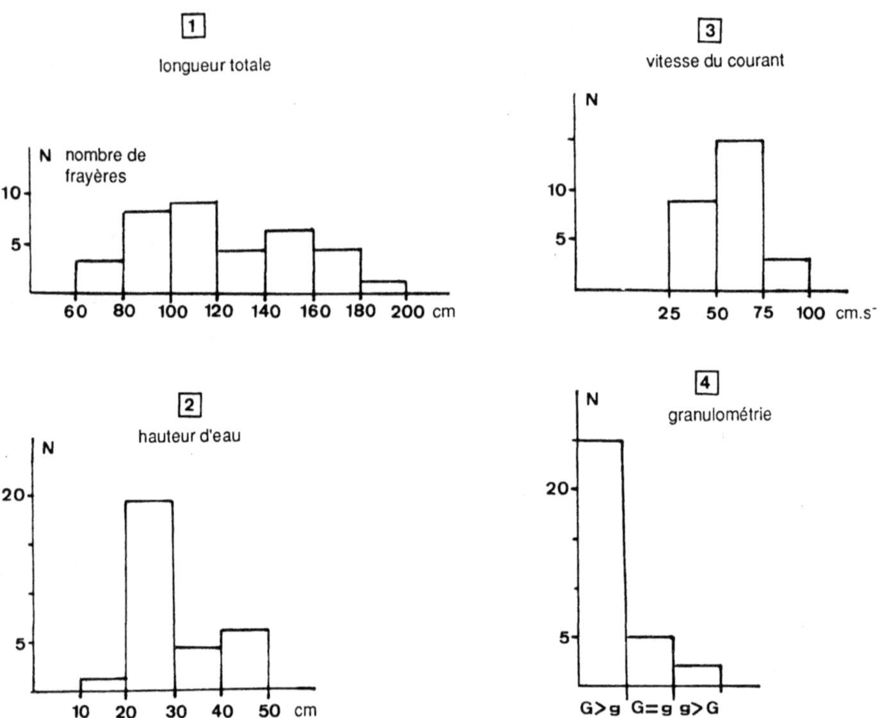

Figure 9. – Caractéristiques physiques des frayères de truite de lac au cours de la fraie de l'hiver 84-85 dans le Redon. (1) longueur totale; (2) hauteur d'eau; (3) vitesse de courant; (4) : granulométrie de surface; mélange de graviers (g : 2 mm-2 cm) et de galets (G : 2 cm-10 cm) avec : (G > g) dominance de galets; (g > G) dominance de graviers; (G = g) proportions voisines de graviers et de galets.

Tableau 6. Relations longueur totale (LT en mm)-poids (g) et longueur totale-fécondité pour la truite de lac au Léman. (n) : nombre d'individus. (Données d'après Melhaoui, 1985).

n		LT en mm	Nature de la relation expression	r
105	49 ♂ + 56 ♀ immatures	200-800	Longueur (LT en mm)-Poids (en g) $\log P = 3{,}115 \log LT - 12{,}101$	0,995
26	♀ mâtures	420-710	Longueur (LT en mm) – Fécondité absolue (Fa) $\log Fa = 3{,}0159 \log LT - 10{,}549$	0,8044
			Fécondité relative moyenne : Fr = 2460 ov/kg ± 220	

d'individus à 4 fraies successives tout en indiquant la rareté des individus à 3-4 fraies (2-3 recaptures) comparativement à ceux à deux fraies. Dans d'autres lacs européens, plusieurs auteurs (Arvidson, 1935; Alm, 1949; Runnstrom, 1952; Stuart, 1953; Sakowicz, 1961) signalent qu'une partie des géniteurs peut marquer un arrêt de reproduction (généralement de 2 ans) entre deux fraies. Ce phénomène a été signalé par Champigneulle *et al.* (1990b) pour quelques truites de lac du Léman. Le nombre de géniteurs à fraies multiples est en partie limité du fait d'une importante mortalité par pêche. En effet, les campagnes de marquage de géniteurs et de déclaration des recaptures par les pêcheurs font apparaître des taux de recaptures déclarées de 10 p. 100 (Buttiker et Matthey, 1986) à 30 p. 100 (Champigneulle *et al.*, 1988a).

4. Homing

La revue bibliographique réalisée par Saglio (1986) indique que le homing, défini comme un retour de l'adulte pour la reproduction à la rivière dont est issu le juvénile, a été particulièrement bien mis en évidence dans le cas du saumon atlantique (*Salmo salar*) et des saumons du Pacifique (genre *Oncorhynchus*). Bien que moins bien connu, ce phénomène a également été montré pour la truite commune dans l'écosystème lac-affluents et un processus de mémorisation à support olfactif semble être en cause (Stuart, 1957; Tilzey, 1977; Scholz *et al.*, 1978).

Dans le cas du Léman, des alevins de truite issus soit de géniteurs de truite de lac capturés sur la rive suisse du Léman soit de géniteurs de pisciculture ont été élevés en eau du lac jusqu'à une taille de 3 à 5 cm. Après marquage, ils ont été déversés en fin de printemps-début été dans le Redon, un affluent de la rive française (Melahoui, 1985; Champigneulle *et al.*, 1990a). Le suivi des géniteurs dans le Redon a permis de mettre en évidence, pour les deux origines, le retour de géniteurs de truite de lac issus des alevins marqués (Champigneulle *et al.*, 1990b). Ces derniers auteurs précisent qu'une part importante (46 p. 100 des femelles et 22 p. 100 des mâles) des géniteurs de la cohorte 1983 remontant frayer dans le Redon est issue d'un petit relacher de 6000 alevins prégrossis en pisciculture (origine : truite de lac; longueur : 4 cm) déversés dans le Redon en début août 1983.

La fidélité à la même rivière lors des fraies successives, mise en évidence par Stuart (1957) et Tilzey (1977), a également été démontrée dans le cas des affluents suisses du Léman par Buttiker et Matthey (1986). De 1964 à 1974, 2588 géniteurs de truite de lac ont été capturés (principalement dans deux affluents distants de 14 km : 1871 dans l'Aubonne et 577 dans la Promenthouse) marqués et relachés. Cette étude montre que la plupart des géniteurs marqués et recapturés lors de plusieurs fraies successives l'ont été dans la rivière de leur première capture (tabl. 7). Les cas de « divagation » ont vraisemblablement été sous-estimés puisque tous les affluents du Léman n'ont pas été également prospectés. Toutefois sur un total de 145 recaptures réalisées dans l'Aubonne ou la Promenthouse une seule truite originaire de l'Aubonne a été recapturée dans la Promenthouse et seulement deux géniteurs originaires

Tableau 7. Retour au lieu de première capture pendant les pêches de reproducteurs de truite de lac (espacement entre deux captures > 200 jours). (A) : recaptures dans la rivière initiale; (B) : recaptures dans une rivière différente. (Données d'après Buttiker et Matthey, 1986).

Nombre de recaptures	Rivière d'origine			
	Aubonne		Promenthouse	
	A	B	A	B
1	89	1	40	3
2	2	0	5	0
3	0	0	2	0
Total	91	1	47	3

de la Promenthouse ont été recapturés dans l'Aubonne. L'examen des recaptures dans le Léman de géniteurs de truites marquées dans des affluents suisses montre que ces dernières ont une tendance à demeurer dans une partie du lac, importante (90-300 km^2) mais déterminée, englobant l'embouchure de ces mêmes affluents (Buttiker et Matthey, 1986). Des phénomènes d'attachement à une zone particulière ont également été mis en évidence dans d'autres lacs (Gustafson *et al.*, 1969; Jensen, 1977).

VI. Perspectives de recherches – Conclusions pour la gestion

La présente synthèse a permis de préciser les principales caractéristiques de la biologie de la truite dans le Léman et quelques affluents. De nouvelles recherches sont nécessaires pour mieux préciser, comme dans le cas d'autres milieux (Stuart, 1953-1957; Jonsson, 1989; Baglinière *et al.*, 1989; Elliott, 1989), les stratégies de colonisation de l'écosystème Léman par la truite.

Il reste à étudier l'existence d'une éventuelle différenciation génétique des populations de truite présentes dans le Léman et ses affluents puisqu'une étude préliminaire (Guyomard, comm. person.) suggère que la population ne semble pas homogène dans cet écosystème. Crozier et Ferguson (1986) et Ferguson (1989) ont mis en évidence l'existence de différences génétiques pour des truites présentes au sein d'un même lac. Dans le cas du lac Melvin, de petite taille (2200 ha) comparativement au Léman, Ferguson (1989) indique la présence de trois populations sympatriques ayant des zones de reproduction, des préférences alimentaires et des croissances différentes. Une des principales lacunes des recherches menées au Léman est de n'avoir que partiellement exploré l'éventuelle variabilité de la biologie de la truite de lac. En effet, les travaux ont surtout porté sur la croissance, la reproduction et les populations en place au niveau des parties aval d'affluents de taille moyenne (largeur de 3 à 10 m). Par contre, les caractéristiques et la biologie des truites fréquentant les deux plus importants affluents (le Rhône amont et les Dranses), les parties amont des tributaires et la zone littorale du Léman sont très mal connues. Par ailleurs, on ne peut exclure l'existence d'une hétérogénéité créée par des programmes d'alevinage variant jusqu'à présent d'un pays à l'autre ou d'une rivière à l'autre.

Il est nécessaire de mieux connaître les fluctuations, le déterminisme du recrutement naturel en juvéniles vers le lac et les relations entre truites sédentaires et migratrices. Cette recherche nécessite le choix et le suivi du fonctionnement d'un ou plusieurs affluents de référence équipés de systèmes de piégeage (aval et amont). La capacité d'accueil en truitelles o$^+$ des affluents est relativement facile à évaluer en quantifiant les caractéristiques de l'habitat et la densité sur des secteurs de référence (Jones, 1976 ; Baglinière et Champigneulle, 1982). Par contre, la capacité du lac pour la production en juvéniles et le grossissement est plus difficilement évaluable. Les espèces (essentiellement gardon et perche) utilisées comme poisson fourrage au stade jeune, sont caractérisées par de très fortes fluctuations interannuelles de recrutement, difficilement contrôlables et prévisibles car en partie liées à la climatologie. Il serait néanmoins utile d'avoir un indice d'abondance permettant d'apprécier les fluctuations interannuelles de cette importante composante de la capacité d'accueil en lac. Parallèlement, il serait intéressant d'étudier la distribution spatiale (en zone littorale et pélagique), les mouvements, la croissance et l'alimentation de la truite en lac en fonction des stades, des saisons et des différentes situations d'abondance des poissons « fourrages ».

La gestion de la truite de lac au Léman est devenue plus complexe du fait de l'accroissement de la pression de pêche et de l'évolution des milieux et des peuplements. Au niveau des affluents, il y a une diminution des possibilités de reproduction et production naturelle de juvéniles (barrages, captages d'eau, recalibrages, pollutions...). L'amélioration de la production naturelle passe donc en premier lieu par la protection des affluents. D'un point de vue pratique, il reste à identifier et à hiérarchiser les opérations (passes, limitations de pollutions...) susceptibles de fournir des effets quantitativement importants.

Le soutien d'effectifs peut constituer un intéressant moyen de gestion (Champigneulle, 1985) à condition de prendre en compte l'état de la production naturelle, la capacité d'accueil de l'ensemble de l'écosystème lac-affluents et les impacts possibles sur l'ensemble du peuplement (compétition, prédation vis-à-vis d'autres espèces exploitées ou repeuplées). Des recherches sont encore nécessaires pour optimiser les déversements vis-à-vis de la production de truites en lac. Il importera de poursuivre les travaux visant à évaluer et à comparer l'efficacité des divers modes de soutien d'effectifs (taille, période, lieu : lac − affluents) pour les différentes souches de truites identifiées (ou leur croisement) ou utilisées dans les pratiques de repeuplement actuelles. Dans l'état présent des connaissances il semble possible d'améliorer la production en juvéniles issus des affluents en y dispersant, en fin printemps-début été et jusqu'à saturation de la capacité d'accueil des alevins prégrossis en pisciculture. Ce mode d'alevinage, orienté vers la production de truite de lac, pourrait utiliser prioritairement des juvéniles produits à partir d'œufs récoltés sur des géniteurs de truite de lac capturés de préférence sur les affluents concernés. Il importera cependant de préciser si ce mode de relâcher perturbe ou améliore la production naturelle de juvéniles et celle de truites exploitables par la pêche en rivière. La constitution et l'entretien en pisciculture d'une souche sauvage captive synthétique constituée à partir de géniteurs capturés dans des affluents du Léman peu perturbés par le repeuplement pourrait être une voie intéressante à tester pour les repeuplements réalisés dans la zone du Léman (Guyomard, 1989b). La pratique des pêches de reproducteurs et le suivi de pièges seront une aide précieuse pour vérifier si l'état des stocks exploités permet de fournir suffisamment de reproducteurs pour saturer la capacité d'accueil des affluents et permettre la collecte d'œufs pour les opérations de repeuplement d'efficacité connue et optimisée en fonction d'objectifs de gestion (pacage lacustre). L'optimisation des relâchers directement en lac nécessitera vraisemblablement de concevoir une production de juvéniles relativement maléable (nombre, taille, période). En effet, les relâchers réalisés directement en lac devraient être organisés pour combler un déficit du recrutement issu des affluents, permettre un recrutement additionnel en juvéniles par la zone littorale ou exploiter au mieux (ou même réguler) les fortes classes d'âge de poisson fourrage.

L'optimisation de l'exploitation est difficile dans la mesure où l'on ne connait pas l'importance du stock et de son taux d'exploitation. L'amélioration récente du recueil des statistiques de pêche (déclaration journalière obligatoire pour les pêcheurs amateurs et professionnels) constitue une première amélioration qu'il importerait cependant de poursuivre en précisant l'effort de pêche. Ce premier suivi a, par exemple, montré que le poids moyen des truites capturées était environ deux fois plus élevé dans le cas des professionnels (1100-1300 g) que dans celui des amateurs (600 à 750 g), ce qui suggère une exploitation différente du stock selon les modes de pêche. Par ailleurs, il sera important de pratiquer des échantillonnages permettant de préciser la sélectivité des engins de pêche et les caractéristiques (taille, âge, sexe, état de maturité) des captures.

L'optimisation de la gestion de la pêcherie de truite de lac au Léman passe obligatoirement par une amélioration des connaissances sur la biologie et l'écologie de l'espèce dans cet écosystème.

Remerciements

Les études sur la truite de lac au Léman ont été réalisées, côté français, dans le cadre d'une convention CSP-INRA (83-624 du 6/12/83) et d'une ATP INRA sur le fonctionnement des écosystèmes lacustres. Du côté suisse, les travaux ont bénéficié de l'aide et du soutien financier du Service des Forêts, de la Faune et de la Protection de la Nature (canton de Genève) et du Service de Conservation de la Faune (canton de Vaud).

Références bibliographiques

AASS P., 1984. Brown trout stocking in Norway. EIFAC symposium on stock enhancement on the management of freshwater fisheries. *EIFAC Tech. Pap. / Doc. Tech. CECPI*, 42, Supp. 1, 123-138.

ALLEN K.R., 1938. Some observations on the biology of the trout (*Salmo trutta*) in Windermere. *J. Anim. Ecol.*, 7, 333-349.

ALM G., 1949. Influence of heredity and environment on various forms of trout. *Rep. Inst. Freshwater Res. Drottningholm*, 29, 29-34.

ALM G., 1959. Connection between maturity, size and age of fishes. *Rep. Inst. Freshwater Res. Drottningholm*, 40, 5-145.

ANTONIAZZA Y. et PEDROLI J.C., 1983. Contribution à l'étude de la biologie et de la pêche de la truite de lac (*Salmo trutta*) dans le lac de Neuchâtel. Rapp. Comm. Pêche lac Neuchâtel, mai 1983, 48 p.

ARAWOMO G.A.O., 1982. the age and growth of juvenile brown trout in Loch Leven, Kinross, Scotland. *Arch. Hydrobiol.*, 93, 466-483.

ARVIDSON G., 1935. Marking av Laxoring i Vattern. *Mednk. Lantbr Styr.n.s.*, 4, 16 p.

BAGLINIERE J.L. et CHAMPIGNEULLE A., 1982. Densité des populations de truite commune (*Salmo trutta* L.) et de juvéniles de saumon atlantique (*Salmo salar* L.) sur le cours principal du Scorff (Bretagne) : preferendums physiques et variations annuelles (1976-1980). *Acta Oecol., Oecol. Appl.*, 3, 241-256.

BAGLINIERE J.L., LE BAIL P.Y. et MAISSE G., 1981. Détection des femelles en vitellogénèse. II. Un exemple d'application : recensement dans la population de truite commune (*Salmo trutta*) d'une rivière de Bretagne sud (le Scorff). *Bull. Fr. Piscic.*, 283, 89-95.

BAGLINIERE J.L., MAISSE G., LEBAIL P.Y. et NIHOUARN A., 1989. Population dynamics of brown trout (*Salmo trutta* L.) in a tributary in Brittany (France) : spawning and juveniles. *J. Fish Biol.*, 34, 97-110.

BRANDT S.B., 1986. Food of trout and salmon in Lake Ontario. *J. Great Lakes Res.*, 12, 200-205.

BURGER G., 1985. *Relations entre génotype, croissance et âge à la première maturation sexuelle chez la truite arc-en-ciel* (Salmo gairdneri). Mémoire DES, Univ. Pierre et Marie Curie, Paris VI, 26 p.

BUTTIKER B., 1984. Inventaire et estimation du rendement piscicole d'un ruisseau à truites : le Greny. *Bull. Soc. Vaud. Sci. Nat.*, 366, 119-134.

BUTTIKER B. et MATTHEY G., 1986. Migration de la truite lacustre (*Salmo trutta lacustris* L.) dans le Léman et ses affluents. *Schweiz. Z. Hydrol.*, 48, 153-160.

BUTTIKER B., MATTHEY G., BEL J. et DURAND P., 1987. Age et croissance de la truite lacustre (*Salmo trutta lacustris* L.) du Léman. *Schweiz. Z. Hydrol.*, 49, 316-328.

CHAMPIGNEULLE A., 1985. Analyse bibliographique des problèmes de repeuplement en omble chevalier (*Salvelinus alpinus*), truite fario (*Salmo trutta*) et corégones (*Coregonus* sp.) dans les grands plans d'eau. In Gerdeaux D. et Billard R. Ed., *Gestion piscicole des lacs et retenues artificielles*, INRA, Paris, 187-217.

CHAMPIGNEULLE A., PATTAY D. et BUTTIKER B., 1986. Pêches hivernales de truites : comparaison de la pêche avec des filets tendus en surface et à 2 m de profondeur. *Rapport du groupe Recherches Piscicoles. Rapport interne de la Commission Consultative de la Pêche au Léman*, juin 1986, 5 p.

CHAMPIGNEULLE A., 1987. Etude sur la truite de lac et mises au point techniques. *Rapp. Inst. Limnol.*, Thonon, 1 vol., 10 p.

CHAMPIGNEULLE A., MELHAOUI M., MAISSE G., BAGLINIERE J.L., GILLET C. et GERDEAUX D., 1988a. Premières observations sur la population de truite (*Salmo trutta* L.) dans le Redon, un petit affluent-frayère du lac Léman. *Bull. Fr. Pêche Piscic.*, 310, 59-76.

CHAMPIGNEULLE A., MICHOUD M., GERDEAUX D., GILLET C., GUILLARD J. et ROJAS-BELTRAN R., 1988b. Suivi des pêches de géniteurs d'omble chevalier (*Salvelinus alpinus* L.) sur la partie française du lac Léman de 1982 à 1987. Premières données sur le pacage lacustre de l'omble. *Bull. Fr. Pêche Piscic.*, 310, 85-100.

CHAMPIGNEULLE A. MELHAOUI M., GERDEAUX D., GUILLARD J., ROJAS-BELTRAN R. et GILLET C., 1990a. La truite commune (*Salmo trutta* L.) dans le Redon, un petit affluent du lac Léman. I Caractéristiques de la population en place (1983-88) et premières données sur l'impact des relachers d'alevins prégrossis. *Bull. Fr. Pêche Piscic.*, **319**, 181-196.

CHAMPIGNEULLE A., MELHAOUI M., GERDEAUX D., ROJAS-BELTRAN R., GILLET C., GUILLARD J. et MOILLE J.P., 1990b. La truite commune (*Salmo trutta* L.) dans le Redon, un petit affluent du lac Léman. II. Caractéristiques des géniteurs de truite de lac (1983-88) et premières données sur l'impact des relachers d'alevins prégrossis. *Bull. Fr. Pêche Piscic.*, **319,** 197-212.

CHEVASSUS B. et GUYOMARD R., 1983. Recherches sur la génétique de la truite fario et du saumon atlantique. *Rapport final de la convention INRA-CSP 1980-82*, 1 vol., 58 p.

CUINAT R., 1960. Croissance et taille légale de la truite fario dans quelques rivières françaises. *Ann. Stn Cent. Hydrobiol.*, 8, 225-261.

CIPEL, 1984. Le Léman. Synthèse des travaux de la CIPEL de 1957 à 1982. Lausanne, 1 vol., 650 p.

CRAIG J.F., 1982. A note on growth and mortality of trout (*Salmo trutta* L.) in afferent streams of Windermere. *J. Fish Biol.*, 20, 423-429.

CROZIER W.W. et FERGUSON A., 1986. Electrophoretic examination of the population structure of brown trout (*Salmo trutta*) from the Lough Neagh catchment, Northern Ireland. *J. Fish Biol.*, 28, 459-477.

DELLEFORS C. et FAREMO, 1988. Early sexual maturation in males of wild sea trout (*Salmo trutta*) inhibits smoltification. *J. Fish Biol.*, 33, 741-749.

DEVAUX A., MONOD G., 1987. PCB and p,p'-DDE in Lake Geneva brown trout (*Salmo trutta* L.) and their use as bioenergetic indicators. *Environ. Monit. Asses.*, 9, 105-114.

DURAND P. et PILOTTO J.D., 1989. Projet de recherche sur la truite lacustre. Etude du repeuplement effectué dans quelques affluents du Léman. Rapport intermédiaire janvier 1989. Ecotec, 18 p.

ELLIOTT J.M., 1982. The effects of temperature and ratio size on the growth and energetics of salmonids in capacity. *Comp. Biochem. Physiol.*, 73 B, 81-91.

ELLIOTT J.M., 1989. The natural regulation of number and growth in contrasting populations of brown trout (*Salmo trutta*) in two Lake District streams. *Freshwater Biol.*, 21, 7-19.

EUZENAT G. et FOURNEL F., 1976. *Recherches sur la truite commune* (Salmo trutta) *dans une rivière de Bretagne : le Scorff.* Thèse Doct. 3 ^{e} cycle Biol. Anim., Fac. Sci. Univ. Rennes, 243 p.

EUZENAT G. et FOURNEL F., 1979. Etude sur les Salmonidés migrateurs du Bassin de l'Arques (Seine maritime). *Bull. Inf. du C.S.P.*, 115, 67-90.

FERGUSSON A., 1989. Genetic differences among brown trout (*Salmo trutta*) stocks and their importance for the conservation and management of the species. *Freshwater Biol.*, 21, 35-46.

FOREL F.A., 1904. Le Léman. Monographie limnologique, tome 3, F. Rouge et Cie Ed., Lausanne. 715 p.

FROST W.E. and BROWN N.E., 1972. The trout. Collins Ed., London, 286 p.

GERDEAUX D., 1988. La gestion piscicole d'un lac international : le lac Léman. EIFAC Symposium on Management Schemes for Inland Fisheries. Göteborg (Suède) – 31 mai au 3 juin 1988.

GUSTAFSON K.J., LINDSTROM T. and FAGERSTROM A., 1969. Distribution of trout and char within a small Swedish high mountain lake. *Rep. Inst. Freshwater Res. Drottningholm*, 49, 63-75.

GUYOMARD R., 1989a. Diversité génétique de la truite commune. *Bull. Fr. Pêche Piscic.*, 314, 118-135.

GUYOMARD R., 1989b. Gestion génétique des populations naturelles : l'exemple de la truite commune. *Bull. Fr. Pêche Piscic.*, 314, 136-145.

HELAND M., 1977. *Recherches sur l'ontogenèse du comportement territorial chez l'alevin de truite commune* (Salmo trutta). Thèse Doct. 3e cycle Biol. Anim. Fac. Sci. Univ. Rennes, 239 p.

HOLCIK J. et BASTL I., 1970. Notes on the biology and origin of the trout (*Salmo trutta m. lacustris*) in the Orava valley reservoir (Northern Slovakia). *Zool. List.*, 19, 71-85.

HUNT P.C. et JONES J.W., 1972. Trout in Llyn Alaw, Anglesey, North Wales. II. Growth. *J. Fish Biol.*, 4, 409-424.

JENSEN K.W., 1977. On the dynamics and exploitation of the population of brown trout (*Salmo trutta* L.) in Lake øvre Heimdalsvatn, Southern Norway. *Rep. Inst. Freshwater Res. Drottningholm*, 56, 18-69.

JONES A.N., 1975. A preliminary study of fish segregation in salmon spawning streams. *J. Fish Biol.*, 7, 95-104.

JONSSON B., 1982. Life history patterns of freshwater resident and sea-run migrant brown trout in Norway. *Trans. Am. Fish. Soc.*, 114, 182-194.

JONSSON B., 1989. Life history and habitat use of Norwegian brown trout (*Salmo trutta*). *Freshwater Biol.*, 21, 78-86.

KRIEG F., 1984. *Recherche sur la différenciation génétique entre populations de* Salmo trutta. Thèse 3e cycle, Univ. Paris Sud, Orsay, 1 vol., 92 p.

LAURENT P.J., 1972. Lake Leman : effects of exploitation, eutrophication and introductions, on the salmonid community. *J. Fish. Res. Board Canada*, 29, 867-875.

LE BAIL P.Y., MAISSE G. et BRETON B., 1981. Détection des femelles de Salmonidés en vittelogénèse. 1. Description de la méthode et mise en œuvre pratique. *Bull. Fr. Piscic.*, 283, 79-88.

MAISSE G., 1985. ATP INRA n° 4355. Connaissance et gestion des écosystèmes lacustres subalpins. Compte-rendu des travaux du Laboratoire de Physiologie et d'Ecologie des Poissons, INRA Rennes, 20 p.

MELHAOUI M., 1985. *Eléments d'écologie de la truite de lac* (Salmo trutta L.) *du Léman dans le système lac-affluents*. Thèse Doct. 3e cycle, Univ. Pierre et Marie Curie, Paris VI, 127 p.

NETTLES D.C., HAYNES J.M., OLSON R.A., WINTER J.D., 1987. Seasonal movements and habitats of brown trout (*Salmo trutta*) in South central Lake Ontario. *Great Lakes Res.*, 13, 168-177.

NILSSON N.A., 1963. Interaction between trout and char. *Trans. Am. Fish. Soc.*, 92, 276-285.

NILSSON N.A., PEJLER B., 1973. On the relation between fish fauna and zooplancton composition in north swedish lakes. *Rep. Inst. Freshwater Res. Drottningholm*, 53, 51-77.

PIGGINS D.J., 1975. Stock production, survival rates and life history of sea trout of the Burrishoole River system. *Annu. Rep. Salm. Res. Trust Ireland Inc.*, XX, 45-57.

PROUZET P., HARACHE Y., DANEL P. et BRANELLEC J., 1977. Etude de la croissance de la truite commune (*Salmo trutta fario* L.) dans deux rivières du Finistère. *Bull. Fr. Piscic.*, 267, 62-84.

QUILLET E., CHEVASSUS B., KRIEG F. et BURGER G., 1986. Données actuelles sur l'élevage en mer de la truite commune (*Salmo trutta*). *Pisc. Fr.*, 86, 48-56.

RICHARD A., 1981. Observations préliminaires sur les populations de truite de mer (*Salmo trutta*) en Basse-Normandie. *Bull. Fr. Piscic.*, 283, 114-124.

RICHARD A., 1986. *Recherches sur la truite de mer* (Salmo trutta*) en Basse-Normandie : scalimétrie, sexage, caractéristiques biométriques, démographiques et migratoires.* Thèse 3ᵉ cycle, Fac. Sci. Univ. Rennes, 1 vol., 54 p.

RIPPMANN U., 1983. La pêche de la truite dans le lac des Quatre-Cantons. Off. Féd. de la Protection de l'Environnement (Berne). *Cah. Pêche*, 41, 119-135.

RUHLE C., 1983. Wachstumsverhältrisse und Reifeent wicklung bei der Seeforelle (*Salmo trutta lacustris* L.) des Bodensees. *Osterreichs Fisch.*, 36, 196-201.

RUNNSTROM S., 1949. Control of trout migration by a fish ladder. *Rep. Inst. Freshwater Res. Drottningholm*, 29, 85-107.

RUNNSTROM S., 1952. The population of trout (*Salmo trutta* L.) in regulated lakes. *Rep. Inst. Freshwater Res. Drottningholm*, 33, 179-198.

RUNNSTROM S., 1957. Migration, age, growth of the brown trout (*Salmo trutta* L.) in lake Rensjön. *Rep. Inst. Freshwater Res. Drottningholm*, 38, 194-246.

SAGLIO P., 1986. Considérations sur le mécanisme chimiosensoriel de la migration reproductrice chez les Salmonidés. *Bull. Fr. Pêche Piscic.*, 301, 35-55.

SAKOWICZ S., 1961. Reproduction of the lake trout (*Salmo trutta lacustris* L.) from Wdyzdze Lake. A biologico-managing monograph of the lake trout from Wolzydze Lake. *Rocz. Nauk. Roln.*, 93-D, 501-556.

SCHOLZ A.T., COOPER J.C., HORRALL R.M. and HASLER A.D., 1978. Homing of morpholine-imprinted brown trout (*Salmo trutta* L.). *Fish Bull.*, 76, 293-295.

STUART T.A., 1953. Spwaning migration, reproduction and young stages of loch trout (*Salmo trutta* L.). *Sci. Invest. Freshwater Salm. Fish. Res. Scotl.*, 5, 39 p.

STUART T.A., 1957. The migrations and homing behaviour of brown trout (*Salmo trutta* L.). *Freshwater Salm. Fish. Res.*, 18, 1-27.

SVARDSON G., 1976. Interspecific population dominance in fish communities of Scandinavian lakes. *Rep. Inst. Freshwater Res. Drottningholm*, 55, 144-171.

THORPE J.E., 1974. The movements of brown trout (*Salmo trutta* L.) in Loch Leven, Kinross, Scotland. *J. Fish Biol.*, 6, 153-160.

TILZEY R.D.J., 1977. Repeat homing of brown trout (*Salmo trutta* L.) in Lake Eucumbene, New South Wales Australia. *J. Fish. Res. Board Can.*, 34, 1085-1094.

TREASURER J.W., 1976. Age, growth and length-weight relationship of brown trout (*Salmo trutta* L.) in the loch of Stathberg, Aberdeenshire. *J. Fish Biol.*, 8, 241-253.

WOJNO T., 1961. The feeding of trout (*Salmo trutta*) from Wdzydze Lake. *Rocz. Nauk. Roln.*, 93-D, 681-702.

2. La truite de mer (*Salmo trutta* L.) en Normandie / Picardie

G. Euzenat, Françoise Fournel, A. Richard
avec la collaboration technique de J.L. Fagard

I. Introduction

La truite de mer, forme anadrome de la truite commune *Salmo trutta*, est présente dans la plupart des cours d'eau de la façade atlantique européenne.

Bien qu'elle n'ait pas bénéficié jusqu'à ces dernières années d'un intérêt comparable à celui porté au saumon atlantique, la truite de mer a malgré tout fait l'objet de nombreux travaux depuis le début du siècle dans divers pays européens. Les premières descriptions concernaient les stocks écossais (Nall, 1930) et scandinaves (Jarvi et Menzies, 1936), puis ceux de la mer Baltique, polonais notamment (Backiel et Sych, 1958; Skrochowska, 1969; Bartel, 1977).

Les études visant à une connaissance davantage fonctionnelle des populations n'ont quant à elles démarré que vers la fin des années 60, souvent liées à l'origine à l'étude des stocks de saumons (Went, 1962, 1967; Jensen, 1968; Campbell, 1972; Paterson, 1973; Piggins, 1976; Pratten et Shearer, 1983; Elliott, 1984, 1985).

En France, les premières investigations ont démarré en Haute-Normandie (Arrignon, 1967, 1968 a et b; Demars, 1976) mais en dehors de cette connaissance régionale conjoncturelle – les travaux étant essentiellement axés sur la réimplantation du saumon, dans le cadre du premier programme national de restauration du saumon atlantique –, on sait peu de choses sur la truite de mer au plan national, en l'absence d'effort d'inventaire structurel. Une enquête (Euzenat, Fournel, non publié) réalisée auprès des Délégations Régionales du Conseil Supérieur de la Pêche et des Fédérations Départementales des Associations de Pêche a simplement révélé :

— que la truite de mer est signalée sur beaucoup de cours d'eau de la façade atlantique et de la Manche (rivières côtières et aval des grands fleuves) et, sous réserve d'expertise, de la Méditerrannée, sans qu'il soit possible de se prononcer sur l'état, qualitatif et quantitatif, des populations;

— que l'origine des adultes de retour est mal cernée : reliquat indigène? truite de mer polonaise introduite dans les années 60? truite de repeuplement?

C'est dans les années 1980, qu'à l'initiative et sur financement du Ministère de l'Environnement, dans le cadre du Plan Saumon, élargi cette fois aux « Grands Migrateurs », sont mis en place des programmes de recherche spécifiques : en Haute-Normandie / Picardie, en 1979, puis en Basse-Normandie, en 1981.

Cette publication présente une synthèse des résultats des programmes menés dans ces deux régions, au sein des Délégations Régionales n°1 (Compiègne) et 2 (Rennes) du Conseil Supérieur de la Pêche, par deux petites unités basées respectivement à Eu (Seine maritime) et Caen (Calvados).

Certains des résultats exposés ont fait l'objet de publications antérieures (Fournel & Euzenat, 1979, 1982, 1987; Fournel et col., 1986, 1987; Richard, 1981, 1982, 1986); ils sont complétés ici par des données originales d'acquisition plus récente.

II. Objectifs

En Haute-Normandie / Picardie comme en Basse-Normandie, les travaux réalisés visent essentiellement à établir les bases biologiques d'une gestion rationnelle à l'échelle du bassin, prenant en compte les spécificités régionales.

Les investigations concernent principalement les phases migrantes : smolts, adultes frais, bécards; elles ont comporté, dans les deux régions, des phases d'approche assez comparables de balayage aussi large que possible des données de base (biométrie, cycle biologique); par la suite, les axes d'études se sont assez nettement différenciés avec :

— en Basse-Normandie, prédominance du descriptif : caractérisation des populations sur différents bassins côtiers et mise au point d'outils méthodologiques (scalimétrie, sexage);

— en Haute-Normandie/Picardie, prédominance du fonctionnel : étude de la dynamique d'une population de truite de mer à l'échelle d'un bassin.

La plupart des données recueillies n'ont pas jusqu'ici fait l'objet d'une exploitation statistique approfondie, étant généralement traitées au niveau suffisant pour leur application « gestion ».

III. Lieux et méthodes d'études

Les données exposées proviennent pour l'essentiel de quatre bassins hydrographiques : Bresle et Arques pour la Haute-Normandie/Picardie, Orne et Touques pour la Basse-Normandie (fig. 1); leurs caractéristiques physiques sont présentées succinctement dans le tableau 1.

Les résultats relatifs à la caractérisation des populations sont obtenus principalement par piégeage des migrants, à la montée et/ou à la descente, les conditions de fonctionnement fluctuant assez largement selon les sites :

• piégeage partiel ou continu avec, ou non, évaluation de l'efficacité;

• portant, simultanément ou non, sur les sens montée et descente;

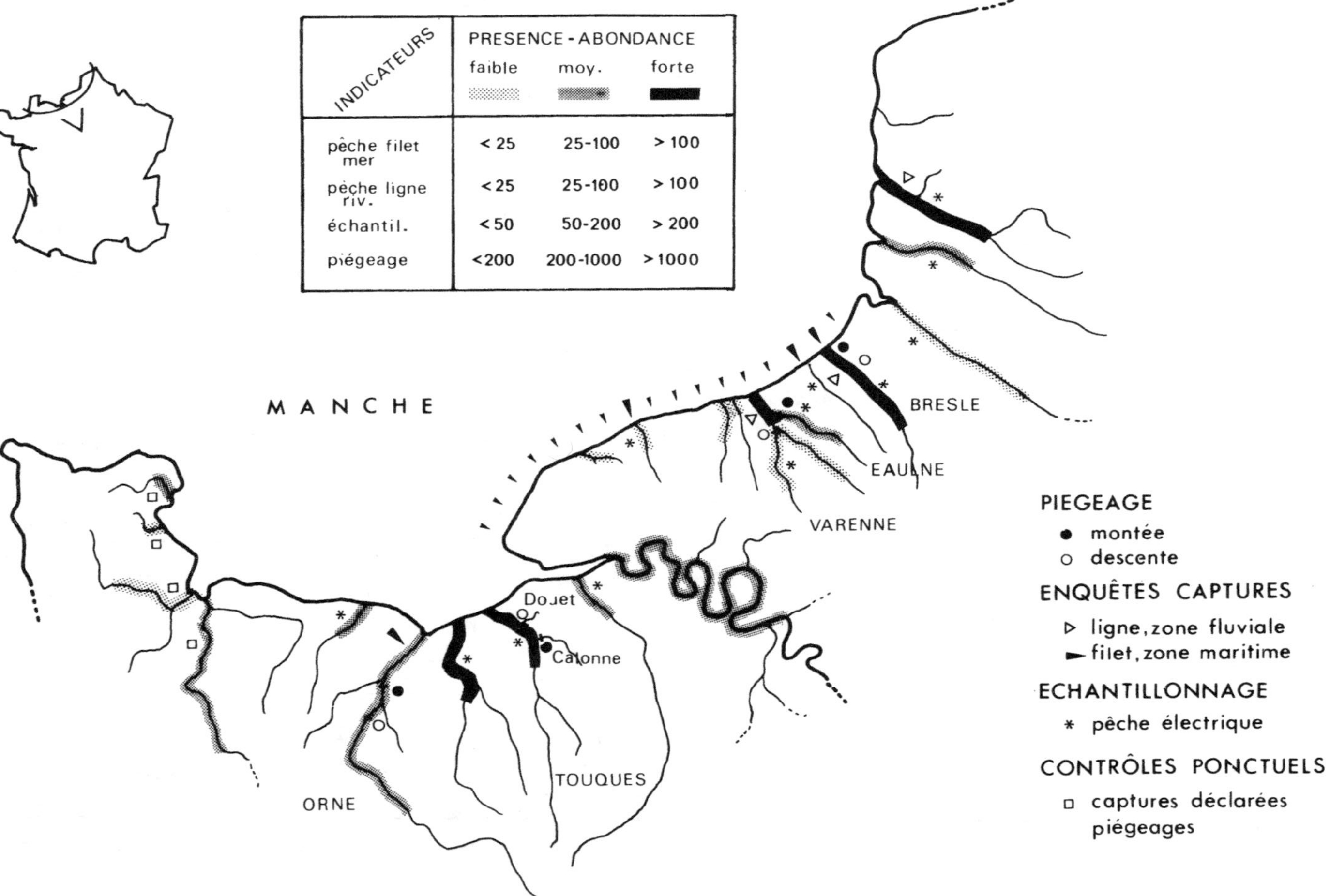

Figure 1. Les rivières à truite de mer de Normandie – Picardie : présence-abondance et sites d'étude.

G. EUZENAT, F. FOURNEL, A. RICHARD

Tableau 1. Principales caractéristiques physiques des rivières étudiées.

Caractéristiques	Haute-Normandie			Basse-Normandie	
	Bresle Bresle	Arques Eaulne	Arques Varenne	Orne Orne	Touques Calonne
Surface B.V. (km^2)	748	325	364	2 900	190
Géologie	Calcaire	Calcaire	Calcaire	Schiste/grès	Calcaire
Longueur (km) • Axe • Affluents[2]	$72^{(1)}$ 40	43 5	43 –	175 280	46 37
Pente (‰)	2,4	3,3	2,9	1,1	3,9
Débit (m^3/s) • moyen • mini-maxi moyens mensuels	6,5 5-8	3 1,7-4	4 2,5-6	22 3-55	1,8 1-2
Température (°C) • Moyenne ann. • mini-maxi. moyens mensuels	(3) 9° $2,5^o$-$16,2^o$	(4) 11° $7,3^o$-$15,5^o$	(5) $10^o 8$ 5°-15°	12^o7 $-20,5^o$	– $-16,5^o$

(1). Non pris en compte le dédoublement du cours sur près de 50 % du linéaire.
(2). De largeur supérieure à 2 m uniquement.
(3). Moyenne des 3 années 85-86-87 (années froides).
(4). Moyenne des années 80-81-82.
(5). Moyenne des années 79-80.

• dispositif implanté sur l'axe principal ou sur des affluents, à une distance de la mer variant de 3 à 22 km.

Ces conditions de fonctionnement sont, pour plus de commodité, présentées de manière synthétique dans le tableau 2, la localisation des dispositifs étant indiquée figure 1.

Tous les poissons contrôlés lors des relevés font l'objet de mesures biométriques et d'un prélèvement d'écailles. Leurs effectifs, intégralement pris en compte pour les différents calculs, sont donnés dans le tableau 2.

Le piégeage peut être accompagné d'un marquage des migrants, occasionnel ou systématique.

Des échantillonnages, plus ponctuels, sont en outre réalisés sur des individus en remontée capturés :

• par pêche électrique sur les zones de stabulation ou au pied des obstacles infranchissables,

• par les pêcheurs, à la ligne et au filet, en rivière et en zone maritime proche.

L'exploitation par pêche est étudiée de façon plus ou moins approfondie selon les sites (fig. 1) :

• en Haute-Normandie/Picardie, les enquêtes

— concernent à la fois l'exploitation en secteur fluvial (pêche à la ligne) et maritime (pêche au filet, à pied et en bateau, amateur et professionnelle);

— portent sur un secteur géographique étendu, quoiqu'étant nettement plus concentrées dans un rayon de 10 km autour de la Bresle.

Sont ainsi mises en œuvre les modalités d'enquête suivantes :
- carnets de pêche
- enquêtes sur le terrain en cours de saison de pêche
- entretiens, à domicile ou par téléphone, en fin de saison;

• en Basse-Normandie, les enquêtes, réalisées sur le terrrain en cours de saison de pêche se sont limitées à l'estuaire de l'Orne (pêche à la ligne et pêche professionnelle).

Ces différentes techniques d'étude sont, selon les cas, utilisées seules ou conjointement.

Elles ont été combinées sur la Bresle, durant plusieurs années consécutives, dans le cadre de l'étude de dynamique des populations de migrateurs menée sur ce bassin, avec notamment :

• capture, à la montée, des adultes reproducteurs et évaluation, sur quatre années, de l'efficacité du dispositif par marquage/recapture, débouchant sur l'estimation du potentiel reproducteur du bassin (années 82 à 87);

• capture des smolts, à la descente, avec évaluation de l'efficacité du dispositif, débouchant sur l'estimation du recrutement (années 82 à 86);

• marquage des smolts et recapture des adultes de retour pour évaluation des taux de retour à la rivière (Fournel et col., 1990);

• enquêtes sur les captures, en mer et en rivière, pour évaluation de la mortalité par pêche (années 85 à 88).

IV. Résultats

1. Importance des remontées

A l'heure actuelle, la truite de mer fréquente pratiquement toutes les rivières côtières du littoral de la Manche Est, l'importance des remontées y variant, selon les rivières, de quelques dizaines à plusieurs milliers d'individus.

Sur les rivières non équipées de dispositifs de comptage, les effectifs des remontées ne sont pas connus avec précision ; l'utilisation de différents indicateurs (captures par les pêcheurs, sondages par pêche électrique au pied des obstacles, observations des frayères,...) permet toutefois d'apprécier leur niveau de fréquentation et de répartir les cours d'eau en trois classes d'abondance (fig. 1).

Les bassins les plus fréquentés sont, du nord au sud : Canche, Bresle, Arques, Touques, Dives, Orne et Vire ; les remontées annuelles y sont de l'ordre de – voire très supérieures – au millier d'individus.

Les effectifs capturés annuellement dans les divers dispositifs de contrôle sont détaillés dans le tableau 2.

2. Migration

a) Rythmes migratoires

Les périodes d'activité migratoire de la truite de mer couvrent –tous stades confondus – la quasi-totalité de l'année (fig. 2) :

• la dévalaison des juvéniles se produit au printemps, commençant fin-février pour se terminer à la mi-mai, avec un pic de migration qui se situe très généralement première quinzaine d'avril. Il n'a jamais été observé de dévalaison automnale sur les cours d'eau suivis ;

• la remontée des adultes est étalée de mai à janvier ; elle se déroule toujours en deux vagues bien distinctes séparées par une période creuse en août-septembre. Si l'importance relative des deux vagues reste à peu près constante sur une même rivière, elle peut en revanche varier assez largement d'une rivière à l'autre.

Ainsi sur la Bresle, c'est la première vague qui est toujours la plus importante, avec 73 p. 100 en moyenne des effectifs capturés (près de 90 p. 100 si l'on considère les poissons fraîchement remontés, porteurs de poux de mer ou de cicatrices de poux).

Le même schéma se retrouve à peu de choses près sur la Calonne où le pic automnal correspond surtout à un mouvement des géniteurs stationnés dans la Touques.

Sur l'Orne, la vague automnale, majoritairement composée de poissons arrivant directement de la mer, devient en revanche prépondérante (fig. 3).

Tableau 2. Effectifs de truites de mer capturés annuellement, de 1978 à 1987, dans les dispositifs de piégeage implantés en Normandie/Picardie.
Situation et conditions de fonctionnement des dispositifs
(1) : (A.P.) dispositif implanté sur l'axe principal; (A.1) dispositif implanté sur un affluent d'ordre.
(2) : M. Ad : contrôle à la montée – adultes; D. Be : contrôle à la descente – adultes bécards; D. Sm : contrôle à la descente – smolts.
Effectifs piégés entre parenthèses : conditions de piégeage partiel. Cases en traits renforcés : années où l'efficacité du dispositif a été évaluée (avec, en %, indication de l'efficacité estimée).

Bassins	Rivières Ordre d'affluence (1)	Nature du contrôle (2)	Distance à la mer (km)	Années de piégeage									
				78	79	80	81	82	83	84	85	86	87
Bresle	Bresle (A.P.)	M. Ad	3				(127)	(389)	(430)	1 020 59 %	770 70 %	820 65 %	819 60 %
		D. Be	15							(218)	(249)	(185)	(213)
		D. Sm	15					3 410	4 440	1 360	4 410	4 370 60 %	1 850
Arques	Eaulne (A.1)	M. Ad	10		(11)	(36)	(143)	(31)	(95)	–	–	–	–
		D. Be	10			(49)	(44)	(56)	(168)	–	–	–	–
	Varenne (A.1)	D. Sm	7	(594)	(729)	–	–	–	–	–	–	–	–
Touques	Calonne (A.1)	M. Ad	22						(2 970)	4 046 100 %			
	Douet (A.1)	D. Sm	15								437	328	252
Orne	Orne (A.P.)	M. Ad	22				739	930 77 %	535	614	–	–	488
		D. Sm	36					(360)	(748)	–	–	–	–

Ces modulations de l'activité migratoire paraissent liées au régime hydraulique des rivières : la Bresle, comme la Calonne, à forte remontée de printemps/été sont toutes deux des rivières à débit stable (facteur 2 maximum entre étiage et hautes eaux mensuels) alors que l'Orne, à remontée automnale prépondérante, se caractérise par un régime irrégulier, à étiage prononcé (facteur 15 à 20 entre étiage et hautes eaux);

• la descente des géniteurs survivants (bécards) débute fin novembre pour se terminer en avril, avec une activité migratoire très irrégulière selon les années, fortement dépendante de la température qui, à cette époque de l'année, intervient comme facteur limitant (inhibition pendant les périodes de gel).

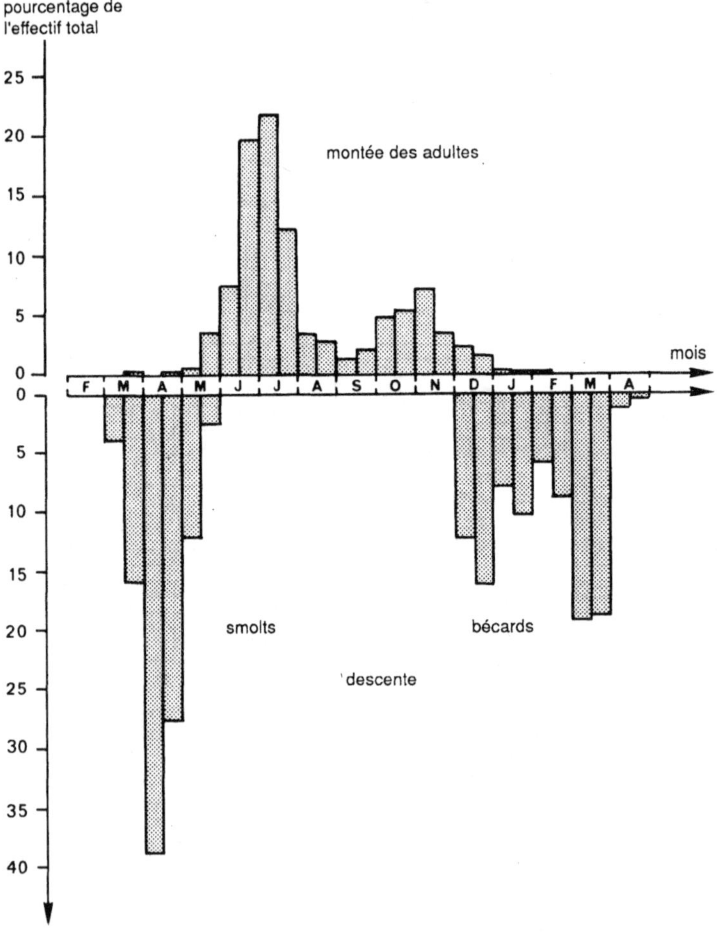

Figure 2. Rythmes migratoires de la truite de mer : montée des adultes – descente des smolts et des bécards (captures par quinzaine exprimées en % de l'effectif total annuel). Rivière Bresle – moyenne des années 1982-1987.

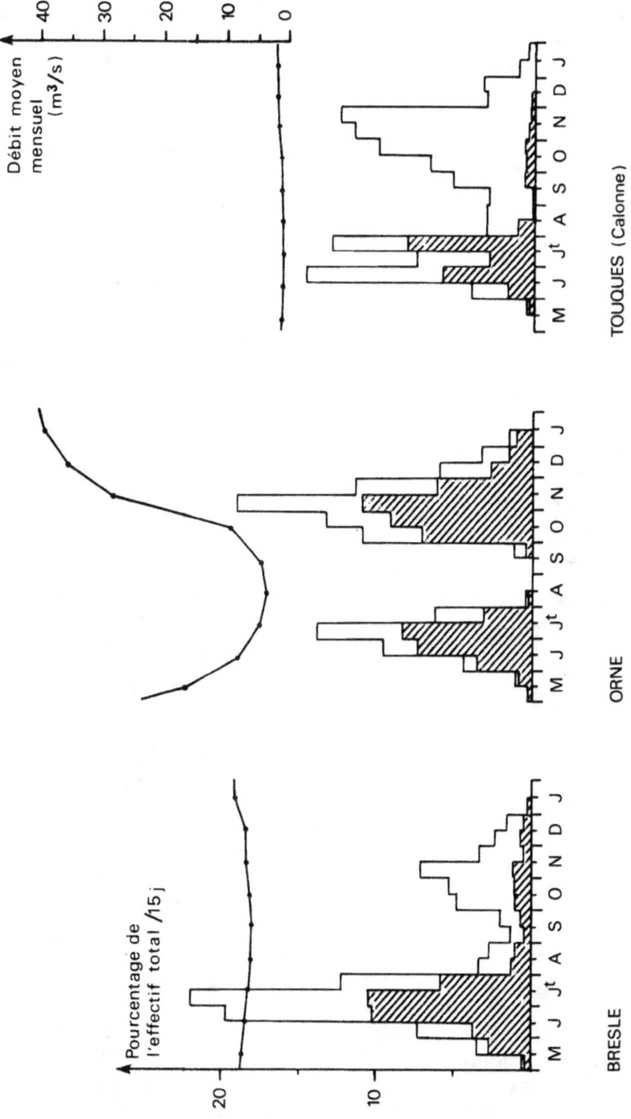

Figure 3. Rythme de remontée des adultes et régime hydrologique dans les trois rivières Bresle, Orne et Touques. En hachuré, les poissons fraîchement remontés, porteurs de poux de mer ou de cicatrices.

b) Migration en mer

Les informations ponctuelles issues des recaptures, par tous moyens, de poissons marqués (fig. 4) suggèrent que :

• pendant les premiers mois suivant leur dévalaison, les post-smolts se dirigent vers le Nord avec des incursions éventuelles dans les parties aval d'autres cours d'eau et ce, au moins jusqu'à l'estuaire de la Meuse;

• les zones d'engraissement des truites de mer de Normandie / Picardie sont situées vers le Nord, Manche et Mer du Nord, les recaptures les plus lointaines provenant des côtes du Danemark.

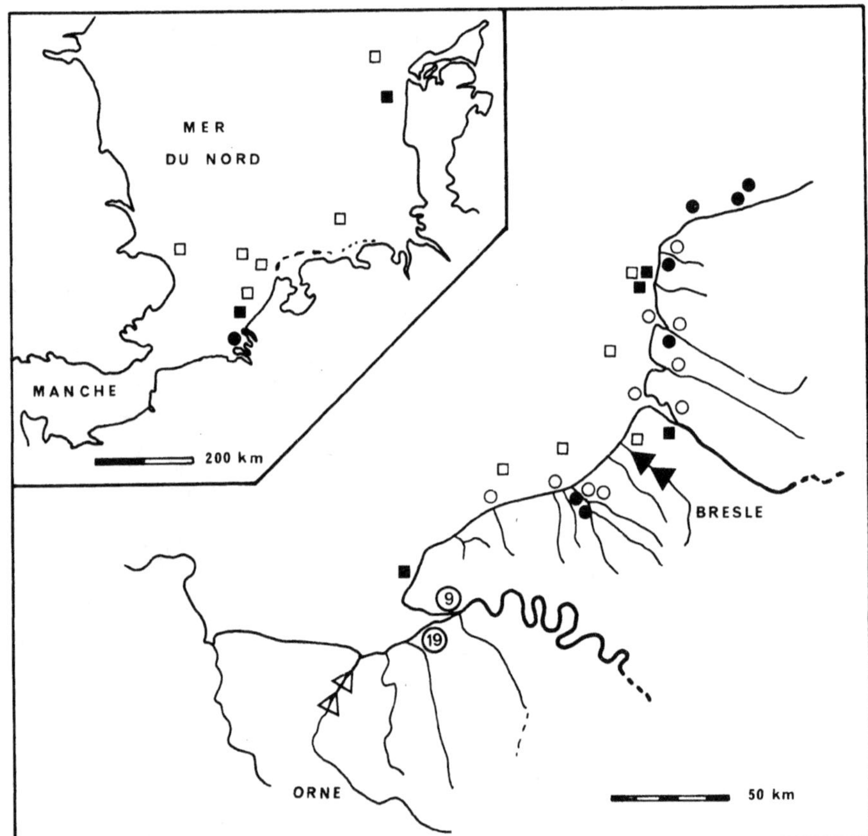

Figure 4. Localisation des recaptures, aux stades finnock (●○) et adulte (■□), des truites de mer marquées sur les rivières Bresle (en noir) et Orne (en blanc).
Chaque cercle ou carré correspond à une recapture, les chiffres cerclés correspondant aux effectifs des poissons de l'Orne repris au stade finnock dans les estuaires de la Seine (9) et de la Touques (19).
Ne sont portées ici que les recaptures faites hors rivière d'origine.

Il est à noter que l'axe migratoire ainsi esquissé se trouve en concordance avec la direction dominante des courants marins en Manche-Est.

3. Caractéristiques biométriques et démographiques de la truite de mer dans le Nord-Ouest

a) Taille et âge

Les données se rapportant aux tailles, poids et âges des truites de mer, smolts et adultes, sur les quatre bassins étudiés sont présentées dans les tableaux 3 et 4.

• **Smolts**

Les tailles des smolts s'échelonnent de 11 à 33 cm, la moyenne s'établissant à 20 cm pour un poids de 90 g. Si la gamme de variation des tailles est importante au sein de la population d'un bassin, on observe en revanche assez peu de différences d'un bassin à l'autre (fig. 5), les moyennes par bassin restant comprises entre 18 (sur l'Orne) et 21 cm (sur l'Arques).

L'âge à la dévalaison est de 1 ou 2 ans, exceptionnellement 3, l'importance relative des classes d'âge variant selon les cours d'eau :

— lorsque la reproduction s'effectue principalement sur les axes principaux (Arques, Bresle, Orne), la dévalaison survient majoritairement dès l'âge de 1 an; l'âge moyen de smoltification [1] est faible : 1,15 à 1,22;

— par contre, la reproduction dans les affluents (cas de la Touques) produit surtout des smolts de 2 ans, l'âge moyen de smoltification atteignant alors 1,60.

En outre, les caractéristiques des smolts évoluent sensiblement au cours de la dévalaison : l'examen de la structure de taille par quinzaine (fig. 6) met en évidence un glissement progressif vers les petites tailles, qui traduit un remplacement des classes d'âge au cours de la dévalaison : nettement dominée par la classe 2 ans en début de période, la population migrante n'est plus composée que d'individus de 1 an en fin de période.

• **Adultes**

Les adultes de truites de mer qui fréquentent les rivières du Nord-Ouest présentent un large spectre de taille, compris entre 25 et 90 cm pour des poids de 0,2 à 9 kg; les gabarits moyens varient selon les cours d'eau de 46 à 60 cm et de 1,3 à 2,9 kg (fig. 7).

Leur coefficient de condition [2] est élevé, de l'ordre de 1,20 à 1,30 en moyenne. Il varie de façon importante au cours de l'année (fig. 8) : supérieur à 1,30 en début de remontée, il descend à 1,10-1,15 dans les semaines qui précèdent la reproduction et à 0,9 après.

---

(1) Age moyen de smoltification ou A.M.S. (Fahy, 1978) :
(% S1 + (% S2 x 2) + ...(% Sn x n)) / 100
(2) Coefficient de condition (Allen, 1951) : $K = 100 \times P / L^3$
P : poids en grammes
L : longueur en centimètres

Il dépend en outre assez largement de la taille et de l'âge des poissons : très voisin de 1 chez les poissons à court séjour marin, il peut dépasser 1,50 chez les poissons de grande taille et/ou plus âgés.

La structure d'âge de mer est étalée, de 0⁺ à VI⁺, avec une prédominance générale, mais plus ou moins marquée selon les cours d'eau, du groupe d'âge

Tableau 3a. Tailles (longueur à la fourche) et poids moyens et extrêmes, coefficient de condition moyen des smolts de truite de mer en Normandie/Picardie.

Bassin	Rivière	Taille (mm)			Poids (g)			K
		mini.	moy.	maxi.	mini.	moy.	maxi.	
Bresle	Bresle	130	195	310	25	82	330	1,10
Arques	Varenne	140	209	325	30	100	370	1,08
Touques	Douet de la taille	135	191	255	24	77	180	1,11
Orne	Orne	115	180	285	16	63	250	1,08

Tableau 3b. Tailles (Lf) et poids moyens et extrêmes des adultes de truite de mer en Normandie/Picardie.

Bassin	Rivière	Taille (mm)			Poids (g)		
		mini.	moy.	maxi.	mini.	moy.	maxi.
Bresle	Bresle	255	551	860	200	2 200	9 000
Arques	Eaulne	285	574	815	270	2 460	8 000
Touques	Calonne	235	465	780	200	1 270	5 800
Orne	Orne	225	605	870	180	2 870	9 050

I⁺ (45 à 75 p. 100 des effectifs). La variabilité relativement importante des tailles selon les bassins est à relier à la fois à des structures d'âge de mer différentes (quoique dominées partout par le groupe d'âge I⁺) mais aussi à des écarts de croissance aboutissant, à âge de mer égal, à des différences de taille notables.

En Haute-Normandie / Picardie, la variabilité inter-bassins apparaît assez limitée ; la taille moyenne s'établit à 56 cm (53 à 58 selon les rivières) pour un poids de 2,3 kg ; la structure d'âge de mer reste relativement stable d'une année à l'autre ; le groupe d'âge I⁺ y représente 60 à 75 p. 100 des effectifs ; le groupe d'âge II⁺ arrive en seconde position avec 15 à 25 p. 100.

En Basse-Normandie, la situation apparaît plus hétérogène :

• ainsi, sur l'Orne, les truites de mer sont de forte taille : en moyenne 60 cm pour 2,9 kg ; les deux groupes d'âge I⁺ et II⁺ se partagent la dominance dans la structure d'âge de mer avec respectivement 43 et 33 p. 100 en moyenne des effectifs;

• sur la Touques en revanche, elles sont de taille relativement modeste : 46 cm pour un poids de 1,4 kg ; toujours nettement dominée par le groupe d'âge I⁺, la structure d'âge comprend ici une part importante (20 p. 100) de

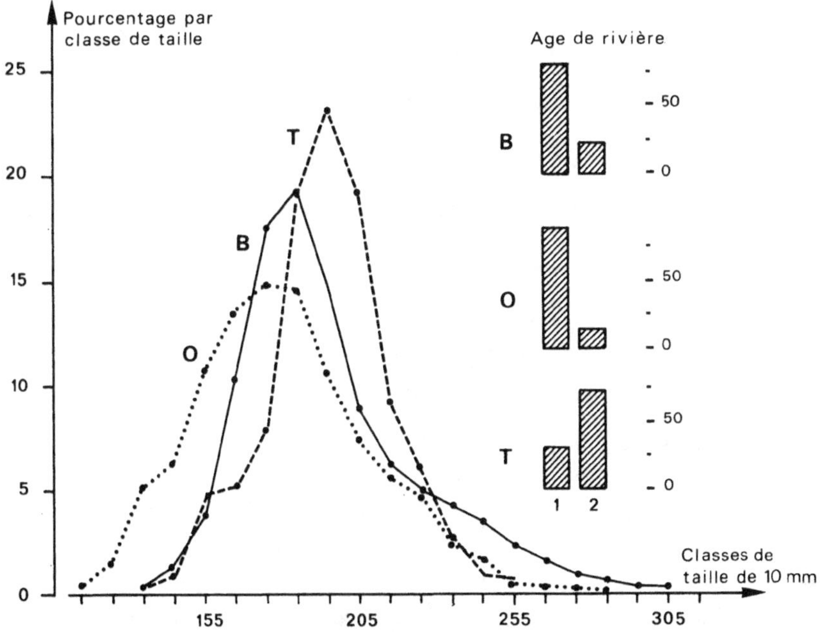

Figure 5. Structures de taille (Lf) et d'âge des smolts de truite de mer dans les trois rivières Bresle (B), Orne (O) et Touques (Douet)(T).
Exprimé en p. 100 de l'effectif total, par classe de taille de 10 mm et par classe d'âge.

poissons de remontée précoce ou « finnocks »[3], d'âge de mer 0⁺ ; le groupe d'âge II⁺ est au contraire peu représenté.

La taille évolue en outre au cours de la saison de remontée, en relation avec une modification de l'importance relative des groupes d'âge. Si les poissons du groupe d'âge I⁺ se répartissent sur l'ensemble de la saison, on observe en revanche une migration préférentielle des gros sujets en début de période (mai – juin) : poissons à long séjour marin continu sur Bresle et Orne, poissons à frais multiples sur la Touques ; la remontée des finnocks (25 à 40 cm) survient quant à elle seulement à partir de la mi-juillet, avec un pic important jusqu'à la mi-août.

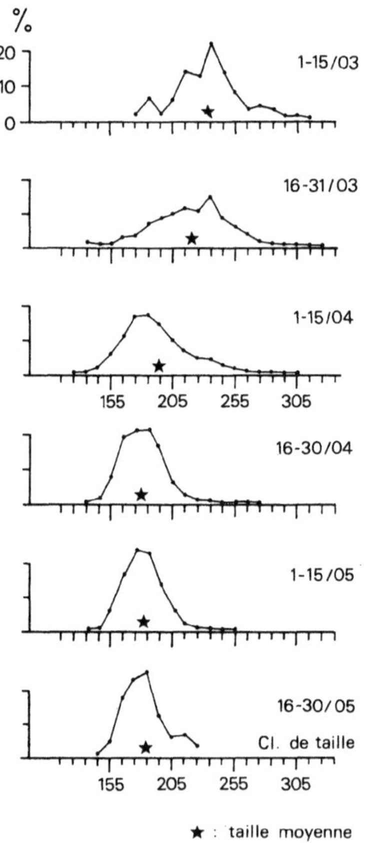

Figure 6. Evolution, au cours de la dévalaison, de la structure de taille des smolts de truite de mer. Rivière Bresle – année 1985

---

(3) Selon la terminologie anglo-saxonne (Ecosse).

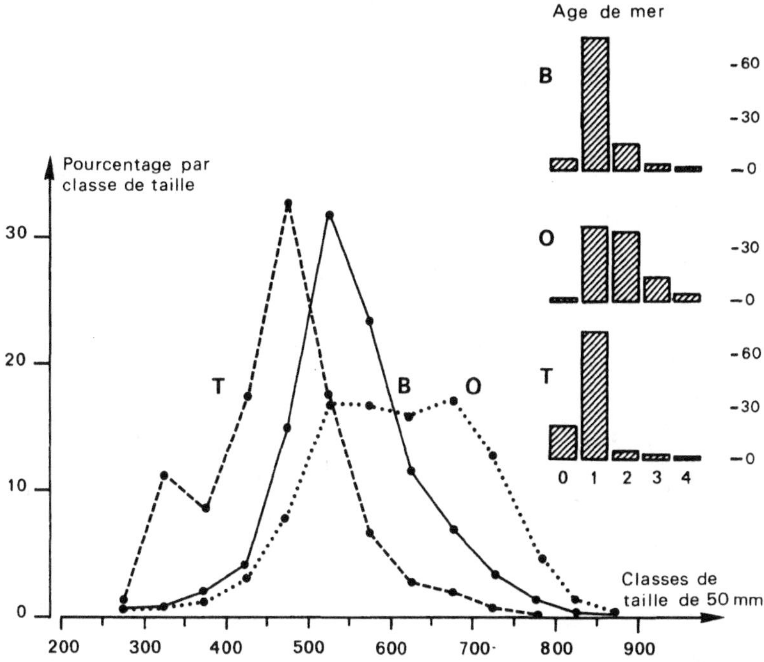

Figure 7. Structures de taille (Lf) et d'âge de mer des adultes de truite de mer dans les trois rivières Bresle (B), Orne (O) et Touques (T).
Exprimé en p. 100 de l'effectif total, par classe de taille de 50 mm et par groupe d'âge de mer.

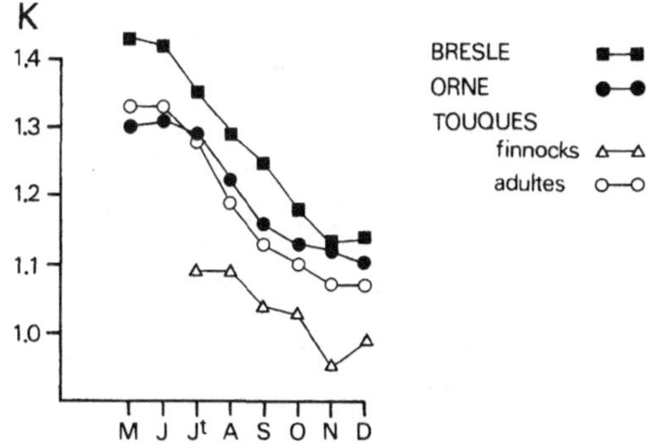

Figure 8. Evolution mensuelle du coefficient de condition moyen des adultes et finnocks de truite de mer dans les trois rivières Bresle, Orne et Touques.

Tableau 4a. Structures d'âge moyennes (exprimées en % de l'effectif total, par classe et groupe d'âge) des smolts et adultes de truite de mer en Normandie/Picardie. Entre parenthèses, structure d'âge des smolts établie d'après la lecture des écailles des adultes.

Bassin	Rivière	Smolt Classe d'âge		Adulte Groupe d'âge				
		1	2	0	I	II	III	IV
Bresle	Bresle	78 (60)	22 (40)	6,5	74,5	15	3	1
Arques	Varenne	85	15					
Arques	Eaulne			7,5	61,5	23,5	6	1,5
Touques	Calonne	(56)	(44)	20	72	4	3	2
Touques	Douet	30	70					
Orne	Orne	87	13	1	43	39	13	5

Tableau 4b. Taille (Lf en mm) et poids moyens (en g), par classe et groupe d'âge, de la truite de mer en Normandie/Picardie.

| Bassin | Rivière | Smolt Classe d'âge | | Adulte Groupe d'âge | | | | |
		1	2	0	I	II	III	IV
Bresle	Bresle	180/64	2?5/140	408/780	540/2 060	649/3 580	684/4 190	725/4 990
Arques	Varenne	200/86	255/180					
Arques	Eaulne			370/580	550/2 160	632/3 280	680/4 090	730/5 050
Touques	Calonne			345/445	480/1 300	565/2 300	620/3 180	670/3 900
Touques	Douet	163/48	199/88					
Orne	Orne	175/60	214/102	320/400	530/1 790	660/3 450	700/4 120	730/4 670

La croissance en mer est rapide (fig. 9) avec toutefois des différences marquées entre les cours d'eau haut-normands et l'Orne d'une part, où les tailles moyennes atteintes aux différents âges de mer sont très comparables (en moyenne, 54 cm / 2 kg à I$^+$ et 65 cm / 3,4 kg à II$^+$), et la Touques d'autre part qui se singularise par des tailles constamment plus faibles, quel que soit l'âge de mer considéré (48 cm / 1,3 kg à I$^+$; 56 cm / 2,3 kg à II$^+$).

b) Taux de reproduction

La première reproduction peut avoir lieu du premier (âge de mer 0$^+$) au quatrième hiver (âge de mer III$^+$) suivant la dévalaison mais elle survient majoritairement, sur tous les cours d'eau étudiés (65 à 85 p. 100 des effectifs), à l'âge I$^+$ de mer (fig. 10).

La proportion des géniteurs de retour précoce (âge 0$^+$) ou tardif (âge II$^+$) varie assez largement selon les bassins mais reste en revanche assez stable sur un même bassin. La première reproduction à l'âge III$^+$ reste exceptionnelle.

Un âge de mer moyen à la première reproduction (A.M.R. [4]) peut être utilisé pour caractériser les populations de truite de mer : il s'établit à 1,05 sur la Bresle, à 1,33 sur l'Orne et à 0,89 sur la Touques.

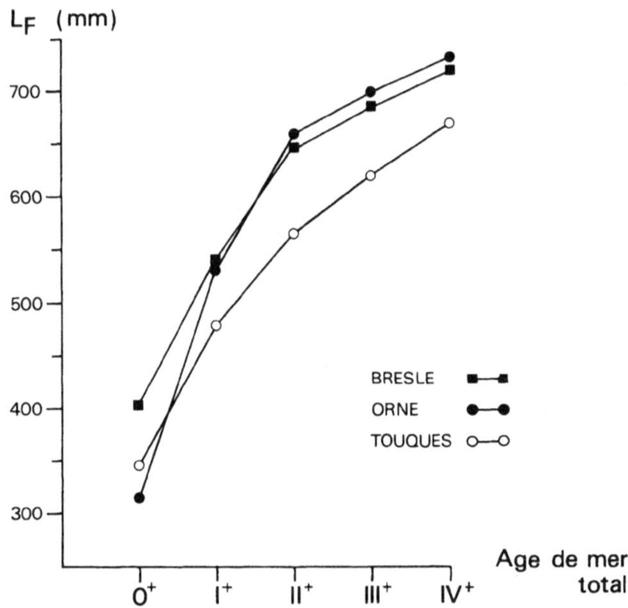

Figure 9. Longueur moyenne atteinte aux différents âges de mer par les truites de mer des rivières Bresle, Orne et Touques. (Moyennes établies à partir des longueurs mesurées sur tous les poissons capturés).

---

(4) A.M.R. (Fahy, 1978) : formule dérivée de celle de l'A.M.S.
(% R1 + (% R2 x 2) + ... (% Rn x n)) / 100
R1, R2, Rn : 1re reproduction au cours du 2e, 3e,... hiver suivant la dévalaison des smolts.

Le retour en rivière l'année même de la dévalaison, en liaison ou non avec la reproduction, est largement répandu chez la truite de mer.

Ainsi sur la Touques, ce comportement concerne plus de 80 p. 100 des individus, avec des incursions de durée variable, parfois répétées, estivales ou hivernales, dans l'estuaire ou les parties basses de la rivière, réduisant d'autant le séjour marin effectif et paraissant ainsi à l'origine de la croissance et des tailles moindres observées sur ce bassin.

Les remontées de finnocks sont par contre marginales sur la Bresle et l'Orne, ce qui n'empêche pas d'observer les traces d' un comportement de type finnock immature sur les écailles de 20 à 40 p. 100 des adultes. Ces brèves incursions n'ont donc pas lieu dans la rivière d'origine mais vraisemblablement dans les estuaires ou parties basses d'autres cours d'eau lors de la migration vers le Nord.

Les finnocks reproducteurs se recrutent principalement (80 à 85 p. 100) parmi les individus les plus âgés, smoltifiés à 2 ans.

Du fait de la bonne survie post-frai chez la truite de mer (30 à 50 p. 100 de retour chez des bécards marqués), une fraction importante de la population peut assurer plusieurs reproductions successives. La proportion, dans une re-montée, de géniteurs ayant déjà frayé est ainsi de 12 p. 100 sur la Touques, de 10 à 25 p. 100 sur la Bresle et l'Arques, de 25 à 40 p. 100 sur l'Orne.

Le nombre maximum de reproductions successives observé pour l'instant dans la région est de 7.

Le rapport des sexes est toujours déséquilibré en faveur des femelles. Selon les rivières, les femelles sont ainsi en moyenne 2 (Bresle) à 2,5 fois (Orne) plus nombreuses que les mâles. Ceci dit, ce rapport connaît d'impor-tantes fluctuations en cours de remontée : très déséquilibré en faveur des fe-

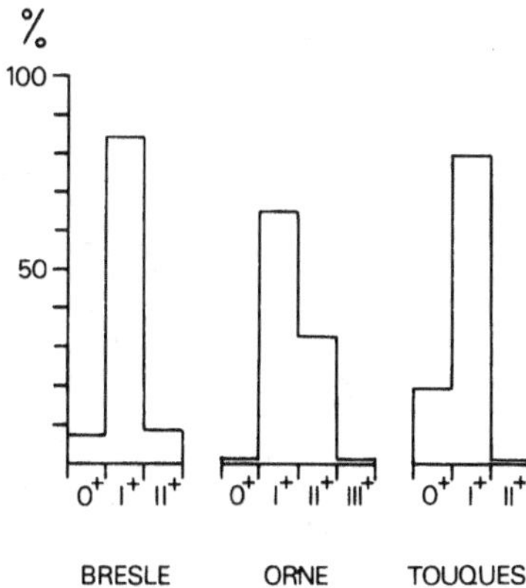

Figure 10. Structure d'âge de mer à la première reproduction des truites de mer des rivières Bresle, Orne et Touques. (% de la population atteignant la maturité sexuelle aux âges de mer O^+, I^+ ou II^+)

melles en début et en fin de remontée, il est par contre proche de l'équilibre en septembre/octobre (fig. 11 a).

Cette prédominance des femelles existe dès le stade smolt où l'on observe des rapports nombre de femelles / nombre de mâles variant selon les échantillons de 1,7 à 2.

Il est, par la suite, accentué par les reproductions successives qui éliminent davantage les mâles – et ce, d'autant plus que l'âge de mer à la première reproduction est élevé – si bien que chez les sujets âgés, les femelles sont 4 à 9 fois plus nombreuses que les mâles (fig. 11 b).

La fécondité individuelle moyenne s'établit à 4 200 ovules sur la Bresle, à 6 200 sur l'Orne et à 3 500 sur la Touques, en relation avec les différences de taille des femelles.

La fécondité relative moyenne est de 2 240 ovules par kg de femelle (de 2 120 sur la Bresle à 2 450 sur l'Orne).

La fécondité individuelle est fortement corrélée à la longueur de la femelle ; sur un échantillon de 92 truites de mer provenant de ces trois rivières, la relation est la suivante (fig. 12) :

$$\log F = 2{,}92 \log L - 4{,}39 \text{ (longueur à la fourche en mm)}; (r = 0{,}97)$$

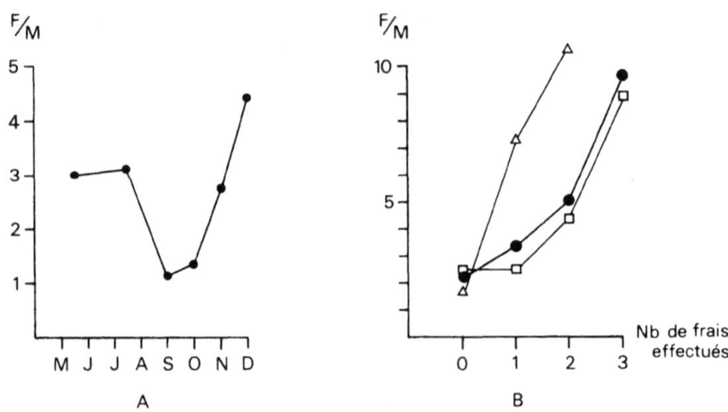

Figure 11. Evolution du rapport des sexes des adultes de truite de mer
 A – au cours de la remontée
 B – selon le nombre de reproductions effectuées et l'âge à la première reproduction
 □—□ : 1re reproduction après 1 hiver de mer
 △—△ : 1re reproduction après 2 hivers de mer
 ●—● : moyenne
Rivière Orne – années 81 à 84.

4. Approche fonctionnelle

Ces différents éléments démographiques ont été appliqués au système Bresle, ensemble bien contrôlé sur lequel les entrées (adultes reproducteurs) et les sorties (smolts) ont été évaluées durant plusieurs années consécutives.

Le nombre d'œufs potentiels introduits dans le système par les 830 à 1 150 femelles qui y pénètrent chaque année est ainsi estimé à 3 700 000 en moyenne sur la période 84/87 (3 à 5 millions).

Rapporté à la surface de production disponible, incluant les zones de frayère et de développement des jeunes (radiers et plats rapides), soit au maximum 30 ha sur les 40 km de cours d'eau actuellement accessibles, ce potentiel représente une densité d'œufs minimale de 125 000 / ha.

La production annuelle moyenne de smolts, estimée à partir des effectifs piégés (cf. tabl. 2), se situe, sur la période 82-87, entre 5500 et 8300 (en prenant en compte une perméabilité du dispositif comprise entre 40 et 60 p. 100), soit une survie moyenne entre les stades œuf et smolt comprise entre 1,5 et 2,2 p. 1000.

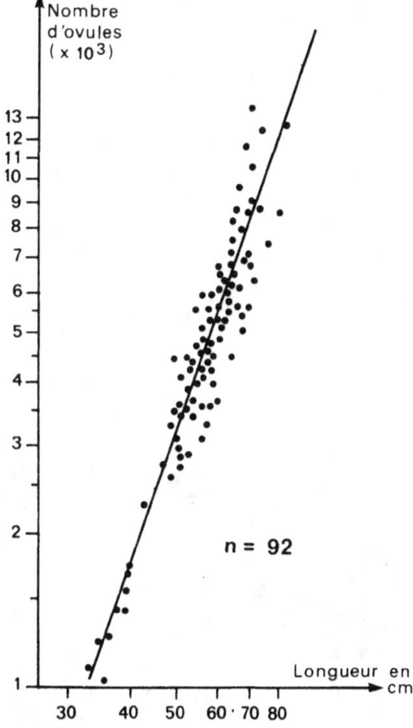

Figure 12. Relation longueur (Lf) / fécondité chez la truite de mer.
Déterminée sur un échantillon de 92 individus collectés sur les rivières Bresle, Orne et Touques.

Même si l'on envisage les hypothèses les plus extrêmes (que l'on sait non fondées...), à savoir :

• que l'efficacité du contrôle à la remontée est totale, ramenant ainsi le potentiel reproducteur moyen à 2 300 000 (alors que les doubles piégeages réalisés pendant quatre années consécutives ont montré que l'efficacité se situait en fait entre 59 et 72 p. 100);

• que l'efficacité du contrôle à la descente n'excède pas 30 p. 100, portant la production annuelle de smolts à 11 000 en moyenne (alors que la pose de grilles et la répartition des débits font du bras contrôlé par le piège le bras préférentiel de migration, comme l'a confirmé le double piégeage réalisé) le taux de survie œufs potentiels/smolts n'atteint pas 5 p. 1000.

Ces résultats doivent cependant être tempérés, s'agissant d'une espèce à comportement migratoire plus ou moins optionnel; les interrelations, encore mal connues entre forme sédentaire et forme migratrice peuvent en effet introduire un biais dans les estimations tant au niveau des entrées : une partie de la descendance «sédentaire» peut migrer, qu'à celui des sorties : une partie de la descendance «migratrice» peut se sédentariser. Une expérience réalisée avec des juvéniles issus de parents migrateurs, gardés en pisciculture pendant un an puis lâchés en milieu naturel contrôlé, met en évidence une propension des mâles à se sédentariser (fig. 13).

Il serait donc plus juste semble-t-il de parler de «taux de survie apparent» entre œufs et smolts.

Ceci étant, il est à remarquer que les densités de truites trouvées sur différents secteurs de la Bresle, choisis comme secteurs de «production» sont, de façon générale, faibles à moyennes et ce, dès le stade O$^+$ (0,2 à 4 truitelles/100 m^2) laissant penser que la sédentarisation reste assez limitée et confirmant ainsi le faible rendement de la reproduction.

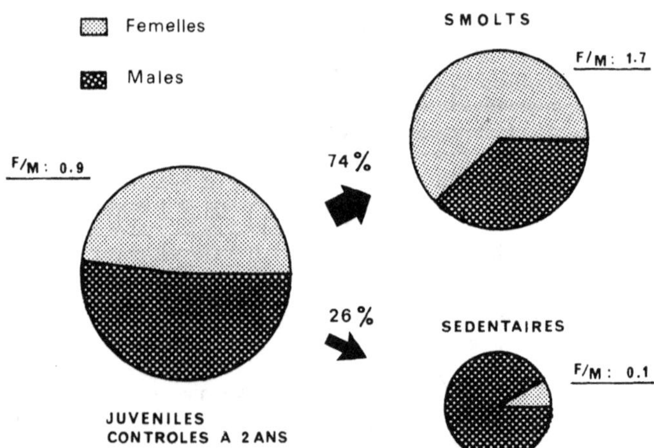

Figure 13. Rapports sédentaires / migrants et femelles / mâles chez des juvéniles de truite de mer d'origine Touques, d'âge 2 ans, déversés à 1 an (taille moyenne : 85 mm) en milieu naturel contrôlé (affluent de l'Orne – 1982).

Cette faible survie en eau douce est par la suite contrebalancée par une bonne survie marine : 14,5 à 20 p. 100 des poissons marqués au stade smolt reviennent en effet à leur zone de départ à l'issue de leur séjour marin (Fournel et col., sous presse).

En admettant que ces chiffres sont à multiplier par deux pour tenir compte de la mortalité liée au marquage et à la manipulation des smolts (sur la base d'observations faites sur le saumon [5]), et une fois soustraites les captures par pêche à l'aval du système, le rapport entre stock reproducteur et nombre initial de smolts atteindrait 14 à 20 p. 100, permettant en fin de compte d'assurer l'équilibre du système et le remplacement de la génération parentale (fig. 14).

L'exploitation par pêche est suivie sur toute la frange côtière située au nord de la Seine, mais plus particulièrement, dans le cadre de cette approche fonctionnelle, sur « l'entité Bresle », incluant la zone côtière proche. Ceci étant, les résultats obtenus sur ce secteur sont, pour l'essentiel, extrapolables au moins à l'ensemble de la Seine maritime.

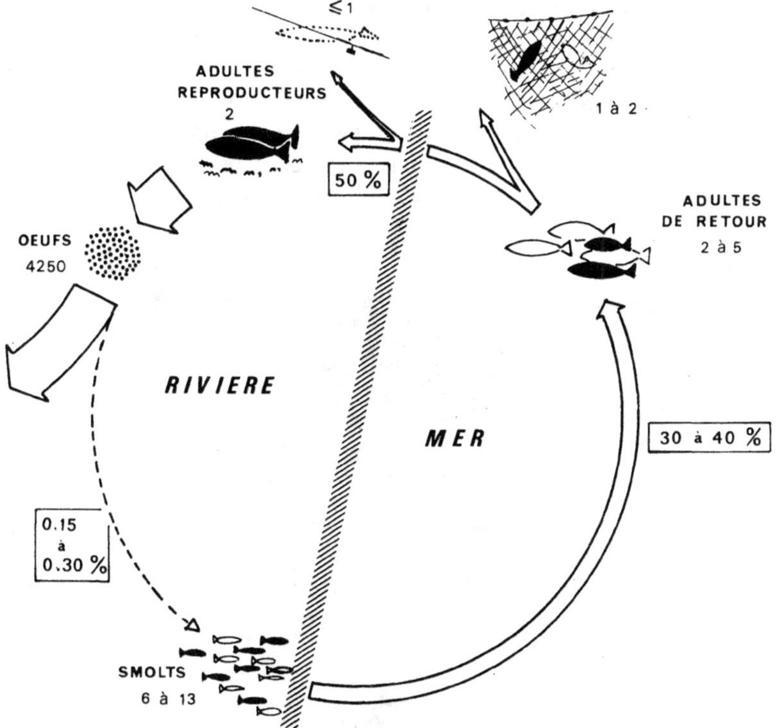

Figure 14. Cycle biologique de la truite de mer : aspect fonctionnel.
Rapport entre génération parentale et génération filiale, sur la base d'un dépôt initial de 4250 œufs, fécondité moyenne d'une femelle de la Bresle. Taux de survie entre les principaux stades et effectifs survivants.
Bassin de la Bresle, évaluations portant sur la période 82–87.

(5) Saunders et Allen, 1967; Hansen, 1981; Prouzet, 1983 ; Hay, 1985.

Les enquêtes réalisées montrent que :

— l'essentiel de l'exploitation de la truite de mer se fait en mer : ainsi sur la zone Bresle, 750 à 1000 poissons (800 en moyenne sur la période 85/88) sont capturés annuellement au filet dans un rayon de 2 km autour de l'embouchure, contre 100 à 200 par pêche à la ligne (140 en moyenne), soit un rapport d'exploitation mer/rivière de 6 pour 1.

Ce différentiel se retrouve, en plus accentué, sur tout le département de Seine maritime : 3 000 captures en mer en moyenne chaque année contre 250 à 350 à la ligne;

— les captures en mer sont principalement le fait d'amateurs, pêcheurs aux filets fixes côtiers, concentrés autour du débouché des rivières.

Sur la zone Bresle, les pêcheurs aux filets fixes réalisent en moyenne les 2/3 des captures en mer, le 1/3 restant étant imputable à la petite pêche en bateau, exercée par des professionnels ou des plaisanciers. Ceci dit, l'écart est sans doute moins important que ne le laissent penser les enquêtes, du fait de la probable sous-déclaration des captures de la petite pêche en bateau, beaucoup plus difficilement contrôlable que la pêche à pied;

— le taux moyen d'exploitation (fig. 15), calculé sur la zone Bresle (période 85/88), est de 46 p. 100, variant selon les années de 42 à 53 p. 100 :

• 39 p. 100 en moyenne pour la pêche au filet, très vraisemblablement sous-estimé car il ne prend pas en compte les captures réalisées dans les pêcheries voisines, dont une partie au moins appartient pourtant au stock « Bresle »;

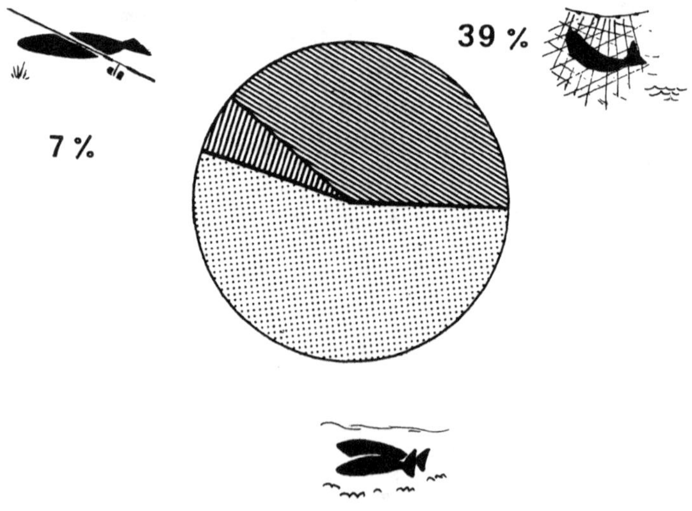

Figure 15. Taux d'exploitation, à la ligne en rivière et au filet en mer, de la truite de mer en Normandie / Picardie.
Bassin de la Bresle, moyenne des années 1985 à 1988.

• et 7 p. 100 pour la pêche à la ligne (11,5 p. 100 si les captures sont rapportées au stock disponible, c'est-à-dire aux poissons qui pénètrent en rivière après que la pêche en mer se soit exercée).

Autrement dit, le rapport stock exploité/stock reproducteur est de 0,8 minimum (0,75 à 1,15).

Ainsi, lorsque 2200 poissons (ordre de grandeur moyen du stock de retour) se présentent à proximité de l'embouchure de la Bresle, 920 à 1160 sont capturés par les pêcheurs (830 à 960 au filet en mer, 100 à 200 à la ligne en rivière) et 1050 à 1300 restent disponibles pour la reproduction.

Les éléments plus ponctuels recueillis en Basse-Normandie font apparaître une situation assez comparable au moins en ce qui concerne le secteur fluvial avec un taux d'exploitation par pêche à la ligne ne dépassant pas 10 p. 100. Quant aux captures en mer, dont le volume n'est pas connu, elles paraissent être surtout le fait de plaisanciers, parfois spécialisés, et de professionnels en prises accessoires de la petite pêche.

V. Conclusion

Les travaux réalisés au cours de la dernière décennie sur les rivières côtières de Normandie / Picardie conduisent à une connaissance précise de la truite de mer grâce à l'appréhension de ses deux phases migratoires, à l'échelle du bassin, et sur un mode pluriannuel, voire synchrone. Ils constituent ainsi la première approche non sectorielle de stocks de Salmonidés migrateurs en France, rendue possible par la mise en place de structures de terrain gérées par des acteurs décentralisés.

Encore méconnue à la fin des années 70, la truite de mer apparaît aujourd'hui comme le Salmonidé migrateur du Nord-Ouest :

— présente dans tous les cours d'eau côtiers, elle y est souvent abondante et toujours nettement prépondérante sur le saumon atlantique;

— elle est généralement de forte taille et souvent proche du saumon, de par ses caractéristiques et son cycle biologique.

Cette conjonction prépondérance numérique de la truite de mer / fort gabarit singularise la région Nord-Ouest dans le contexte « Migrateurs » français, très marqué par le saumon atlantique, tant en ce qui concerne l'état connu des stocks que la réglementation.

En l'absence de références historiques régionales et de données quantitatives comparables dans d'autres régions françaises, il est assez difficile de se prononcer sur les effectifs actuels des remontées dans la région.

Ils peuvent être considérés comme importants par rapport aux chiffres « saumon » français de même nature tels que le nombre de captures à la ligne : 70 en moyenne par rivière, moins de 200 dans 95 p. 100 des cas (Kermarec, 1980 ; Anonyme, 1988), ou encore, données récemment acquises, les effectifs piégés sur une « bonne » rivière à saumon, l'Elorn (Finistère) : 1200 à 1400 par année (Tellier, 1987 ; Nihouarn et Porcher, 1989).

Ils apparaissent cependant plus modestes si on les compare cette fois aux chiffres « truite de mer » observés dans d'autres pays européens, îles Britanniques notamment, fréquemment de l'ordre de plusieurs milliers d'individus (Harris, 1970 ; Anonyme, 1984, 1986, 1987 ; Pratten et Shearer, 1985).

Il est vrai que les truites de mer britanniques sont généralement des poissons de petite taille (inférieure, dans 75 p. 100 des cas rapportés, à 45 cm et au kilogramme), cette dominance du type « petit gabarit » se retrouvant d'ailleurs sur toute la façade Manche-Ouest/Atlantique/Mer de Norvège (Nall, 1930 ; Jensen, 1968 ; Harris, 1970, 1972 ; Piggins, 1976 ; Fahy, 1978, 1979 ; Pratten et Shearer, 1983 ; Jonsson, 1985 ; Le Cren, 1985).

En revanche, les truites de mer normandes, vu leur forte croissance en rivière et en mer, appartiennent en majorité au type « poisson à gros gabarit », rencontré en Mer du Nord et Baltique (Zarnecki, 1960, 1973 ; Chelkowski, 1969 ; Sych, 1970 ; Palka et Bienarz, 1983). Elles s'apparentent ainsi fortement au saumon atlantique castillon : en France, 60 à 67 cm, 2 à 3 kg en moyenne selon les rivières (Prévost, 1987).

Son abondance dans certains des cours d'eau de la région peut paraître surprenante en regard des contraintes environnementales actuelles, notamment diminution de l'importance et de la qualité des zones de frayère, dégradation de la qualité de l'eau, forte exploitation en mer,... d'autant que l'origine des populations n'est pas vraiment élucidée à l'heure actuelle.

La forme truite de mer est-elle ancienne dans nos rivières mais restée longtemps méconnue parce qu'assimilée à la truite commune ou confondue avec le saumon ? Dans ce cas, elle serait parvenue à se maintenir grâce à ses avantages éco-éthologiques intrinsèques :

• cycle court assurant un renouvellement rapide des populations;

• forte capacité reproductive liée à la prépondérance des femelles, à leur fécondité élevée, aux frais successifs;

• structure d'âge étalée permettant de « tamponner » les variations du milieu;

• bonne survie marine, pouvant s'expliquer au moins en partie par la relative proximité de ses aires d'engraissement, toutes caractéristiques également rapportées dans les travaux étrangers, tant sur la truite de mer (Alm, 1950 ; Went, 1962 ; Campbell, 1972 ; Pratten et Shearer, 83 ; Le Cren, 1985) que sur la truite arc-en-ciel migratrice (Ward et Slaney, 1988).

Ou est-elle d'émergence plus récente, en partie initialisée par les déversements réalisés au cours des dernières décennies ?

• truites de mer polonaises dans les années 60, encore que les apports soient demeurés modestes à l'échelle de chaque bassin ensemencé;

• truites de repeuplement à caractère migrateur plus ou moins prononcé ; les travaux d'identification génétique de Guyomard (1989) suggèrent que leur contribution pourrait être déterminante sur certains bassins, comme celui de l'Orne.

Enfin, on doit envisager également la possible intervention d'un processus « d'anadromisation » » de la truite commune en réponse à des modifications de son environnement ? La truite de mer représenterait alors une forme de résistance de l'espèce, lui permettant de soustraire une partie de sa population à l'aggravation des contraintes du milieu tout en maximisant son potentiel reproducteur par passage en mer préférentiel des femelles.

Encore au stade de l'hypothèse sous nos latitudes (Campbell, 1977), ce mécanisme d'échappement a été observé à plusieurs reprises chez des populations de souche sédentaire introduites dans les cours d'eau oligotrophes des terres australes (Arrowsmith et Pentelow, 1965 ; Davaine et Beall, 1982).

Il est en fait très probable que les populations actuelles de truites de mer résultent de la conjugaison, à des degrés variables selon les bassins, de ces différents processus, autorisés par la grande plasticité de l'espèce.

En tout état de cause, quelle qu' en soit l'origine, il convient maintenant de valoriser la présence de la truite de mer dans les cours d'eau français, d'assurer sa pérennité et de développer la ressource sur la base des connaissances acquises ; les mesures de gestion consisteront alors, dans les grandes lignes, à :

• offrir au potentiel « truite de mer » un terrain d'expression à sa mesure, donc restaurer et les voies de migration et les zones de production, en quantité et en qualité ; vu le phénomène des frais successifs et la contribution importante des bécards à la remontée (et donc à l'apport d'œufs) de l'année suivante, une attention toute particulière doit être portée à leur sauvegarde et à leur libre dévalaison.

Ceci étant, la grande flexibilité comportementale de la truite ne permet pas de prévoir vraiment les effets d'une amélioration du milieu de production : augmentation de la survie œuf – smolt ? modification, à l'avantage des sédentaires, du rapport sédentaires / migrateurs ? Les interrelations sont en effet courantes entre les deux formes : brassage au moment de la reproduction (Campbell, 1972), caractère migratoire optionnel de la descendance (Anonyme, 1984) et notamment tendance à la sédentarisation des sujets d'élevage (Piggins, 1983, 1988). Elles conduisent d'ailleurs à s'interroger sur l'efficacité d'apports artificiels de souche truite de mer...

Il reste que, profitable à l'une ou l'autre forme, la réhabilitation du milieu sera, de toutes manières, profitable à l'espèce ;

• adapter les prélèvements à la capacité d'accueil actuelle et future : libéraliser l'exploitation là où le stock reproducteur paraît excédentaire en regard des surfaces de frayères exploitables ; la modérer en revanche dans les bassins manifestement sous-fréquentés ou en phase de reconquête.

Confrontés aux travaux étrangers sur la question, les résultats obtenus en Normandie pourraient laisser penser que sur certains bassins le dépôt d'œufs est excessif et l'exploitation insuffisante ; ainsi la Bresle, avec ses 125 000 œufs déposés par hectare et un taux d'exploitation de 40 à 50 p. 100, qui sont à rapprocher des 15 000 à 25 000 œufs à l'hectare classiquement admis comme valeurs optimales sur les rivières à saumon canadiennes (Elson, 1975 ; Symons, 1979 ; Chadwick, 1982) et de taux d'exploitation pouvant atteindre, chez le saumon, 75 p. 100 (Kerswill, 1971 au Canada; Jensen, 1981 en Norvège ; Larsson, 1984 en Suède ; Piggins, 1986 en Irlande).

Ces références doivent toutefois être utilisées avec la plus grande prudence, s'agissant d'une espèce différente et compte-tenu des caractéristiques de nos cours d'eau, fortement influencés par l'homme et aux capacités de production moindres.

La définition d'un niveau optimal de fréquentation et partant, l'ajustement du taux d'exploitation, doivent nécessairement se faire au niveau du bassin, sur la base :

• d' une connaissance dynamique des stocks, et tout particulièrement des facteurs influençant le recrutement (parts respectives des contraintes du milieu et des variations du stock parental);

• d'un suivi du niveau d'exploitation, en rivière et en mer.

La forte progression, au cours de la dernière décennie, des connaissances relatives à la truite de mer permet aussi de mieux cerner les lacunes et, par suite de proposer, en matière de recherche-développement, les orientations les plus conformes aux préoccupations actuelles et aux besoins de la gestion :

• approfondir l'aspect fonctionnel, notamment les facteurs intervenant sur le rendement de la reproduction et les interrelations sédentaires / migrants;

• étudier les relations espèce/habitat, caractéristiques du milieu/caractéristiques des poissons, et les réponses des populations à des modifications du milieu (en relation ou non avec des interventions humaines);

• préciser les relations pêcheurs / espèce, sous l'angle des apports comme sous celui des prélèvements, tant sur la frange côtière nationale qu'au niveau international, en mer du Nord.

Références bibliographiques

ALLEN K.R., 1951. – The Horokiwi stream : a study of a trout population. *Fish. Bull. N.Z.*, 10, 238 p.

ALM G., 1950. – The sea-trout population in the Ava stream. *Ann. Rep. Inst. Freshwater Res., Drottningholm*, 31, 26-51.

Anonyme, 1984. – Triennal review of research, 1979–1981. Freshwater Fish. Lab. Pitlochry Rep., 45 p.

Anonyme, 1986. – Triennal review of research, 1982–1984. Freshwater Fish. Lab. Pitlochry Rep., 39 p.

Anonyme, 1987. – Annual review of research, 1985. Freshwater Fish. Lab. Pitlochry Rep., 31 p.

Anonyme, 1988. – Captures de saumons atlantiques en France en 1987 (domaine fluvial). Mise au point, gestion, traitement des fichiers. Rapport Cons. Sup. Pêche, Centre Rég. Et. Biol. Soc. Rennes, 43 p.

ARRIGNON J., 1967. – Comportement de l'espèce *Salmo trutta* dans le bassin de la Seine. *Bull. Fr. Pisc.*, 227, 56-71.

ARRIGNON J., 1968a. – Comportement de l'espèce *Salmo trutta* dans le bassin de la Seine. *Bull. Fr. Piscic.*, 228, 77-101.

ARRIGNON J., 1968b. – Comportement de l'espèce *Salmo trutta* dans le bassin de la Seine. *Bull. Fr. Piscic.*, 229, 117-122.

ARROWSMITH E., PENTELOW F.T.K., 1965. – The introduction of trout and salmon to the Falklands Islands. *Salm. Trout Mag.*, 174, 119-129.

BACKIEL T., SYCH R., 1958. – Resorption and spawning marks in the scales of sea trout and lake trout from Polish waters. *Rocz. Nauk. Roln.*, B, 73 (2), 119-158.

BARTEL R., 1977. – Variability of sea trout returns as shown from many years tagging experiments with hatchery-reared parrs and smolts. I.C.E.S. CM/M, 9, 19 p.

CAMPBELL J.S., 1972. – *A comparative study of the anadromous and freshwater forms of brown trout (Salmo trutta L.) in the River Tweed.* Ph. D. Thesis, Univ. Edinburgh, 247 p.

CAMPBELL J.S., 1977. – Spawning characteristics of brown trout and sea trout *Salmo trutta* L. in Kirk Burn, River Tweed, Scotland. *J. Fish Biol.*, 11, 217-229.

CHADWICK E.M.P., 1982. – Stock recruitment relationship for Atlantic salmon (*Salmo salar*) in Newfoundland rivers. *Can. J. Fish. Aquat. Sci.*, 39, 1496-1501.

CHELKOWSKI Z., 1969. – The sea trout (*Salmo trutta trutta* L.) of the Pomeranian coastal rivers and their characteristics. *Przeglad. Zool.*, 13 (1), 72-91.

DAVAINE P., BEALL E., 1982. – Acclimatation de la truite commune, *Salmo trutta* L., en milieu subantarctique (îles Kerguelen). II. Stratégie adaptative. *Colloque sur les écosystèmes subantarctiques*, Paimpont, C.N.F.R.A., 51, 399-412.

DEMARS J.J., 1976. – Contribution à la connaissance des Salmonidés migrateurs de la rivière Bresle. *Bull. Fr. Piscic.*, 261, 187-197.

ELLIOTT J.M., 1984. – Numerical changes and population regulation in young migratory trout *Salmo trutta* in a Lake district stream, 1966-83. *J. Anim. Ecol.*, 53, 327-350.

ELLIOTT J.M., 1985. – The choice of a stock-recruitment model for migratory trout, *Salmo trutta*, in an English Lake District stream. *Arch. Hydrobiol.*, 104, 145-168.

ELSON P.F., 1975. – Atlantic salmon rivers, smolt production and optimal spawning : an overview of natural production. *Int. Atl. Salm. Found.*, 6, 96-119.

FAHY E., 1978. – Variation in some biological characteristics of British sea trout, *Salmo trutta* L. *J. Fish Biol.*, 13, 123-138.

FAHY E., 1979. – Sea trout from the tidal waters of the river Moy. *Ir. Fish. Invest.*, Ser. A., 18, 3-11.

FOURNEL F., EUZENAT G., 1979. – Etude sur les Salmonidés migrateurs du bassin de l'Arques (Seine maritime) réalisée en 1978 (1re et 2e parties). *Bull. Inf. C.S.P.*, 114, 25-49, 67-90.

FOURNEL F., EUZENAT G., 1982. – La truite de mer en Haute-Normandie : caractéristiques, pêche fluviale et côtière, perspectives. *Colloque sur la production et la commercialisation du poisson d'eau douce.* Association Internationale des Entretiens Ecologiques, Dijon, 100-111.

FOURNEL F., EUZENAT G., 1987. – Truite de mer et saumon en Haute-Normandie / Picardie. Connaissance et gestion. *Truite, Ombre, Saumon*, 124, 13-18.

FOURNEL F., EUZENAT G., GAGARD J.L., 1986. – La pêche des Salmonidés migrateurs en Seine maritime; pêche fluviale et côtière. Rap. Cons. Sup. Pêche D.R. 1, 26 p.

FOURNEL F., EUZENAT G., FAGARD J.L., 1987. – Rivières à truites de mer et à saumons de Haute-Normandie. Réalités et perspectives. Le cas de la Bresle, 315-325. *In* Thibault M., Billard R. (Ed.), *Restauration des rivières à saumons*, INRA Paris, 445 p.

FOURNEL F., EUZENAT G., FAGARD J.L., 1990. – Evaluation des taux de recapture et de retour de la truite de mer sur le bassin de la Bresle (Haute-Normandie / Picardie). *Bull. Fr. Pêche Piscic.* **318**, 102-114.

GUYOMARD R., 1989. – Diversité génétique de la truite commune. *Bull. Fr. Pêche Piscic.*, 314, 118-135.

HANSEN L.P., 1981. – Returns of Carlin-tagged, fin-clipped and unmarked wild smolts of Atlantic salmon (*Salmon salar* L.) from the river Imsa, SW Norway. I.C.E.S. CM/M, 13, 6 p.

HARRIS G.S., 1970. – *Some aspects of the biology of Welsh sea trout* (Salmo trutta *L.*), Ph. D. Thesis, Univ. Liverpool, 264 p.

HARRIS G.S., 1972. – Specimen sea trout from Welsh, English and Scottish waters. *Salm. Trout Mag.*, 196, 223-234.

HAY D.W., 1985. – Overwinter post-tagging mortality and tag loss among emigrating juvenile Atlantic salmon (*Salmo salar* L.) held overwinter in tanks. I.C.E.S. CM/M, 13, 7 p.

JARVI T.H., MENZIES W.J., The interpretation of the zones of scales of salmon, sea trout and brown trout. Cons. Perm. Internat. Expl. Mer, 47, 53 p.

JENSEN K.W., 1968. – Sea trout (*Salmo trutta* L.) of the river Istra, Western Norway. *Rep. Inst. Freshwater Res., Drottningholm*, 48, 187-213.

JENSEN K.W., 1981. – Survival estimates of wild smolts of Atlantic salmon from river Ismsa, S.W. Norway. I.C.E.S. CM/M, 14, 5 p.

JONSSON B., 1985. – Life history patterns of feshwater resident and sea-run migrant brown trout in Norway. *Trans. Am. Fish. Soc.*, 114, 182-194.

KERMAREC J.Y., 1980. – Le retour du saumon (dossier) : la saison 80. Bilan des captures en Bretagne et Basse-Normandie depuis 1955. *Eau Rivières*, 36, 15-16.

KERSWILL C.J., 1971. – In Paloheimo J.E. and Elson D.F., 1974.

LARSSON P.O., 1984. – Effects of reducing fishing for feeding salmon (*Salmo salar* L.) in the Baltic on home water fisheries according to simulations with the Carlin – Larsson population model. *Fish. Manage*, 97-105.

LE CREN E.D., 1985. – The biology of the sea trout. Symposium Plas Menai, Oct. 1984, Atlantic Salmon Trust Ltd, 42 p.

NALL G.H., 1930. – The life of the sea-trout. Seeley Service & Co., London, 335 p.

NIHOUARN A., PORCHER J.P., 1989. – Station de contrôle des migrations de Kerhamon (Finistère) : bilan des premières observations sur les populations de saumon atlantique de l'Elorn réalisées de 1986 à 1988. Rapport Cons. Sup. Pêche, 16 p.

PALKA W., BIENARZ K., 1983. – Migration, growth and exploitation of sea trout (*Salmo trutta* L.) from the Dunajec river. *Rocz. Nauk Roln.*, Seria H.T. 100 Z.2, 72-94.

PALOHEIMO J.E., ELSON D.F., 1974. – Effects of the Greenland Fishery for Atlantic salmon on Canadian stocks. I.A.S.F., Spec. Publ. Ser., 5(1), 34 p.

PATERSON D., 1973. – *Observations on the sea-trout* (Salmo trutta *L.) spawning populations from light tweed tributaries*. B. Sc. Thesis University of Edinburgh, 110 p.

PIGGINS D.J., 1976. – Stock production, survival rates and life-history of the sea-trout of the Burrishoole River system. *Ann. Rep., Salm. Res. Trust Ireland Inc.*, 20, 45-57.

PIGGINS D.J., 1983. – *Salm. Res. Trust Ireland Inc., Ann. Rep.*, 27, 64 p.

PIGGINS D.J., 1986. – *Salm. Res. Trust Ireland Inc., Ann. Rep.*, 30, 15 p.

PIGGINS D.J., 1988. – *Salm. Res. Trust Ireland Inc., Ann. Rep.*, 32, 23 p.

PRATTEN D.J., SHEARER W.M., 1983. – Sea trout of the North Esk. *Fish. Manage.*, 14, 49-65.

PRATTEN D.J., SHEARER W.M., 1985. – The commercial exploitation of sea trout, *Salmo trutta* L. *Aquac. Fish. Manage.*, 1, 71-89.

PREVOST E., 1987. – *Les populations de saumon atlantique* (Salmo salar *L.) en France : description, relation avec les caractéristiques des rivières; essai de discrimination*. Thèse Doc. Ing. Sci. Agron., ENSA Rennes, 103 p.

PROUZET P., 1983. – Le pacage en mer du saumon atlantique en Europe. *Pêche marit.*, 202, 202-208.

RICHARD A., 1981. – Observations préliminaires sur les populations de truite de mer (*Salmo trutta* L.) en Basse-Normandie. *Bull. Fr. Piscic.*, 283, 114-124.

RICHARD A., 1982. – La truite de mer (*Salmo trutta* L.) en Basse-Normandie; premières observations. *Colloque sur la production et la commercialisation du poisson d'eau douce*. Association Internationale des Entretiens Ecologiques, Dijon, 89-99.

RICHARD A., 1986. – *Recherches sur la truite de mer*, Salmo trutta *L., en Basse-Normandie*. Thèse Doct. 3e cycle, Univ. Rennes, 66 p.

SAUNDERS R.L., ALLEN K.R., 1967. – Effects of tagging and fin-clipping on the survival and growth of Atlantic salmon between smolt and adult stages. *J. Fish. Res. Board Can.*, 24(12), 2595-2611.

SKROCHOWSKA S., 1969a. – Migrations of the sea trout (*Salmo trutta* L.), brown trout (*Salmo trutta* M. *fario* L.) and their crosses. Part III – Migrations to, in and from the sea. *Polsk. Arch. Hydrobiol.*, 16 (29), 2, 149-180.

SKROCHOWSA S., 1969b. – Migrations of the sea trout (*Salmo trutta* L.), brown trout (*Salmo trutta* M. *fario* L.) and their crosses. Part. IV. – General discussion of results. *Polsk. Arch. Hydrobiol.*, 16 (29) 2, 181-192.

SYCH R., 1970. – Some comparisons on the background of an eleven-year study on the growth of sea trout (*Salmo trutta* L.). *Acta Hydrobiol.*, 12 (2-3), 225-249.

SYMONS P.E.K., 1979. – Estimated escapement of Atlantic salmon (*Salmo salar*) for maximum smolt production in rivers of different productivity. *J. Fish. Res. Board Can.*, 36, 132-140.

TELLIER L., 1987. – *Mise en service d'une station d'étude des migrations de Salmonidés migrateurs sur la rivière Elorn (Finistère) : premières observations sur les populations migrantes d'adultes et de juvéniles de saumon atlantique (*Salmo salar L., 1758). Mémoire E.N.I.T.E.F., 41 p.

WARD B.R., SLANEY P.A., 1988. – Life history and smolt-to-adult survival of Keogh River steelhead trout (*Salmo gairdneri*) and the relationship to smolt size. *Can. J. Fish. Aquat. Sci.*, 45, 1110-1122.

WENT A.E.J., 1962. – Irish sea-trout, a review of investigations to date. *Sci. Proc. R. Dublin Soc.*, 1 (10), 265-296.

WENT A.E.J., 1967. – Salmon and sea trout in the Foyle system. 16^e Rep. Foyle Fish. Com., 4 p.

ZARNECKI S., 1960. – General conclusions on the scale-reading of salmon, sea trout and brown trout originating in the Vistula. I.C.E.S. CM/M, 128, 1-3.

ZARNECKI S., 1973. – Differentiation of Atlantic salmon (*Salmo salar* L.) and of sea trout (*Salmo trutta* L.) from the Wisla (Vistula) river into seasonal populations. *Acta Hydrobiol.*, 5 (2/3), 255-294.

3. Diversité génétique et gestion des populations naturelles de truite commune

R. Guyomard

I. Introduction

Les données accumulées au cours des vingt dernières années ont clairement montré qu'une variabilité génétique importante est présente au sein de la plupart des espèces. Il est admis qu'une part de cette variabilité confère des valeurs adaptatives différentes aux individus constituant l'espèce. L'amélioration génétique a pour objectif de sélectionner et propager les génotypes présentant la meilleure valeur adaptative dans un système de production donné. Des schémas de sélection ont été mis en place pour la plupart des espèces ou populations domestiques avec, en parallèle, la constitution de conservatoires de gènes. Par contre, cette démarche n'a jamais été adoptée dans le cas d'espèces directement exploitées dans le milieu naturel, comme celles de poissons. Ce retard résulte certainement, d'une part, de la très récente prise en compte des concepts de génétique des populations dans la gestion des pêches, d'autre part, des difficultés à définir des critères de sélection et à réaliser des contrôles de performances en milieu naturel. L'amélioration génétique, telle qu'elle est conçue chez les espèces domestiques, apparaît actuellement comme une utopie lorsqu'il s'agit de populations naturelles. Il est toutefois possible, dans certains cas, de mettre en œuvre ou d'expérimenter des schémas de gestion des populations naturelles respectant la diversité génétique des espèces et les principes de génétique des populations, schémas qui, sans être idéals et définitifs, peuvent constituer un progrès par rapport aux pratiques actuelles.

L'objet de cet article est de présenter l'ensemble des données concernant la diversité génétique des populations naturelles et domestiques de truite commune, puis d'analyser, à la lumière de ces résultats, les principaux problèmes génétiques liés à l'exploitation de cette espèce en milieu naturel et les solutions qui peuvent être proposées.

II. Description de la diversité génétique des populations de la truite

1. La population, unité d'évolution

La diversité génétique d'une espèce est classiquement décrite en terme de variabilité inter et intrapopulation. Cette démarche tient à l'importance considérable que l'on accorde au concept de population en génétique ou dans la théorie de l'évolution. Idéalement, une population est une communauté dans laquelle les individus de sexes opposés et sexuellement mûrs s'associent au hasard pour se reproduire[1]. On nomme panmixie ce mode d'accouplement. C'est dans la population, et sous l'action de divers facteurs (sélection, dérive génétique, mutation, recombinaison génique et migration), qu'apparaissent et sont expérimentées, à chaque génération, les combinaisons multiples de gènes. Chaque population peut donc constituer un ensemble original de gènes co-adaptés aux conditions de milieu dans lequel elle évolue. L'estimation de la variabilité génétique interpopulation permet d'apprécier le degré d'originalité des populations les unes par rapport aux autres.

2. Méthodes de description de la variabilité génétique

La description de la diversité d'une espèce fait appel, en général, à trois catégories de méthodes : la biométrie qui mesure les variations de caractères quantitatifs, la caryologie qui décrit les variations chromosomiques et les techniques moléculaires qui analysent le polymorphisme des protéines ou de l'ADN.

Les caractères quantitatifs sont des caractères à variations continues ou susceptibles de prendre un nombre relativement élevé de valeurs. Un nombre considérable d'espèces proches ou de sous-espèces de truite commune (Behnke, 1968, 1972; Dorofeyeva *et al.*, 1981) ont été décrites à partir de caractères morphologiques et méristiques qui entrent dans la catégorie des caractères quantitatifs. Leur déterminisme génétique n'est pas connu et est supposé polygénique. En outre, ces caractères peuvent être sensibles aux effets de milieu. Les différences observées entre populations prélevées dans des milieux différents peuvent donc tout autant refléter des variations environnementales que génétiques. Il faut donc se montrer particulièrement méfiant vis-à-vis des conclusions à partir de ces caractères, surtout chez les poissons qui semblent présenter une plasticité phénotypique considérable. En toute rigueur, ces caractères devraient être mesurés sur des populations élevées dans des conditions de milieux identiques et selon des protocoles expérimentaux qui deviennent relativement lourds à réaliser dès que l'on cherche à comparer un nombre

---

[1] La définition exacte suppose également l'absence de sélection gamétique.

satisfaisant de populations (nécessité d'élever séparément un nombre important de lots jusqu'à une taille permettant le marquage). De plus, les résultats obtenus risquent de n'être valables que dans les conditions de milieux testées s'il existe des interactions génotype-milieu.

L'intérêt de la caryologie pour décrire la diversité génétique intra-spécifique est, pour l'instant, très réduit chez les poissons. Ceci est essentiellement dû aux difficultés rencontrées dans la mise en œuvre de techniques qui se sont avérées performantes chez les vertébrés supérieurs (techniques de banding). Certains travaux caryologiques consacrés à la truite commune font état de variations chromosomiques inter et intrapopulation (Dorofeyeva et Rukhyan, 1982).

La quasi-totalité des données relatives à la structure génétique des espèces de poissons, et donc des Salmonidés, a été fournie par l'analyse électrophorétique des systèmes enzymatiques. Ces systèmes enzymatiques ont plusieurs avantages sur les caractères quantitatifs. Ils sont peu affectés par les variations de milieu et peuvent être utilisés pour comparer des populations prélevées *in situ*. De plus, chaque système est sous le contrôle de gènes situés à un petit nombre de locus (1 à 4, en général) et les variations électrophorétiques observées peuvent être facilement interprétées en termes de fréquences alléliques à chaque locus (fig. 1). Les procédures électrophorétiques, les principes d'interprétations des électrophorégrammes et les méthodes de validation

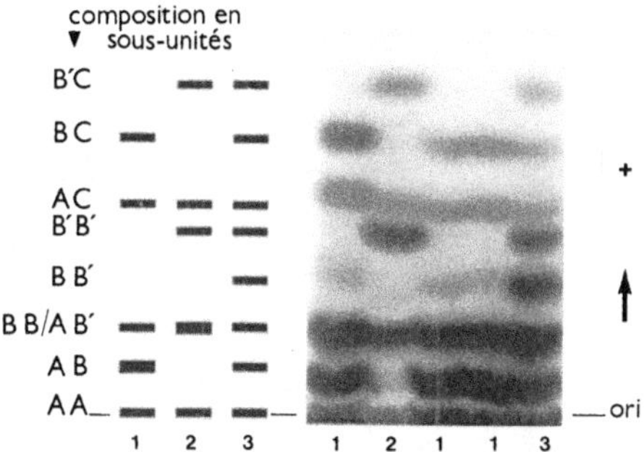

Figure 1. Variations électrophorétiques d'une enzyme dimère, la MDH (Malate déhydrogénase) du foie, chez la truite commune : à droite, électrophorégramme; à gauche, interprétation. Dans ce tissu, la MDH est sous le contrôle génétique de deux locus, Mdh-1 qui est fixé et « produit » une sous-unité A et Mdh-2 qui est variable. Dans l'ensemble des populations étudiées, trois allèles différents ont été trouvés au locus Mdh-2 : Mdh-2 (100), Mdh-2 (200) et Mdh-2 (0). Les variations observées sur la figure sont dues à Mdh-2 (100) et Mdh-2 (200) qui codent respectivement les sous-unités B et B' (l'allèle Mdh-2 (0) n'apparaît que dans les populations corses; cf. Krieg et Guyomard, 1983). La sous-unité C est « produite » par les locus Mdh-3 et 4 qui sont spécifiques du muscle et s'expriment faiblement dans le foie. Interprétation génétique : 1 = Mdh-2 (100/100); 2 = Mdh-2 (200/200); 3 = Mdh-2 (100/200). La validité de ces interprétations génétiques a été démontrée par des croisements de contrôle (cf. Guyomard et Krieg, 1983).

des déterminismes génétiques proposés ont déjà été abondamment décrits (May, 1980; Krieg, 1984; Pasteur *et al.*, 1987).

L'analyse du polymorphisme enzymatique de la truite commune a été entreprise en Scandinavie (Ryman, 1983), dans les Iles britanniques (Ferguson et Fleming, 1983) en Union soviétique (Osinov, 1984) et en France (Krieg et Guyomard, 1985). Dans cet article, seuls seront exposés en détail les résultats des travaux réalisés en France. Ces travaux avaient pour objectif (1) d'analyser la diversité génétique des populations naturelles et domestiques (2) d'étudier la différenciation entre phénotypes migrateur et sédentaire vivant en sympatrie (3) d'examiner les effets du repeuplement sur les populations autochtones (ce dernier point étant exposé dans une seconde partie).

3. Différenciation géographique

La localisation géographique des 29 populations naturelles examinées est indiquée sur la figure 2. Onze des souches domestiques les plus utilisées pour le repeuplement ainsi que trois souches polonaises élevées en pisciculture ont

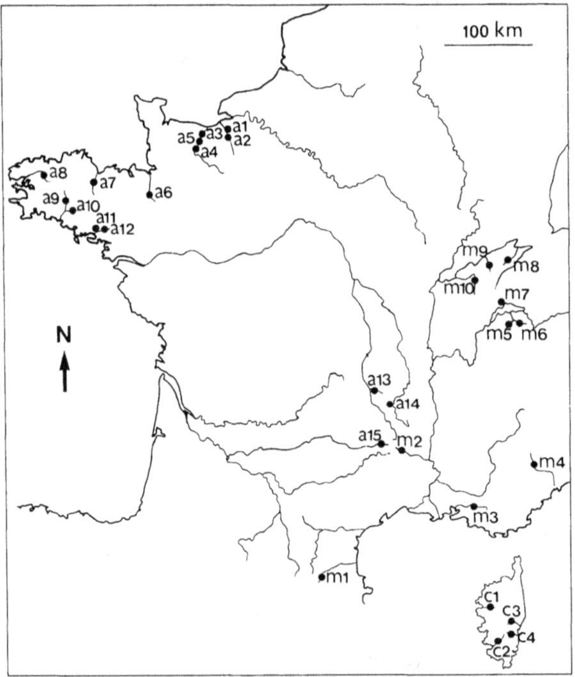

Figure 2. Localisation géographique des populations naturelles analysées. a1 : Calonne (truites de mer); a2 : Touques (smolts); a3 : Orne (smolts); a4 : Orne (truites sédentaires); a5 : Orne (truites de mer); a6 : Avion; a7 : Leffe; a8 : Elorn; a9, a10 : Scorff; a11 : Lay; a12 : Montgolérian; a13 : Allier (affluent); a14 : Loire; a15 : Lot; m1 : Tech (affluent); m2 : Cèze (affluent); m3 : Touloubre; m4 : Var (affluent); m5, m6 : Drance (affluents); m7 : Aubonne; m8, m9, m10 : Doubs (affluents); c1 : Aïtone; c2 : Rizzaneze; c3 : Travo (affluent); c4 : Solenzara.

aussi été étudiées. Quinze à trente individus par échantillon ont été examinés. Des études théoriques et expérimentales ont montré que la précision des estimations de distances génétiques (variabilité interpopulations) et des taux d'hétérozygotie (variabilité intrapopulation) ne dépend pratiquement plus que du nombre de locus analysés dès lors que le nombre d'individus étudiés par population est supérieur à 10 (Nei, 1978; Gorman et Renzi, 1979). Quarante-six locus ont été examinés sur chaque individu (Krieg et Guyomard, 1985). Nous avons estimé la diversité génétique intrapopulation ou taux d'hétérozygotie calculée (Hs), la diversité génique entre deux populations (Dst) et la diversité génique totale (Ht), définies par Nei (1975). Les dendrogrammes de distances génétiques ont été construits par agglomération hiérarchique UPGMA (Sneath et Sokal, 1973).

La figure 3 représente la distribution géographique des fréquences alléliques observées à deux locus Ldh-5 (Lactate déhydrogénase) et Tfn (Transferrine). Il apparaît très clairement une dichotomie entre les versants atlantique et méditerranéen. Cette subdivision est confirmée par le dendrogramme qui synthétise l'information fournie par l'ensemble des 46 locus (fig. 4). Les populations naturelles prélevées sur le continent se répartissent selon un schéma extrêmenent simple, regroupant, d'une part, les populations du versant atlantique, d'autre part, celle du versant méditerranéen. L'appartenance d'une population (m2, fig. 2), située en périphérie du domaine méditerranéen, au groupe atlantique résulte probablement d'un phénomène de capture hydrographique. Les aires naturelles de répartition des deux groupes ne coïncident donc pas totalement avec le découpage hydrographique. Le degré de différenciation génétique entre ces deux groupes est équivalent à ceux observés entre sous-espèces morphologiques chez les autres Salmonidés (Loudenslager et Gall, 1980; Leary *et al.*, 1987). Il est donc possible que des différences morphologiques significatives existent entre populations méditerranéennes et atlantiques. Il a été montré, par exemple, que les populations corses se distinguent par un faible nombre de cœca pyloriques (Olivari et Brun, 1988).

Toutes les souches domestiques examinées se rattachent au groupe atlantique (fig. 4). Il est difficile de préciser davantage la zone d'origine de ces souches qui résultent certainement de mélanges de populations et d'échanges entre piscicultures comme le suggèrent leurs taux élevés d'hétérozygotie et leurs faibles degrés de différenciation (fig. 5). Les trois échantillons provenant de Pologne sont également de type atlantique. La variabilité totale du groupe est élevée (0,10; fig. 5); au sein de ce groupe, les degrés de différenciation entre populations sont parfois importants (en moyenne, 40 p. 100 de la diversité totale) et une tendance à des regroupements géographiques semble se dessiner. C'est le cas, par exemple, des échantillons de la pointe de la Bretagne (a8, a9 et a10 sur la figure 2). L'hypothèse d'une structuration génétique par bassin hydrographique reste à vérifier par un échantillonnage plus complet.

Les populations du versant méditerranéen offrent une situation radicalement différente. Elles forment un groupe très homogène dont la variabilité totale n'excède pas 0,04 (fig. 5) et le dendrogramme ne révèle aucune subdivision géographique.

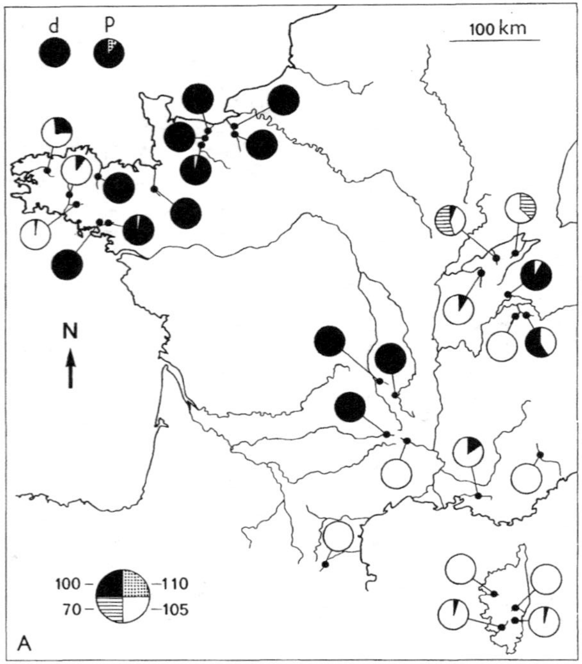

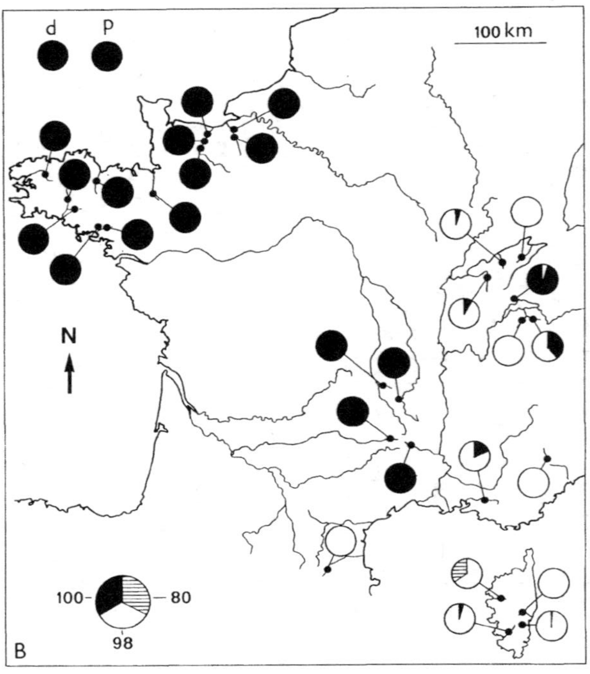

Figure 3. Distribution géographique des fréquences alléliques aux locus Ldh-5 (fig. 3A) et Tfn (fig. 3B) dans les populations naturelles examinées. d : souches domestiques (non localisées sur la carte); p : souches polonaises. Quatre allèles (100, 70, 105 et 110) sont observés à Ldh-5 et trois à Tfn (100, 80 et 90). L'allèle le plus commun est appelé 100; les autres sont identifiés par leur mobilité électrophorétique relative par rapport à l'allèle commun. Les parts de « camembert » sont proportionnelles aux fréquences alléliques observées.

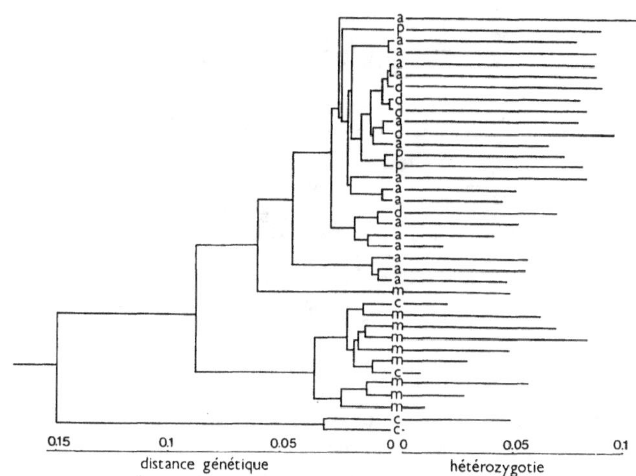

Figure 4. Dendrogramme des distances génétiques et taux d'hétérozygotie calculés sur 46 locus. Souches domestiques (d), polonaises (p), méditerranéennes (m), corses (c) et atlantiques (a).

C'est, paradoxalement, au sein des populations corses que la variabilité est la plus forte, comte-tenu de l'exiguité de la zone géographique (0,08; fig. 5). Cette forte variabilité, qui n'est aucunement imputable aux repeuplements, pourrait résulter d'une colonisation ancienne de l'île par deux formes génétiquement différenciées. L'éclatement des quatre populations corses en deux groupes très distincts pourrait toutefois n'être qu'un artefact dû à un échantillonnage insuffisant des populations.

La comparaison des données obtenues par différents laboratoires s'avère délicate en l'absence d'échange d'échantillons. Il semble toutefois assez clair que les allèles observés dans les populations françaises du versant atlantique se retrouvent dans les populations des Iles britanniques. A partir des distributions géographiques des deux allèles Ldh-5 (105) et LDh-5 (100), il a été suggéré (Ferguson et Fleming, 1983; Ferguson, 1985) que les Iles britanniques auraient subi deux colonisations dans les temps post-glaciaires, l'une par une forme fixée pour l'allèle 105 (*Salmo ferox*), l'autre, plus tardive, par une forme fixée pour l'allèle 100 et ayant une tendance plus marquée à l'anadromie. Aucune donnée électrophorétique concernant les populations méditerranéennes n'est pour l'instant disponible. Les populations corses semblent partager certaines caractéristiques méristiques, en particulier un faible nombre de cœca pyloriques (Olivari et Brun, 1988), avec la sous-espèce *Salmo trutta macrostigma*, mais ces similitudes peuvent n'avoir aucune signification phylogénétique.

4. Différenciation écologique

Comme chez la plupart des Salmonidés, des cas de formes écologiques sympatriques ont été couramment observés chez la truite commune (Behnke,

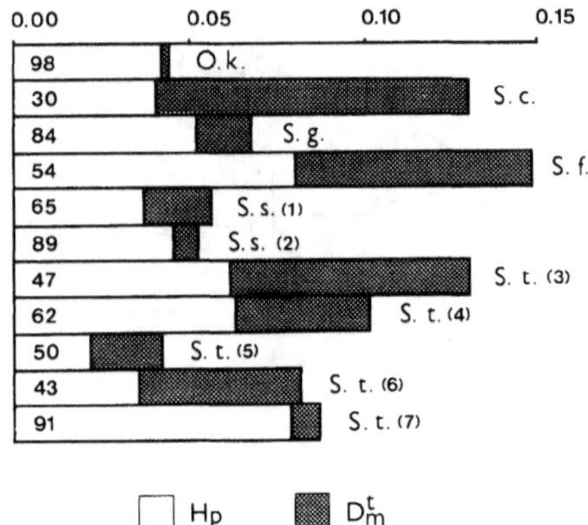

Figure 5. Décomposition de la diversité génétique en variabilité intrapopulation (Hp : hétérozygotie moyenne calculée ou diversité génique moyenne intrapopulation, Nei, 1975) et interpopulation (D^{tm} : diversité génique moyenne interpopulation, Nei, 1975) chez la truite commune et quelques espèces de Salmonidés. o.k. : *Onchorynchus keta*, Okazaki, 1982; 54 populations, 22 locus. S.c. : *Salmo clarki*, Loudenslager et Gall, 1980, 1980; 24 populations, 35 locus. S.g. : *Salmo gairdneri*, dans Ryman, 1983; 38 populations, 16 locus. S.f. : *Salvelinus fontinalis*, Stoneking *et al.*, 1981; 8 populations, 39 locus. S.s. : *Salmo salar*, Guyomard, 1987; (1) : 10 populations, 32 locus; (2) : 6 populations atlantiques européennes, 32 locus. S.t. : *Salmo trutta*, cet article; (3) : 37 populations, 46 locus; (4) populations atlantiques, 46 locus; (5) : populations méditerranéennes, 46 locus; (6) populations corses, 46 locus; (7) 11 souches de pisciculture, 46 locus. Les chiffres donnés pour chaque espèce représentent la variabilité intrapopulation exprimée en pourcentage de la variabilité totale.

1972; Dorofeyeva *et al.*, 1981). Le principal problème soulevé par l'existence de ces formes écologiques sympatriques est de savoir si elles représentent des populations reproductivement isolées et génétiquement distinctes. Chez la truite commune cela semble être parfois le cas dans un certain nombre de lacs (Ryman *et al.*, 1979; Dorofeyeva et Rukhyan, 1982; Ferguson, 1985), mais pas toujours (Crozier, 1983). Le cas de sympatrie le plus fréquemment décrit est celui qui associe la truite de mer (*Salmo trutta trutta*) à la truite de rivière (*Salmo trutta fario*). Cette cohabitation se rencontre dans presque tous les bassins hydrographiques tributaires de l'océan Atlantique. Les études électrophorétiques n'ont révélé aucune différence génétique significative entre échantillons migrateurs et sédentaires provenant d'une même rivière et ce, malgré l'existence d'un important polymorphisme enzymatique au sein de ces échantillons (Fleming, 1983). Il semble donc que les individus migrateurs et sédentaires présents en sympatrie appartiennent à la même population [2]. Cette hypothèse est confirmée par les études que nous avons menées sur des populations de truite commune introduites dans les eaux vierges des îles Kerguelen

---

(2) Nous avons toutefois observé un cas où les stocks migrateur et sédentaire d'une même rivière (l'Orne; cf. II, 2) sont génétiquement distincts; il s'agit d'une situation artificielle probablement due au repeuplement.

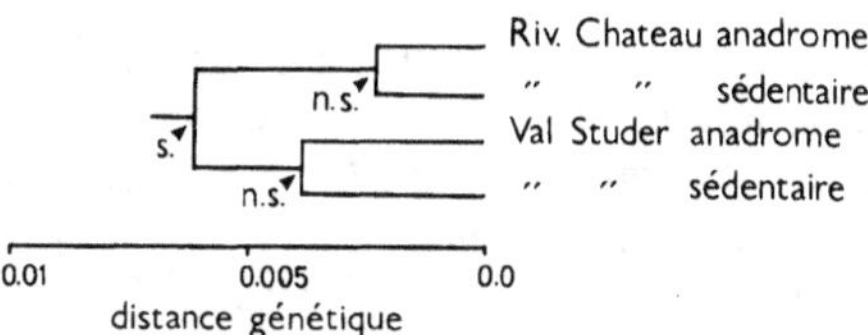

Figure 6. Dendrogramme des populations des îles Kerguelen étudiées par électrophorèse (31 locus). S : fréquences alléliques statistiquement significatives à 5 p. 100; N.S. : non significative.

(Guyomard *et al.*, 1984). Les individus constituant ces populations, issues d'une introduction unique à partir d'œufs fécondés provenant d'une pisciculture, se sont différenciés dès les premières générations en phénotypes migrateurs et sédentaires. Les analyses électrophorétiques ne font ressortir aucune différenciation génétique entre les deux types lorsqu'ils proviennent du même cours d'eau (fig. 6). On peut donc conclure que la présence d'individus sédentaires et migrateurs au sein d'un même bassin hydrographique ne résulte probablement pas de la sympatrie de deux espèces ou sous-espèces génétiquement différenciées, mais d'une variabilité phénotypique intrapopulation. Les données disponibles ne permettent pas de déterminer si cette variabilité phénotypique est, en partie, d'origine génétique ou si elle est exclusivement causée par des variations environnementales. Il est possible qu'une situation analogue se rencontre pour d'autres caractères tels que la durée du séjour en eau douce ou en mer.

5. Signification de la différenciation mise en évidence

Les divers facteurs susceptibles de faire apparaître des différences génétiques entre populations ont déja été énumérés (§ II, 1). Ces facteurs sont, d'une part, ceux qui engendrent de la variabilité nouvelle, la mutation et la recombinaison génique, d'autre part, ceux qui modifient la variabilité existante, la dérive génétique et la sélection. Il est important de noter que des taux de migration[3] extrêmement faibles ($10^{-4} - 10^{-5}$) suffisent à prévenir toute différenciation, même en présence de forces sélectives relativement fortes (Li, 1976; Nei, 1987). Ainsi, même lorsque le « homing » est très marqué comme chez le saumon atlantique, l'existence d'un très faible taux d'individus erratiques peut assurer le maintien d'une forte similitude génétique des populations. Par contre, dès qu'un isolement géographique complet s'établit, deux populations peuvent diverger relativement vite (Nei, 1975). Dans le cas de la truite commune, l'isolement géographique est évident et probablement très ancien (éventuellement intermittent) entre populations méditerranéennes et atlantiques. Il est évidemment impossible de dire si la sélection a joué un rôle dans l'établissement de la différenciation géographique observée ou si celle-ci n'est que le résultat d'une évolution aléatoire. La différenciation observée ne

---

(3) Pourcentage d'individus d'une population qui immigrent à chaque génération.

constitue pas nécessairement une réponse adaptative. Dans le cas contraire, il n'est pas certain qu'elle soit la meilleure réponse que l'espèce puisse apporter aux pressions des environnements locaux. On peut, par exemple, se demander si une population atlantique n'aurait pas une meilleure valeur sélective qu'une population méditerranéenne dans la zone d'origine de celle-ci (ou vice-versa).

6. Comparaison avec d'autres espèces de Salmonidés

L'ampleur et la structure de la variabilité intraspécifique diffèrent notablement d'une espèce à l'autre (cf. fig. 5 pour les Salmonidés). Certaines de ces différences peuvent être la conséquence d'une définition morphologique plus ou moins stricte de l'espèce (de nombreuses espèces de poissons dulçaquicoles, en particulier dans la famille des Salmonidés, ont été définies selon des critères morphologiques et non par application du concept biologique de l'espèce) ou d'études électrophorétiques plus ou moins complètes. Il est cependant intéressant de comparer la truite commune et le saumon atlantique dont les aires de répartition se recoupent très largement. Les résultats montrent (même si la comparaison est limitée aux seules populations atlantiques) que deux espèces phylogénétiquement proches et ayant de nombreux points communs sur le plan de leur biologie peuvent présenter des structures génétiques très différentes sur des aires de répartition identiques.

III. Effets des repeuplements

1. Mise en évidence de flux géniques entre souches domestiques et naturelles

La figure 3 fait apparaître des différences alléliques importantes entre les souches domestiques et certaines populations naturelles. Ainsi les souches de pisciculture sont fixées pour les allèles Ldh-5 (100) et Tfn (100) que ne possède aucune population méditerranéenne non affectée par le repeuplement. Ces allèles constituent de véritables marqueurs génétiques, inaltérables et transmissibles, des souches de repeuplement. Par rapport aux marques physiques traditionnelles, ils présentent l'avantage de permettre de suivre le devenir des sujets domestiques quel que soit le stade de déversement [4], et surtout de savoir s'ils participent à la reproduction et de déterminer les taux d'introgression des gènes domestiques dans la population.

Deux cas d'analyse d'effets du repeuplement sont illustrés par la figure 7. Ces analyses comprennent l'étude d'un échantillon d'individus prélevés dans un secteur « non repeuplé » pour déterminer le type génétique de la population d'origine, d'un échantillon d'individus provenant d'un secteur repeuplé proche du site vierge et de la souche domestique utilisée. Dans le premier cas (fig. 7a),

---

(4) Aux stades de déversement les plus fréquents, stade œillé et fin de résorption vitelline, les individus relâchés n'ont pas atteint la taille minimale de marquage.

l'ensemble des individus 0^+ correspond aux alevins de pisciculture récemment déversés; par contre, les individus d'âge égal ou supérieur à 1^+ sont pratiquement tous des sujets sauvages. Les alevins déversés aux cours des années antérieures ont donc été éliminés, peut-être rapidement après le déversement. Il est donc préférable d'estimer les taux de gènes domestiques introduits dans le stock naturel à partir des seuls individus d'âge supérieur à 0^+; ce taux ne dépasse pas 5 p. 100. La figure 7b montre que, dans le second cas, les individus du secteur repeuplé occupent un domaine de variations allant des génotypes sauvages aux génotypes domestiques. Une analyse détaillée fait apparaître que les gènes domestiques et sauvages sont associés au hasard (absence d'écart à la panmixie et de déséquilibre de liaison) et qu'une proportion importante d'individus sont des hybrides de deuxième génération, au moins. Dans ce cas, le taux d'introgression peut être estimé par le pourcentage de gènes domestiques trouvés dans l'échantillon, c'est-à-dire 50 p. 100.

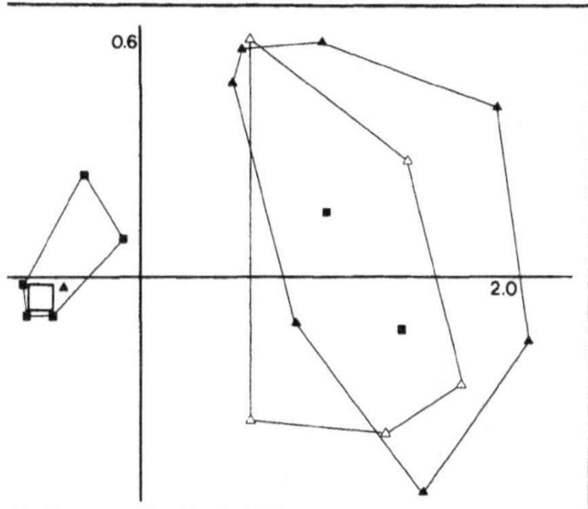
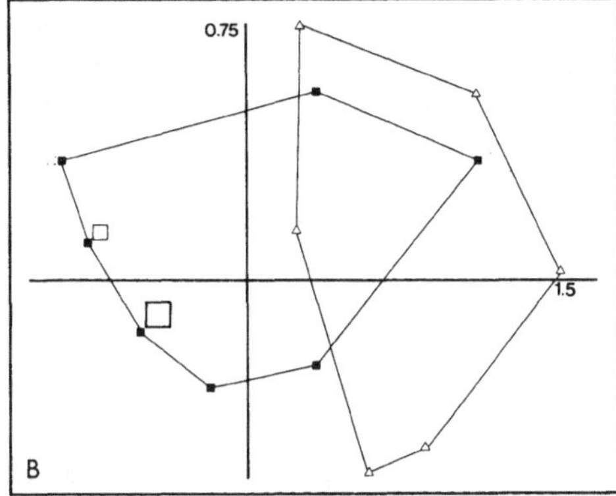

Figure 7. Effets de repeuplements sur la structure génétique de deux populations naturelles de truite commune (représentation dans le plan des deux premiers axes principaux des résultats d'une analyse en composantes principales; d'après Barbat-Leterrier *et al.*). Δ : souche de pisciculture (30 individus analysés dans chaque cas); ▢ : population locale (secteur non repeuplé, adultes; 20 à 30 individus/site); ■ : population locale (secteur repeuplé, adultes; 20 individus/site; les symboles sont approximativement proportionnels au nombre d'individus ayant les mêmes coordonnées); ▲ : population locale (secteur repeuplé, alevins; 40 individus/site). A : rivière La Bernarde, affluent du Var. Sur le titre repeuplé, presque tous les alevins analysés, à l'exception d'un seul (triangle noir isolé) sont inclus dans un polygone qui se superpose à celui des sujets domestiques; ce sont des alevins de repeuplement. Par contre, les individus d'âge supérieur à un an (■) sont presque tous semblables aux individus de la souche locale pure. B : rivière Las Illas, affluent du Tech. Dans ce cas, le polygone incluant les individus provenant du site repeuplé s'étend des symboles correspondant aux sujets locaux purs jusqu'au polygone des sujets domestiques. Ceci indique un taux élevé d'introgression (50 p. 100 environ).

La présence des allèles Ldh-5 (100) et Tfn (100) dans les échantillons méditerranéens (fig. 3) est due aux repeuplements (à l'exception du cas de la population de la Cèze; m^2 sur la figure 2).

L'étude des sites repeuplés met en évidence deux faits intéressants :

— d'une part, les taux d'introgression varient très largement (de 0 à 50 p. 100; fig. 8) même lorsque les efforts de repeuplement semblent identiques. Cependant, dans tous les cas examinés, il faut admettre que le taux moyen annuel d'introgression est faible. Ainsi, un taux d'introgression observé de 50 p. 100 signifie que la proportion de sujets domestiques introduits anuellement, et se maintenant, ne dépasse pas 15 p. 100, en moyenne (fig. 8), de la population présente sur le site si le repeuplement est pratiqué depuis une quinzaine d'années (20 p. 100 s'il l'est depuis 10 ans). L'efficacité des repeuplements peut donc être considérée comme faible;

— d'autre part, il ne semble pas y avoir de barrière reproductive contrecarrant le flux génique entre les stocks domestiques introduits et les populations en place. Ce phénomène est généralement observé dans la plupart des cas de contacts secondaires (généralement provoqués par l'homme) mettant en jeu des espèces ou sous-espèces de Salmonidés ayant atteint, ou même dépassé, le degré de différenciation qui distingue les populations méditerranéennes de souches domestiques (Busack et Gall, 1981; Halliburton *et al.*, 1981; Gyllensten *et al.*, 1985; Campton et Utter, 1985).

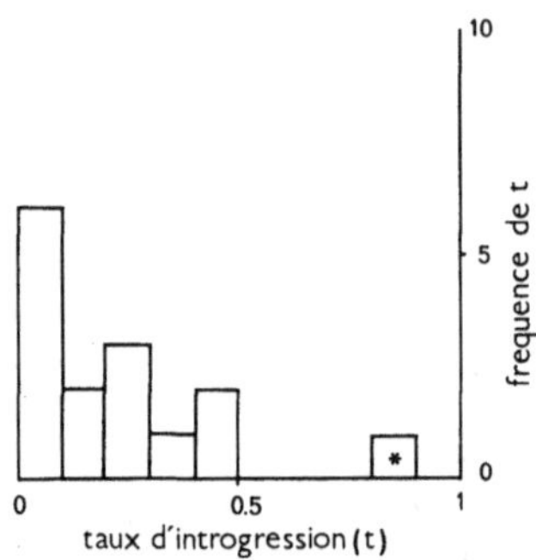

Figure 8. Distribution du taux d'introgression cumulée dans différents échantillons provenant de secteurs soumis au repeuplement (l'effort de repeuplement n'est pas identique sur tous les sites). Pour un allèle discriminant de fréquence initiale 0 dans la population naturelle et 1 dans la souche domestique, le taux *annuel moyen* d'introgression (m) peut être estimé par $1 - (1 - p)^{1/n}$ où p désigne la fréquence observée de l'allèle discriminant et n le nombre de générations écoulées depuis le début du repeuplement. Ce modèle fait, en outre, l'hypothèse que la reproduction est assurée par une seule classe d'âge qui détermine l'intervalle de génération. Pour un intervalle de génération de 3 ans et p = 0,5, après 15 ans de repeuplement, m = 15 p. 100 environ. L'échantillon identifié par un astérisque doit être considéré avec précaution, car il s'agit de la descendance, élevée en pisciculture de quelques géniteurs (nombre inconnu) prélevés sur une rivière tributaire du Lac Léman.

2. Effets des repeuplements sur la biologie des populations naturelles

S'il est désormais relativement facile de mettre en évidence l'introgression des souches domestiques dans les populations naturelles, on ne dispose, par contre, d'aucune donnée montrant clairement que cette introgression modifie l'expression phénotypique de caractères intervenant dans la biologie des populations (croissance, fécondité, comportement migrateur...) et, *a fortiori,* leur valeur sélective moyenne. La capacité de souches de pisciculture à « produire » des phénotypes sédentaires et migrateurs, dans le milieu naturel, a été clairement observée dans certains cas tel que celui des îles Kerguelen. L'introduction de souches domestiques pourrait donc être à l'origine de l'apparition ou du renforcement du comportement migrateur dans certaines populations naturelles. Ce pourrait être le cas de la population de l'Orne. Les premières captures notables de truite de mer, dans cette rivière dont la population était jusqu'alors décrite comme sédentaire, remontent aux années 60, années correspondant à la montée en puissance des repeuplements dans l'Orne (Richard, 1981). Les approvisionnements en sujets de repeuplements ont eu deux origines bien distinctes, d'une part, une population de truite de mer du Dunajec (affluent du bassin supérieur de la Vistule) introduite de façon ponctuelle dans le courant des années 60, d'autre part, une souche de pisciculture (Etrun) utilisée de façon plus régulière et intensive depuis la même époque. Par ailleurs, des smolts et des adultes revenant se reproduire en rivière après un séjour en mer ont été identifiés comme étant des sujets de repeuplement. Ces faits suggèrent que la population de truite de mer de l'Orne pourrait être, en très grande partie, issue des repeuplements. Cette hypothèse est renforcée par des études électrophorétiques que nous avons réalisées. La figure 9 montre la quasi-identité génétique de la souche domestique Etrun avec les échantillons de smolts et truites de mer de l'Orne. Par contre, l'échantillon du Dunajec examiné [5] s'avère très différent des migrateurs de l'Orne. Enfin, les stocks migrateurs et sédentaires sont génétiquement différents dans cette rivière. L'originalité génétique de la

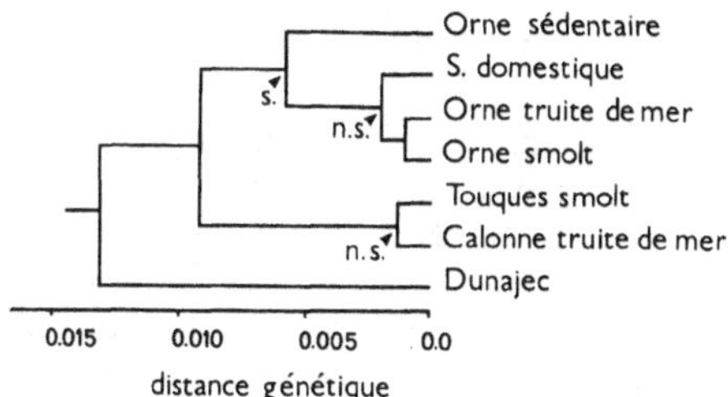

Figure 9. Dendrogramme des échantillons prélevés sur l'Orne et des souches domestiques relâchées dans cette rivière (46 locus). S. : significatif à 5 p. 100; N.S. : non significatif.

---

(5) On ne peut évidemment certifier que cet échantillon est identique à la truite de mer du Dunajec, autrefois relâchée dans l'Orne.

population « Orne sédentaire » est attestée par la présence d'un allèle qui lui est propre, Mdh-3,4 (50), et de Ldh-5 (105) qui serait spécifique de la forme ancestrale de truite commune (Ferguson et Fleming, 1983). Les individus sédentaires pourraient donc être les représentants, au moins partiellement, de la population sédentaire d'origine, génétiquement distincte du stock utilisé pour le repeuplement.

Rien ne permet d'exclure que le stock migrateur soit essentiellement alimenté par les apports annuels du repeuplement et non par la reproduction naturelle. Si tel est le cas, deux remarques s'imposent :

— d'une part, ce stock migrateur ne se maintiendrait pas forcément en cas d'interruption des repeuplements;

— d'autre part, les différences d'aptitude à la migration observées entre les fractions sédentaires et anadromes ne sont pas nécessairement de nature génétique, malgré l'existence de différences génétiques pour d'autres caractères comme les systèmes enzymatiques; le comportement migrateur de la fraction anadrome pourrait être induit, par exemple, par la phase initiale d'élevage avant les déversements ou par les méthodes de repeuplement utilisées (repeuplements surdensitaires, par exemple).

Il n'en demeure pas moins que l'introduction d'individus de repeuplement semble se traduire, dans certains cas, par une modification des caractéristiques phénotypiques des stocks naturels.

L'effet des transplantations sur des caractéristiques telles que le taux de retour et la période de reproduction a été également bien mis en évidence chez le saumon chum, *Onchorynchus keta* (Okazaki, 1982).

IV. Gestion génétique des populations naturelles

1. Gestion à long terme : conservation de la diversité génétique

Dans le cas des espèces domestiques soumises à l'amélioration génétique, la diversité génétique est préservée car les critères de sélection peuvent évoluer; les populations, races ou variétés, à conserver sont définies à partir de la variabilité de caractères en rapport avec la productivité (en général, des caractères quantitatifs) et de caractères mendéliens à effets visibles ou du polymorphisme moléculaire.

La protection de la diversité génétique de la truite commune doit être assurée, même si les effets du repeuplement sont positifs, pour préserver le potentiel d'adaptation de l'espèce à l'évolution de l'environnement ou à de nouveaux milieux. Dans le cas de la truite commune, seules les données électrophorétiques sont disponibles. Leur utilisation pour définir les populations à préserver est justifié si, à une plus large diversité électrophorétique, correspond une variabilité génétique moyenne plus importante. Cela semble être le cas chez les Salmonidés dont les sous-espèces morphologiques [6] sont généralement confirmées par les études électrophorétiques (Loudenslager et Gall, 1980; Stoneking *et al.*, 1981).

Les données électrophorétiques permettent de définir, d'une part, les sous-unités génétiques au sein desquelles seront choisies les populations à préserver, d'autre part de ne retenir, au sein de ces sous-unités, que des populations indemnes de tout repeuplement. Cette stratégie d'échantillonnage est certainement beaucoup plus efficace qu'un titrage aléatoire. La conservation d'une seule population dans chacune des sous-unités géographiques constituées par les populations atlantiques, méditerranéennes et corses permet de préserver l'essentiel de la diversité génétique observée. En pratique, il est préférable de retenir plusieurs populations de chaque groupe pour prendre en compte la part de diversité génétique qui échappe à l'analyse électrophorétique. De plus, le choix des populations « protégées » doit pouvoir évoluer en fonction de l'acquisition de nouvelles données électrophorétiques ou autres.

Enfin, ces populations doivent être conservées dans leur milieu d'origine, principe qui devrait être facilement applicable.

2. Gestion à court terme

La gestion à court terme des populations naturelles est traitée en considérant les deux interventions auxquelles elles sont régulièrement et intentionnellement exposées, la pêche et le repeuplement.

a) Effets de la pêche

Celle-ci peut, en théorie, réduire la diversité d'une population, soit par dérive génétique si les prélèvements sont importants, soit par sélection si la fraction prélevée possède des caractéristiques génétiques particulières.

La perte de variabilité par dérive génétique ne devient significative qu'en deçà d'une taille effective très faible. Ainsi, pour un locus ayant deux allèles, elle n'excède pas 5 p. 100 après 10 générations lorsque la population de reproducteurs est composée de 25 mâles et 25 femelles (fig. 10). Il est à peu près certain que le nombre de géniteurs présents au sein de n'importe quel cours d'eau est en général très supérieur. De fait, les taux d'hétérozygotie des populations naturelles de truite commune sont relativement élevés et les cas de faible variabilité intrapopulation semblent plutôt relever de dérives génétiques naturelles.

De nombreuses tentatives ont été faites pour essayer de mettre en évidence les effets sélectifs de la pêche en suivant l'évolution des caractéristiques des stocks exploités (Nelson et Soulé, 1987). Ces évolutions sont évidemment difficiles à interpréter et les conclusions peu convaincantes car les effets

---

(6) Certaines de ces sous-espèces morphologiques présentent des degrés de différenciation à peu près équivalents à celui qui caractérise les populations atlantiques et méditerranéennes.

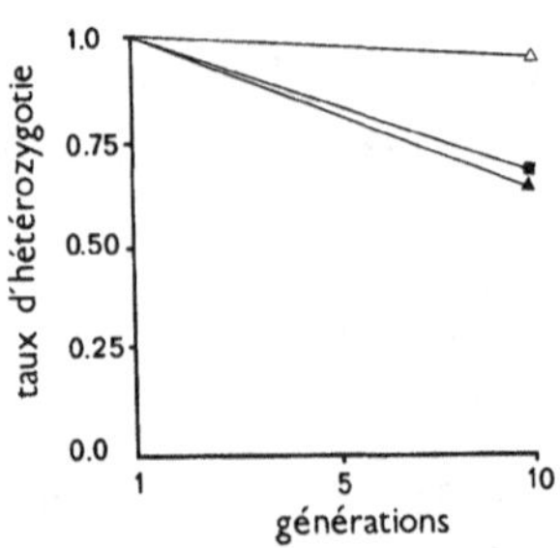

Figure 10. Evolution de la diversité génique en fonction du nombre de générations et de géniteurs. Δ : 25 mâles × 25 femelles; ▲ : 5 mâles × 5 femelles; ▪ : 3 mâles × 47 femelles. Hn = (1 − 1/2Ne) · Hn − 1; Hn = taux d'hétérozygotie à la génération n; Ne = taille effective de la population; dans ce cas, nous avons calculé Ne d'après la formule Nf · Nm/(Nm + Nf) où Nf = nombre de géniteurs femelles et Nm = nombre de géniteurs mâles. Les valeurs portées en ordonnées correspondent au cas d'un locus avec deux allèles (cf. Falconer, 1974, pour plus de détails).

génétiques (s'ils existent) ne peuvent être dissociés des effets environnementaux. En théorie, l'effet moyen de la sélection sur la variabilité d'une population panmictique devient faible (cf. fig. 11 pour un modèle particulier de sélection), lorsque les caractères soumis à cette sélection sont sous le contrôle d'un nombre important de locus, ce qui est, sans doute, vrai dans la plupart des cas.

Si l'on considère, en outre, l'existence probable de flux géniques entre populations qui contrecarrent les effets de dérive génétique et de sélection, l'incidence de la pêche sur la diversité génétique d'une population ne peut être que réduite et réversible. Il en est vraisemblablement de même pour les caractéristiques des stocks [7].

b) Effets des repeuplements

L'argumentation développée pour condamner les repeuplements pratiqués avec des populations domestiques s'appuie fréquemment sur l'idée selon laquelle la différenciation géographique observée a une signification adaptative (au sens où la population locale est la mieux adaptée à son environnement). Il faut, tout d'abord, souligner qu'aucune théorie, ni observation expérimentale ne permet de soutenir, *a priori,* une telle affirmation. La faible efficacité des repeuplements, observée dans un certain nombre de cas, n'est pas nécessairement due à une moindre valeur sélective des souches domestiques en milieu naturel, mais peut être simplement liée aux techniques de repeuplement elles-mêmes. Dans l'immédiat, les seuls arguments que l'on est en droit d'invoquer en faveur d'un arrêt ou d'une réduction des repeuplements à partir de souches domestiques sont l'inefficacité de ceux-ci (mais ils ne sont peut-être pas toujours inefficaces) et la prudence.

---

(7) Il faut faire la distinction entre les variations de fréquences géniques aux locus contrôlant un caractère et les variations phénotypiques qui peuvent en résulter.

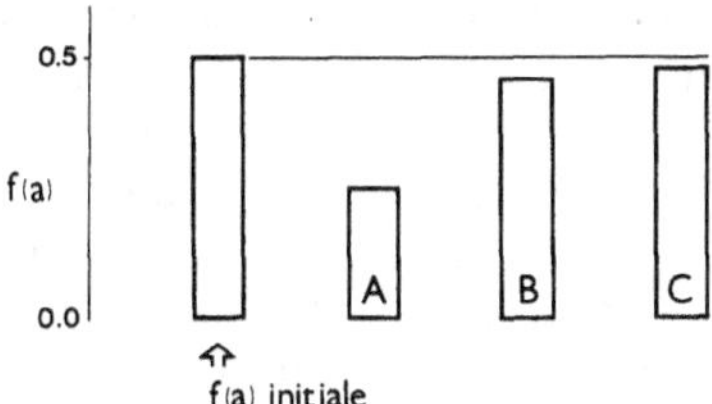

Figure 11. Effet sélectif de la pêche dans une population lorsque la pression de pêche globale (p) affecte n locus de manière identique, de telle sorte que $p = \{(1-s)\ fAA + (1-s/2)\ fAB + fBB\}^n$; fAA, fAB et fBB sont les fréquences initiales des génotypes AA, AB et BB (chaque locus possédant les mêmes allèles A et B) dont les valeurs sélectives sont respectivement 1-s, 1-s/2 et 1. La figure montre la diminution de la fréquence de A pour p = 50 p. 100 dans trois cas : A = 1 seul locus; B = 5 locus et C = 10 locus (la fréquence initiale de A est 0,50 et la population est supposée être en équilibre de Hardy-Weinberg).

Des solutions alternatives ont été imaginées mais rarement mises en œuvre : d'une part, l'utilisation de souches locales, d'autre part, celle des « demi-sang ». Rien n'indique que ces deux stratégies donneraient de meilleurs résultats puisque ce n'est pas nécessairement la valeur génétique des souches domestiques qui est en cause.

L'utilisation de souches sauvages se heurte à de sérieux problèmes pratiques. Le prélèvement de géniteurs mâles et femelles dans le milieu naturel ne permet pas d'assurer des opérations de repeuplement importantes en raison de la faible fécondité généralement observée chez les femelles sauvages. Des comparaisons de performances (survie, fig. 12; croissance) en pisciculture ont clairement mis en évidence que les populations sauvages étaient beaucoup plus difficiles à élever que les souches domestiques et que ces difficultés étaient dues, en très grande partie, à des facteurs génétiques (Maisse *et al.*, 1983; Guyomard et Chevassus, 1985). La constitution de stocks

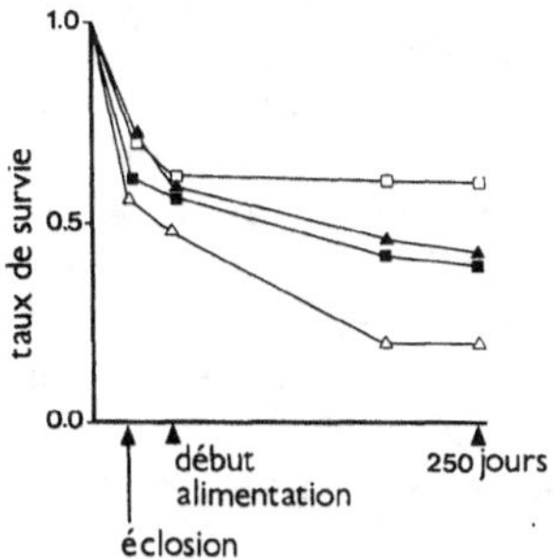

Figure 12. Taux de survie dans les lots issus d'un croisement diallèle entre une souche domestique et une souche sauvage (géniteurs prélevés dans l'Elorn, Finistère). Chaque lot est issu du croisement de 10 femelles par 10 mâles. Δ : femelles sauvages par mâles sauvages; ▲ : femelles sauvages mâles domestiques; ■ : femelles domestiques par mâles sauvages; ❏ : femelles domestiques par mâles domestiques.

d'élevage, destinés au repeuplement, à partir de populations naturelles risque donc d'être une voie lente et peu efficace; elle peut, en outre, s'avérer peu satisfaisante sur le plan génétique car les populations ainsi mises en élevage peuvent rapidement évoluer, par dérive génétique ou sélection, vers un type génétique indésirable si les mortalités sont élevées et les fécondités très différentes entre individus. Compte-tenu de l'intérêt que la constitution de « stocks naturels captifs » peut avoir pour le repeuplement, des techniques particulières d'élevage sont en cours d'expérimentation pour améliorer les performances de ces stocks en pisciculture. Ainsi, nous avons récemment montré l'effet positif de substrats rugueux sur la survie et la croissance précoce d'une souche sauvage mise en élevage (Krieg *et al.*, 1989). L'introduction de « gènes sauvages » par la voie mâle, à chaque génération, pourrait être envisagée pour limiter une évolution génétique indésirable de ces nouveaux stocks mis en élevage.

Ces difficultés de production d'individus sauvages ont conduit à préconiser l'utilisation de descendances issues de fécondations de femelles domestiques, ayant une fécondité élevée, et de mâles sauvages apportant une certaine « rusticité ». Cette stratégie du « demi-sang » ne résoud aucun des problèmes que le repeuplement peut poser, à court ou à long terme, s'il existe des différences adaptatives, dans le milieu naturel, entre souches domestiques et autochtones, en faveur de ces dernières. En effet, dans ce cas, l'introgression par les « demi-sang » réduira, elle-aussi, la valeur adaptative de la population locale, et ce, à des vitesses pas nécessairement plus lentes qu'en cas d'introduction de sujets domestiques purs. C'est finalement lorsqu'il n'y a pas de différence entre souches domestiques et naturelles que la stratégie du « demi-sang » peut être admise, cas où, évidemment, elle ne présente que des inconvénients par rapport à l'utilisation de souches domestiques pures.

Il n'existe donc en matière de repeuplement, que deux stratégies possibles : l'utilisation de souches domestiques ou celle de souches locales. Dans l'immédiat, seule la première stratégie, dont une variante pourrait être l'utilisation de sujets domestiques stérilisés par triploïdisation, est praticable puisqu'on ne dispose pas encore de stocks sauvages pour le repeuplement. Rien ne permet, *a priori*, d'exclure que l'une ou l'autre de ces deux stratégies soit préférable en fonction des milieux et des modes d'exploitation rencontrés. C'est uniquement à travers l'analyse de l'évolution quantitative et qualitative des stocks naturels que peuvent être appréciées l'opportunité et l'efficacité d'un repeuplement. Il faut cependant noter que l'utilisation de stocks sauvages pour le repeuplement apporte une solution permettant de résoudre, à la fois, les problèmes de maintien d'effectifs des peuplements naturels et de conservation de leur diversité génétique.

V. Conclusion et perspectives

Si les études électrophorétiques réalisées ont vraisemblablement permis de mettre en évidence les aspects les plus importants de la différenciation génétique des populations de truite commune, deux points mériteraient d'être précisés, d'une part, la diversité des populations atlantiques, d'autre part, la différenciation morphologique entre les sous-espèces méditerranéenne et atlantique, différenciation éventuellement indicatrice de différences dans la biologie de ces deux sous-espèces.

Ce sont, cependant, les effets de repeuplement qui suscitent désormais les questions les plus importantes. Les études réalisées n'ont pas permis de conclure quant aux effets génétiques du repeuplement sur les caractéristiques biologiques des stocks naturels. Des éléments de réponse à cette question peuvent être apportés à la fois par des expérimentations en pisciculture et milieu naturel.

La première approche, réalisée en pisciculture, consiste à rechercher s'il existe des incompatibilités génétiques entre populations naturelles et souches domestiques à l'aide de croisements diallèles (cf. fig. 12). Ce type d'étude est en cours d'application au cas des populations méditerranéennes et sera l'occasion de tester leurs performances en élevage.

La seconde voie possible associe la dynamique des populations et la génétique moléculaire qui, dans ce cas, permet d'identifier l'origine (sauvage, domestique, hybride) des individus échantillonnés. Elle suppose l'analyse d'un grand nombre d'individus. Cette exigence devient réaliste puisqu'on dispose aujourd'hui de méthodes moléculaires [8] ne nécessitant pas le sacrifice des individus examinés.

Cette association de la dynamique des populations et de la génétique moléculaire ne peut prétendre, *a priori,* apporter des conclusions extrapolables à l'ensemble des situations possibles, compte-tenu de leur diversité et de la nécessité de restreindre ce type d'études à quelques unes d'entre elles; elle offre toutefois une perspective intéressante d'aborder *in situ,* dans quelques cas privilégiés [9], l'une des questions centrales de la gestion des stocks naturels : l'effet génétique des repeuplements sur la biologie des populations en place.

Références bibliographiques

BARBAT-LETERRIER A., GUYOMARD R., KRIEG F., 1989. Natural introgression between introduced domesticated strains and Mediterranean native populations of brown trout (*Salmo trutta* L.). *Aquat. Living Resour.*, 2, 215-223.

BEHNKE R.J., 1968. A new subgenus and species of trout, *Salmo (Platysalmo) platycephalus*, from southcentral Turkey, with comments on the classification of the subfamily salmoninae. *Mitt. Hamburg Zool. Mus. Inst.*, 66, 1-15.

BEHNKE R.J., 1972. The systematics of salmonid fishes of recently glaciated lakes. *J. Fish. Res. Board Can.*, 29, 639-671.

BUSACK C.A., GALL G.A.E., 1981. Introgressive hybridization in populations of Paiute cutthroat trout (*Salmo clarki seleneris*). *Can. J. Fish. Aquat. Sci.*, 94, 939-951.

---

(8) Méthodes basées sur l'étude du polymorphisme de l'ADN génomique.

(9) Il peut s'agir de secteurs déjà repeuplés ou de secteurs sans trace d'introgression sur lesquels peuvent être pratiqués des repeuplements expérimentaux.

CAMPTON D.E., UTTER F.M., 1985. Natural hybridization between steelhead trout *(Salmo gairdneri)* and coastal cuthroat trout *(Salmo clarki clarki)* in two Puget Sound Streams. *Can. J. Fish. Aquat. Sci.*, 42, 110-119.

CROZIER W.W., 1983. *Population biology of Lough Neagh brown trout* (Salmo trutta *L.*) Ph. D. Thesis, The Queen's University, Belfast, 478 p.

DOROFEYEVA Ye.A., ZINOV'YEV Ye.A., KLYUKANOV V.A., RESHETNIKOV Yu.S., SAVVAITOVA K.A., SHAPOSHNIKOVA G. Kh., 1981. The present state of research into the phylogeny and classification of salmonoidei. *J. Ichtyol.*, 21, 1-20.

DOROFEYEVA Ye.A., RUKHKYAN R.G., 1982. Divergence of the sevan trout, *Salmo ischchan*, in the light of karyological and morphological data. *J.Ichtyol.*, 22, 23-36.

FALCONER D.S., 1974. Introduction à la génétique quantitative. Masson, Paris, 284 p.

FERGUSON A., 1985. Lough Melvin, a unique fish community. *Occasional papers in irish science and technology*, 1, Went memorial lecture, Royal Dublin society, 17 p.

FERGUSON A., FLEMING C.C., 1983. Evolutionary and taxonomic significance of protein variation in brown trout (*Salmo trutta* L.) and other salmonids. In G.S. Oxford, D. Rollison Eds., *Protein polymorphism : adaptative and taxonomic significance*, 86-99, Academic Press, London.

FLEMING C.C., 1983. *Population biology of anadromous brown trout* (Salmo trutta *L.)* in Ireland and Britain. Ph. D. thesis. The Queen's University of Belfast, 475 p.

GORMAN G.C., RENZI J., 1979. Genetic distance and heterozygosity estimates in electrophoretic studies effects of sample size. *Copeia*, 242-249.

GUYOMARD R., 1987. Differenciation génétique des populations de saumon atlantique : revue et interprétation des données électrophorétiques et quantitatives. In M. Thibault et R. Billard eds., *Restauration des rivières à saumons*, INRA Paris, 297-308.

GUYOMARD R., KRIEG F., 1983. Electrophoretic variations in six populations of brown trout *(Salmo trutta L.)*. *Can. J. Genet. Cytol.*, 25, 403-413.

GUYOMARD R., GREVISSE G., OURY F.X., DAVAINE P., 1984. Evolution de la variabilité génétique.inter et intrapopulations de Salmonidés issues de mêmes pools géniques. *Can. J. Fish. Aquat. Sci.*, 41, 1024-1029.

GUYOMARD R., CHEVASSUS B., 1985. Recherches sur la génétique des populations de truite commune et de saumon atlantique. Compte-rendu de contrat INRA-CSP, 15 p.

GYLLENSTEN U., LEARY R.F., ALLENDORF F.W., WILSON A.C., 1985. Introgression between two cutthroat trout subspecies with substantial karyotypic, nuclear and mitochondrial genomic divergence. *Genetic*, 111, 905-915.

HALLIBURTON R., PIKPIN R.E., GALL G.A.E., 1983. Reproduction success of artificially hybridized golden trout (*Salmo aguabonita*) and rainbow trout (*Salmo gairdneri*). *Can. J. Fish. Aquat. Sci.*, 40, 1264-1269.

KRIEG F., 1984. *Recherche d'une différenciation génétique entre populations de* Salmo trutta. Thèse de 3e cycle, Université de Paris-sud, Orsay, 92 p.

KRIEG F., GUYOMARD, 1983. Mise en évidence électrophorétique d'une forte différenciation génétique entre population de truite fario en corse. *C.R. Acad. Sci.*, Paris, 296, 1084-1089.

KRIEG F., GUYOMARD R., 1985. Population genetics of French brown trout (*Salmo trutta* L.) : large geographical differentiation of wild populations and high similarity of domesticated stocks. *Genet. Sel. Evol.*, 17, 225-242.

KRIEG F., GUYOMARD R., MAISE G., CHEVASSUS B., 1989. Influence du génotype et du substrat sur la croissance et la survie au cours de la résorption vitelline chez la truite commune (*Salmo trutta* L.). *Bull. Fr. Pêche Piscic.*, 311, 126-133.

LEARY R.F., ALLENDORF F.W., PHELPS S.R., KNUDSEN K., 1987. Genetic divergence and identification of seven cutthroat trout subspecies and rainbow trout. *Trans. Am. Fish. Soc.*, 116, 580-587.

LI W.-H., 1976. Effect of migration on genetic distance. *Am. Nat.*, 110, 841-847.

LOUDENSLAGER E.J., GALL G.A.E., 1980. Geographic patterns of protein variations and subspeciation in cutthroat (*Salmo clarki*). *Syst. Zool.*, 28, 27-42.

MAISSE G., PORCHER J.P., NIHOUARN A., CHEVASSUS B., 1983. Comparaison des performances en pisciculture d'un hybride intraspécifique (mâle sauvage × femelle domestique) et de la souche domestique chez la truite commune (*Salmo trutta* L.). Essais préliminaires d'implantation en ruisseau. *Bull. Fr. Piscic.*, 291, 167-181.

MAY B., 1980. *The salmonid genome : evolutionary restructurating following a tetraploïd event*. Ph. D. thesis, Pennsylvania state university, 199 p.

NEI M., 1975. *Molecular population genetics and evolution*. North Holland, Amsterdam and New-York, 228 p.

NEI M., 1978. Estimation of average heterozygosity and genetic distance from a small number of individuals. *Genetics*, 89, 583-590.

NEI M., 1987. Genetic distance and molecular phylogeny. In N. Ryman and F. Utter eds., *Population genetics and fishery management*, 193-223, University of Washington, Seattle and London.

NELSON R., SOULE M., 1987. Genetic conservation of exploited fishes. In N. Ryman and F. Utter eds, *Population genetics and fishery management*, 345-368, University of Washington press, Seattle and London.

OKAZAKI T., 1982. Genetic study on population structure in chum salmon (*Oncorhynchus keta*). *Bull. Far. Seas Fish. Res. Lab.*, 19, 25-116

OLIVARI G., BRUN G., 1988. Le nombre de cœca pyloriques dans les populations naturelles de truite commune *Salmo trutta* Linné en Corse. *Bull. Ecol.*, 19, 197-200.

OSINOV A.G., 1984. Zoographical origins of brown trout, *Salmo trutta (Salmonidae)* : data from biochemical genetic markers. *J. Ichthyol.*, 24, 10-23.

PASTEUR N., PASTEUR G., BONHOMME F., CATALAN J., BRITTON-DAVIDIAN J., 1987. Manuel technique de génétique par électrophorèse des protéines. Technique et Documentation, Lavoisier, Paris, 217 p.

RICHARD A., 1981. Observations préliminaires sur les populations de truite de mer *(Salmo trutta)* en Basse-Normandie. *Bull. Fr. Piscic.*, 283, 114-124.

RYMAN N., ALLENDORF F.W., STAHL G., 1979. Reproductive isolation with little genetic divergence in sympatric population of brown trout *(Salmo trutta)*. *Genetics*, 92, 247-262.

RYMAN N., 1983. Patterns of distribution of biochemical genetic variation in salmonids : differences between species. *Aquaculture*, 33, 1-21.

SNEATH P.H.A., SOKAL R.R., 1973. Numerical taxonomy, Freeman W.H. and C°, San Francisco, 573 p.

STONEKING M., WAGNER D.J., HILDEBRAND A.C., 1981. Genetic evidence suggesting subspecific differences between northern and southern populations of brook trout (*Salvelinus fontinalis*). *Copeia*, 810-819.

III

La gestion des populations naturelles de truite

La gestion des populations naturelles de truite commune en France analysée dans une perspective historique (1669-1986)

M. Thibault

I. Introduction

La gestion de la truite commune peut être définie comme une prospective avec un (ou plusieurs) objectif et des moyens et des méthodes utilisés pour atteindre cet (ou ces) objectif. Il importe selon cette définition de vérifier à intervalles réguliers si l'objectif a été atteint et d'en tirer les conséquences en comparant les résultats obtenus et les prévisions.

Mais il n'y a pas de prospective sans rétrospective. L'étude rétrospective, par l'analyse critique des méthodes et moyens mis en œuvre dans le passé, peut fournir des éléments d'appréciation pour cette vérification. Une telle étude doit s'appuyer, d'une part sur une présentation aussi exhaustive que possible des différents documents utilisés, d'autre part sur une information de synthèse intégrant les mécanismes de l'évolution passée au sein des conditions culturelles, sociales et économiques. Ceci permettra de dégager les tendances principales et de déterminer les facteurs explicatifs des différents modes d'intervention.

Dans le domaine de la pêche fluviale, maritime et côtière pour les poissons d'eau douce et migrateurs, le terme de gestion est récent. Il a été introduit par la loi du 29 juin 1984. Toutefois, l'accès à cette ressource naturelle que constitue la truite commune a été codifié par des règlements qui sont anciens. Le cadre chronologique de cette réglementation est dominé par deux moments clés, le milieu du XVIIe et le milieu du XIXe siècle :

* L'ordonnance d'août 1669 sur le fait des Eaux et Forêts constitue la première réglementation d'envergure nationale (titre XXXI, de la pêche). Elle a donc été choisie comme limite antérieure de ce travail. « Cette ordonnance constitue un guide privilégié, une loi référence pour les siècles à venir » (Cocula-Vaillieres, 1979). « Même si elle se ressent de la préférence forestière de l'époque, elle apporte, outre un pouvoir de police accompagné d'un droit de justice, une définition du domaine aquatique qui relève de la juridiction des Eaux et Forêts et une codification de la pratique de la pêche. Ce nivellement juridique, entorse à la notion de privilège, démontre assez la volonté royale de mettre au pas ceux qui, jusqu'alors, jouissaient tacitement ou légalement

d'une impunité préjudiciable aux richesses de la nature» (Cocula-Vaillieres, 1979).

Trois principaux éléments sont mis en œuvre en ce qui concerne l'accès à la ressource. Ils vont être constamment repris depuis lors (fig. 1) :

— les périodes de pêche : interdiction en période de frai et en dehors de cette période, certains jours (dimanches et jours fériés) et certaines heures (de nuit);

— les caractéristiques des engins autorisés et prohibés,

— la taille minimale de capture au-dessous de laquelle les poissons doivent être remis à l'eau.

Ces éléments reflètent l'attitude prédominante par rapport au poisson, constituée par la crainte «de sacrifier à un gain momentané les ressources et les espérances de l'avenir» (De Bouthillier, 1828). Dans le cas de la Dordogne, «les officiers de la maitrise des eaux et forêts ne cessent au début du XVIIIe siècle, de prédire l'épuisement ou le dépeuplement des eaux (Cocula-Vaillieres, 1979). Or, selon cet auteur, «si on en juge par l'abondance des confiscations de poissons et par les hécatombes que provoque l'empoisonnement des eaux, l'impression qui prédomine est, au contraire, celle d'une richesse sans cesse renouvelée».

* Le milieu du XIXe siècle apporte deux modifications essentielles :

— d'une part, à partir de la loi du 15 avril 1829 (largement inspirée du code forestier de 1827 puisque les trois quarts de ses 84 articles y étaient puisés textuellement, Buttoud, 1983) :

• l'Etat préside désormais aux adjudications de pêcheries fixes et de la pêche mobile fractionnée en cantonnements le long des fleuves;

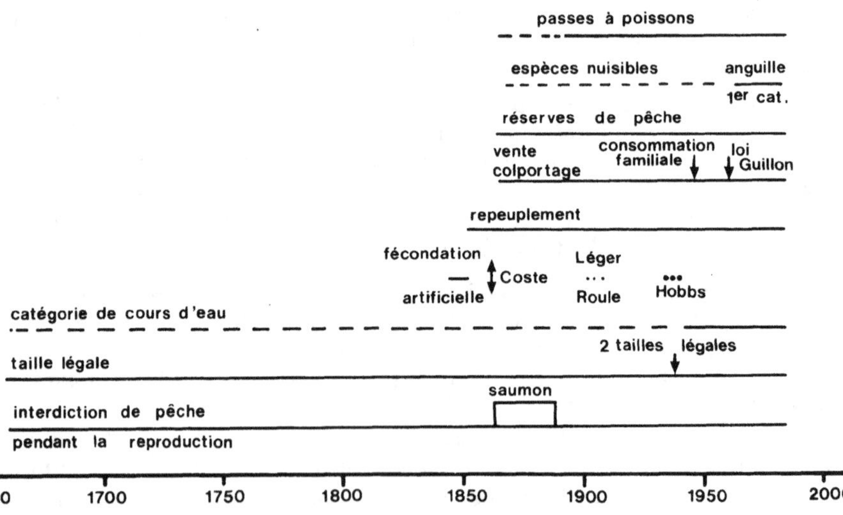

Figure 1. Evolution chronologique des principales mesures prises pour la gestion des populations naturelles de truite commune en France depuis l'ordonnance de 1669.

• l'objectif primordial affiché est un objectif de conservation de la ressource (Dralet, 1821 ; De Bouthillier, 1828);

— d'autre part, la loi du 31 mai 1865, conséquence de l'événement que constitue en France l'annonce de la redécouverte de la fécondation artificielle de la truite en 1849 (Thibault, 1989). Outre le déversement d'œufs pratiqué depuis 1852, trois nouvelles mesures apparaissent (fig. 1) :

• création de réserves de pêche,
• interdiction de vente, de colportage et de transport de poisson en période de reproduction;
• installation d'échelles à poissons.

Deux autres modifications s'ajoutent au cours de ce siècle, la notion d'espèces nuisibles et le classement des cours d'eau en deux catégories (décrets du 21 mars 1913 et du 29 août 1939 respectivement). Elles étaient implicites dans la terminologie utilisée antérieurement.

Cet article se propose de décrire et de quantifier de façon aussi exhaustive que possible les mesures qui codifient l'accès à la truite commune dans le milieu naturel, en zone fluviale (lacs et cours d'eau) et en zone maritime et côtière (estuaires principalement). Il envisage aussi, par rapport à ces mesures :

— d'une part, de les situer par rapport à l'influence des activités humaines menées sur les cours d'eau, lieux de reproduction des trois formes de la truite commune (truites de mer, de lac, de rivière);

— d'autre part, de déterminer leur impact sur les populations naturelles de cette espèce.

II. Matériel et méthodes

1. Les documents consultés

La base documentaire de ce travail est constituée par les lois, ordonnances, décrets et arrêtés qui ont été collectés sur toute la période d'étude. A ceci s'ajoutent les exposés des motifs et les discussions de certaines lois (1829, 1865, 1961), des rapports effectués à la demande des ministres, quelques circulaires, des articles et des ouvrages. Ceci constitue un ensemble sur lequel repose l'analyse faite dans cet article.

Ces documents ont été obtenus pour l'essentiel à Rennes, Archives départementales (bulletin des lois, bulletin officiel de la marine, moniteur universel, journal officiel) et bibliothèque de la faculté de droit (bulletin des lois et recueil des lois annotées). Le complément vient des bibliothèques du Ministère de l'Agriculture à Paris, du Conseil Supérieur de la Pêche au Paraclet, de la Bibliothèque de l'ENGREF à Nancy, de la Bibliothèque Nationale et des archives départementales du Tarn et Garonne (liasses concernant la pêche fluviale). Environ 230 textes réglementaires ont été utilisés.

Un certain nombre d'ouvrages sur la réglementation de la pêche existent. Mais ils sont tous exclusivement descriptifs et ponctuels et ne s'interrogent, ni sur l'évolution de la réglementation, ni sur l'impact de la réglementation par rapport à la protection des poissons.

Deux dispositions réglementaires ont nécessité quelques calculs afin d'homogénéiser les données chiffrées pour permettre leur comparaison sur toute la période, la taille légale et la durée de l'interdiction de pêche en période de reproduction.

2. La taille légale

Sur toute la période d'étude la longueur du poisson en dessous de laquelle il est interdit de le capturer correspond à trois critères :

— de l'œil à la queue ou à la naissance de la queue, de l'ordonnance de 1669 au décret du 29 août 1939 en zone fluviale, et depuis le décret loi du 9 janvier 1852 au décret du 15 décembre 1952 en zone maritime;

— de l'extrémité du museau au milieu de l'échancrure de la queue du décret du 29 août 1939 au décret du 17 mars 1952 en zone fluviale;

— du bout du museau à l'extrémité de la nageoire caudale depuis 1952 en zone fluviale et en zone maritime.

Deux particularités sont observées pour les cours d'eau frontaliers :

— la taille légale est mesurée de l'œil à la naissance de la queue depuis la loi du 11 juin 1859 pour la Bidassoa. Elle est mesurée du bout du museau à l'extrémité de la nageoire caudale depuis le décret du 4 mars 1965;

— la taille légale est mesurée depuis la pointe de la tête à l'extrémité de la queue dans le lac Léman et dans le Doubs dès le décret du 4 février 1905.

Pour faciliter les comparaisons sur la période d'étude, toutes les tailles ont été ramenées à la dernière mensuration, du bout du museau à l'extrémité de la nageoire caudale. Pour ce faire, les trois mensurations ont été recueillies lors d'un inventaire piscicole réalisé sur l'Elorn le 31 août 1988 sur 96 truites de 6,1 à 31,8 cm de longueur totale. A partir de cet échantillon, deux relations ont été calculées :

— entre la longueur du poisson mesurée depuis l'œil jusqu'à la naissance de la queue et la longueur mesurée depuis le bout du museau jusqu'à l'extrémité de la nageoire caudale ou longueur totale. La relation est la suivante : longueur de l'œil à la naissance de la queue = 0,80578 longueur totale − 2,14883;

— entre la longueur totale du poisson et la longueur mesurée de l'extrémité du museau au milieu de l'échancrure de la nageoire caudale. La relation est la suivante : longueur totale = 1,05655 longueur fourche + 1,0892.

Ces deux relations et les graphiques qui en découlent permettent de déterminer facilement la longueur totale de la truite commune.

3. La durée de l'interdiction de pêche en période de reproduction

Cette durée varie depuis l'ordonnance de 1669. Elle est établie, soit à l'échelle nationale, soit selon les départements.

Depuis 1958, 7 décrets [1] répartissent les départements français en 4 à 6 sous-ensembles en fonction de la durée d'interdiction (tabl. 1 et fig. 4). Depuis 1958, l'ouverture de la pêche est toujours fixée le samedi. La date de fermeture présente trois variantes, le lundi soir de 1958 à 1968, une date fixe en 1979 et 1982 et le dimanche soir depuis 1985. A partir de 1958, des durées moyennes annuelles d'interdiction de pêche à l'échelle nationale ont été calculées de la manière suivante :

— pour chaque sous-ensemble de départements cette durée a été établie en fonction des dates d'ouverture, par exemple le 1er samedi de mars ou le samedi qui suit le 15 mars et de fermeture, par exemple le 2e mardi de septembre ou le 2e mardi d'octobre (tabl. 1A). Pour ces calculs, on a considéré que le 1er janvier pouvait tomber chaque jour de la semaine, du lundi au dimanche. Toutefois, il n'a pas été tenu compte des années bissextiles et le mois de février a toujours 28 jours dans l'estimation. Si certaines durées d'interdiction de pêche ne varient pas en fonction du jour de la semaine où arrive le 1er janvier, d'autres varient jusqu'à 7 jours (tabl. 1B);

— le nombre total de jours d'interdiction de pêche a été obtenu en additionnant la somme des différents sous-ensembles. En divisant ce total par 90 départements, on obtient la durée départementale moyenne annuelle à l'échelle nationale de cette interdiction (tabl. 1B).

En 1964, les deux départements de la Seine et de la Seine-et-Oise ont été divisés en sept nouveaux départements : Paris, Seine-St Denis, Hauts-de-Seine, Val de Marne, Val d'Oise, Yvelines et Essonne. Pour faciliter la comparaison des durées d'interdiction de pêche sur toute la période, les calculs n'ont pris en compte depuis 1964 que les deux départements d'origine.

III. Présentation des méthodes de gestion utilisées depuis le XVIIe siècle

1. Les interdictions de pêche

a) L'interdiction en période de reproduction

— En zone fluviale

Depuis l'ordonnance de Louis XIV sur le fait des Eaux et Forêts donnée à St Germain-en-Laye au mois d'août 1669, trois grandes étapes peuvent être distinguées :

• 1669-1831. L'interdiction de pêche déterminée de manière uniforme pour tout le royaume du 1er février à la mi mars [2], soit 43 jours en moyenne,

---

(1) Le décret n° 58814 du 16 septembre 1958 détermine un sous-ensemble de 5 départements (Eure, Seine maritime, Somme, Pas-de-Calais et Nord) pour lesquels la pêche est interdite du 1er mardi d'octobre au dernier vendredi de mars. Le décret du 9 janvier 1960 ajoute deux départements à ce sous-ensemble, l'Oise et la Seine-et-Oise. Ce changement est intégré dans les calculs dès 1958 (tabl. 1)

(2) Titre XXXI de la pêche, article VI. Les pêcheurs ne pourront pêcher pendant le temps de fray, sçavoir, aux rivières où la truite abonde sur tous les autres poissons depuis le premier février jusques à la mi-mars ; et aux autres, depuis le 1er avril jusques au premier de juin.

Tableau 1A. Evolution des périodes de fermeture et d'ouverture de la pêche dans les eaux de la première catégorie en France depuis 1958.

Période de fermeture pendant la reproduction de la truite commune			Période d'ouverture		
Décret n° 58-874 du 16 septembre 1958	Décret n° 63-98 du 11 février 1963	Décret n° 68-33 du 10 janvier 1968	Décret n° 79-993 du 23 novembre 1979	Décret n° 82-911 du 15 octobre 1982	Décret n° 85-1385 du 23 décembre 1985
a) du 2e mardi d'octobre au 3e vendredi de février	a) du 2e mardi d'octobre au 3e vendredi de février				
b) du dernier mardi de septembre au 3e vendredi de février	b) du dernier mardi de septembre au 3e vendredi de février	a) du 2e mardi d'octobre au 1er vendredi de mars	a) du 1er samedi de mars au 9 octobre	a) du 1er samedi de mars au 4 octobre	a) du 1er samedi de mars au 1er dimanche d'octobre
c) du 2e mardi de septembre au 3e vendredi de février	c) du 2e mardi de septembre au 3e vendredi de février	b) du 2e mardi de septembre au 3e vendredi de février	b) du 1er samedi de mars au 29 septembre		
	d) du dernier mardi de septembre au 1er vendredi de mars	c) du dernier mardi de septembre au 1er vendredi de mars	c) du samedi qui suit le 15 mars au 29 septembre	b) du samedi qui suit le 15 mars au 4 octobre	b) du 1er samedi de mars au 3^e dimanche de septembre
	e) du 1er mardi d'octobre au 3^e vendredi de mars		d) du 1er samedi de mars au 14 septembre	c) du 1er samedi de mars au 14 septembre	c) du 3^e samedi de mars au 1er dimanche d'octobrel
d) du 1er mardi d'octobre au dernier vendredi de mars	f) du 1er mardi d'octobre au dernier vendredi de mars	d) du 1er mardi d'octobre au dernier vendredi de mars	e) du samedi qui suit le 15 mars au 14 septembre	d) du samedi qui suit le 15 mars au 14 septembre	d) du 3e samedi de mars au 3e dimanche de septembre

Tableau 1B – Evolution des durées d'interdiction de pêche dans les eaux de 1ère catégorie en période de reproduction de la truite commune réparties par sous-ensembles regroupant de 4 à 74 départements et durée départementale moyenne annuelle de cette interdiction

1958	1963	1968	1979	1982	1985
a) 131 jours 4 départements 524 b) 145 jours 74 départements 10730 c) 159 jours 5 départements 795 d) 173-180 jours 1211- 5+2 départe- 1260 ments 13260-13309 147-148 jours 147,5	a) 131 jours 4 départements 524 b) 145 jours 4 640 32 départements c) 159 jours 954 6 départements d) 159 jours 30 départements 4 770 e) 166 jours 6 départements 996 f) 173-180 jours 2076- 12 départements 2160 13960-14044 155-156 jours 155,5	a) 145 jours 4 départements 580 b) 159 jours 6 départements 954 c) 159 jours 59 départements 9 381 d) 173-180 jours 3633- 21 départements 3780 14548-14695 162-163 jours 162,5	a) 142-148 jours 568- 4 départements 592 b) 152-158 jours 760- 5 départements 790 c) 166-172 jours 3652- 22 départements 3784 d) 167-173 jours 8350- 50 départements 8650 e) 181-187 jours 1629- 9 départements 1683 14959-15499 166-172 jours 169	a) 147-153 jours 1323- 9 départements 1377 b) 161-167 jours 4186- 26 départements 4342 c) 167-173 jours 8350- 50 départements 8650 d) 181-187 jours 905- 5 départements 935 14764-15304 164-170 jours 167	a) 146-153 jours 1314- 9 départements 1377l b) 160-167 jours 8160- 51 départements 8517 c) 160-167 jours 4000- 25 départements 4175 d) 174-181 jours 870- 5 départements 905 14344-14974 159-166 jours 162,5

va rester en application pendant plus d'un siècle et demi (fig. 2). Deux exceptions sont à signaler au cours du XVIIIe siècle :

— une ordonnance de Lorraine en 1707 où la pêche de la truite dans les ruisseaux qui arrosent le département des Vosges est interdite du 1er novembre au 1er février (Dralet, 1821);

— la déclaration du Roi du 24 août 1773 qui fixe, depuis le 15 décembre jusqu'au 1er février, le temps pendant lequel il est défendu de pêcher dans certaines rivières qui se rendent dans la Manche et où la truite abonde. Ceci concerne les pêcheries établies sur les petites rivières d'Eaune, de Béthune ou Neufchatel, d'Arque, de Scie et de Saâne (Baudrillart, 1821).

• 1831-1863. Après la loi du 15 avril 1829, les arrêtés préfectoraux [3] pris en application de l'ordonnance du 15 novembre 1830 et homologués par ordonnances royales de 1831 à 1834 présentent une diversité non négligeable selon les départements (Herbin de Halle, 1835).

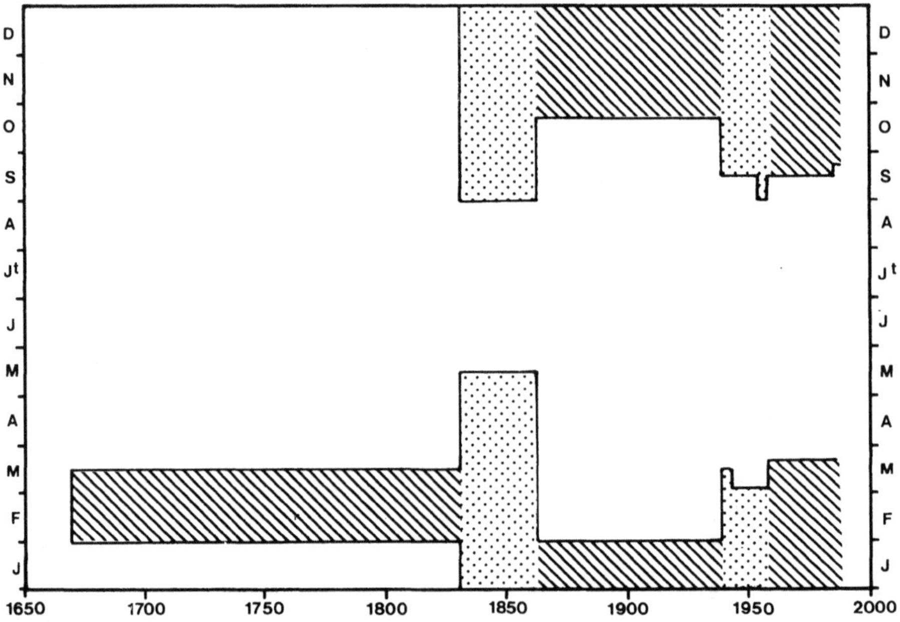

Figure 2. Evolution des périodes d'interdiction de pêche en zone fluviale pendant la reproduction de la truite commune en France depuis l'ordonnance de 1669.
hachuré – interdiction réelle – périodes extrêmes d'interdiction depuis 1958 (cf tabl. 1A)
pointillé – interdiction potentielle extrême
• de 1831 à 1863 – interdiction réelle de 22 à 153 jours selon les départements (cf fig. 3)
• de 1939 à 1958 – interdiction réelle de 100 jours au sein de cette période (cf 3111).

(3) Sauf en Eure-et-Loir où le règlement n'est ni arrêté ni homologué en 1835.

— 58 départements pour lesquels la période d'interdiction qui pour chaque département dure de trois semaines à trois mois (22 à 153 jours soit 67,4 jours en moyenne), s'échelonne du 1er septembre au 15 mai [4] pour l'ensemble de ces départements (fig. 3). Seuls, deux d'entre eux, Allier et Marne, conservent la période d'interdiction de l'ordonnance de 1669. Il y a :

. d'une part, 46 départements où la truite est nommément désignée, dont un avec une erreur de date (Ariège) et un où le règlement n'est ni arrêté, ni homologué (Morbihan). Si la grande majorité des départements n'a qu'une période annuelle d'interdiction, quatre en ont deux, Hautes Alpes, Pyrénées orientales, Haute Garonne et Tarn;

. d'autre part, 12 départements où la truite n'est pas nommément désignée (fig. 3) mais pour lesquels l'interdiction recouvre au moins une partie de ce qui est, pour l'époque, considéré comme la période de reproduction de cette espèce. Il y a trois dates d'interdiction selon les rivières dans le Jura.

— 25 départements [5] pour lesquels la truite n'est pas indiquée et la période d'interdicton concerne les cyprinidés.

• 1863-1986, on observe simultanément une plus grande uniformité et un allongement des durées d'interdiction de pêche en deux périodes distinctes :

— l'interdiction de pêche devient uniforme sur l'ensemble du territoire du 20 octobre exclusivement au 31 janvier inclusivement, soit 103 jours, à partir du décret du 19 octobre 1863. Cette mesure concerne la truite commune et le saumon atlantique [6]. Elle va rester en application pendant trois quarts de siècle pour la truite [7] jusqu'au décret du 29 août 1939;

— au cours du demi-siècle écoulé :

• de 1939 à 1958 la réglementation est comparable à la période antérieure et quelques modifications sont apportées. La durée d'interdiction est de cent jours consécutifs incluse dans une durée potentielle de cinq mois et demi entre le 1er octobre et le 15 mars (décrets du 29 août 1939 et du 17 mars 1952). Cette dernière est portée à 6 mois, du 15 septembre au 15 mars, par le décret du 23 janvier 1954. Toutefois, cette souplesse avait été momentanément supprimée uniformément pour tout le territoire au premier samedi de mars (rectificatif du JO du 3 octobre 1943 à l'arrêté du 14 août 1943);

---

(4) La date la plus tardive est la mi-avril sauf pour les Deux Sèvres (fig. 3). La volonté dans ce département était vraisemblablement d'englober l'ensemble des espèces dans une même décision : "l'interdiction de pêche en temps de frai s'étend du 15 mars au 15 mai mais commencera dès le 15 février pour les cours d'eau où la truite est le poisson dominant".

(5) Aisne, Ardennes, Bouches-du-Rhône, Cher, Dordogne, Finistère, Gard, Gironde, Indre, Indre-et-Loire, Landes, Loire atlantique, Loiret, Lot, Lot-et-Garonne, Maine-et-Loire, Meurthe, Nièvre, Nord, Oise, Seine, Seine-et-Marne, Seine-et-Oise, Vendée, Vienne.

(6) Les deux espèces vont rester associées jusqu'au décret du 27 décembre 1889 (fig. 1).

(7) Décrets des 25 janvier 1868, 10 août 1875, 18 mai 1878, 27 décembre 1889, 5 septembre 1897. Toutefois cette interdiction de la pêche de la truite est prolongée jusqu'au 31 mars pour la partie maritime de la rivière la Liane (Pas-de-Calais) par décret du 2 juin 1886. Ce décret se met en harmonie avec l'arrêté préfectoral du 2 septembre 1885 pour la partie fluviale de cette rivière.

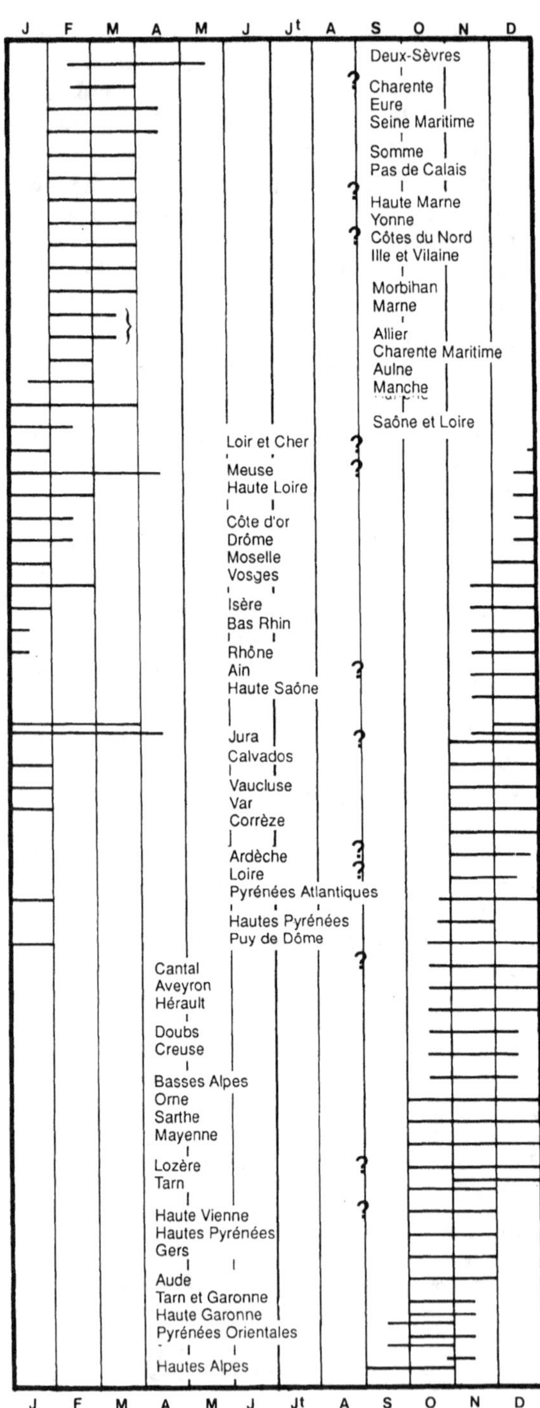

Figure 3. Les périodes d'interdiction de pêche pendant la reproduction de la truite commune en France prises par arrêtés préfectoraux et homologués par ordonnances royales de 1831 à 1834 (sauf pour le Morbihan) en application de l'ordonnance du 15 novembre 1830 après la loi du 15 avril 1829.
? la truite n'est pas nommément désignée dans ces départements.

• le décret du 16 septembre 1958 comporte trois modifications :
+ un allongement non négligeable de la durée d'interdiction puisque cette dernière passe à 147-148 jours en moyenne (131 à 180 jours selon les départements et les années : tabl. 1, fig. 4), soit un accroissement de plus d'un mois et demi;
+ une volonté de souplesse indiquée par la présentation de quatre durées d'interdiction de pêche différentes : une pour la grande majorité des départements et trois autres pour trois petits sous-ensembles régionaux (ouest, nord-nord ouest et sud-est). Les quatre dates de fermeture (deuxième mardi de septembre au deuxième mardi d'octobre) et les deux dates d'ouverture (troisième vendredi de février au dernier vendredi de mars) s'échelonnent sur un mois;
+ les jours d'ouverture et de fermeture sont fixés au samedi matin et au lundi soir respectivement, prenant en compte l'aspect loisir.

Ce même schéma est toujours en place :

— la politique d'augmentation de la durée d'interdiction de pêche en période de reproduction (fig. 5) s'est poursuivie jusqu'en 1979 pour atteindre 169 jours, soit trois semaines de plus qu'en 1958. Cette durée a légèrement diminué ensuite; elle est de 162,5 jours depuis 1985, comme en 1968;

— les regroupements en sous-ensembles. Depuis 1968, plus de la moitié des départements français sont regroupés dans un vaste sous-ensemble ouest-sud-ouest et centre à contours variables vers le nord et l'est selon les décrets (fig. 4);

— l'ouverture et la fermeture sont établies en fonction des fins de semaine sauf dans les décrets de 1979 et de 1982 où la date de fermeture est un jour fixe.

La truite de mer apparaît dans la réglementation depuis le décret du 23 décembre 1985. L'arrêté du 21 février 1986 inclut l'interdiction de la pêche de la truite de mer dans celle des eaux de la première catégorie. L'arrêté du 4 juillet 1986 prolonge, pour 1986, d'environ trois mois la période de pêche à la truite de mer sur des portions de cours d'eau des départements de la Manche et du Calvados. L'arrêté du 12 décembre 1986 introduit quatre périodes d'interdiction pour 1987 : 139 jours pour le Lot-et-Garonne, 181 jours pour le Calvados, 193 jours pour la Manche et 218 jours pour les Landes et les Pyrénées atlantiques.

— En zone maritime

L'interdiction de la pêche de la truite en période de reproduction, tant à la mer le long des côtes que dans la partie des fleuves, rivières, étangs et canaux où les eaux sont salées est introduite par le décret du 24 octobre 1863. Tous les décrets ultérieurs [8] confirment cette durée d'interdiction de 103 jours du 20 octobre exclusivement au 31 janvier inclusivement. Toutefois, le décret du 26 juillet 1927 indique que les préfets maritimes peuvent décider exceptionnellement, après concertation avec les préfets départementaux, d'augmenter la période d'interdiction afin d'assurer une réglementation uniforme de part et d'autre de la limite de salure des eaux.

---

(8) 20 novembre 1875, 1er février 1890, 26 juillet 1927, 23 novembre 1935, 15 décembre 1952.

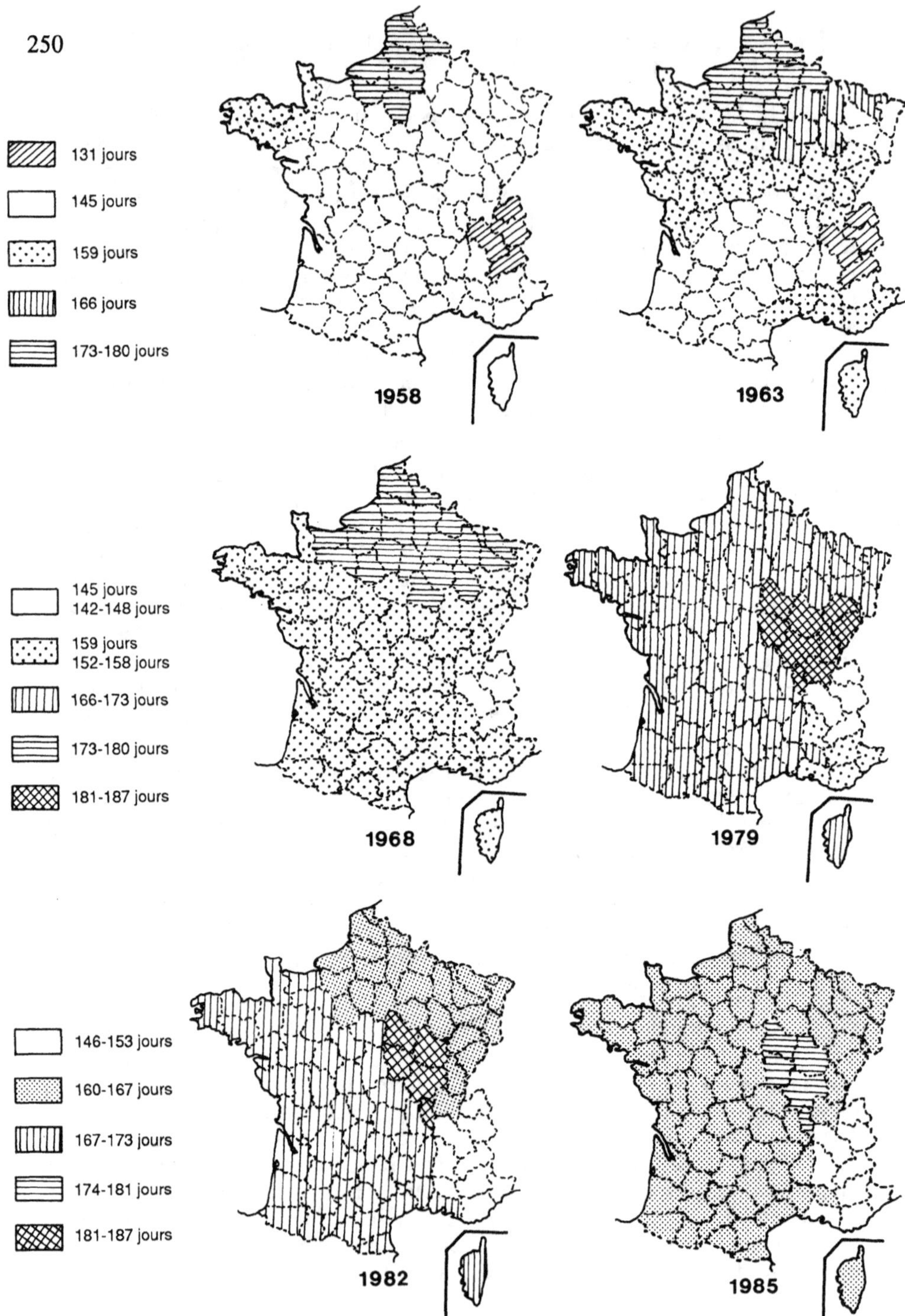

Figure 4. Evolution par département des différentes périodes d'interdiction de pêche de la truite commune en zone fluviale en France définies par les décrets pris de 1958 à 1985.

— En zone frontalière. Bidassoa, Léman, Doubs

Bidassoa. La truite de mer et la truite commune sont considérées séparément dès la loi du 11 juin 1859. La durée d'interdiction de pêche augmente régulièrement sur toute la période. Toutefois la durée d'interdiction de pêche de la truite commune reste toujours inférieure à celle de la truite de mer :

— pour la truite commune, la durée d'interdiction de pêche est de 104 jours de 1859 à 1965 (du 20 octobre au 31 janvier) et de 119 jours depuis le décret du 14 mars 1965 (du 20 octobre au 15 février);

— pour la truite de mer, la durée d'interdiction de pêche augmente en trois étapes : 153 jours de 1859 à 1886 (fin août au 1er février); 184 jours depuis le décret du 31 octobre 1886 à 1965 (fin juillet au 1er février) et 199 jours depuis le décret du 14 mars 1965 (du 31 juillet au 15 février).

Plans d'eau, lac Léman et Doubs, frontaliers entre la France et la Suisse. La loi du 31 janvier 1905 porte approbation de la convention signée à Paris,

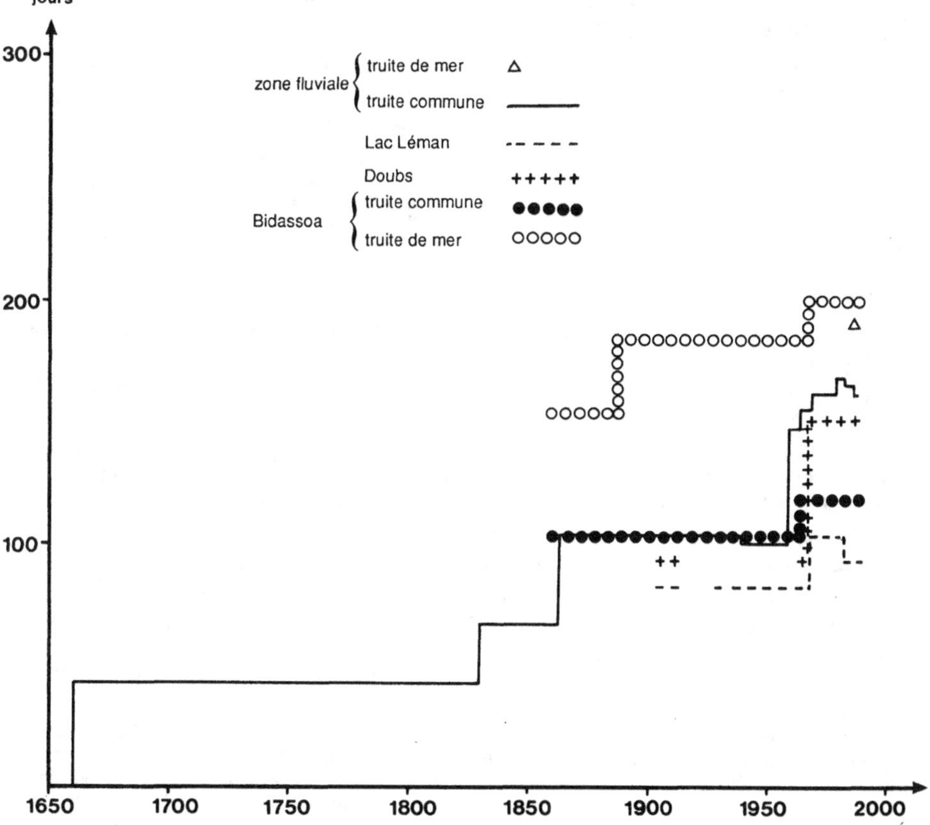

Figure 5. Evolution de la durée moyenne d'interdiction de pêche en jours pendant la reproduction de la truite commune et la truite de mer en France de 1669 à 1986.

le 9 mars 1904, entre la France et la Suisse pour réglementer la pêche dans les eaux frontalières des deux pays. Le décret du 4 février 1905 rend exécutoire cette convention. Le conseil fédéral Suisse dénonce cette convention à la date du 31 décembre 1910. Cette convention cesse d'être en vigueur à partir du 1er janvier 1912 jusqu'au décret du 15 mars 1929 dont les dispositions sont applicables dès la date de promulgation de ce décret dans les eaux françaises du Léman.

Lac Léman. La durée d'interdiction de pêche est de 92 jours (1er octobre au 31 décembre) à partir du décret du 4 février 1905. A ceci s'ajoute l'interdiction de pêche de toute espèce de poisson du 15 février au 5 mars inclusivement (alinéa a de l'article 8 de ce décret). Elle est ramenée à 82 jours (1er octobre au 20 décembre inclusivement) à partir du décret du 15 mars 1929. Cette durée est confirmée dans les décrets du 25 janvier 1939 et du 3 avril 1958. Elle atteint 103 jours (du 21 octobre au 31 janvier) depuis le décret du 22 novembre 1968. Elle est enfin ramenée à 93 jours (du 15 octobre au 15 janvier inclus) à partir du décret du 1er septembre 1982, mesure reprise dans le décret du 17 novembre 1982.

Doubs. La durée d'interdiction de pêche est de 93 jours (du 20 octobre au 20 janvier) depuis le décret du 4 février 1905. Elle atteint 151 jours à partir du décret du 27 juillet 1966 (du 1er octobre au dernier jour de février).

b) L'interdiction en dehors de la période de reproduction

Ces mesures d'interdiction de pêche sont prises à trois niveaux différents, certains jours et certaines heures et fixation de réserves annuelles ou pour cinq années consécutives, renouvelables.

— *Certains jours et certaines heures*

La réglementation est générale et ne concerne pas spécifiquement la truite, sauf dans le décret du 23 décembre 1985. Elle est inscrite dans l'ordonnance de 1669 et la pêche est interdite les dimanches et les jours de fête [9] ainsi que pendant la nuit [10].

L'interdiction de pêcher les dimanches et les jours de fête subit un certain nombre de modifications, soit plus libérales, soit plus restrictives à partir du début du XIXe siècle, auxquelles s'ajoutent des dérogations inscrites dans les décrets successifs, concernant certains engins et certaines espèces :

— elle semble tomber en désuétude dans les arrêtés préfectoraux pris de 1831 à 1834, en application de la loi du 15 avril 1829 et de l'ordonnance du 15 novembre 1830. Herbin de Halle (1835) fait « observer que quelques règlements portent défense de pêche les dimanches et jours de fêtes légales ;

---

(9) article 4. Défendons à tous pêcheurs de pêcher aux jours de dimanche et de fête... et pour cet effet, leur enjoignons expressément d'apporter tous les samedis et veilles de fête, incontinent après le soleil couché, au logis du maitre de communauté, tous leurs engins et harnois lesquels ne leur seront rendus que le lendemain du dimanche ou fête après soleil levé.

(10) article 5. Leur défendons pareillement de pêcher en quelques jours et saisons que ce puisse être, à autre heure que depuis le lever du soleil jusques à son coucher, sinon aux arches des ponts, aux moulins et aux gords où se tendent des dideaux, auxquels lieux ils pourront pêcher tant de nuit que de jour, pourvu que ce ne soit à jour de dimanche ou fête, ou autres défendus.

mais cette prohibition n'est pas générale et ce serait gêner l'exploitation de la pêche que d'en faire une règle invariable »;

— cette restriction réapparaît dans le décret du 25 janvier 1868 avec une dérogation [11] qui est supprimée dans le décret du 5 septembre 1897 [12]. Une autre dérogation revient dans le décret du 29 août 1939 [13] puis disparait dans celui du 17 septembre 1945 qui reprend l'article 12 du décret du 5 septembre 1897. Des dérogations relatives à certains engins sont introduites dans les décrets du 5 août 1946 et du 18 juillet 1947.

L'interdiction de pêche en période nocturne est plus stable même si là aussi la réglementation générale est tempérée par des dérogations relatives à certaines espèces. Le décret du 25 janvier 1868 ne permet toujours la pêche que depuis le lever jusqu'au coucher du soleil (article 6). Celui du 29 août 1939 accroît cette durée d'une heure puisque, article 7, la pêche ne peut s'exercer plus d'une demi-heure avant le lever du soleil ni plus d'une demi-heure après son coucher. Cette réglementation est toujours en vigueur : article 13 du décret du 23 décembre 1985. Toutefois ce dernier décret introduit une dérogation à propos de la truite de mer dont la pêche est autorisée depuis une demi-heure avant le lever du soleil jusqu'à deux heures après son coucher (article 14) dans les cours d'eau classés comme cours d'eau à truite de mer.

— *Fixation de réserves de pêche pour 5 années consécutives*

Cette mesure n'est rappelée que pour mémoire en ce qui concerne la zone fluviale. En effet, si le projet de loi du 31 mai 1865 ne considérait que les Salmonidés, truite et saumon, la loi, après discussion au sein de la commission des lois a été élargie à l'ensemble des espèces. L'interdiction de pêche a été prononcée pour une période de cinq ans dans les parties des fleuves, rivières et canaux navigables et flottables désignés dans les décrets des 25 janvier et 20 septembre 1868, 30 janvier et 17 juillet 1869. Compte tenu de la localisation des réserves, ces premiers décrets concernent essentiellement les espèces autres que les Salmonidés. De tels décrets vont ensuite être pris régulièrement selon les circonstances dans les cours d'eau navigables et flottables, mais aussi dans ceux ni navigables, ni flottables.

En zone maritime, des arrêtés créent des réserves de pêche depuis le milieu du XXᵉ siècle pour deux estuaires bretons du quartier de Morlaix, Penzé et Dossen [14] et pour des rivières de haute Normandie [15]. Les interdictions

---

(11) article 11. Les filets fixes employés à la pêche seront soulevés par le milieu pendant 36 heures de chaque semaine, du samedi à 6 h du soir au lundi à 6 h du matin, sur une longueur équivalente au dixième de leur développement, et de manière à laisser entre le fond et la ralingue inférieure un espace libre de 50 cm au moins de hauteur.
L'article 12 du décret du 10 août 1875 est quasi identique.

(12) article 12. Les filets fixes employés à la pêche doivent être retirés de l'eau et déposés à terre pendant 36 heures de chaque semaine du samedi 6 h du soir au lundi à 6 h du matin.

(13) article 15. Les filets et engins de toute nature, qu'ils soient fixes ou mobiles..., doivent être retirés de l'eau et disposés à terre pendant 36 heures de chaque semaine, du samedi 18 heures au lundi à 6 heures, dès lors qu'ils occupent plus d'un tiers de cette largeur.

(14) arrêtés des 29 décembre 1949, 6 février 1950, 15 décembre 1955, 11 février 1961, 27 juillet 1967, 18 janvier 1972. Le décret du 11 janvier 1865 interdit la pêche dans la partie maritime du Dourduff, jusqu'à nouvel ordre.

(15) arrêtés du 31 octobre 1961, du 13 janvier 1967, du 18 mai 1984.

de pêche sont indiquées sans référence aux poissons dans tous les arrêtés consultés, sauf celui du 31 octobre 1961 : «considérant l'intérêt qui s'attache à restreindre le braconnage des poissons migrateurs et plus spécialement des Salmonidés lors de leurs déplacements dans les estuaires des rivières Yères, Arques, Scie, Saane (quartier de Dieppe) et Durdent (quartier de Fécamp).

— *Fixation de réserves annuelles*

Des interdictions de pêche annuelles à la truite ou aux Salmonidés, incluant ou non le saumon, sont prises par arrêtés depuis le milieu des années 1960 pour la partie fluviale et depuis le milieu des années 1970 pour la partie soumise à la réglementation maritime et côtière.

En zone fluviale, ces arrêtés s'appliquent à certains cours d'eau, ruisseaux, lacs et à certaines portions de cours d'eau. L'argumentation présente quelques variations dans sa formulation :

— soit la pêche de toutes espèces de truites est interdite sans précision supplémentaire (arrêtés des 7 janvier 1965 et 7 janvier 1966);

— soit la nécessité de protéger la truite est mise en avant (arrêté du 13 mai 1966), avec deux variantes principales :

. «Vu la nécessité de continuer à assurer la protection de certains autres Salmonidés : toutes espèces de truites» [16].

. «Vu la nécessité d'assurer la protection des truites» dans des endroits où sont effectués des déversements de juvéniles, en ruisseaux pépinières [17], en lac [18] et dans des portions de cours d'eau [19].

A partir de 1979, la référence aux truites disparaît dans les arrêtés. La formule devient plus générale : «Vu la nécessité d'assurer une protection particulière du peuplement piscicole dans certains cours d'eau, lacs ou étangs de certains départements». Il est impossible de faire la distinction entre les cours

---

(16) arrêtés des 17 janvier 1967, 27 décembre 1967, 30 décembre 1968, 8 janvier 1970, 5 janvier 1971, 4 février 1972, 14 février 1973, 23 janvier 1974, 5 février 1974, 24 février 1975, 29 janvier 1976, 13 janvier 1977, 22 février 1978, 8 janvier 1979, 16 janvier 1980, 15 janvier 1981, 11 février 1982, 31 janvier 1983, 14 février 1984.

(17) Vu la nécessité d'assurer une protection particulière des ruisseaux aménagés par les sociétés de pêche locales en ruisseaux pépinières (Yonne), arrêté du 4 février 1972 ; ...protection spéciale...arrêtés des 14 février 1973, 23 janvier 1974, 29 janvier 1976, 23 juin 1977, 22 février 1978.

(18) Vu la nécessité d'assurer la protection des truites dans le lac de retenue du Tech (Hautes Pyrénées) dans lequel la fédération... envisage de procéder à des alevinages intensifs, arrêté du 13 juin 1972 ;...procède à des alevinages intensifs, arrêté du 14 février 1973. Dans le lac de retenue de St Peyres (Tarn) où la fédération procède à des alevinages intensifs, arrêté du 13 juin 1975.

(19) Vu la nécessité d'assurer la protection des truites :
- dans le ruisseau de Salles (Vienne) dans lequel la fédération a procédé en 1973 à des alevinages intensifs destinés à reconstituer le cheptel piscicole qui avait été détruit par une pollution accidentelle, arrêté du 23 janvier 1974.
- dans une section de la Maronne (Cantal) où la fédération... procède à des alevinages intensifs, arrêté du 7 octobre 1974.
- dans une section de la Senouire et certains de ses affluents (Haute Loire), où la fédération ...procède à des alevinages intensifs, arrêtés des 9 juin 1976, 23 juin 1977, 22 février 1978.

d'eau et plans d'eau fréquentés par les truites et ceux fréquentés par d'autres espèces, même si certains des cours d'eau étaient cités dans les arrêtés antérieurs.

En zone maritime, ces interdictions sont localisées exclusivement en Bretagne et en Normandie. Elles concernent un nombre croissant d'estuaires en Bretagne, de 3 en 1976 à 12 en 1985 [20]. Les arrêtés font référence aux Salmonidés pour les estuaires bretons et le port de Fécamp et aux truites pour le port du Tréport (embouchure de la Bresle [21]). Pour les estuaires et le port de Fécamp, la pêche est interdite sans précision supplémentaire alors que pour le port du Tréport il est précisé : « considérant qu'il importe de compléter en zone de pêche maritime la réglementation de la pêche fluviale protégeant les Salmonidés de la Bresle ».

2. Les tailles légales

Les tailles citées dans ce chapitre concernent la longueur totale de la truite, mesurée du bout du museau à l'extrémité de la nageoire caudale (cf. II.2). Trois cas sont étudiés :
— en zone fluviale,
— en zone d'estuaire, incluant la Bidassoa,
— dans les eaux frontières entre la France et la Suisse.

a) En zone fluviale

Quatre périodes peuvent être distinguées (fig. 6) :

* une période d'environ 160 ans pendant laquelle la taille légale est fixée à 20,4 cm depuis l'ordonnance de 1669;

* une période d'environ 35 ans (1831-1867) de forte diversité pendant laquelle la taille légale varie selon les départements de 14 cm (Vosges) à 27,6 cm (Meuse). Trois cas se présentent dans les 37 départements étudiés :

— la taille légale reste la même sur toute la période, dans la presque totalité des cas,

— la taille de 20,6 cm est abaissée à 15,2 cm dans le département de la Manche à partir de 1855. Cette mesure est prise afin d'avoir une taille identique en zone fluviale à celle proposée par le décret du 4 juillet 1853 en zone maritime (cf. III.2b),

— deux tailles sont indiquées dans le département des Vosges : une taille de 20,2 cm et une plus faible dans certains ruisseaux de montagne (14 cm en 1837 et 16,5 cm en 1858).

---

(20) arrêtés des 13 avril 1976, 21 avril 1977 et 12 janvier 1978 (Trieux, Jaudy, Scorff), des 21 janvier et 26 décembre 1980 (id + Leff), 14 janvier 1981 (Gouët et Gouessant), 8 juillet 1981 (Aber Wrac'h), 21 janvier 1982 (Gouët, Gouessant, Trieux, Jaudy, Leff, Aber Wrac'h, Scorff), 30 avril 1982 (Elorn), 7 janvier 1983 (Gouët, Gouessant, Trieux, Jaudy, Leff, Aber Wrac'h, Elorn, Scorff), 19 janvier 1984 (id + Léguer), 18 février 1985 (id + Goyen, Laïta, Blavet), 31 octobre 1985 (id).

(21) Port du Tréport embouchure de la Bresle : arrêtés des 15 mai 1962, 25 avril 1979, 15 avril 1980, 16 mars 1981, 30 mars 1982 et 15 juillet 1983.
Port de Fécamp : arrêtés des 3 août 1981, 27 avril 1982, 17 janvier 1984.

M. THIBAULT

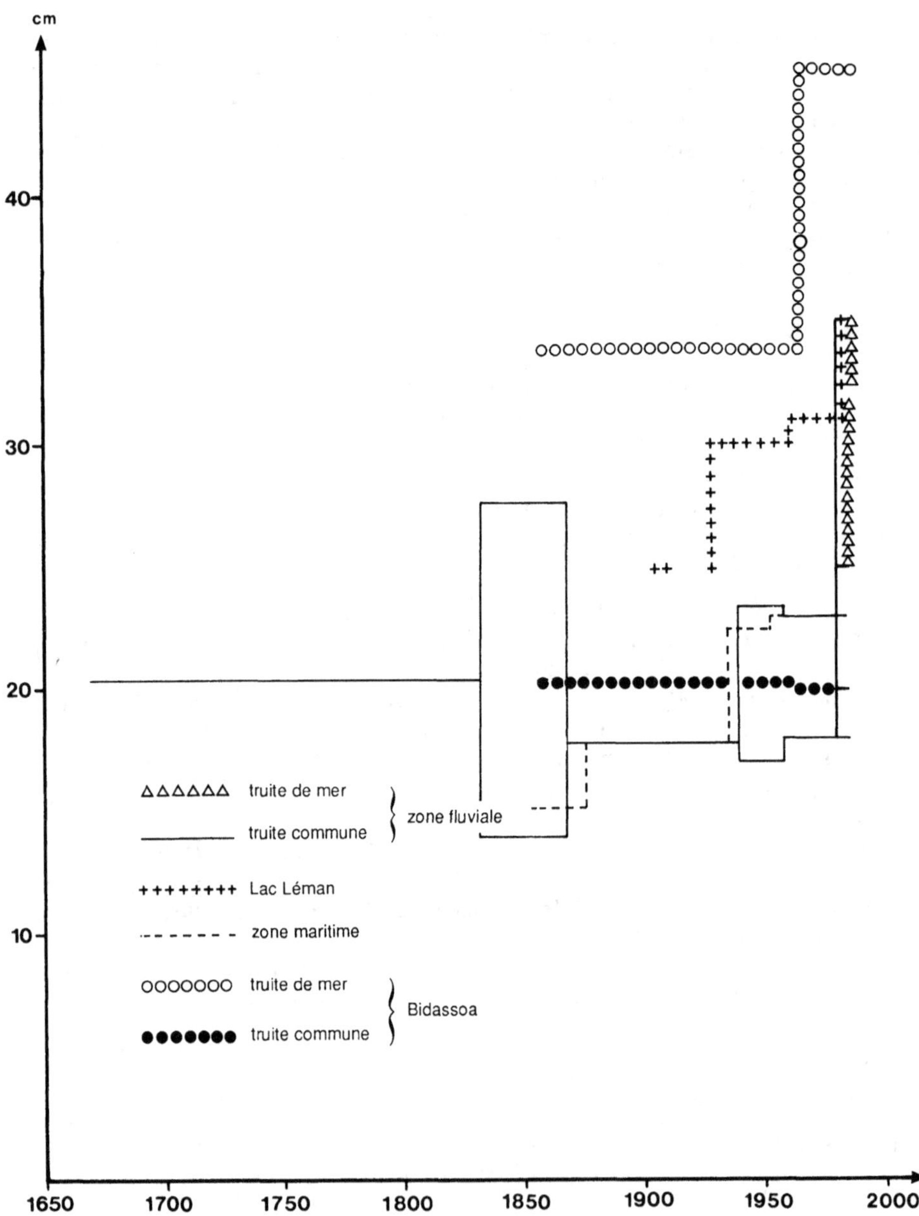

Figure 6. Evolution de la taille légale (longueur mesurée du bout du museau à l'extrémité de la queue) de la truite commune et de la truite de mer en France depuis 1669.

* une période de près de trois quarts de siècle pendant laquelle la taille légale est abaissée de manière uniforme à l'échelle nationale à 17,8 cm, du décret du 25 janvier 1868 au décret du 29 août 1939;

* une période d'environ un demi-siècle depuis le décret du 29 août 1939 qui introduit deux tailles légales, 23,4 et 17,1 cm en fonction des types de cours d'eau [22]. Depuis lors, un certain nombre de modifications et de précisions vont être apportées :

— la plus petite taille légale est limitée aux truites destinées à la consommation familiale par le décret du 5 août 1946 [23]. La liste des départements où les truites peuvent être capturées à partir de 18 cm est communiquée par arrêté ministériel du 16 septembre 1958 (43 départements). Puis la liste des cours d'eau par département est précisée par des arrêtés ultérieurs [24];

— la volonté d'accroître la taille légale est constante depuis plus de trente ans. C'est d'abord la possibilité laissée aux préfets d'accroître cette taille dans le décret du 23 janvier 1954 [25]. Puis, le décret n°58.874 du 16 septembre 1958 introduit deux nouvelles mesures. La taille minimale de capture augmente de de 17,1 à 18 cm et lorsqu'un cours d'eau est mitoyen entre deux départements avec deux tailles différentes, la taille légale est la plus élevée [26]. De 1979 à 1985, les deux tailles légales peuvent être augmentées de 2 cm, 18 à 20 et 23 à 25 cm [27]. Depuis 1985, la taille légale de la truite de mer est de 35 cm et celle de la truite commune est de 23 cm pouvant être

---

(22) article 9. Les truites ne peuvent être pêchées et doivent être rejetées à l'eau si leur longueur est inférieure à 23,4 cm... les préfets peuvent abaisser jusqu'à 17,1 cm la longueur au dessous de laquelle la pêche de la truite est interdite dans les cours d'eau de montagne (JO du 31 août 1939) et les cours d'eau coulant en terrain granitique (rectificatif, JO du 30 mai 1941).

(23) article 2. Dans les cours d'eau de montagne et dans ceux coulant en terrain granitique les préfets peuvent abaisser jusqu'à 17,1 cm la longueur minimum des truites communes dont la pêche est autorisée en vue de la consommation familiale ; le colportage et la mise en vente des truites communes mesurant moins de 24 cm demeurent passibles des sanctions édictées par l'article 30 de la loi du 15 avril 1829.

(24) 25 février 1963, 24 février 1964, 17 février 1970, 14 avril 1971, 14 juin 1973, 26 janvier 1974, 21 juin 1974, 6 novembre 1978, 21 février 1986, 10 juillet 1986.

(25) article 3. Les préfets peuvent, lorsqu'il y a lieu d'assurer une protection spéciale pour l'une quelconque des espèces énumérées au présent article, augmenter la longueur minimum au dessous de laquelle ces poissons ne peuvent être capturés.

(26) article 12. Dans les départements montagneux ou à sol pauvre en chaux dont la liste est arrêtée par le Ministre de l'Agriculture, les truites...peuvent être pêchées à partir d'une longueur de 18 cm. Lorsqu'un cours d'eau est mitoyen entre deux départements et qu'en vertu des dispositions qui précèdent les tailles réglementaires de pêche des truites...diffèrent, il est fait application sur les deux rives, de la taille la moins élevée. Les préfets peuvent, pour les plans d'eau limitrophes des pays étrangers et pour ceux là seulement, augmenter la longueur minimum au-dessous de laquelle les poissons...ne peuvent être pêchés.

(27) décret du 23 novembre 1979 - article 3. Lorsqu'il y a lieu d'assurer la protection particulière de la truite...dans certains plans d'eau, cours d'eau ou sections de cours d'eau, le Ministre chargé de la pêche fluviale peut exceptionnellement, après avis du Conseil Supérieur de la Pêche, augmenter la longueur minimale au-dessous de laquelle les poissons de cette espèce ne peuvent être pêchés en la portant soit de 23 à 25 cm, soit de 18 à 20 cm.
Le décret du 3 mars 1981, article 1 reprend l'article ci-dessus et ajoute : "les préfets peuvent, pour les plans d'eau limitrophes des pays étrangers, ainsi que pour les grands lacs intérieurs, notamment ceux du Bourget et d'Annecy, augmenter la longueur minimale au-dessus de laquelle les poissons...ne peuvent être pêchés.

258 M. THIBAULT

ramenée à 20 ou à 18 cm [28]. L'arrêté du 21 février 1986 (rectificatif arrêté du 10 juillet 1986) donne la liste des cours d'eau où la taille minimale de capture est ramenée à 18 cm.

b) En zone maritime

La taille légale de la truite désignée comme truite saumonée est fixée à 15,2 cm dans les trois premiers arrondissements maritimes (Cherbourg, Brest et Lorient) par les décrets du 4 juillet 1853. La truite n'est pas mentionnée dans la réglementation des deux derniers arrondissements maritimes, Rochefort (4 juillet 1853) et Toulon (19 novembre 1859).

La taille légale augmente ensuite progressivement passant à :

— 17,8 cm dans le décret du 20 novembre 1875. Cette longueur est reprise dans les décrets des 1er février 1890, 3 décembre 1923 et 26 juillet 1927;

— 22,6 cm dans le décret du 23 novembre 1935;

— 23 cm dans le décret du 15 décembre 1952 et dans l'arrêté du 19 octobre 1964.

On peut constater (fig. 6) que la tendance à l'accroissement de la taille est constante depuis le milieu du XIXe siècle. Il y a concordance avec la taille en zone fluviale à deux périodes, pendant soixante ans de 1875 à 1935 et au cours des trente dernières années.

Dans l'estuaire de la Bidassoa, les tailles de la truite commune et de la truite de mer sont distinctes dès la loi du 11 juin 1859 et leur évolution est très différente (fig. 6) :

— la taille de la truite commune est quasi constante sur toute la période, de 20,2 cm depuis 1859 et de 20 cm depuis le décret du 4 mars 1965;

— la taille de la truite de mer est fixée à 33,8 cm dans la loi du 11 juin 1859, ce qui est du même ordre de grandeur que la taille admise en France en zone fluviale depuis 1985 (cf. III.2a.). Elle passe à 45 cm à partir du décret du 4 mars 1965.

c) Dans les eaux frontières entre la France et la Suisse

Lac Léman (fig. 6). La taille légale de la truite augmente de 10 cm par étapes en trois quarts de siècle : 25 cm dans le décret du 4 février 1905, 30 cm depuis le décret du 15 mars 1929 (taille confirmée par le décret du 25 janvier 1939), 31 cm depuis le décret du 2 avril 1958 (taille confirmée dans le décret du 2 août 1960 et son rectificatif n° 60.827) et 35 cm depuis le décret du 1er septembre 1982.

---

(28) décret du 23 décembre 1985 - article 19. Par dérogation à l'article 18 du présent décret, la taille minimum des truites autres que la truite de mer peut être, en fonction de la dimension atteinte à l'âge de la première reproduction : 1° portée à 25 cm ou ramenée à 20 cm par arrêté du commissaire de la République dans certains cours d'eau, canaux et plans d'eau du département. 2° ramenée à 18 cm par le Ministre chargé de la pêche en eau douce dans les cours d'eau ou parties de cours d'eau et plans d'eau de certaines régions montagneuses à sol acide.

Doubs. L'accroissement de la taille légale n'est que de 3 cm sur la même durée. Elle est de 20 cm dans le décret du 4 février 1905 et de 23 cm depuis le décret du 27 juillet 1966.

3. Les catégories de cours d'eau

L'ordonnance de 1669 sépare déjà de manière implicite les cours d'eau en deux catégories pour la détermination de deux périodes d'interdiction de pêche pendant la reproduction (cf. III.1a). La séparation n'est explicite qu'à partir du décret du 29 août 1939 qui précise; article 1er «en vue d'assurer la police et la conservation de la pêche, les ministres de l'Agriculture et des Travaux Publics fixent par arrêté dans chaque département le classement des cours d'eau en deux catégories. La première comprend ceux qui sont principalement peuplés de truites. La deuxième comprend les autres cours d'eau».

Toutefois, la circulaire n° 824 du 15 octobre 1913 de la Direction Générale des Eaux et Forêts comprend une annexe du 3 juillet 1913 qui propose, dans l'article premier de l'arrêté préfectoral réglementant la pêche, de distinguer deux catégories de cours d'eau : ceux où prédominent les Salmonidés qui fraient pendant la période d'interdiction d'hiver et ceux où les espèces les plus nombreuses se reproduisent pendant la période de printemps.

A partir de l'arrêté du 17 juillet 1941 (rectificatif JO du 28 septembre 1941) vont se succéder toute une série d'arrêtés et de décrets [29] apportant des modifications à la liste des cours d'eau de première catégorie (Salmonidés dominants) et ceux de seconde catégorie (Cyprinidés dominants).

4. Les caractéristiques des engins

a) En zone fluviale

Pendant plus de deux siècles et demi (ordonnance de 1669 au décret du 29 août 1939) les caractéristiques des engins autorisés (filets fixes ou mobiles, nasses, ligne flottante...) ou prohibés sont précisées dans les différents décrets. Sont considérés, leur nombre et leur emplacement, leur longueur d'immersion par rapport à la largeur mouillée des cours d'eau, les temps d'utilisation pen-

---

(29) arrêtés des 17 juin 1948, 17 janvier 1952 (rectificatif JO du 19 février 1952), 29 avril 1952, 23 juin 1952, 3 mars 1954 (rectificatif JO du 25 avril 1954), 28 avril 1955 (rectificatif JO du 17 juillet 1955), 27 juillet 1955, 29 décembre 1955 (rectificatif JO du 16 février 1956), 22 juin 1956 (rectificatif JO du 26 juillet 1956).
Décrets 58-873 du 16 septembre 1958, 61-616 du 5 juin 1961 (rectificatif JO du 6 août 1961), 22 janvier 1962, 62-1018 du 24 août 1962 (rectificatif JO du 22 septembre 1962), 64-826 du 28 juillet 1964 (rectificatif JO du 13 octobre 1964), 65-53 du 14 janvier 1965, 67-281 du 15 mars 1967 (rectificatif JO du 12 mai 1967), 69-438 du 3 mai 1969, 70-179 du 4 mars 1970, 70-888 du 25 septembre 1970, 71-115 du 3 février 1971, 71-1048 du 17 décembre 1971, 74-177 du 7 février 1974, 74-956 du 9 octobre 1974, 75-1144 du 1er décembre 1975, 77-192 du 23 février 1977, 78-845 du 9 août 1978, 80-296 du 22 avril 1980 avec annexe, 81- 800 du 14 août 1981, 83-81 du 8 février 1983, 84-90 du 7 février 1984, 85-942 du 30 août 1985, 85-1375 du 23 décembre 1985.

dant la période de pêche (jours et heures) et leurs tailles de maille ainsi que les conditions de vérification de ces dernières :

— de 1669 aux arrêtés préfectoraux parus de 1831 à 1835 en application de la loi du 15 avril 1829, trois tailles d'écartement des mailles ou des verges sont signalées en fonction du type d'engin : 12 lignes (28 mm), 14 lignes (30 mm) et 18 lignes (40 mm);

— c'est à partir du décret du 25 janvier 1868 que l'écartement des mailles est précisé en fonction des espèces. Même si la truite n'est pas nommément désignée, on peut néanmoins considérer que la taille de maille minimale de 27 mm s'y applique : «pour les grandes espèces autres que le saumon». Le mode de vérification est précisé dans le décret du 26 août 1865 et une tolérance d'un dixième est admise. Cette dimension et cette tolérance sont reprises dans les décrets des 10 août 1875, 18 mai 1878 et 5 septembre 1897.

Le décret du 29 août 1939 apporte deux modifications fondamentales :

— il interdit l'usage des filets et engins dans les cours d'eau de première catégorie [30];

— il précise les tailles de maille pour la truite de mer et pour la truite (non nommément désignée) [31]. L'arrêté du 14 août 1943 donne les conditions de vérification, puis ceux des 25 juin 1952 et 26 mai 1986.

Quelques changements sont apportés ultérieurement. Ils concernent :

— d'une part les mailles hexagonales. Le côté des mailles hexagonales est utilisé dans les décrets du 29 avril 1943 et du 14 septembre 1950 [32], puis le quart du périmètre de ces mailles est pris en compte à partir du décret du 8 avril 1952 [33]. Cette dernière mesure présente l'avantage d'être identique à celle du côté des mailles en forme de carré et de losange;

— d'autre part une dérogation concernant l'usage des engins dans les cours d'eau de première catégorie à partir de l'arrêté du 13 juin 1944 [34]. Cette disposition est reprise dans les décrets du 5 août 1946 [35], du 17 mars 1952, du 23 janvier 1954 et du 16 septembre 1958. La localisation des cours

---

(30) article 17. L'usage des filets et engins de toute nature, lignes dormantes y comprises, mais à l'exclusion de la vermée et de la balance à écrevisses, est interdit dans les cours d'eau ou portions de cours d'eau classés en première catégorie qui seront désignés à cet effet par des arrêtés ministériels, sur avis de la commission de la pêche fluviale.

(31) article 12. Le côté des mailles en forme de carré et de losange, petit côté des mailles rectangulaires, espacement des verges : 40 mm au moins pour la truite de mer, 27 mm au moins pour la truite ; grande diagonale des mailles hexagonales, 57 mm au moins pour la truite de mer, 38 mm au moins pour la truite.

(32) 29 mm au moins pour la truite de mer et 19 mm au moins pour la truite.

(33) 40 mm au moins pour la truite de mer et 27 mm au moins pour la truite.

(34) Dans les cours d'eau ou portions de cours d'eau classés en première catégorie où n'est autorisé, en vertu d'arrêtés ministériels, que l'emploi de la ligne flottante, de la vermée et de la balance à écrevisses, les filets et engins désignés ci-après pourront être utilisés depuis la date d'ouverture de la pêche à la truite jusqu'au 14 juillet inclus.

(35) à l'article 17 du décret du 29 août 1939 (cf (30)) s'ajoute alors le paragraphe suivant : dans les autres cours d'eau ou portions de cours d'eau de la première catégorie, des arrêtés ministériels pris dans les mêmes conditions détermineront la nature et les conditions d'emploi des engins autorisés.

d'eau et les caractéristiques des engins sont précisées dans les arrêtés des 16 septembre 1958, 26 juillet 1960, 6 avril 1961, 26 janvier 1962, 12 novembre 1963, 22 mars 1967, 2 avril 1969, 7 juillet 1970, 20 novembre 1970, 12 octobre 1973, 3 juillet 1974, 23 juin 1977. L'usage des engins et filets dans les cours d'eau de la première catégorie est interdit par le décret du 23 décembre 1985.

b) En zone frontalière

— Lac Léman

On note un accroissement des tailles de mailles autorisées depuis le début de ce siècle : 30 mm dans le décret du 4 février 1905, 33 mm depuis le décret du 15 mars 1929 (mesure reconduite dans les décrets du 25 janvier 1939 et du 2 avril 1958), 50 mm dans le décret du 5 juin 1970 et 48 mm depuis le décret du 17 novembre 1982, mesure reprise dans le décret du 13 février 1986.

Depuis le décret du 13 février 1986, la pêche de la truite lacustre au filet n'est autorisée que du 16 janvier au 31 mars ; le nombre et les caractéristiques des filets sont précisés.

— Bidassoa

La longueur des filets est au plus de 160 mètres. Leur taille de maille est différente selon qu'il s'agit de la truite de mer et de la truite commune : 57 mm et 20 mm respectivement dans la loi du 11 juin 1859. La première taille est ramenée à 52 mm à partir du décret du 31 octobre 1886. Les deux tailles de 52 mm et de 20 mm sont reconduites dans les décrets ultérieurs.

Le décret du 4 mars 1965 interdit la pêche au filet de la truite de mer pour «permettre le repeuplement de cette espèce». Toutefois une dérogation est prévue. Ce décret n'envisage pas la pêche de la truite commune au filet.

5. Interdiction de vente et de colportage du poisson pendant l'interdiction de pêche ; établissement d'échelles à poissons

Ces deux mesures sont prises en application de la loi du 31 mai 1865, respectivement article 5 [36] et article 1er [37].

a) Interdiction de vente et de colportage

La truite apparaît nommément pour la première fois dans l'arrêté du 14 août 1943 (article unique) : «il est interdit de mettre en vente, de vendre, de transporter, de colporter ou d'acheter des truites communes pendant le temps où la pêche de ce poisson est interdite (3e alinéa)». Une restriction supplé-

---

(36) Dans chaque département, il est interdit de mettre en vente, de vendre, d'acheter, de transporter, de colporter, d'exporter et d'importer diverses espèces de poissons, pendant le temps où la pêche en est interdite, en exécution de l'article 26 de la loi du 15 avril 1829. Cette disposition n'est pas applicable aux poissons provenant des étangs ou réservoirs définis en l'article 30 de la loi précitée.

(37) Des décrets rendus en Conseil d'Etat après avis des conseils généraux de département détermineront : 2e les parties des fleuves, rivières, canaux et cours d'eau dans les barrages desquelles il pourra être établi, après enquête, un passage appelé échelle, destiné à assurer la libre circulation du poisson.

mentaire y est ajoutée ; elle concerne la taille du poisson en période de pêche :
« il est interdit en tout temps de mettre en vente, de vendre, de colporter ou
d'acheter des truites communes de taille inférieure à 23,4 cm (2e alinéa) ».
Cette restriction est reprise dans les décrets des 5 août 1946, 17 mars 1952
(23 cm depuis cette date), 23 janvier 1954 et 9 janvier 1960. Lorsque les
truites peuvent être capturées en dessous de 23 cm (cf. III.2a) elles sont destinées à la consommation familiale.

La loi du 21 novembre 1961 interdit de colporter, d'offrir à la vente, de
vendre ou d'acheter les truites sauvages dans les eaux libres visées à l'article
401 du code rural. Cette mesure ne s'applique ni aux membres de la fédération
nationale des adjudicataires et permissionnaires de la pêche aux engins et aux
filets lorsqu'ils s'adonnent à la pêche dans les eaux du domaine public ou
dans les lacs de retenue de barrage où le droit de pêche appartient à l'Etat,
ni lorsque les poissons ont été capturés dans certains lacs du domaine privé.

b) Echelles à poissons

Les décrets paraissent plusieurs décennies après la loi, 39 à 59 ans
après [38]. Ce n'est que dans l'arrêté du 2 janvier 1986 que la truite est nommément désignée dans les différents cours d'eau français. L'article 2 précise
que « tout ouvrage existant installé sur l'un des cours d'eau classés par les
décrets sus visés (cf. 38) et repris dans le présent arrêté devra, dans un délai
de 5 ans à compter de la publication de celui-ci comporter des dispositifs
assurant la circulation des poissons migrateurs mentionnés pour ce cours d'eau.
Tout nouvel ouvrage devra être équipé de ces dispositifs dès son installation ».

6. La destruction des espèces nuisibles

La destruction de certaines espèces est envisagée à partir du décret du
25 janvier 1868 [39]. Le terme nuisible apparaît pour la première fois dans le
décret du 21 mars 1913. Depuis lors il présente quelques variantes ; les poissons ou espèces sont qualifiés de nuisibles (décret du 29 août 1939), nuisibles
ou envahissantes (décret du 17 mars 1952), particulièrement nuisibles (décret
du 21 mars 1913, arrêté du 11 juin 1954 et décrets du 23 novembre 1954 et
du 19 décembre 1964), essentiellement nuisibles (arrêté du 16 juillet 1953).

Les espèces sont nommées pour la première fois dans le décret du 17
mars 1952 ; il s'agit du hotu, de la perche soleil et du poisson chat. S'y ajoutent
le crabe chinois dans le décret du 16 septembre 1958 et l'anguille dans les
cours d'eau de première catégorie dans le décret du 19 décembre 1964.

---

(38) 3 août 1904 (bassin de la Seine), 1er avril 1905 (bassin de la Loire), 3 février 1921 (bassin
de la Canche), 15 avril 1921 (bassin de l'Adour), 31 janvier 1922 (cours d'eau bretons, départements de la Manche, de l'Ille et Vilaine, des Côtes du nord, du Finistère et du Morbihan), 2
février 1922 (bassin de l'Authie) et 23 février 1924. (départements du Calvados, de la Manche
et de l'Orne).

(39) article 14 : Les préfets pourront autoriser dans des emplacements et à des époques déterminées, des manoeuvres d'eau et des pêches extraordinaires pour détruire certaines espèces dans
le but d'en propager d'autres plus précieuses.

Ce terme de nuisible disparaît après la loi du 29 juin 1984.

Le décret du 8 novembre 1985 donne la liste des espèces susceptibles de provoquer des déséquilibres biologiques ; l'anguille a disparu de cette liste.

7. Le repeuplement

L'utilisation de la fécondation artificielle afin d'obtenir des œufs fécondés pour les déverser ensuite dans les cours d'eau a débuté réellement en 1852. Ce sont surtout les Salmonidés, truite et saumon, qui ont été concernés. Jusqu'en 1870 un véritable enthousiasme a régné en France pour cette pratique (Deroye, 1903).

Des doutes se sont exprimés très tôt sur l'efficacité de ce repeuplement (Haime, 1854 ; Blanchard, 1866) et des tentatives d'explication ont été avancées. La médiocrité des résultats, les causes des échecs ont été mises sur le compte des pêches abusives, du braconnage et de la dégradation du milieu, rejets industriels et modification de l'habitat (Paratre, 1894 ; Roule et Del Pere de Cardaillac de Saint-Paul, 1902 ; Deroye, 1903 ; de Drouin de Bouville, 1906).

Au début du XXe siècle, un certain nombre d'auteurs mettent en cause l'absence de méthode. Parmi ceux-ci, Léger (1910) est le premier qui propose un repeuplement méthodique des cours d'eau proportionné à leur valeur nutritive. Il introduit la notion de capacité biogénique, expression de la valeur nutritive des cours d'eau au point de vue de l'alimentation du poisson. Il la traduit sous forme chiffrée en une échelle de 1 à 10, puis il détermine, à l'aide d'une formule, le nombre d'alevins à déverser :

— pour un kilomètre de cours d'eau de 5 m de large, ce nombre est de x (capacité biogénique de 1 à 10) × 100;

— pour un cours d'eau de largeur supérieure à 5 m, ce nombre devient : x × 10 x (1 + 5).

Léger déduit ensuite le rendement annuel d'un kilomètre de cours d'eau à Salmonidés rationnellement peuplé, R = x (1 + 5)/2.

On peut remarquer que Léger est relativement prudent. Il qualifie sa formule de formule de lancement et il signale que l'appréciation de la capacité biogénique est plutôt affaire de jugement que de mesure. Mais, en fait, à aucun moment il ne dit sur quels critères déterminer cette capacité biogénique.

Néanmoins, cette formule va bénéficier d'une renommée certaine jusqu'à nos jours. Elle va être utilisée pour déterminer le nombre d'alevins à déverser et est alors considérée comme un élément essentiel de la gestion (Ducret, 1982) et pour évaluer les dommages piscicoles (Vibert, 1948). Elle va être modifiée successivement par Huet (1949) et Arrignon (1970). Ce dernier auteur note toutefois son caractère empirique et la subjectivité liée à la détermination de la capacité biogénique qui conduit à des variations de 30 à 50 p. 100 dans l'évaluation du stock (Arrignon, 1970). Mais, à aucun moment, il n'y a eu remise en cause.

IV. Discussion

1. Remarques générales

Cette étude rétrospective de la gestion des populations naturelles de la truite commune en France s'inscrit au sein de cinq grandes tendances de durée et d'importance variables.

* Deux grandes tendances qui se manifestent sur toute la période d'étude avec des différences d'intensité :

— c'est d'abord la primauté constante des activités économiques liées à la rivière par rapport à la pêche. Même si l'aspect néfaste sur le poisson des conséquences de certaines activités est connu (par exemple, le rouissage du lin et du chanvre, les rejets industriels et divers, construction de barrages, etc.) et fréquemment signalé, force est de constater que la réglementation lorsqu'elle prend en compte ces problèmes, ne constitue qu'un palliatif. Les nuisances ne cessent que lorsque l'activité s'arrête;

— c'est ensuite la prédominance du rôle des forêts par rapport aux eaux. La préférence forestière notée dans l'ordonnance de 1669 se retrouve dans la loi de 1829. Ceci était lié à l'importance économique de la forêt (marine, forges). Même si cette influence s'est estompée, on la retrouve à deux moments particuliers :

• le discours des forestiers empreint de catastrophisme d'où la nuance et la demi-teinte sont exclues (Larrere, 1981) contamine fortement à la fin du XIXe et au début du XXe siècle le monde de la pêche. Ceci est conforme aux appréciations des maîtres des Eaux et Forêts dans le domaine de la pêche noté au XVIIIe siècle par Cocula-Vaillieres (1979);

• l'utilisation des ruisseaux pépinières et des ruisseaux de grossissement où on « sème » et on « repique » les truites comme on repique les arbres [40].

* Trois tendances d'une demi-période chacune soit d'un siècle et demi environ :

— une tendance de 1669 à 1829 dominée par l'affirmation progressive du pouvoir central quel qu'il soit sur les cours d'eau navigables et flottables. Il y a une imbrication étroite entre cette volonté et la tendance générale évoquée ci-dessus. Ainsi Louis XIV par l'intermédiaire de l'ordonnance de 1669 « reprenait fait et cause pour l'usage dynamique des cours d'eau, contre leur exploitation statique, pour les navigants contre les semeurs d'obstacles, qu'ils soient seigneurs péagers possesseurs de pêcheries ou propriétaires de moulins »

---

(40) Les ruisseaux pépinières à l'instar des planches de semis en foresterie sont des ruisseaux dans lesquels est pratiquée l'éclosion des oeufs de truites, par exemple, puis l'élevage des alevins pendant un cycle inférieur ou égal à un an (Arrignon, 1970).

Les ruisseaux de grossissement à l'instar des planches de repiquage sont des ruisseaux dans lesquels sont introduits, en vue de leur grossissement pendant le même cycle des alevins de truite, soit aux 3/4 de leur vésicule vitelline soit à un stade ultérieur (Arrignon, 1970).

(Cocula-Vaillieres, 1979). Dans le domaine de la pêche, la caractéristique dominante est la stabilité, les modifications apportées ne sont que mineures;

— deux tendances depuis le milieu du XIXe siècle :

+ la première dominée par un objectif de protection s'inscrit dans le mouvement général de protection de la nature qui se propage alors (Raumolin, 1984). Elle comprend deux périodes :

– une période de césure, donc de courte durée de 1849 à 1865;

– une période qui dure depuis 1865 caractérisée par trois événements qui vont de pair : complexification croissante de la réglementation, restriction progressive de l'accès à la ressource, accroissement progressif du rôle de la pêche de loisir par rapport à la pêche professionnelle.

Ces trois événements ont évolué parallèlement même si cela ne s'est pas fait de manière uniforme, mais par étapes de durée variable, avec parfois des reculs momentanés mais toujours de faible amplitude;

+ la seconde est caractérisée par la prééminence accordée à la truite et aux Salmonidés plus généralement par rapport aux autres poissons. Ceci se vérifie au travers du vocabulaire utilisé (ces espèces sont fréquemment qualifiées de précieuses) et de la réglementation qui privilégie ces espèces. La truite est l'objet d'une considération particulière dans ce domaine, qui va de pair avec la faveur croissante de la pêche sportive.

2. La césure du milieu du XIXe siècle

Cette césure est la conséquence de l'événement que constitue au milieu du XIXe siècle la redécouverte de la fécondation artificielle de la truite en France. Un engouement extraordinaire nait à partir de 1849 en France d'abord puis se propage à l'échelle de la planète en un peu plus d'une décennie. Trois types d'acteurs y ont une responsabilité conjointe dans notre pays, les notables, le pouvoir, les scientifiques et ingénieurs. Parmi ces derniers, Coste occupe une place prépondérante (Thibault, 1989) :

— il fait partager aux responsables les espoirs démesurés mis dans l'utilisation de la reproduction artificielle. Ainsi, le conseiller d'Etat, Directeur de l'Agriculture et du Commerce (Heurtier, 1852) titre t-il son rapport au Ministre de l'Intérieur, de l'Agriculture et du Commerce « sur les moyens de repeupler toutes les eaux de la France par l'éclosion artificielle des œufs de poisson ». De même, le Ministre de l'Intérieur De Morny intervient et demande aux préfets une plus grande sévérité dans la répression de nombreux délits de pêche afin d'assurer la réussite dans les lacs et rivières d'un nouveau procédé de fécondation artificielle du poisson (circulaire du 19 janvier 1852);

— il devient inspecteur général de la pêche fluviale et de la pêche côtière maritime par décrets impériaux des 26 avril et 24 mai 1862 respectivement;

— c'est suite à sa proposition faite à l'Empereur en 1859 (Coste, 1861) que la responsabilité de la pêche fluviale est enlevée aux Eaux et Forêts et

attribuée aux Ponts et Chaussées par décret impérial du 29 avril 1862. Les Eaux et Forêts récupéreront cette responsabilité en 1896;
— il propose d'interdire la pêche du saumon et de la truite du 1er octobre au 15 janvier sur tous les cours d'eau de l'Empire pour empêcher la destruction de ces deux espèces et favoriser leur repeuplement (circulaire du 2 septembre 1862 du Ministère de l'Agriculture, du Commerce et des Travaux Publics);
— enfin il est vraisemblablement, au moins en partie, l'instigateur de la loi du 31 mai 1865.

On assiste ainsi en un peu plus d'une décennie (1852-1865) à une sorte de fuite en avant où, pour pallier les insuccès du repeuplement, il y a recours à la réglementation. Il se produit alors un dérapage dont nous subissons encore largement l'influence. Se met en place un pouvoir réglementaire qui prend de plus en plus d'importance alors que toute attitude scientifique d'esprit critique, de doute, s'estompe.

Face à une telle situation, force est de constater que l'argumentation se résume le plus souvent à l'utilisation de formules péremptoires [41] qui ne sont étayées ni par des enregistrements continus de données sur le terrain, voire par des expériences où les chiffres donneraient une indication quantitative. Elles sont en fait le reflet d'une opinion fortement prédominante, caractéristique d'une attitude préscientifique (Bachelard, 1986). Le monde des scientifiques et ingénieurs se contente de cette attitude et s'enferme dans une vision hexagonale qui s'exprime :
— d'une part, dans l'utilisation des formules de Léger depuis le début de ce siècle et leur essai d'amélioration, sans remise en cause de ses principes ni pratique d'observations et expériences dans le milieu naturel, sauf récemment;
— d'autre part, dans l'absence de prise en compte des travaux étrangers qui ont été littéralement occultés. On peut citer ceux de Hobbs, qui dès 1937, montrait que la reproduction naturelle de la truite était un processus efficace dans des cours d'eau soumis à exploitation.

---

(41) - Mr le Préfet, le saumon et la truite deviennent de plus en plus rares dans nos cours d'eau (circulaire du 2 septembre 1862).
- la disparition de la truite de nos cours d'eau se fait sentir depuis longtemps (Lestidoubois, 1865).
- le dépeuplement s'accentue et l'on peut prévoir, dans un avenir très proche, le jour où nos cours d'eau seront à peu près déserts (Roule et Del Pere De Cardaillac de Saint-Paul, 1902).
- les cours d'eau ni navigables ni flottables peuvent être à peu près partout considérés comme presque complètement ruinés (Deroye, 1903).
- j'ai eu le plaisir de constater leur unanimité (les pêcheurs professionnels) à reconnaître l'augmentation considérable des Salmonidés dans notre région (Léger, 1907).
- la plupart des torrents du Dauphiné hébergent la truite qui est devenue aujourd'hui assurément plus fréquente qu'il y a seulement quelques années à la suite des repeuplements méthodiques effectués par le laboratoire de pisciculture de Grenoble, les sociétés de pêche et l'administration des Eaux et Forêts (Léger, 1909).
- la Lozère, département à truites par excellence...n'offre plus que des eaux quasi-désertes au monde des pêcheurs (annexe 902)... il en résulte un dépeuplement accéléré des rivières de première catégorie (annexe 1188) loi du 21 novembre 1961.

3. Complexification de la réglementation

Outre les trois lois relatives à la pêche fluviale depuis la première moitié du XIXe siècle (15 avril 1829; 31 mai 1865 et 29 juin 1984) cinq décrets sont essentiels pour suivre l'évolution de la codification de l'accès à la ressource piscicole : 25 janvier 1868; 5 septembre 1897; 29 août 1939; 16 septembre 1958; 23 décembre 1985.

La complexification de la réglementation se traduit par l'accroissement du nombre d'articles dans les décrets et du nombre de textes réglementaires (fig. 7) :

— l'évolution du nombre d'articles se fait surtout en deux étapes, 1939 (34 articles) et 1985 (58 articles). Le décret de 1985 compte plus de trois fois plus d'articles que celui de 1868 (17 articles). L'augmentation du nombre d'articles est peu sensible en 1897 (24 articles) et 1958 (36 articles) par rapport au décret précédent. A cette augmentation du nombre d'articles s'ajoute l'allongement des articles correspondant au souci de prendre en compte le maximum d'éléments;

— l'évolution du nombre de décrets et d'arrêtés ministériels concernant la truite commune est très révélatrice. Par intervalles de 12 ans, on constate que l'accroissement est surtout sensible sur le demi-siècle écoulé, le plus grand nombre de textes réglementaires étant pris sur le dernier intervalle de 1975 à 1986.

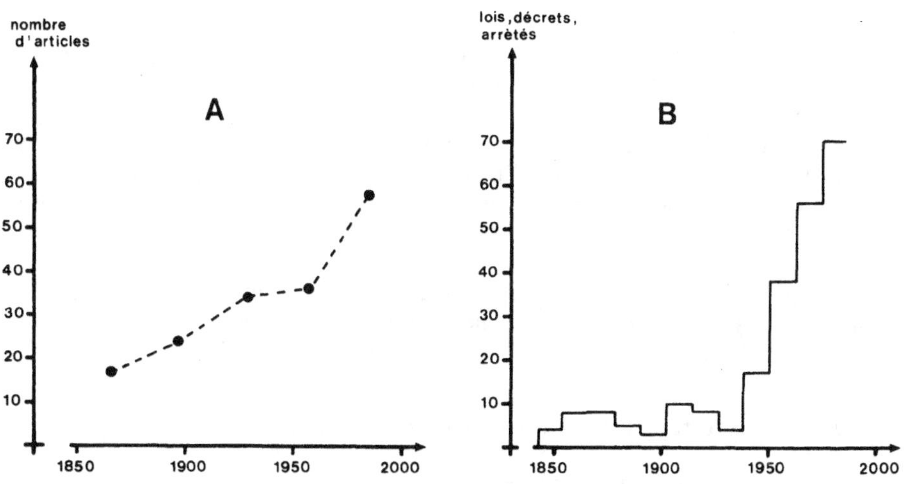

Figure 7. Evolution du nombre d'articles (A) dans les cinq principaux décrets relatifs à la pêche fluviale (25 janvier 1868, 5 septembre 1897, 29 août 1939, 16 septembre 1958) et du nombre de textes réglementaires (Lois, décrets et arrêtés) depuis 1850 (B) par période de 12 ans.

4. Restriction progressive de l'accès à la ressource

a) Accroissement des interdictions de pêche

— En période de reproduction

La durée de la période d'interdiction de pêche en période de reproduction de la truite est multipliée par un facteur d'environ 3,8 en zone fuviale sur toute la période d'étude passant de 43 jours en 1669 à 162,5 jours en 1985. Elle est passée de 12 p. 100 à 45 p. 100 environ du temps annuel sur une base de 365 jours par paliers, en trois siècles.

La prise en compte de la truite de mer dans la réglementation depuis 1985 se traduit par un accroissement de la durée d'interdiction de pêche qui passe à 190 jours en 1986.

— Toute l'année sur certaines portions de cours d'eau

Cette restriction est mise en œuvre seulement depuis le milieu du XXe siècle. Elle concerne :

— d'une part, des portions de cours d'eau ou des plans d'eau où sont effectués des déversements de juvéniles;

— d'autre part, un nombre croissant d'estuaires, particulièrement en Bretagne.

b) Augmentation de la taille légale

L'augmentation de la taille légale de la truite en zone fluviale mesurée du bout du museau à l'extrémité de la nageoire caudale est de 5 cm entre 1669 et 1985. Cette augmentation se fait par palier :

— 1669 à 1868 20 cm,

— 1868 à 1939 18 cm. Rappelons ici que pendant sept années entre les décrets de 1868 et 1875 la taille légale de la truite commune est supprimée pour la pêche à la ligne flottante;

— depuis 1939 deux cas se présentent d'une part, les cours d'eau où la taille monte à 23 cm et les cours d'eau de montagne ou à sol pauvre en chaux où la taille est abaissée à 17 cm puis 18 cm (depuis 1954). Ces deux tailles peuvent être portées à 25 et 20 cm par dérogation depuis le décret du 3 mars 1981.

A cette évolution qui a lieu en eau douce s'ajoute l'augmentation en estuaire où la taille de la truite de mer passe de 16 cm en 1853 à 23 cm en 1952 et dans le lac Léman, de 25 à 35 cm de 1905 à 1982.

5. Accroissement du rôle de la pêche de loisir

L'importance du rôle de la pêche de loisir apparaît pour la première fois dans la loi du 20 janvier 1902 (décret d'application du 17 février 1903) qui comprend l'article unique suivant : « il peut être dérogé, en faveur des sociétés de pêche à la ligne, au principe de l'adjudication dans les conditions déterminées par un règlement d'administration publique ».

L'aspect loisir de la pêche à la truite va être progressivement privilégié dans la réglementation, essentiellement au cours du demi-siècle écoulé :

— par la restriction de l'accès à la ressource pour la pêche aux engins autres que la pêche à la ligne;

— par la mise en œuvre de jours d'ouverture et de fermeture en cadrant les fins de semaine;

— par la restriction (depuis 1946) puis l'interdiction (depuis 1961) de la vente des truites pêchées dans les eaux de première catégorie.

A ces trois critères, s'en ajoute un quatrième, technique, privilégiant la pêche à la mouche artificielle au sein de la communauté des pêcheurs à la ligne. A partir de la seconde moitié du XIXe siècle, la pêche à la mouche artificielle est seule considérée comme sport véritable par ses adeptes. Albert-Petit (1982) [42] se fait, parmi d'autres, le chantre de cette technique, copiant en cela les Anglais. Pour lui, « la pêche à la mouche artificielle est incomparablement supérieure à toutes les autres... quelle différence entre ces moyens vulgaires (insectes naturels, petits poissons vivants, morts ou artificiels ou même humbles vers de terre) et la mouche de plume ! Quelle lourde prose à côté de notre poésie... Elle seule procure au pêcheur les palpitantes excitations d'un art supérieur ».

6. Volonté d'homogénéisation de la réglementation en zone maritime et en zone fluviale ; possibilité de dérogation pour les préfets

Les textes nationaux déterminent les caractéristiques générales de la réglementation sur toute la période d'étude. Depuis le milieu du XIXe siècle on observe :

— une volonté d'homogénéisation dans l'accès à la ressource entre la zone maritime et la zone fluviale. Par ailleurs, les mesures sont d'abord prises en eau douce;

— deux tendances contradictoires à l'échelle nationale entre le souci :
• d'une part, d'une réglementation uniforme particulièrement nette au milieu du XIXe siècle après un épisode d'une forte diversité en eau douce concernant la période d'interdiction de la pêche pendant la reproduction. Le début s'échelonne sur 5 mois et demi (1er septembre à mi-février) et la fin s'étend sur 6 mois et demi (fin octobre à mi-mai). Une telle diversité (cf. III.1a) ne se retrouvera plus ultérieurement;
• d'autre part, d'une adaptation locale de la réglementation pour tenir compte des réalités écologiques à la fois pour l'interdiction de pêche en période de reproduction et pour la taille légale.

Mis à part l'accroissement de l'accès à la ressource que constitue l'abaissement de la taille légale à 16 cm dans certains cours d'eau (décret du

---

(42) réédition de la première parution en 1897.

29 août 1939), les préfets ont surtout la possibilité d'augmenter les restrictions.
Ceci concerne :

— l'interdiction de pêche [43] et la destruction de certaines espèces [44] depuis le décret du 25 janvier 1868;

— l'interdiction de certains engins [45] ou de tous modes de pêche autres que la ligne flottante [46] depuis le décret du 29 août 1939;

— l'augmentation de la taille légale dans les cours d'eau de montagne et ceux coulant en terrain granitique depuis le décret du 23 janvier 1954 [47].

La réglementation nationale revient sur la liberté d'appréciation laissée aux préfets dans l'accroissement de l'accès à la ressource :

— le décret du 5 août 1946 restreint à la consommation familiale les truites inférieures à la taille légale;

— des arrêtés ministériels donnent la liste des départements (arrêté du 16 septembre 1958) puis précisent les cours d'eau par département (arrêtés des 25 février 1963, 24 février 1964, 17 février 1970) affectés par la diminution de la taille légale;

— le décret du 23 décembre 1985 donne au préfet la possibilité de ramener la taille de la truite à 20 cm mais réserve au Ministre la possibilité de ramener la taille à 18 cm.

V. Conclusion

Cette étude s'appuie essentiellement sur une documentation réglementaire nationale. Il est vraisemblable que certains textes ont été « oubliés » sur toute la période d'étude. Il est néanmoins conclu que ceci ne modifie pas les grandes orientations des résultats présentés ici. Par ailleurs, les textes départementaux n'ont pas été consultés sauf ceux pris de 1831 à 1834. Comme la liberté laissée aux départements va uniquement dans le sens d'une restriction accrue, les conclusions relatives aux différents aspects étudiés sont donc minimales.

---

(43) Article 2. Les préfets pourront chaque année par des arrêtés spéciaux après avoir pris l'avis des conseils généraux interdire exceptionnellement la pêche de toutes les espèces de poissons pendant l'une ou l'autre des dites périodes (20 octobre au 31 janvier ;15 avril au 15 juin) lorsque cette interdiction sera nécessaire pour protéger l'espèce prédominante.

(44) Article 14. ...les préfets pourront autoriser, dans des emplacements et à des époques déterminées, des manoeuvres d'eau et des pêches extraordinaires pour détruire certaines espèces dans le but d'en propager d'autres plus précieuses.

(45) Article 13. Pour mieux assurer localement la protection de certaines espèces, les préfets peuvent interdire l'emploi des filets et engins visés à la catégorie C de l'article 12 ou le limiter à certains emplacements ainsi qu'à la capture de certaines espèces.

(46) Article 20. Les préfets peuvent, par des arrêtés spéciaux prohiber tous filets, engins, procédés ou modes de pêche autres que la ligne flottante et, pour cette dernière, tous appâts ou amorces, de nature à nuire au repeuplement des cours d'eau. Ces dispositions peuvent être générales ou particulières à certaines espèces de poissons, à certains cours d'eau ou à certaines périodes.

(47) Article 3. Les préfets peuvent lorsqu'il y a lieu d'assurer une protection spéciale pour l'une quelconque des espèces énumérées au présent article augmenter la longueur minimale au dessous de laquelle ces poissons ne peuvent être capturés.

Il paraît donc raisonnable de conclure que l'objectif de cette étude a été atteint dans la mesure où :

— d'une part, la gestion des populations naturelles de truite commune s'inscrit au sein de tendances mises en évidence à l'échelle nationale et concernant la pêche fluviale dans son ensemble. La réglementation privilégie l'acte reproducteur (interdiction de pêche en période de frai, réserves, taille légale du poisson et taille de maille des engins);

— d'autre part, les facteurs explicatifs des différents modes d'intervention peuvent être déterminés. Les modifications nombreuses et variées introduites depuis le milieu du XIXe siècle dans l'accès à la ressource sont l'expression de schémas de pensée dominants à cette époque et toujours sous-jacents : malthusianisme écologique et vision prométhéenne de l'homme dominant la nature qui s'expriment de pair au travers de la réglementation mise en place et du déversement des stades juvéniles. Ce faisant, la réglementation répond davantage à des impératifs sociaux ou culturels [48] où les considérations d'ordre moral [49] ne sont pas négligeables, qu'à une amélioration de la connaissance scientifique.

Les mesures et moyens mis en œuvre depuis plus d'un siècle et demi ont-ils permis d'atteindre l'objectif de protéger la ressource naturelle renouvelable que constitue la truite commune? Dans l'état actuel des connaissances, il ne peut être répondu à cette question pour deux raisons :

— on ne sait dans quelle mesure la réglementation a été appliquée et observée;

— un des éléments essentiels de la gestion est constamment absent. En effet, les différentes mesures ont été appliquées sans qu'aient été mis en place, au moins sur un certain nombre de secteurs tests, les moyens destinés à connaître leur impact. Ceci aurait d'ailleurs permis de déterminer l'importance du bruit de fond lié aux activités humaines sur les cours d'eau.

Trois exemples peuvent toutefois être évoqués où, en l'absence de données chiffrées, le doute scientifique est autorisé :

— toute nouvelle mesure réglementaire étant plus restrictive, cela ne sous-entend-il pas que la précédente n'a pas été suffisamment efficace, ou jugée comme telle, pour protéger l'espèce ?

— l'erreur de détermination de la période de frai de 1669 à 1831 a-t-elle eu les conséquences «les plus facheuses pour le repeuplement des rivières» ainsi que cela apparaît dans les notes explicatives de l'arrêté préfectoral du

---

(48) Plasticité des périodes de pêche selon les départements en 1831-1834. Unité nationale de la réglementation en 1863, prônée ensuite avec des considérations d'ordre écologique dans la circulaire n° 23 du Ministre des Travaux publics du 14 juin 1878 : "Le Conseil d'Etat a fait remarquer...il importe de ne pas perdre de vue que, pour éviter le dépeuplement des cours d'eau, il est nécessaire de conserver autant que possible, sinon pour toute la France, au moins pour chaque grand bassin, l'unité de la réglementation qui a été établie en 1868 et 1875".
La restriction progressive de l'accès à la ressource pour la pêche professionnelle dans les cours d'eau de première catégorie se conclut par son interdiction totale en 1985. La qualification de l'anguille comme espèce nuisible dans les cours d'eau de première catégorie par le décret du 19 décembre 1964.
(49) L'interdiction de la vente des truites sauvages capturées par la pêche de loisir depuis 1961.

Tarn-et-Garonne du 26 mai 1831 [50] qui interdit la pêche de la truite pendant le temps du frai depuis le 1er octobre jusqu'au 15 novembre?

— des pêches de destruction d'anguilles ont été réalisées après que cette espèce ait été déclarée nuisible dans les cours d'eau de la première catégorie. L'importance et l'ampleur des destructions de cette espèce et leur action sur les populations de truite devraient pouvoir être analysées puisque les arrêtés préfectoraux prévoyaient qu'en fin de campagne un compte-rendu des pêches était adressé au Directeur départemental de l'Agriculture et à la région piscicole. Même en l'absence de résultats, il est permis, compte tenu de leur localisation dans l'espace et dans le temps et des résultats d'inventaires piscicoles effectués depuis plus d'une décennie en Bretagne, de douter de leur incidence réelle sur les populations de truite commune.

Enfin, le terme de protection fréquemment utilisé est lui même ambigu. Il est associé ou non de qualificatif (vu la nécessité de protéger..., vu la nécessité d'assurer une meilleure protection..., protection spéciale..., protection particulière) sans que la signification qu'il recouvre ne soit clairement exprimée.

Un problème d'ordre scientifique se pose dans le domaine de la gestion des populations naturelles de truite commune en ce qui concerne le rôle à attribuer aux connaissances scientifiques. Une tendance actuelle et de conception foncièrement déterministe se dessine au travers de la formule, « connaître pour gérer » et de ses variantes « mieux connaître pour gérer », « connaître pour mieux gérer ». Une telle formule est ambigüe car elle sous-entend la primauté du scientifique par rapport au gestionnaire et, ce faisant elle n'est pas neutre. Elle est de plus erronée car attendre de connaître pour gérer implique que la connaissance scientifique va s'arrêter.

En fait, connaissance et gestion constituent deux démarches complémentaires, voire parallèles puisqu'elles n'ont pas le même objectif, mais qui sont indispensables l'une à l'autre :

— d'un côté, l'amélioration des connaissances se justifie en tant que telle sans avoir besoin d'en référer à la gestion. Les connaissances des deux dernières décennies où certains aspects qualitatifs laissant entrevoir la complexité et la diversité de l'écologie de l'espèce ont été mis en évidence :

• répartition des classes d'âge et de différence de croissance à l'intérieur d'un réseau hydrographique, dans le temps et dans l'espace (Baglinière, 1979 ; Maisse *et al.*, 1987) ;

• relation entre croissance et maturité sexuelle (Maisse *et al.*, 1987) ;

• stratégie adaptative en fonction de la localisation du cours d'eau sur le réseau hydrographique et des caractéristiques de sédentarité ou de migration d'une partie de la population (Baglinière *et al.* ; Elliott, 1987 et 1988).

---

(50) "Tous les auteurs qui ont traité de l'histoire naturelle des poissons sont tombés dans une grande erreur relativement aux époques de l'année où le mâle verse sa liqueur fécondante sur les oeufs déposés par la femelle ; et cette erreur, de la part des naturalistes, ayant été partagée par les auteurs de nos règlements sur la pêche, il en résulte depuis plusieurs siècles les conséquences les plus fâcheuses pour le repeuplement des rivières. C'est ce qu'a démontré l'auteur des considérations sur l'histoire naturelle des poissons, sur la pêche et les lois qui la régissent, ouvrage publié à Toulouse en 1821" (A.D. Tarn et Garonne).

On ne peut nier la volonté de prendre en compte certains aspects des caractéristiques écologiques de l'espèce dans la réglementation :

— la détermination des périodes de reproduction depuis la première moitié du XIXe siècle;

— l'instauration de tailles légales différentes en fonction des longueurs atteintes à l'âge de trois ans selon que le cours d'eau est situé en montagne ou en plaine;

— l'allongement récent des dates d'ouverture de pêche à la truite de mer basé sur l'observation des périodes de remontée.

Mais faut-il pour cela intégrer toute nouvelle connaissance dans le processus réglementaire ? On peut évoquer ici la taille légale de la truite à 23 cm pouvant être ramenée à 20 cm voire à 18 cm. Les résultats récents montrent que la taille à la première reproduction peut être beaucoup plus faible dans certains sous-affluents (11 cm); une bonne partie de la population de truite commune pourra mourir de vieillesse avant d'avoir atteint la taille légale. Les tailles maximales des truites de ce sous-affluent enregistrées pendant 4 années consécutives, varient selon les années de 19 à 24,5 cm chez les mâles et de 19,5 à 21,5 cm chez les femelles (Baglinière, comm. pers.). De plus, à quelques dizaines de mètres d'un même réseau hydrographique il y a cohabitation, voire mélange de truites de tailles différentes à la première reproduction. N'y a-t-il pas à cet égard contradiction entre la diversité de l'écologie de l'espèce et la réglementation qui ne pourra prendre en compte ces éléments. Peut-on aussi continuer d'accroître la complexité de la réglementation sans que les pêcheurs soient informés des aspects essentiels de l'écologie de l'espèce ?

En effet, les aspects quantitatifs, dynamiques, liés à la vitesse de renouvellement des générations, à la capacité de résilience de l'espèce, aux déplacements des individus ont été peu ou prou négligés. Toutefois si on prend en compte les résultats disponibles liés à l'observation dans le milieu naturel et d'autres, même partiels, relatifs à la reconstitution d'une population après sa destruction, on peut considérer, au moins comme hypothèse de travail, que la réglementation et les déversements n'ont eu qu'un impact marginal sur la protection de l'espèce eu égard à ses potentialités écologiques et à l'action de l'homme sur l'habitat piscicole.

La connaissance de l'ampleur des fluctuations annuelles des populations naturelles inscrites ou non dans des tendances à plus long terme et des capacités de régulation au sein d'une population me semblent être des axes de recherche à privilégier dans les années à venir.

— d'un autre côté deux aspects peuvent être envisagés dans le cadre de la gestion :

• d'une part la gestion peut contribuer à l'amélioration des connaissances en fournissant des informations sur le long terme au travers des données relatives à la pêche (« gérer pour connaître »). Il s'agit là d'une conception expérimentale de la gestion [51]. A cet égard, tout ou presque reste à faire, par exemple tester

---

(51) Pérau (1930) signalait l'utilité des statistiques de pêche. Vibert (1961) regrettait qu'on ait si peu envisagé d'expérimenter en matière de réglementation de pêche et proposait que des contrôles soient effectués sur des secteurs échantillons à l'échelle nationale afin que l'on puisse parler de la production des rivières de France en se basant sur des données d'une précision suffisante au bout de quelques années.

l'influence des tailles légales sur la dynamique de population de l'espèce dans un réseau hydrographique. On peut d'ailleurs supposer qu'au travers des résultats obtenus il sera possible de tester par récurrence l'hypothèse présentée ci-dessus.

• d'autre part, l'interprétation des données recueillies sera facilitée par le recours aux connaissances les plus récentes.

VI. Remerciements

Il m'est agréable de remercier tous ceux qui m'ont aidé à recueillir la documentation nécessaire à cet article, particulièrement le personnel des Archives départementales d'Ille-et-Vilaine pour les recherches concernant la réglementation, ainsi que Mr Lattwein du Ministère de l'Agriculture, Mrs Jantzen et Vigneux du Conseil Supérieur de la Pêche, Mlle Lionnet, bibliothécaire à l'ENGREF de Nancy et le personnel de la Bibliothèque Nationale, de la bibliothèque de la Faculté de droit de Rennes et des Archives départementales du Tarn-et-Garonne, du Loir-et-Cher, de la Vienne et des Affaires maritimes de Bayonne qui m'ont permis de compléter la documentation.

VII. Références bibliographiques

1. Références des articles et ouvrages

ALBERT-PETIT G., 1982. *La truite de rivière. Pêche à la mouche artificielle.* 1 vol., Ed. de l'Orée, Bordeaux, 439 p.

ARRIGNON J., 1970. *Aménagement piscicole des eaux intérieures.* 1 vol., SEDETEC, SA, Ed., Paris, 643 p.

BACHELARD G., 1986. *La formation de l'esprit scientifique. Contribution à une psychanalyse de la connaissance objective.* Treizième ed., 1 vol., Libr. philosophique J. Vrin, Paris, 257 p.

BAGLINIERE J-L, 1979. Les principales populations de poissons sur une rivière à Salmonidés de Bretagne-sud, le Scorff. *Cybium*, 7, 53-74.

BAGLINIERE J-L, MAISSE G., LEBAIL P-Y, NIHOUARN A., 1989. Population dynamics of brown trout, *Salmo trutta* L., in a tributary in Brittany (France) : spawning and juveniles. *J. Fish Biol.*, 34, 97-110.

BAUDRILLART J-J., 1821. *Traité général des Eaux et forêts, chasses et pêches, première partie, Recueil chronologique des réglements forestiers.* Tome 1. Mme Huzard, Impr. Libr., Paris, 723 p.

BLANCHARD E., 1866. *Les poissons des eaux douces de la France.* 1 vol., J-B. Baillière et fils, Libr., Paris, 656 p.

BOUTHILLIER (de), 1828. Exposé des motifs de la loi sur la pêche fluviale. *Bull. des lois, loi relative à la pêche fluviale du 15 avril 1829*, 87-90.

BUTTOUD G., 1983. *L'Etat forestier. Politique et administration des forêts dans l'histoire française contemporaine.* Thèse, Doct., Univ. Nancy II. Fac. Droit Sciences Econ., 1 vol., 691 p.

COCULA-VAILLIERES A.M., 1979. *Les gens de la rivière de Dordogne, 1750 à 1850.* 2 vol., Thès. Doct., Univ. Bordeaux III, 740 p.

COSTE V., 1861. *Voyage d'exploration sur le littoral de la France et de l'Italie. Deuxième édition suivie de nouveaux documents sur les pêches fluviales et marines.* 1 vol., Impr. impériale, Paris, 291 p.

DEROYE F., 1903. *La pêche fluviale et l'administation des eaux et forêts.* 1 vol., Impr. Jacquot et Floret, Dijon, 313 p.

DRALET E-F., 1821. *Considérations sur l'histoire naturelle des poissons, sur la pêche et les lois qui la régissent.* 1 vol., J-M.,Douladoure Impr. Libr., Toulouse, 116 p.

DROUIN DE BOUVILLE R. (de), 1906. L'assainissement des rivières. *Bull. Soc. cent. Aquic. Pêche,* 18, 3-15; 73-80; 97-104; 129-149; 161-175.

DUCRET O., 1982. La gestion piscicole. *Pêcheur Fr.,* 51, 8-9.

DUCRET O., 1983. La gestion piscicole (suite). *Pêcheur Fr.,* 52, 10.

ELLIOTT J-M., 1987. Population regulation in contrasting populations of trout *Salmo trutta* in two lake district streams. *J. Anim. Ecol.,* 56, 83-98.

ELLIOTT J-M., 1988. Growth, size, biomass and production in contrasting populations of trout *Salmo trutta* in two lake district streams. *J. Anim. Ecol.,* 57, 49-60.

HAIME J., 1854. La pisciculture. *Rev. Deux Mondes,* 6, 1006-1032.

HERBIN DE HALLE P-E., 1835. *Recueil chronologique des règlements sur les forêts, la chasse et la pêche.* Tome 5. Arthus Bertrand Libr.Ed., Paris, 641 p.

HEURTIER, 1852. Rapport à M. le Ministre de l'Intérieur, de l'Agriculture et du Commerce sur les moyens de repeupler toutes les eaux de la France par l'éclosion artificielle des œufs de poisson. *Monit. Univ.,* 218, 1191.

HOBBS D.F., 1937. Natural reproduction of quinnat salmon, brown trout and rainbow trout in certain New Zealand waters. *Fish. Bull., N.Z. Mar. Dep.,* 6, 1-104.

HUET M., 1949. Appréciation de la valeur piscicole des eaux douces. *Trav. Stn. Rech. Groenendaal,* D, 10, 45 p.

LARRERE R., 1981. L'emphase forestière : adresse à l'Etat. In *Recherches,* n° 45, 113-154.

LEGER L., 1907. Le laboratoire de pisciculture de l'Université de Grenoble. Campagne 1906-1907. Rapport présenté au conseil général (session d'août 1907). *Ann. Univ. Grenoble,* 19, 719-725.

LEGER L., 1909. Poissons et pisciculture dans le Dauphiné. *Trav. lab. piscic. Univ. Grenoble,* fasc. 2, 18-91.

LEGER L., 1910. Principes de la méthode rationnelle du peuplement des cours d'eau à Salmonidés. *Bull. Soc. cent. Aquic. Pêche,* 22, 241-269.

LESTIDOUBOIS, 1865. Exposé des motifs. Lois annotées, 29-30.

MAISSE G., BAGLINIERE J-L., LE BAIL P-Y., 1987. Dynamique de la population de truite commune (*Salmo trutta*) d'un ruisseau breton (France) : les géniteurs sédentaires. *Hydrobiologia,* 148, 123– 130.

PARATRE R., 1894. Du dépeuplement des cours d'eau de l'Indre. *Bull. Soc. cent. Aquic. Pêche,* 6, 1-30.

PERAU A., 1930. La statistique des pêches fluviales. *Bull. Fr. Piscic.,* 26, 29-31.

RAUMOLIN J., 1984. L'homme et la destruction des ressources naturelles : la Raubwirtschaft au tournant du siècle. *Ann. Econ. Soc. Civilis. Fr.,* 39, 4, 798-819.

ROULE L., DEL PERE DE CARDAILLAC DE SAINT-PAUL G., 1902. Biologie et pisciculture ; les causes réelles du dépeuplement des cours d'eau et les moyens d'y porter remède. *Bull. Soc. cent. Aquic. Pêche,* 14, 73-84.

THIBAULT M., 1989. La redécouverte de la fécondation artificielle de la truite en France au milieu du XIXe siècle ; les raisons de l'engouement et ses conséquences, p. 205-231. In *Colloque Homme, Animal et Société,* 13-16 mai 1987. Tome 3, Histoire et Animal, des sociétés et des animaux, Inst. Et. Polit., Toulouse.

VIBERT R., 1948. Dommages piscicoles des usines hydroélectriques, évaluation et limi-
    tation. *Bull. Fr. Piscic.*, 148, 89-112.
VIBERT R., 1961. *La recherche en biologie des pêches continentales. Conditions d'ef-
    ficacité. Possibilités d'extension à l'échelon des fédérations et associations de
    pêche et de pisciculture.* Congrès de l'union des fédérations départementales des
    associations de pêche et de pisciculture des bassins de la Garonne, de l'Adour,
    de la Charente et de l'Aude. Auch, 19-22 mai 1961, 7 p.

2. Références archives départementales

AD Ille-et-Vilaine, 7 Sc I et II, pêche maritime et fluviale.

A.D. Loir-et-Cher, 4 M 179, réglementation de la pêche, an IX 1865.

AD Tarn-et-Garonne, 108 S21, pêche fluviale, circulaires, instructions,
1831-1879.

A.D. Vienne 3 S 46, Circulaires et instructions ; essais de pisciculture ;
repeuplement des cours d'eau en écrevisses, construction d'une échelle à poissons au barrage de la manufacture d'armes de Chatellerault ; réglementation
annuelle, 1832-1880.

3. Liste des lois, ordonnances, décrets, arrêtés, circulaires concernant la gestion des populations naturelles de truite commune

Ordonnance de Louis XIV donnée à St Germain en Laye en août 1669
sur le fait des Eaux et Forêts. In Baudrillart, 1821, 41-92.

Loi relative à la pêche fluviale du 15 avril 1829. *Bull. Lois*, 87-159.

Ordonnance royale du 15 novembre 1830.

Circulaire du Ministre de l'Intérieur du 19 janvier 1852. Mesures à prendre pour prévenir les dégâts qui se commettent par contravention à la Loi sur
la pêche fluviale, A.D. Loir-et-Cher, 4 M 179.

Décret impérial du 14 juillet 1853 portant règlement sur la pêche maritime côtière dans le premier arrondissement maritime (Cherbourg). Lois annotées, 108-116.

Décret impérial du 4 juillet 1853 portant règlement sur la pêche maritime
côtière dans le deuxième arrondissement maritime (Brest). Lois annotées, 116-
127.

Décret impérial du 4 juillet 1853 portant règlement sur la pêche maritime
côtière dans le troisième arrondissement maritime (Lorient). Lois annotées,
127-132.

Décret impérial du 4 juillet 1853 portant règlement sur la pêche maritime
côtière dans le quatrième arrondissement maritime (Rochefort). Lois annotées,
132-141.

Loi du 11 juin 1859 relative à l'exercice de la pêche dans le Bidassoa.
Bull. Lois Empire français, 13, 931-938.

Décret impérial du 19 novembre 1859 sur la police de la pêche côtière dans le cinquième arrondissement maritime. *Lois annotées*, 117-127.

Décret impérial du 29 avril 1862 qui place dans les attributions du Ministre de l'Agriculture, du Commerce et des Travaux publics la surveillance, la police et l'exploitation de la pêche fluviale. *Bull. Lois*, 686-687.

Circulaire du 2 septembre 1862. Ministère de l'Agriculture, du Commerce et des Travaux Publics. Interdiction de la pêche du saumon et de la truite du 1er octobre au 15 janvier – demande d'avis. A.D. Ille-et-Vilaine, 7 Sc I et II.

Décret impérial du 19 octobre 1863 relatif à la pêche de la truite et du saumon dans la partie fluviale des cours d'eau navigables ou non navigables de l'Empire, à l'exception du Rhin et de la Bidassoa. *Bull. Lois*, 807.

Décret impérial du 24 octobre 1863 relatif à la pêche de la truite et du saumon, tant à la mer, le long des côtes que dans la partie des fleuves, rivières, étangs et canaux où les eaux sont salées. *Bull. Lois*, 807.

Loi relative à la pêche fluviale du 31 mai 1865. *Lois annotées*, 29-33.

Décret impérial du 26 août 1865 qui détermine le mode de vérification de la dimension des mailles des filets et de l'espacement des verges des nasses autorisés pour la pêche de chaque espèce de poisson. *Bull. Off.*, 1336 n° 13659.

Décret impérial du 25 janvier 1868 qui désigne les parties des fleuves, rivières et canaux réservées pour la reproduction du poisson dans les départements de Seine-et-Marne, de Seine-et-Oise, de la Seine, de l'Eure et de la Seine inférieure. *Bull. Lois*, n° 1568, 134-139.

Décret impérial du 25 janvier 1868 portant règlement sur la pêche fluviale. *Bull. Lois*, 158-161.

Décret impérial du 20 septembre 1868 qui désigne les parties des fleuves, rivières et canaux réservées pour la reproduction du poisson dans les départements de la Haute Garonne, de l'Ariège, du Tarn-et-Garonne, de Lot-et-Garonne, de la Gironde, de la Dordogne, de la Corrèze, du Lot, de l'Aveyron, du Cantal, du Tarn, des Landes, des Basses Pyrénées et des Hautes Pyrénées. *Bull. Lois*, n°1650, 767-782.

Décret impérial du 30 janvier 1869 qui désigne les parties des fleuves, rivières et canaux réservées pour la reproduction du poisson dans les départements de la Haute Loire, du Puy-de-Dôme, de la Loire, de Saône-et-Loire, de l'Allier, de la Nièvre, du Cher, du Loiret, de l'Indre, du Loir-et-Cher, d'Indre-et-Loire, de la Vienne, de la Sarthe, de la Mayenne, de Maine-et-Loire, de la Loire inférieure, d'Ille-et-Vilaine, du Morbihan, du Finistère et des Côtes-du-Nord. *Bull. Lois*, n° 1682, 117-130.

Décret impérial du 17 juillet 1869 qui désigne les parties des fleuves, rivières et canaux réservées pour la reproduction du poisson dans les départements du Doubs, de la Haute Saône, de la Côte d'Or, du Jura, de l'Ain, de Saône-et-Loire, du Rhône, de la Haute Savoie, de la Loire, de l'Isère, de la Savoie, de l'Ardèche, de la Drôme, du Gard, du Vaucluse, des Hautes Alpes, des Basses Alpes et de l'Aude. *Bull. Lois*, n° 1741, 229-241.

Décret du 10 août 1875 portant règlement sur la pêche fluviale. Lois annotées, 760-761.

Décret du 20 novembre 1875 portant règlement sur la pêche maritime. *Bull. Off.* 289 n° 4968.

Circulaire n° 23 du 14 juin 1878. Ministère des travaux publics. Pêche fluviale modifications au décret du 10 août 1875. Envoi du décret du 18 mai 1878. A.D.Vienne 3S 46.

Rapport au Président de la République française suivi d'un décret du 2 juin 1886 portant interdiction de la pêche de la truite du 20 octobre au 31 mars de chaque année dans la partie maritime de la rivière la Liane (Département du Pas-de-Calais, quartier de Boulogne). *Bull. Off. Marine* n° 254, 1026-1027.

Décret du 31 octobre 1886 qui prescrit la promulgation de la convention conclue, le 18 février 1886, entre la France et l'Espagne et relative à l'exercice de la pêche dans la Bidassoa. *Bull. Lois*, 472, 616-623.

Décret du 1er octobre 1888 qui prescrit la promulgation du protocole ayant pour objet de modifier la convention du 18 février 1886, relative à l'exercice de la pêche dans la Bidassoa, signée à Madrid, le 19 janvier 1888, entre la France et l'Espagne. *Bull. Lois*, 332, 402-405.

Rapport au Président de la République et décret du 27 décembre 1889 modifiant la réglementation de la pêche dans les eaux douces. *J. Off.*, 31 décembre 1889, 6509-6511.

Rapport au Président de la République et décret du 1er février 1890 réglementant la pêche maritime en ce qui concerne les espèces vivant alternativement dans les eaux douces et dans les eaux salées. *J. Off.*, 7 février 1890, 695.

Décret du 7 novembre 1896 relatif à la surveillance, à la police et à l'exploitation de la pêche fluviale. *J. Off.*, 11 novembre, 1896.

Décret du 5 septembre 1897 portant règlement général de la pêche fluviale. *Bull. Lois*, 1656-1661.

Loi du 20 janvier 1902 – Loi complétant l'article 10 de la loi du 15 avril 1829 relative à la pêche fluviale. *J. Off.*, 22 janvier 1902.

Décret du 17 février 1903 relatif à l'affermage par les sociétés de pêcheurs à la ligne de certains lots de pêche, sur les fleuves, rivières et canaux. *Bull. Lois*, 2446, 1389-1391.

Décret du 3 août 1904. Etablissement de passages destinés à assurer la libre circulation des poissons sur les parties de cours d'eau du bassin de la Seine. *J. Off.*, 13 août 1904, 5093-5094.

Loi du 31 janvier 1905 portant approbation de la convention signée à Paris, le 9 mars 1904, entre la France et la Suisse pour réglementer la pêche dans les eaux frontières des deux pays. *J. Off.*, 1er février 1905, 869.

Décret de promulgation du 4 février 1905 de la loi du 31 janvier 1905. *J. Off.*, 6 février 1905, 957-959.

Décret du 1er avril 1905. Etablissement de passages destinés à assurer la libre circulation des poissons sur les parties de cours d'eau du bassin de la Loire. *J. Off.*, 19 avril 1905, 2475- 2477.

Loi du 18 juin 1909 portant modification des articles 1, 3, 4, 9 et 11 de la convention du 18 février 1886 et de l'acte additionnel du 19 janvier 1888, conclus entre la France et l'Espagne, relativement à l'exercice de la pêche dans la Bidassoa. *J. Off.*, 20 juin 1909, 6613.

Décret du 19 août 1909 approuvant la déclaration relative à l'exercice de la pêche dans la Bidassoa. *J. Off.*, 20 août 1909, 8862.

Décret du 17 décembre 1909. Règlement pour l'exercice du droit de pêche dans les eaux frontières entre la France et la Suisse. *J. Off.*, 8 janvier 1910, 232.

La Convention signée à Paris le 9 mars 1904 entre la France et la Suisse pour réglementer la pêche dans les eaux frontières des deux pays est dénoncée par le Conseil Fédéral Suisse à la date du 31 décembre 1910. *J. Off.*, 1er janvier 1911, 1-2.

Décret du 21 mars 1913 portant modification du 1er paragraphe de l'article 11 du décret du 5 septembre 1897 sur la pêche fluviale. *Bull. Lois*, 567-568.

Circulaire n° 824 du 15 octobre 1913. Direction générale des Eaux et Forêts, Ministère de l'Agriculture. Préparation des arrêtés préfectoraux annuels portant réglementation de la pêche, des déversements industriels et du rouissage. Annexes, 26 p.

Décret du 3 février 1921. Etablissement de passages destinés à assurer la libre circulation des poissons sur les parties de cours d'eau du bassin de la Canche. *J. Off.*, 16 février 1921, 2020.

Décret du 15 avril 1921. Etablissement de passages destinés à assurer la libre circulation du poisson sur les parties de cours d'eau du bassin de l'Adour. *J. Off.*, 9 juin 1921, 6625.

Décret du 31 janvier 1922. Etablissement de passages destinés à assurer la libre circulation du poisson sur les parties de cours d'eau côtiers de la Bretagne des départements des Côtes-du-Nord, du Finistère, de l'Ille-et-Vilaine, de la Manche et du Morbihan. *J. Off.*, 8 février 1922, 1560-1561.

Décret du 2 février 1922. Etablissement de passages destinés à assurer la libre circulation des poissons sur la rivière l'Authie. *J. Off.*, 16 février 1922, 1985-1986.

Décret du 3 décembre 1923 portant relèvement de la taille marchande de l'esturgeon. Lois annotées 1924, 1570.

Décret du 23 février 1924. Etablissement de passages pour la libre circulation du poisson sur divers cours d'eau des départements du Calvados, de la Manche et de l'Orne. *J. Off.*, 29 septembre 1925, 9440.

Décret du 2 juin 1926. Promulgation de la déclaration relative à l'exercice de la pêche dans la Bidassoa, signée à Madrid le 2 juin 1924, portant modification de la convention franco-espagnole du 18 février 1886, modifiée par le protocole additionnel du 19 janvier 1888 et par la déclaration du 6 avril 1908. *Bull. Off. Mar. Marchande*, 6, 505-509.

Rapport au Président de la République et décret du 26 juillet 1927 réglementant la pêche des poissons anadromes. *J. Off.* 28 juillet 1927, 7801-7802.

Décret du 15 mars 1929. Réglementation de la pêche dans le lac Léman. *J. Off.* 20 mars 1929, 3266-3267.

Décret du 7 décembre 1929. Règlement de la pêche dans les eaux françaises du Léman. *J. Off.*, 24 décembre 1929, 13728.

Rapport au Président de la République et décret du 23 novembre 1935 réglementant la pêche dans les estuaires en ce qui concerne les espèces vivant alternativement dans les eaux douces et dans les eaux salées. *J. Off.*, 24 novembre 1935, 12376-12378. Rectificatif *J. Off.*, 26 novembre 1935, 12416.

Décret du 25 janvier 1939. Réglementation de la pêche dans les eaux françaises du Léman. *J. Off.*, 2 février 1939, 1530-1531.

Décret du 29 août 1939. Réglementation de la pêche fluviale. *J. Off.* du 31 août 1939, 10916-10919. rectificatif *J. Off.*, 30 mai 1941, 2254.

Arrêté du 17 juillet 1941. Cours d'eau et canaux. Etat de classement des cours d'eau. *J. Off.*, 25 juillet 1941, 3111-3121, rectificatif *J. Off.*, 28 septembre 1941, 4177.

Arrêté du 15 avril 1942. Etat de classement des cours d'eau. *J. Off.*, 12 mai 1942, 1749-1750.

Décret n° 1167 du 29 avril 1943 portant modification au décret du 29 août 1939 sur la pêche fluviale. *J. Off.*, 4 mai 1943, 1237.

Arrêté du 14 août 1943. Protection de la truite commune. *J. Off.*, septembre 1943, 2329. Rectificatif *J. Off.*, 3 octobre 1943, 2586.

Arrêté du 14 août 1943. Mesure des mailles des filets. *J. Off.*, 3 septembre 1943, 2329.

Arrêté du 13 juin 1944. Emploi de certains filets ou engins dans les cours d'eau de 1re catégorie (protection du brochet). *J. Off.*, 9 juillet 1944, 1756.

Décret n° 45-208 du 9 février 1945 portant modification du décret du 29 août 1939 concernant la réglementation de la pêche fluviale. *J. Off.*, 11 février 1945, 704.

Décret n° 45-2191 du 17 septembre 1945 portant modification du décret du 29 août 1939 concernant la réglementation de la pêche fluviale. *J. Off.*, 28 septembre 1945, 6100.

Décret n° 46-1757 du 5 août 1946 modifiant les articles 5, 9, 15, 17, 20 et 31 du décret du 29 août 1939 concernant la réglementation de la pêche fluviale. *J. Off.*, 8 août 1946, 7019.

Décret n° 47-1350 du 18 juillet 1947 modifiant l'article 15 du décret du 29 août 1939 concernant la réglementation de la pêche fluviale. *J. Off.*, 22 juillet 1947, 7068.

Arrêté du 17 juin 1948. Modification de l'état de classement des cours d'eau en première et deuxième catégorie. *J. Off.*, 1er juillet 1948, 6365-6366.

Décret du 27 août 1948 modifiant l'article 31 du décret du 29 août 1939 concernant la réglementation de la pêche fluviale. *J. Off.*, 31 août 1948, 8595.

Arrêté du 29 décembre 1949. Interdiction de l'exercice de toute espèce de pêche jusqu'au 1er janvier 1955 dans la partie maritime de certaines rivières. *J. Off.*, 5 janvier 1950, 184. Rectificatif *J. Off.*, 10 janvier 1950, 331.

Arrêté du 6 février 1950. Réglementation de la pêche au sud de la réserve de l'estuaire de la Penzé. *J. Off.*, 12 février 1950, 1714.

Décret n° 50-1126 du 14 septembre 1950 modifiant les articles 1er, 3, 4, 9, 12, 15 et 23 du décret du 29 août 1939 concernant la réglementation de la pêche fluviale. *J. Off.*, 15 septembre 1950, 9801.

Arrêté du 17 janvier 1952. Modification à l'arrêté du 17 juillet 1941 à l'état de classement des cours d'eau en première et deuxième catégorie. *J. Off.*, 25 janvier 1952, 1102-1103. Rectificatif *J. Off.*, 19 février 1952, 2055.

Décret n° 52-315 du 17 mars 1952 modififiant les articles 1er, 2, 9, 12, 14, 15, 17, 19, 24, 25 et 30 du décret du 29 août 1939 concernant la réglementation de la pêche fluviale. *J. Off.*, 19 mars 1952, 3105-3107.

Décret n° 52-381 du 8 avril 1952 modifiant les articles 1er, 4, 12, 22 et 26 du décret du 29 août 1939 concernant la réglementation de la pêche fluviale. *J. Off.*, 10 avril 1952, 3770-3771.

Arrêté du 29 avril 1952. Classement des cours d'eau en catégories. *J. Off.*, 7 mai 1952, 4677-4681.

Arrêté du 23 juin 1952. Classement des cours d'eau en catégories. *J. Off.*, 2 juillet 1952, 6598-6600.

Arrêté du 25 juin 1952. Conditions de vérification des dimensions des mailles des filets. *J. Off.*, juillet 1952, 6849.

Décret n° 52-1348 du 15 décembre 1952 portant réglementation de la pêche dans les estuaires en ce qui concerne les espèces vivant alternativement dans les eaux douces et dans les eaux salées. *J. Off.*, 19 décembre 1952, 11675-11676.

Arrêté du 16 juillet 1953. Destruction des poissons des espèces reconnues essentiellement nuisibles. *J. Off.*, 28 juillet 1953, 6632.

Décret n° 54-99 du 23 janvier 1954 modifiant certains articles du décret du 29 août 1939 sur la pêche fluviale. *J. Off.*, 28 janvier 1954, 1011-1012.

Arrêté du 3 mars 1954. Classement des cours d'eau en catégories. *J. Off.*, 17 mars 1954, 2554-2555. Rectificatif *J. Off.*, 25 avril 1954, 4023.

Arrêté du 11 juin 1954. Destruction des poissons des espèces reconnues comme particulièrement nuisibles. *J. Off.*, 22 juin 1954, 5946-5947.

Décret n° 54-1176 du 23 novembre 1954 modifiant les articles 9, 12, 15 et 29 du décret du 29 août 1939 sur la pêche fluviale. *J. Off.*, 27 novembre 1954, 11112-11113.

Arrêté du 28 avril 1955. Classement des cours d'eau en catégories. Modification de l'état de classement des cours d'eau en première et deuxième catégorie. *J. Off.*, 4 mai 1955, 4438-4440. Rectificatif *J. Off.*, 17 juillet 1955, 7154.

Arrêté du 27 juillet 1955. Classement des cours d'eau en catégories. *J. Off.*, 10 août 1955, 8045-8047.

Arrêté du 15 décembre 1955. Interdiction de toute espèce de pêche dans la partie maritime des rivières Penzé et du Dossen (quartier de Morlaix). *J. Off.*, 23 décembre 1955, 12533. Rectificatif, *J. Off.*, 12 janvier 1956, 508.

Arrêté du 29 décembre 1955. Classement en catégories de certains cours d'eau. *J. Off.*, 19 janvier 1956, 711-715. Rectificatif *J. Off.*, 16 février 1956, 1802.

Arrêté du 22 juin 1956. Modification du classement en catégories de certains cours d'eau. *J. Off.*, 8 juillet 1956, 6353-6356. Rectificatif *J. Off.*, 26 juillet 1956, 6974.

Décret n° 58-368 du 2 avril 1958 relatif à la réglementation de la pêche dans les eaux françaises du lac Léman. *J. Off.*,, 6 avril 1958, 3373-3375.

Décret n° 58-873 du 16 septembre 1958 déterminant le classement des cours d'eau en deux catégories. *J. Off.*, 25 septembre 1958, 8789– 8802.

Décret n° 58-874 du 16 septembre 1958 relatif à la pêche fluviale. *J. Off.*, 25 septembre 1958, 8802-8806.

Arrêté du 16 septembre 1958. Autorisation d'employer divers filets, engins ou lignes dans certaines eaux de la première catégorie. *J. Off.*, 25 septembre 1958, 8806. Etat des eaux de la première catégorie dans lesquelles outre l'emploi de la ligne (flottante ou plombée ordinaire) de la vermée, de la bosselle à anguilles et de la balance à écrevisses sont autorisés certains filets, engins ou lignes. *J. Off.*, 25 septembre 1958, 8806-8808.

Arrêté du 16 septembre 1958. Liste des départements où les truites et saumons de fontaine peuvent être pêchés à partir d'une longueur de 18 centimètres. *J. Off.*, 25 septembre 1958, 8809.

Décret du 9 janvier 1960 modifiant le décret n° 58-874 du 16 septembre 1958 relatif à la pêche fluviale. *J. Off.*, 16 janvier 1960, 502.

Arrêté du 26 juillet 1960. Modification de l'arrêté du 16 septembre 1958 autorisant l'emploi de divers filets, engins ou lignes dans certaines eaux de la première catégorie. *J. Off.*, 6 août 1960, 7341-7342.

Décret n° 60-827 (rectificatif au *J. Off.*,, du 2 août 1960) portant modification du décret n° 58-368 du 2 avril 1958 relatif à la réglementation de la pêche dans les eaux françaises du lac Léman. *J. Off.*, 19 octobre 1960, 9519.

Arrêté du 11 février 1961. Interdiction de l'exercice de toute espèce de pêche dans la partie maritime des rivières de Penzé et du Dossen ou rivière de Morlaix. *J. Off.*, 18 février 1961, 1824.

Arrêté du 16 mars 1961. Conditions de vérification des mailles des filets et des engins. *J. Off.*, mars 1961, 3145.

Arrêté du 6 avril 1961. Modification de l'arrêté du 16 septembre 1958 autorisant l'emploi de divers filets, engins ou lignes dans certaines eaux de la première catégorie. *J. Off.*, 21 avril 1961, 3794-3795.

Décret n° 61-616 du 5 juin 1961 portant modification du décret du 16 septembre 1958 déterminant le classement des cours d'eau en deux catégories. *J. Off.*, 16 juin 1961, 5428-5433. Rectificatif *J. Off.*, 6 août 1961, 7344.

Arrêté du 31 octobre 1961. Création de réserves de pêche dans la zone maritime des rivières Yères, Arques, Scie, Saane (quartier de Dieppe) et Durdent (quartier de Fécamp). *J. Off.*, 9 novembre 1961, 10323-10324.

Loi n° 61-1243 du 21 novembre 1961 tendant à interdire la vente des Salmonidés sauvages. *J. Off.*, 22 novembre 1961, 10716.
— Sénat – 1re session ordinaire de 1961-1962. Annexe au procès verbal de la séance du 25 octobre 1961. N° 39. Rapport fait au nom de la commission des Affaires économiques et du plan sur la proposition de Loi, adoptée par l'Assemblée nationale tendant à interdire la vente des Salmonidés sauvages, 1-5.
— Documents de l'Assemblée nationale :
• annexe n° 902 – 1re session ordinaire de 1960-1961. Séance du 27 octobre 1960. Proposition de Loi tendant à interdire la vente des Salmonidés sauvages présentée par MM. Guillon, Chazelle, Dalainzy, Schaffner et Jean Valentin députés, 884-885.
• annexe n° 1188 – deuxième session ordinaire de 1960-1961. Séance du 17 mai 1961. Rapport fait au nom de la commission de la production et des échanges sur la proposition de Loi (n° 902) de M. Guillon et plusieurs de ses collègues tendant à interdire la vente des Salmonidés sauvages par M. Grasset-Morel, député, 136-138.
• annexe n° 1380 – deuxième session ordinaire de 1960-1961. Séance du 18 juillet 1961. Avis présenté au nom de la commission des lois constitutionnelles sur la proposition de Loi (n° 902) de M. Guillon et plusieurs de ses collègues par M. Carous, député, 428-429.

Décret du 22 janvier 1962 portant modification du décret du 16 septembre 1958 déterminant le classement des cours d'eau en deux catégories. *J. Off.*, 27 janvier 1962, 944-945.

Arrêté du 26 janvier 1962. Modification de l'arrêté du 16 septembre 1958 autorisant l'emploi de divers filets, engins ou lignes dans certaines eaux de la première catégorie. *J. Off.*, 9 février 1962, 1434-1435.

Arrêté du 15 mai 1962. Interdiction de la pêche des saumons et des truites dans un secteur de la partie maritime de la Bresle (quartier de Dieppe). *J. Off.*, 23 mai 1962, 5032.

Décret n° 62-654 du 8 juin 1962 modifiant les articles 3 et 6 du décret du 16 septembre 1958 relatif à la pêche fluviale. *J. Off.*, 9 juin 1962, 5565.

Décret n° 62-813 du 16 juillet 1962 portant règlement d'administration publique pour l'application de l'article 439-2 du code rural. *J. Off.*, 19 juillet 1962, 7128.

Décret n° 62-1018 du 24 août 1962 portant modification du décret n° 58-873 du 16 septembre 1958 déterminant le classement des cours d'eau en deux catégories. *J. Off.*, 29 août 1962, 8496-8497. Rectificatif *J. Off.*, 22 septembre 1962, 9249.

Décret n° 63-98 du 11 février 1963 modifiant les articles 2, 3, 9, 18, 21, 22 et 33 du décret n° 58-874 du 16 septembre 1958 relatif à la pêche fluviale. *J. Off.*, 12 février 1963, 1452-1453.

Arrêté ministériel du 25 février 1963. Plans d'eau, cours d'eau ou parties de cours d'eau dans lesquels les truites et les saumons de fontaine peuvent être pêchés pour la consommation familiale. *J. Off.*, 12 mars 1963, 2410-2412.

Arrêté du 12 novembre 1963. Modification de l'arrêté du 16 septembre 1958 autorisant l'emploi de divers filets, engins ou lignes dans certaines eaux de la première catégorie. *J. Off.*, 29 novembre 1963, 10647.

Arrêté du 24 février 1964. Plans d'eau, cours d'eau ou parties de cours d'eau dans lesquels les truites et les saumons de fontaine peuvent être pêchés pour la consommation familiale. *J. Off.*, 7 mars 1964, 2188.

Décret n° 64-826 du 28 juillet 1964 portant modification du décret n° 58-873 du 16 septembre 1958 déterminant le classement des cours d'eau en deux catégories. *J. Off.*, 8 août 1964, 7324– 7328. Rectificatif *J. Off.*, 13 octobre 1964, 9170.

Arrêté du 19 octobre 1964. Taille marchande des poissons et crustacés (pêche maritime). *J. Off.*, 3 novembre 1964, 9849-9850.

Décret n° 64-1263 du 19 décembre 1964 modifiant le décret n° 58-874 du 16 septembre 1958 modifié relatif à la pêche fluviale. *J. Off.*, 22 décembre 1964, 11367-11368.

Arrêté du 7 janvier 1965. Interdiction de la pêche du saumon, des truites et des écrevisses sur certains cours d'eau ou portions de cours d'eau pendant l'année 1965. *J. Off.*, 30 janvier 1965, 850-851.

Décret n° 65-53 du 14 janvier 1965 portant modification du décret n° 58-873 du 16 septembre 1958 déterminant le classement des cours d'eau en deux catégories. *J. Off.*, 24 janvier 1965, 625– 626.

Décret n° 65-173 du 4 mars 1965 portant publication de la convention entre la France et l'Espagne relative à la pêche en Bidassoa et baie du Figuier du 14 juillet 1959. *J. Off.*,, 9 mars 1965, 1893-1897.

Arrêté du 7 janvier 1966. Interdiction de la pêche du saumon, des truites, des écrevisses sur certains cours d'eau ou sections de cours d'eau pendant l'année 1966. *J. Off.*, 4 février 1966, 1032.

Arrêté du 13 mai 1966. Interdiction de la pêche des écrevisses, du saumon, de la truite et des autres espèces dans certains cours d'eau ou sections de cours d'eau jusqu'au 31 décembre 1966. *J. Off.*, 9 juin 1966, 4624.

Décret n° 66-597 du 27 juillet 1966 réglementant la pêche dans la section du Doubs qui forme frontière avec la Suisse. *J. Off.*, 10 août 1966, 7003-7004.

Arrêté du 13 janvier 1967. Création de réserves dans la zone maritime des rivières Yères, Arques, Scie, Saane (quartier de Dieppe) et Durdent (quartier de Fécamp). *J. Off.*, 12 février 1967, 1558.

Arrêté du 17 janvier 1967. Interdiction de la pêche du saumon, de certains autres Salmonidés et des écrevisses sur divers cours d'eau ou sections de cours d'eau pendant l'année 1967. *J. Off.*, 2 février 1967, 1211-1212.

Décret n° 67-281 du 15 mars 1967 portant modification du décret n° 58-873 du 16 septembre 1958 déterminant le classement des cours d'eau en deux catégories. *J. Off.*, 2 avril 1967, 3236-3237.Rectificatif *J. Off.*, 12 mai 1967, 4726.

Arrêté du 22 mars 1967. Emploi de divers filets, engins ou lignes dans certaines eaux de la première catégorie. *J. Off.*, 15 avril 1967, 3836-3837.

Arrêté du 27 juillet 1967. Interdiction de la pêche dans la partie maritime des rivières Penzé et du Dossen. *J. Off.*, août 1967, 8321.

Arrêté du 27 décembre 1967. Interdiction de la pêche du saumon, de certains autres Salmonidés et des écrevisses sur divers cours d'eau ou sections de cours d'eau pendant l'année 1968. *J. Off.*, 17 janvier 1968, 698-699.

Décret n° 68-33 du 10 janvier 1968 portant modification des articles 2 et 3 du décret n° 58-874 du 16 septembre 1958 modifié relatif à la pêche fluviale. *J. Off.*, 13 janvier 1968, 545.

Arrêté du 15 janvier 1968. Modification dans certains départements, pour l'année 1968 des périodes d'interdiction générale de la pêche et des périodes d'interdiction spécifique de la pêche du saumon et de l'ombre commun. *J. Off.*, 31 janvier 1968, 1122.

Décret n° 68-1032 du 22 novembre 1968 portant modification de l'article 1er du décret n° 58-368 du 2 avril 1958 modifié relatif à la réglementation de la pêche dans les eaux françaises du lac Léman. *J. Off.*, 27 novembre 1968, 11150.

Arrêté du 30 décembre 1968. Modification dans certains départements pour l'année 1969 des périodes d'interdiction générale de la pêche et des périodes spécifiques de la pêche du saumon. *J. Off.*, 1er février 1969, 1149-1150.

Arrêté du 30 décembre 1968. Interdiction de la pêche du saumon, de certains autres Salmonidés et des écrevisses sur divers cours d'eau ou sections de cours d'eau pendant l'année 1969. *J. Off.*, 1er février 1969, 1150-1151.

Arrêté du 2 avril 1969. Modification de l'arrêté du 16 septembre 1958 autorisant l'emploi de divers filets, engins ou lignes dans certaines eaux de la première catégorie. *J. Off.*, 24 avril 1969, 4131-4132.

Décret n° 69-438 du 3 mai 1969 portant modification du décret n° 58-873 du 16 septembre 1958 déterminant le classement des cours d'eau en deux catégories. *J. Off.*, 20 mai 1969, 5024-5027.

Arrêté du 8 janvier 1970. Interdiction de la pêche du saumon, de certains autres Salmonidés et des écrevisses sur divers cours d'eau ou sections de cours d'eau pendant l'année 1970. *J. Off.*, 23 janvier 1970, 858-859.

Arrêté du 8 janvier 1970. Modification dans certains départements, pour l'année 1970, des périodes d'interdiction générale de la pêche et des périodes d'interdiction spécifique de la pêche du saumon. *J. Off.*, 23 janvier 1970, 860.

Arrêté du 17 février 1970. Plans d'eau ou parties de cours d'eau dans lesquels les truites et les saumons de fontaine peuvent être pêchés pour la consommation familiale. *J. Off.*, 12 mars 1970, 2436.

Décret n° 70-179 du 4 mars 1970 portant modification du décret n° 58-873 du 16 septembre 1958 déterminant le classement des cours d'eau en deux catégories. *J. Off.*, 10 mars 1970, 2365-2366.

Décret n° 70-496 du 5 juin 1970 relatif à la réglementation de la pêche dans les eaux françaises du lac Léman. *J. Off.*, 13 juin 1970, 5486-5487.

Arrêté du 7 juillet 1970. Modification de l'arrêté du 16 septembre 1958 autorisant l'emploi de divers filets, engins ou lignes dans certaines eaux de la première catégorie. *J. Off.*, 2 août 1970,7253-7254.

Décret n° 70-888 du 25 septembre 1970 portant modification du décret n° 58-873 du 16 septembre 1958 déterminant le classement des cours d'eau en deux catégories. *J. Off.*, 2 octobre 1970, 9179-9180.

Décret n° 70-958 du 15 octobre 1970 portant modification des articles 3, 4, 12, 22 et 25 du décret n° 58-874 du 16 septembre modifié relatif à la pêche fluviale. *J. Off.*, 23 octobre 1960, 9846.

Arrêté du 20 novembre 1970. Emploi de divers filets, engins ou lignes dans certaines eaux de la première catégorie. *J. Off.*, 17 décembre 1970, 11600.

Arrêté du 5 janvier 1971. Interdiction de la pêche du saumon, de certains autres Salmonidés et des écrevisses sur divers cours d'eau ou sections de cours d'eau pendant l'année 1971. *J. Off.*, 28 janvier 1971, 929-930.

Arrêté du 5 janvier 1971. Modification, sur certains cours d'eau ou sections de cours d'eau de la période d'interdiction générale et prolongation, dans tous les départements, de la période d'interdiction spécifique de la pêche du saumon bécart ou saumon de descente pendant l'année 1971. *J. Off.*, 28 janvier 1971, 930.

Décret n° 71-115 du 3 février 1971 portant modification du décret n° 58-873 du 16 septembre 1958 déterminant le classement des cours d'eau en deux catégories. *J. Off.*, février 1971, 1395.

Arrêté du 14 avril 1971. Plans d'eau, cours d'eau ou parties de cours d'eau dans lesquels les truites et les saumons de fontaine peuvent être pêchés à partir d'une longueur de 18 cm pour la consommation familiale. *J. Off.*, 2 mai 1971, 4202.

Décret n° 71-1048 du 17 décembre 1971 portant modification du décret n° 58-873 du 16 septembre 1958 déterminant le classement des cours d'eau en deux catégories. *J. Off.*, 27 décembre 1971, 12783.

Arrêté du 18 janvier 1972. Interdiction de l'exercice de toute pêche dans certaines parties maritimes des rivières Penzé et du Dossen. *J. Off.*, 4 février 1972, 1345.

Arrêté du 4 février 1972. Modification de la période d'interdiction générale de la pêche sur certains cours d'eau ou sections de cours d'eau du département du Calvados et prolongation dans tous les départements de la période d'interdiction spécifique de la pêche du saumon bécart ou saumon de descente pendant l'année 1972. *J. Off.*, 17 février 1972, 1764.

Arrêté du 4 février 1972. Interdiction de la pêche dans certains ruisseaux du département de l'Yonne ainsi que de la pêche du saumon, de certains autres

Salmonidés et des écrevisses sur divers cours d'eau ou sections de cours d'eau pendant l'année 1972. *J. Off.*, 17 février 1972, 1764-1766.

Arrêté du 13 juin 1972. Interdiction de la pêche sur le lac de retenue du Tech (Hautes Pyrénées) pendant l'année 1972. *J. Off.*, 21 juin 1972, 6301.

Arrêté du 16 janvier 1973. Modification exceptionnelle pour l'année 1973 des périodes d'interdiction générale de la pêche dans les cours d'eau de 1re et de 2e catégorie dans certains départements. *J. Off.*, 18 janvier 1973, 734.

Arrêté du 14 février 1973. Interdiction de la pêche dans certains cours d'eau ou sections de cours d'eau des départements des Pyrénées atlantiques, des Hautes Pyrénées, de l'Essonne et de l'Yonne ainsi que de la pêche du saumon, de certains autres Salmonidés et des écrevisses sur divers cours d'eau ou sections de cours d'eau pendant l'année 1973. *J. Off.*, 10 mars 1973, 2645–2647.

Arrêté du 14 juin 1973. Plans d'eau, cours d'eau ou parties de cours d'eau dans lesquels les truites et les saumons de fontaine peuvent être pêchés à partir d'une longueur de 18 cm pour la consommation familiale. *J. Off.*, 24 juin 1973, 6684.

Arrêté du 12 octobre 1973. Emploi de divers filets, engins ou lignes dans certaines eaux de la 1re catégorie. *J. Off.*, 20 novembre 1973, 12306.

Arrêté du 23 janvier 1974. Interdiction totale de la pêche dans certains cours d'eau ou sections de cours d'eau des départements des Pyrénées atlantiques, de l'Essonne et de l'Yonne, du Gard et de la Vienne, et interdisant la pêche du saumon, de certains autres Salmonidés et des écrevisses sur divers cours d'eau ou sections de cours d'eau pendant l'année 1974. *J. Off.*, 3 février 1974, 1290-1292.

Arrêté du 5 février 1974. Interdiction de la pêche, par quelque mode que ce soit, dans certains cours d'eau ou sections de cours d'eau des départements du Finistère et du Morbihan pendant l'année 1974. *J. Off.*, 9 février 1974, 1513.

Décret n° 74-177 du 7 février 1974 portant modification du décret n° 58-873 du 16 septembre 1958 déterminant le classement des cours d'eau en deux catégories. *J. Off.*, 1er mars 1974, 2387–2389.

Arrêté du 26 février 1974. Plans d'eau, cours d'eau ou parties de cours d'eau dans lesquels les truites et les saumons de fontaine peuvent être pêchés à partir d'une longueur de 18 centimètres. *J. Off.*, 5 mars 1974, 2506.

Arrêté du 21 juin 1974. Modification de l'arrêté ministériel du 25 février 1963 fixant les plans d'eau, cours d'eau ou parties de cours d'eau dans lesquels les truites et les saumons de fontaine peuvent être pêchés à partir d'une longueur de 18 cm pour la consommation familiale. *J. Off.*, 18 juillet 1974, 7500.

Arrêté du 3 juillet 1974. Emploi de divers filets, engins ou lignes dans certaines eaux de la première catégorie. *J. Off.*, 22 septembre 1974, 9796.

Arrêté du 7 octobre 1974. Interdiction de la pêche sur une section de la Maronne (Cantal). *J. Off.*, 12 octobre 1974, 10475.

Décret n° 74-956 du 9 octobre 1974 portant modification du décret n° 58-873 du 16 septembre 1958 déterminant le classement des cours d'eau en deux catégories. *J. Off.*, novembre 1974, 11645.

Arrêté du 24 février 1975. Prolongation dans tous les départements de la période d'interdiction spécifique de la pêche du saumon bécart ou saumon de descente et interdiction de la pêche du saumon, de certains autres Salmonidés ou de tous poissons sur divers cours d'eau ou sections de cours d'eau pendant l'année 1975. *J. Off.*, 25 mars 1975, 3214.

Arrêté du 13 juin 1975. Interdiction de pêche dans le lac de retenue de Saint-Peyres (Tarn) pendant l'année 1975. *J. Off.*, 21 juin 1975, 6187.

Décret n° 75-1093 du 21 novembre 1975 portant modification du décret n° 58-874 du 16 septembre 1958 modifié relatif à la pêche fluviale. *J. Off.*, 26 novembre 1975, 12134.

Décret n° 75-1144 du 1er décembre 1975 portant modification du décret n° 58-873 du 16 septembre 1958 déterminant le classement des cours d'eau en deux catégories. *J. Off.*, 14 décembre 1975, 12798-12799.

Arrêté du 29 janvier 1976. Prolongation dans tous les départements de la période d'interdiction spécifique de la pêche du saumon bécart ou saumon de descente et interdiction de la pêche du saumon, de certains autres Salmonidés ou de tous poissons sur divers cours d'eau ou sections de cours d'eau pendant l'année 1976. *J. Off.*, 14 février 1976, 1060-1062.

Arrêté du 13 avril 1976. Interdiction de la pêche des Salmonidés dans l'estuaire du Scorff, du Trieux et du Jaudy. *J. Off.*, 16 mai 1976, 2950.

Arrêté du 9 juin 1976. Interdiction de la pêche dans une section de la Sénouire et certains de ses affluents (Haute-Loire) pendant l'année 1976. *J. Off.*, 16 juillet 1976, 4265.

Arrêté du 13 janvier 1977. Prolongation dans tous les départements de la période d'interdiction spécifique de la pêche du saumon bécart ou saumon de descente et interdiction de la pêche du saumon, de certains autres Salmonidés et de tous poissons sur divers cours d'eau ou sections de cours d'eau pendant l'année 1977. *J. Off.*, 16 février 1977, 939-941.

Décret n° 77-192 du 23 février 1977 portant modification du décret n° 58-873 du 16 septembre 1958 déterminant le classement des cours d'eau en deux catégories. *J. Off.*, 4 mars 1977, 1219-1220.

Arrêté du 21 avril 1977. Interdiction de la pêche des Salmonidés dans l'estuaire du Scorff, du Trieux et du Jaudy. *J. Off.*, 3 mai 1977, 2537.

Arrêté du 23 juin 1977. Modification de l'arrêté du 16 septembre 1958 autorisant l'emploi de divers filets, engins ou lignes dans certaines eaux de la première catégorie. *J. Off.*, 9 juillet 1977, 3615.

Arrêté du 23 juin 1977. Interdiction totale de la pêche ou interdiction de la pêche des écrevisses dans certains cours d'eau ou sections de cours d'eau pendant l'année 1977. *J. Off.*, 9 juillet 1977, 3616.

Arrêté du 12 janvier 1978. Interdiction de la pêche des Salmonidés (estuaires du Trieux, du Jaudy et du Scorff). *J. Off.*, 23 février 1978, 1544 NC.

Arrêté du 22 février 1978. Prolongation dans tous les départements de la période d'interdiction spécifique de la pêche du saumon bécart ou saumon de descente et interdiction de la pêche du saumon, de certains autres Salmonidés ou de tous poissons sur divers cours d'eau ou sections de cours d'eau pendant l'année 1978. *J. Off.*, 2 mars 1978, 873-875.

Arrêté du 22 février 1978. Interdiction totale de la pêche ou interdiction de la pêche des écrevisses dans certains cours d'eau ou sections de cours d'eau pendant l'année 1978. *J. Off.*, 2 mars 1978, 876.

Décret n° 78-287 du 22 février 1978 portant modification du décret n° 58-874 du 16 septembre 1958 modifié relatif à la pêche fluviale. *J. Off.*, 12 mars 1978, 1063.

Décret n° 78-845 du 9 août 1978 portant modification du décret n° 58-873 du 16 septembre 1958 déterminant le classement des cours d'eau en deux catégories. *J. Off.*, août 1978, 3053 et 6405 NC.

Arrêté du 6 novembre 1978. Modification de l'arrêté du 25 février 1963 fixant les plans d'eau, cours d'eau ou parties de cours d'eau dans lesquels les truites et saumons de fontaine peuvent être pêchés à partir d'une longueur de 18 centimètres pour la consommation familiale. *J. Off.*, 17 novembre 1978, 8724 NC.

Arrêté du 8 janvier 1979. Prolongation dans tous les départements de la période d'interdiction spécifique de la pêche du saumon bécart ou saumon de descente et interdiction de la pêche du saumon, de certains autres Salmonidés ou de tous poissons sur divers cours d'eau ou sections de cours d'eau pendant l'année 1979. *J. Off.*, 17 janvier 1979, 593-595 NC.

Arrêté du 26 janvier 1979. Modification en 1979 dans certains départements de la période d'interdiction générale de la pêche afférente aux eaux de la 1ʳᵉ catégorie. *J. Off.*, 2 février 1979, 307-308.

Arrêté du 19 février 1979. Modification de l'état annexé à l'arrêté du 8 janvier 1979 prolongeant dans tous les cours d'eau la période d'interdiction spécifique de la pêche du saumon bécart ou saumon de descente et interdisant la pêche du saumon, de certains autres Salmonidés ou de tous poissons sur divers cours d'eau ou sections de cours d'eau pendant l'année 1979. *J. Off.*, 7 mars 1979, 2070 NC.

Arrêté du 25 avril 1979. Interdiction de la pêche du saumon et de toutes espèces de truites à l'embouchure de la Bresle (port du Tréport). *J. Off.*, 13 mai 1979, 4033 NC.

Décret n° 79-993 du 23 novembre 1979 portant modification du décret n° 58-874 du 16 septembre 1958 modifié relatif à la pêche fluviale. *J. Off.*, 25 novembre 1979, 2926.

Arrêté du 16 janvier 1980. Prolongation dans tous les départements de la période d'interdiction spécifique de la pêche du saumon bécart ou saumon de descente et interdiction de la pêche du saumon, de certins autres Salmonidés ou de tous poissons sur divers cours d'eau ou sections de cours d'eau pendant l'année 1979. *J. Off.*, 21 février 1980, 1911-1914 NC.

Arrêté du 21 janvier 1980. Interdiction de la pêche des Salmonidés dans les estuaires du Trieux, du Leff, du Jaudy et du Scorff. *J. Off.*, 13 février 1980, 1673 NC.

Arrêté du 15 avril 1980. Interdiction de la pêche du saumon et de toutes espèces de truites à l'embouchure de la Bresle (port du Tréport). *J. Off.*, 6 mai 1980, 4065 NC.

Décret n° 80-296 du 22 avril 1980 portant modification du décret n° 58-873 du 16 septembre 1958 déterminant le classement des cours d'eau en deux catégories. *J. Off.*, 26 avril, 1078 et 3075– 3876 NC.

Arrêté du 26 décembre 1980. Interdiction de la pêche des Salmonidés dans les estuaires du Trieux, du Leff, du Jaudy et du Scorff. *J. Off.*, 18 janvier 1981, 714 NC.

Arrêté du 14 janvier 1981. Interdiction de la pêche des Salmonidés dans les estuaires du Gouët et du Gouessant. *J. Off.*, 4 février 1981, 1198 NC.

Arrêté du 15 janvier 1981. Prolongation dans tous les départements de la période d'interdiction spécifique de la pêche du saumon bécart ou saumon de descente et interdiction de la pêche du saumon, de certains autres Salmonidés ou de tous poissons sur divers cours d'eau ou sections de cours d'eau pendant l'année 1981. *J. Off.*, 22 février 1981, 1851-1854 NC.

Décret n° 81-201 du 3 mars 1981 portant modification du décret n° 58-874 du 16 septembre 1958 modifié relatif à la pêche fluviale. *J. Off.*, 5 mars 1981, 696.

Arrêté du 16 mars 1981. Interdiction de la pêche du saumon et de toutes espèces de truites à l'embouchure de la Bresle (port du Tréport). *J. Off.*, 19 avril 1981, 3934 NC.

Arrêté du 8 juillet 1981. Interdiction de la pêche des Salmonidés dans l'estuaire de l'Aberwrac'h. *J. Off.*, 22 juillet 1981, 6632 NC.

Arrêté du 3 août 1981. Interdiction de la pêche des Salmonidés dans une partie du port de Fécamp. *J. Off.*, 18 août 1981, 7358 NC.

Décret n° 81-800 du 14 août 1981 portant modification du décret n° 58-873 du 16 septembre 1958 déterminant le classement des cours d'eau en deux catégories. *J. Off.*, 22 août 1981, 2293-2294.

Arrêté du 21 janvier 1982. Interdiction de la pêche des Salmonidés dans les estuaires du Gouet, du Gouessant, du Trieux, du Jaudy, du Leff, de l'Aberwrac'h et du Scorff. *J. Off.*, février 1982, 1497 NC.

Arrêté du 11 février 1982. Prolongation dans tous les départements de la période d'interdiction spécifique de la pêche du saumon bécart ou saumon de descente et interdiction de la pêche du saumon, de certains autres Salmonidés ou de tous poissons sur divers cours d'eau ou sections de cours d'eau pendant l'année 1982. *J. Off.*, 3 mars 1982, 2297-2300 NC.

Arrêté du 30 mars 1982. Interdiction de la pêche du saumon et de toutes espèces de truites à l'embouchure de la Bresle (Port du Tréport). *J. Off.*, avril 1982, 3537 NC.

Arrêté du 27 avril 1982. Interdiction de la pêche des Salmonidés dans une partie du port de Fécamp. *J. Off.*, 13 mai 1982, 4515 NC.

Arrêté du 30 avril 1982. Interdiction de la pêche des Salmonidés dans l'estuaire de l'Elorn. *J. Off.*, 22 mai 1982, 4843-4844 NC.

Décret n° 82-781 du 1er septembre 1982 portant publication de l'accord entre le gouvernement de la République française et le Conseil fédéral Suisse concernant la pêche dans le lac Léman (ensemble une annexe et un règlement d'application signé à Berne le 20 novembre 1980). *J. Off.*,, 16 septembre 1982, 2788-2792.

Décret n° 82-911 du 15 octobre 1982 portant modification du décret n° 58-874 du 16 septembre 1958 modifié relatif à la pêche fluviale. *J. Off.*, octobre 1982, 3223.

Décret n° 82-978 du 17 novembre 1982 relatif à la réglementation de la pêche dans les eaux françaises du lac Léman. *J. Off.*, 20 novembre 1982, 3497-3499.

Arrêté du 7 janvier 1983. Interdiction de la pêche des Salmonidés dans les estuaires du Gouet, du Gouessant, du Trieux,du Jaudy, du Leff, de l'Elorn, de l'Aberwrac'h et du Scorff. *J. Off.*, janvier 1983, 1027 NC.

Arrêté du 31 janvier 1983. Prolongation dans tous les départements de la période d'interdiction spécifique de la pêche du saumon bécart ou saumon de descente et interdiction de la pêche du saumon, de certains autres Salmonidés ou de tous poissons sur divers cours d'eau ou sections de cours d'eau pendant l'année 1983. *J. Off.*, 3 mars 1983, 2333-2337 NC.

Décret n° 83-81 du 8 février 1983 portant modification du décret n° 58-873 du 16 septembre 1958 déterminant le classement des cours d'eau en deux catégories. *J. Off.*, 10 février 1983, 517-518.

Arrêté du 19 juillet 1983. Interdiction de la pêche du saumon et de toutes espèces de truites à l'embouchure de la Bresle (port du Tréport). *J. Off.*, août 1983, 7441 NC.

Arrêté du 17 janvier 1984. Interdiction de la pêche des Salmonidés dans une partie du port de Fécamp. *J. Off.*, 26 janvier 1984, 967 NC.

Arrêté du 19 janvier 1984. Interdiction de la pêche des Salmonidés dans les estuaires du Gouet, du Gouessant, du Trieux, du Jaudy, du Leff, du Léguer, de l'Elorn, de l'Aberwrac'h et du Scorff pour l'année 1984. *J. Off.*, 1er février 1984, 1149-1150 NC.

Décret n° 84-90 du 7 février 1984 portant modification du décret n° 58-873 du 16 septembre 1958 déterminant le classement des cours d'eau en deux catégories. *J. Off.*, 10 février 1984, 554.

Arrêté du 14 février 1984. Prolongation de la période d'interdiction spécifique de la pêche du saumon bécart ou saumon de descente et interdiction de la pêche du saumon, de certains autres Salmonidés ou de tous poissons sur divers cours d'eau ou sections de cours d'eau pendant l'année 1984. *J. Off.*, 1er mars 1984, 2097-2102 NC.

Arrêté du 18 mai 1984. Création de réserves dans la zone maritime des rivières Yères, Scie, Saane, Durdent, Le Dun et dans une partie des ports de Fécamp, de Dieppe et du Tréport. *J. Off.*, 30 mai 1984, 4810 NC.

Loi n° 84-512 du 29 juin 1984 relative à la pêche en eau douce et à la gestion des ressources piscicoles. *J. Off.*, 30 juin 1984, 2039-2045.

Décret n° 85-16 du 3 janvier 1985 portant modification du décret n° 58-874 du 16 septembre 1958 modifié relatif à la pêche fluviale. *J. Off.*, 4 janvier 1985, 118.

Arrêté du 18 février 1985 portant interdiction de la pêche des Salmonidés dans les estuaires du Gouët, du Gouessant, du Trieux, du Leff, du Jaudy, du Léguer, de l'Elorn, de l'Aberwrac'h, du Goyen, de la Laïta, du Scorff et du Blavet. *J. Off.*, 24 février 1985, 2439-2440.

Décret n° 85-942 du 30 août 1985 portant modification du décret n° 58-573 du 16 septembre 1958 déterminant le classement des cours d'eau en deux catégories. *J. Off.*, 6 septembre 1985, 10330-10331.

Arrêté du 4 octobre 1985 relatif à la protection de certains poissons d'eau douce. *J. Off.*, 27 octobre 1985, 12487.

Arrêté du 31 octobre 1985 portant interdiction de la pêche des Salmonidés dans les estuaires du Gouet, du Gouessant, du Trieux, du Leff, du Jaudy, du Léguer, de l'Elorn, de l'Aberwrac'h, du Goyen, de la Laïta, du Scorff et du Blavet en 1986. *J. Off.*, 7 décembre 1985, 14249.

Décret n° 85-1369 du 20 décembre 1985 pris en application de l'article 435 du code rural et fixant les conditions dans lesquelles la pêche est interdite en vue de la protection du poisson. *J. Off.*, 24 décembre 1985, 15070-15071.

Décret n° 85-1375 du 23 décembre 1985 portant modification du décret n° 58-873 du 16 septembre 1958 déterminant le classement des cours d'eau en deux catégories. *J. Off.*, 26 décembre 1985, 15127-15128.

Décret n° 85-1385 du 23 décembre 1985 pris pour l'application de l'article 437 du code rural et réglementant la pêche en eau douce. *J. Off.*, 28 décembre 1985, 15242-15246.

Arrêté du 2 janvier 1986 fixant la liste des espèces migratrices présentes dans certains cours d'eau classés au titre de l'article 411 de la Loi du 29 juin 1984 sur la pêche en eau douce et la gestion des ressources piscicoles. *J. Off.*, 4 février 1986, 1959-1966.

Décret n° 86-223 du 13 février 1986 portant publication de l'échange de notes en date du 16 décembre 1985 entre le gouvernement de la République française et le Conseil fédéral Suisse relatif à l'accord du 20 novembre 1980 concernant la pêche dans le lac Léman (ensemble deux annexes). *J. Off.*, 19 février 1986, 2748-2750.

Arrêté du 21 février 1986 relatif aux périodes d'ouverture de la pêche de la truite de mer durant l'année 1986. *J. Off.*, 1er mars 1986, 3230.

Arrêté du 21 février 1986 fixant la liste des cours d'eau ou parties de cours d'eau classés comme cours d'eau à truite de mer. *J. Off.*, 2 mars 1986, 3297-3300.

Arrêté du 21 février fixant la liste des cours d'eau, parties de cours d'eau et plans d'eau où la taille minimum de capture des truites et de l'omble de fontaine est ramenée à 0,18 mètre. *J. Off.*, 7 mars 1986, 3557-3558.

Arrêté du 26 mai 1986 relatif à la procédure de contrôle des filets, engins et hameçons utilisés pour la pêche en eau douce. *J. Off.*, 31 mai 1986, 6972.

Arrêté du 4 juillet 1986 relatif aux périodes d'ouverture de la pêche de la truite de mer durant l'année 1986. *J. Off.*, 10 juillet 1986, 8598.

Arrêté du 10 juillet 1986 modifiant la liste annexée à l'arrêté du 21 février 1986 fixant la liste des cours d'eau, parties de cours d'eau et plans d'eau où la taille minimum des truites et de l'omble de fontaine est ramenée à 0,18 mètre. *J. Off.*, 19 juillet 1986, 8957.

Arrêté du 12 décembre 1986 relatif aux périodes d'ouverture de la pêche de la truite de mer durant l'année 1987. *J. Off.*, 18 décembre 1986, 15160-15161.

Conclusion

Connaître les bases biologiques de la gestion, une idée toujours d'actualité, pour la truite (*Salmo trutta* L.)

G. Maisse, J.L. Baglinière

La réalisation de cet ouvrage consacré à la biologie et l'écologie de la truite (*Salmo trutta* L.) a été décidée à l'occasion du Colloque organisé au Paraclet en septembre 1988. Les scientifiques exprimaient alors par cette décision une volonté de faire le point sur les études diverses ayant eu pour objet la truite et de transmettre le savoir acquis sous une forme synthétique compréhensible à qui possède des connaissances biologiques minimum.

La très grande plasticité de la truite a longtemps posé des problèmes de systématique : « il n'est pas de poisson qui varie davantage comme apparence suivant les localités, ce qui a pu induire les classificateurs à en créer un certain nombre d'espèces qui ne sont que des variétés » (La Blanchere, 1926). Aujourd'hui on parle d'une espèce, *Salmo trutta* L., présentant trois écotypes ou formes, la truite commune, la truite de mer et la truite de lac.

Cependant si la notion de monospécificité ne paraît pas devoir être remise en cause, la notion d'écotype n'est pas aussi tranchée qu'elle le sous-entend. Il y a plus de différences entre deux truites communes originaires l'une de Corse, l'autre de Normandie, qu'entre une truite commune et une truite de mer nées dans la même rivière normande (chap. III.3).

I. De bonnes connaissances en biologie halieutique liées à un progrès méthodologique important

C'est grâce à des études régionales, Bretagne pour la truite commune, Lac Léman pour la truite de lac, Normandie-Picardie pour la truite de mer, que la connaissance des cycles biologiques a le plus progressé, en bénéficiant de suivis chronologiques (chapitres II-1, III-1 et III-2). Cette concentration des efforts de recherche a permis l'apport de disciplines comme la physiologie et la génétique, en complément de la biométrie sur laquelle reposait traditionnellement une grande partie des études sur les poissons sauvages.

Les années « quatre-vingts » ont ainsi vu un important progrès dans les techniques classiques d'études, tant au niveau de la collecte des données (l'efficacité du piégeage a été améliorée avec la mise au point de barrières électriques opérationnelles (Gosset, 1989)) qu'à celui de l'analyse (l'interprétation des écailles de truite de mer a été approfondie avec en particulier l'analyse du « double resserrement » caractérisant le stade finnock (Richard et Baglinière, 1990). D'autres méthodes sont apparues aussi bien au niveau de l'étude des populations (l'écho-intégration, pratiquée sur le Lac Léman, permet de préciser les peuplements de poissons suivant les espèces (Gerdeaux, comm. pers.) qu'à celui des individus (caractérisation de l'état de maturité sexuelle à partir de paramètres sanguins (Lebail et Fostier, 1984)).

Souvent, cet apport méthodologique s'est traduit par une sophistication des techniques que seul du personnel qualifié peut mettre en œuvre. Cependant, certaines techniques ont été développées dans un souci d'utilisation aisée sur le terrain; c'est le cas du sexage morphologique; s'appuyant sur le dimorphisme sexuel de la mâchoire supérieure mis en évidence chez la truite de mer par Lebail (1981), Richard et Baglinière (1988) proposent pour les populations de Basse Normandie, des abaques de détermination du sexe en fonction de la période de capture et des caractéristiques des individus.

Parallèlement à ces progrès techniques, une évolution du type d'approche s'est faire pour, favorisée par les origines disciplinaires variées des chercheurs collaborant à un même programme. Pendans longtemps, le biologiste ne recherchait que des relations simples de cause à effet. Les interactions entre les facteurs de l'environnement et la complexité des réponses des poissons à ces facteurs ne permettaient pas de dépasser le stade des hypothèses. Aujourd'hui les approches différentes et complémentaires des scientifiques, engagés dans une même étude, sont valorisées par le recours aux analyses multifactorielles, d'utilisation simple depuis l'essor de l'informatique. Baglinière *et al.* (1987) ont ainsi pu montrer que les géniteurs de truite présentent une sensibilité variable suivant le sexe aux facteurs externes initiant la migration de reproduction.

II. Des lacunes en écologie

La lecture du présent ouvrage fait ressortir une réelle disjonction entre les études portant sur la biologie halieutique et celle relevant de l'écologie. Les études régionales ayant permis la description des cycles biologiques de trois écotypes se situent dans la première catégorie, se contentant de dénombrer et de caractériser les individus de l'espèce truite, la description des paramètres biotiques et abiotiques de l'environnement pouvant rester sommaires. Ce sont souvent d'autres chercheurs, qui abordent dans des contextes différents, les problèmes de comportement (chap. I-4), d'habitat (chap. I-2) et de stratégies trophiques (chap. I-3).

Cette partition des recherches ne permet pas d'aborder de manière satisfaisante des points aussi importants que la croissance de la truite lors de la première année de vie. Ce sujet, intimement lié au concept de « capacité biogénique du milieu » énoncé par Léger (1910), nécessiterait la mise en place d'études pluridisciplinaires, portant sur des tronçons de rivières bien caractérisés et représentatifs des diverses situations françaises (variables suivant les régimes hydraulique et thermique, la nature des fonds, la pente, la largeur, la dureté de l'eau, la végétation rivulaire...). Seul Cuinat (1971) a abordé le problème de la croissance de la truite, en rapport avec la pente, la largeur du cours d'eau et la teneur en calcium de l'eau, au niveau national. Vingt ans après, alors que les connaissances sur les cycles biologiques des trois écotypes ont atteint un niveau satisfaisant, il serait particulièrement intéressant et important de poursuivre les travaux de Cuinat (ibidem) avec des moyens modernes d'investigation. Une telle démarche permettrait d'avoir des éléments de réponse aux questions posées par la coexistence au sein d'un même bassin hydrographique de plusieurs écotypes : dans quelle mesure ces écotypes sont-ils différenciés génétiquement? Quelle est la part de l'environnement dans le déterminisme des migrations vers telle ou telle zone d'engraissement? Quelle est la réponse de l'espèce aux modifications de milieu? Une bonne connaissance des facteurs agissant sur la croissance des premiers stades de la truite est probablement une des clefs de la réponse à ces questions.

III. Une gestion *a priori*

Face au développement des connaissances, la gestion piscicole semble fondée uniquement sur l'idée de raréfaction des captures. Or, à l'exception des exemples concernant les populations de truites de mer de la Bresle (chap. III-3) et de l'Adour (Prouzet *et al.*, 1988) et de truites de Lac du Léman (Gerdeaux *et al.*, 1989) et du Lac d'Annecy (Gerdeaux, 1988), il y a peu ou pas d'informations sur l'exploitation de la truite en France. Une véritable gestion devrait s'appuyer sur le fonctionnement continu d'un observatoire de pêcheries témoins. Seules des statistiques fiables associant nombre de captures par unité d'effort de pêche et estimation des populations en place permettraient de visualiser les fluctuations des stocks exploitables.

Cependant, il en demeure pas moins que, malgré les progrès réels des techniques d'épurations des eaux usées et ceux effectués dans le domaine de la conception des passes à poissons (Larinier, 1987) de nombreux cours d'eau sont devenus impropres au maintien d'une population sauvage de truites. Une telle situation est le résultat de la disparition soit des zones de reproduction soit de la qualité d'eau répondant aux exigences écologiques de la truite ou tout simplement de l'eau.

Il est clair aujourd'hui que c'est sur la protection des zones de frayères et de production des juvéniles que doit porter prioritairement l'effort du gestionnaire. Le chapitre I apporte les éléments de base à l'établissement d'une telle politique adaptée aux particularités de chaque écotype; ce sont les têtes de bassins (ordre de drainage inférieur à 3) qui jouent un rôle primordial dans le recrutement en juvéniles de truite commune, alors que pour la truite de mer ou la truite de lac ce sont des secteurs de rivière d'ordre supérieur qui seront favorables.

Dans le domaine de la gestion de la pêche proprement dite, le législateur a mis à la disposition du gestionnaire plusieurs armes :dates d'ouverture et de fermeture de l'exercice de la pêche, taille légale, mise en réserve de secteurs de rivière... (chap. IV). La justification biologique de telle ou telle mesure n'est pas toujours clairement établie, en particulier en ce qui concerne le choix des zones de réserve et leur intérêt réel, en dehors bien entendu de la proximité des obstacles à la circulation. Aujourd'hui les connaissances acquises peuvent apporter dans certains cas des justifications biologiques à la mise en place de ces mesures. Ainsi, compte tenu des observations effectuées en Bretagne sur la truite commune (chap. I-1), il parait intéressant de mettre en réserve les affluents frayères : cette mesure viserait à protéger non seulement les géniteurs venus de la rivière principale, mais aussi et surtout les géniteurs résidant dans les ruisseaux ; la protection de ces derniers assurerait un potentiel reproduction important, à l'origine de la majorité des juvéniles permettant le renouvellement de la population de truites pêchables dans la rivière.

IV. Le repeuplement, une pratique courante peu étudiée

Le colloque du Paraclet a montré que peu d'études ont été ou sont réalisées dans le domaine du repeuplement, alors que depuis la redécouverte de la fécondation artificielle au milieu du 19e siècle, cette pratique est devenue une véritable institution (Thibault, 1989).

La question préalable à toute problématique de repeuplement est la définition du concept de « capacité d'accueil du milieu ». Dès 1914, Roule évoquait ce problème : « la question importante, dans le problème du repeuplement, est celle de l'équilibre de l'alimentation et des limites qu'il impose. (...) Aussi est-il inutile de songer à augmenter le peuplement normal, si l'on ne peut augmenter en même temps la richesse alimentaire des eaux, et améliorer toutes les conditions favorables à la vie ». Cette dernière remarque fait allusion aux caractéristiques de l'habitat et va plus loin que la notion de « capacité biogénique » de Léger (1910). En d'autres termes, un cours d'eau n'est pas une pisciculture et l'échec de tous les essais d'alimentation artificielle en ruisseau l'atteste (données malheureusement non publiées !).

Il reste que la notion de « capacité d'accueil du milieu » reste à préciser ; ce devrait être un des thèmes importants à prendre en compte par la recherche en particulier dans les domaines de l'habitat et de la compétition intraspécifique. La pratique du repeuplement est un des moyens dont dispose le gestionnaire mais, comme le précise Roule (1914) « ces méthodes ont pour objet, les causes du dépeuplement étant atténuées au préalable ou enrayées, d'augmenter la population des eaux jusqu'au terme fixé par l'équilibre de l'alimentation ».

Autrement dit, le repeuplement n'intervient que lorsque le milieu récepteur a été remis en état. Aujourd'hui sous le nom de repeuplement, c'est une politique de déversement systématique qui est appliquée, sans analyse préalable et sans contrôle de son efficacité. Une telle pratique peut avoir une répercussion sur les populations sauvages puisque des phénomènes d'intro-gression génétique entre ces stocks et les poissons déversés ont pu être observés (chap. III-3).

V. Conclusion

Cet ouvrage montre que les bases biologiques minimum nécessaires sont aujourd'hui disponibles pour définir les grandes lignes d'une gestion ration-nelle des trois écotypes de truite. Ces bases sont elles suffisantes ? Certes non. De nombreux points d'interrogation subsistent quant aux relations entre les divers écotypes (faut-il les gérer séparément ?), quant à l'importance de l'habitat (le concept de « capacité biogénique » enrichi par celui de « capacité d'accueil » doit être précisé) et relativement à l'exploitation par pêche. Seule une étroite collaboration entre chercheurs et gestionnaires de la pêche, se confortant mutuellement, permettra de mettre en place les conditions indis-pensables à la résolution des problèmes posés. Laissons une dernière fois la parole à Roule (1914) : « On se plaint souvent du dépeuplement des cours d'eau. Amateurs et professionnels expriment fréquemment leurs doléances. On engage législateurs et administrateurs à remédier au mal; on leur indique les moyens jugés préférables. Chacun préconise le sien, suivant ses observations, son tempérament ou ses intérêts. Les sentiments diffèrent et les avis par la suite. On oublie souvent le plus rationnel, qui consiste à chercher d'abord la cause première d'une telle diminution, puis à lutter contre elle, et à tenter d'enrayer son action. (...) Il convient donc d'envisager le problème entier, et de lui donner une solution d'ensemble, afin de traiter avec efficacité chacune de ses parties ».

Références bibliographiques

BAGLINIÈRE J.L., MAISSE G., LEBAIL P.Y., PREVOST E., 1987. Dynamique de la popu-lation de truite commune (*Salmo trutta* L.) d'un ruisseau breton (France). II. Les géniteurs migrants. *Acta Œcol. Œcolo. Appl.*, 8, 201-215.

CUINAT R., 1971. Principaux caractères démographiques observés sur 50 rivières à truites françaises. Influence de la pente et du calcium. *Ann. Hydrobiol.*, 2, 187-207.

GERDEAUX D., 1988. Synthèse des connaissances actuelles sur le peuplement piscicole du lac d'Annecy, octobre 1988. Bilan piscicole et halieutique. St. Hydrobiol. Lac., INRA Thonon les Bains, 43 p.

GERDEAUX D., BUTTIKER B., PATTAY D., 1989. La pêche et les recherches piscicoles en 1988 sur le Léman. Rapport annuel 1988, CIPEL, 7 p.

GOSSET C., 1989. Etude sur l'installation d'écrans électriques à poissons. Convention d'étude Région Midi-Pyrénées-INRA. Rapp. tech. INRA – Saint-Pée-sur-Nivelle, 55 p.

LA BLANCHERE H. (de), 1926. La pêche et les poissons. Dictionnaire général des pêches. De la Grave, Paris, 842 p.

LARINIER M., 1987. Les passes à poissons : méthodes et techniques générales. *La Houille blanche*, 1-2, 51-57.

LEBAIL P.Y., FOSTIER A., 1984. Techniques d'indentification du sexe et d'estimation de la maturité sexuelle chez les poissons vivants. Barnabé G. et Billard R. Eds., *L'Aquaculture du Bar et des Sparidés*, INRA Publ., Paris, 45-52.

LEBAIL P.Y., 1981. *Identification du sexe en fonction de l'état de maturité chez les poissons*. Thèse de Docteur-Ingénieur, Université de Rennes I, 71 p.

LEGER L., 1910. Principe de la méthode rationnelle du peuplement des cours d'eau. *Ann. Univ. Grenoble*, 22, 533-568.

PROUZET P., MARTINET J.P., CASAUBON S., 1988. Rapport sur la pêche des marins pêcheurs dans l'estuaire de l'Adour en 1988. Rap. IFREMER/DRV/RH/St Pée-sur-Nivelle, 15 p.

RICHARD A., BAGLINIERE E., 1988. Le sexage morphologique des truites de mer (*Salmo trutta* L.) des rivières Orne et Touques (Basse-Normandie). *Colloque sur la truite* (Salmo trutta). Le Paraclet, 6-8 septembre 1988.

RICHARD A., BAGLINIÈRE J.L., 1990. Description et interprétation des écailles de truite de mer (*Salmo trutta* L.) des deux rivières de Basse-Normandie, l'Orne et la Touques. *Bull. Fr. Pêche Piscic.*, **319**, 239-257.

ROULE L., 1914. Traité raisonné de la Pisciculture et des Pêches, Baillière et Fils Eds., Paris, 734 p.

THIBAULT M., 1989. La redécouverte de la fécondation artificielle de la truite en France au milieu du XIXe siècle; les raisons de l'engouement et ses conséquences. In Colloque *Hommes, Animal et Société*, 13-16 mai 1987. Tome 3, Histoire et Animal, des Sociétés et des Animaux, Inst. Et. Polit., Toulouse, 205-211.

Index des auteurs

BAGLINIÈRE J.L.	INRA, Laboratoire d'Ecologie hydrobiologique,
Station de Physiologie et d'Ecologie des Poissons
65 rue de St-Brieuc, 35042 Rennes Cedex, France.

BUTTIKER B.	Conservation de la Faune, Chemin du Marquisat
1, CH 1025, St Sulpice, Suisse.

CHAMPIGNEULLE A.	INRA, Station d'Hydrobiologie lacustre
BP 511, 75 avenue de Corzent,
74203 Thonon-les-Bains Cedex, France.

DURAND P.	Ecotec, rue Listard 5, 1202 Genève, Suisse.

EUZENAT G.	Conseil Supérieur de la Pêche
Délégation Régionale n° 1, 3 rue Sainte-Marie,
60200 Compiègne, France.

FOURNEL Françoise.	Conseil Supérieur de la Pêche
Délégation Régionale n° 1, 3 rue Sainte-Marie,
60200 Compiègne, France.

GUYOMARD R.	INRA, Laboratoire de Génétique des Poissons,
78352 Jouy-en-Josas Cedex, France.

HAURY J.	INRA, Laboratoire d'Ecologie hydrobiologique,
Station de Physiologie et d'Ecologie des Poissons,
65 rue de St-Brieuc, 35042 Rennes Cedex, France.

HELAND M.	INRA, Laboratoire d'Ecologie des Poissons,
Station d'Hydrobiologie, BP 3, Saint-Pée-sur-Nivelle
64310 Ascain, France.

MAISSE G.	INRA, Laboratoire de Physiologie des Poissons,
Station de Physiologie et d'Ecologie des Poissons,
Campus de Beaulieu, 35042 Rennes Cedex, France.

MELHAOUI M.	Université Mohammed 1er – Faculté des Sciences –
Département de Biologie, Oujda, Maroc.

NEVEU A.	INRA, Laboratoire d'Ecologie hydrobiologique,
Station de Physiologie et d'Ecologie des Poissons,
65 rue de St-Brieuc, 35042 Rennes Cedex, France.

OMBREDANE Dominique.	INRA, Laboratoire d'Ecologie hydrobiologique,
Station de Physiologie et d'Ecologie des Poissons,
65 rue de St-Brieuc, 35042 Rennes Cedex, France.

RICHARD A.	Conseil Supérieur de la Pêche, Délégation Régionale n° 2,
84, rue de Rennes, 35510 Cesson Sévigné, France.

THIBAULT M.	INRA, Laboratoire d'Ecologie hydrobiologique,
Station de Physiologie et d'Ecologie des Poissons,
65 rue de St-Brieuc, 35042 Rennes Cedex, France.

Fichier préparé par Nicolas Perrier, société 4P
Imprimé pour vous par Books On Demand (Allemagne)
Dépôt légal : novembre 2023

www.ingramcontent.com/pod-product-compliance
Lightning Source LLC
LaVergne TN
LVHW051004200726
843508LV00001B/142